太阳能光伏光热综合利用研究

Research Progress on Solar Photovoltaic/
Thermal Systems Utilization

季 杰 裴 刚 何 伟
孙 炜 李桂强 李 晶 著

科学出版社
北 京

内 容 简 介

本书介绍了太阳能光伏光热综合利用技术（PV/T）的基本概念、优点、分类、应用途径及共性问题，详细描述和深入研究非跟踪光伏热水系统（肋管型和热管型）、光伏热空气系统（主动式和被动式）、光伏热泵系统（直膨式和热管复合式）、聚光光伏光热系统（碟式和菲涅尔式）等多种太阳能光伏光热综合利用系统的基本原理、结构设计、理论分析与评价模型、研究方法和应用途径，特别是光伏光热综合利用技术在建筑一体化中的应用（BIPV/T）。

本书可供太阳能领域、建筑热工领域的科研人员、工程技术人员参考，也可作为高等学校相关专业本科生和研究生教材。

图书在版编目（CIP）数据

太阳能光伏光热综合利用研究＝Research Progress on Solar Photovoltaic/Thermal Systems Utilization/季杰等著. —北京：科学出版社，2017.8
　　ISBN 978-7-03-053979-3

　　Ⅰ.①太… Ⅱ.①季… Ⅲ.①太阳能发电-太阳能利用-综合利用-研究 Ⅳ.①TM615

中国版本图书馆 CIP 数据核字（2017）第 169104 号

责任编辑：刘翠娜/责任校对：桂伟利
责任印制：吴兆东/封面设计：无极书装

科 学 出 版 社 出版
北京东黄城根北街 16 号
邮政编码：100717
http://www.sciencep.com
北京建宏印刷有限公司 印刷
科学出版社发行　各地新华书店经销
＊
2017 年 8 月第 一 版　开本：720×1000　1/16
2023 年 1 月第四次印刷　印张：26 1/4
字数：513 000
定价：**138.00 元**
（如有印装质量问题，我社负责调换）

前　言

　　太阳能光伏和太阳能光热是太阳能大规模应用的主要方式，然而到目前为止，太阳能光伏发电依然存在发电效率低、成本高的瓶颈，太阳能光伏光热综合利用(PV/T)是解决问题的重要途径，其核心是在太阳能光伏发电的同时回收多余热能并加以利用，这不仅对电池有冷却作用，可以提高发电效率和寿命，更重要的是实现"一机多能"，大大提高太阳能综合利用效率，同时降低电热分别供应的成本。太阳能光伏光热综合利用不仅是近年来太阳能研究中最热门的研究领域之一，而且成为太阳能产业界备受关注的方向。

　　中国科学技术大学季杰教授团队是我国较早从事太阳能光伏光热综合利用研究的团队，从20世纪90年代末至今取得了一系列具有国际影响力的研究成果。多篇论文进入高被引论文行列，多项技术获得国际奖励，多个装置已接近产业化或进入应用。季杰教授连续入选2014年、2015年、2016年爱思唯尔(Elsevier)发布的中国高被引学者(Most Cited Chinese Researchers)榜单。本书总结了季杰教授团队在太阳能光伏光热综合利用研究领域的成果，旨在推动该领域更深入的学术研究、新技术开发和行业发展，为太阳能的大规模应用开辟新的途径。

　　本书分别介绍非跟踪光伏热水系统(肋管型和热管型)、光伏热空气系统(主动式和被动式)、光伏热泵系统(直膨式和热管复合式)、聚光光伏光热系统(碟式和菲涅耳式)等多种太阳能综合利用系统的基本原理、结构设计、理论分析与评价模型、研究方法和应用途径，特别是光伏光热综合利用技术在建筑一体化中的应用(BIPV/T)。

　　全书由季杰教授策划和组织，其内容均为季杰教授指导研究生所做的研究工作，共12章。第1章绪论由季杰撰写；第2章由何伟博士据其本人及研究生陆建平、张扬所做工作编写；第3章由裴刚博士据其本人及研究生符慧德、张涛等所做工作编写；第4章由孙炜博士据其本人及研究生郭超所做工作编写；第5章由孙炜博士据其本人及研究生易桦所做工作编写；第6章由裴刚博士、李晶博士据其本人及研究生何汉峰、刘可亮等所做工作编写；第7章由裴刚博士据其本人及研究生符慧德、张涛等所做工作编写；第8章由李桂强博士据其本人及研究生陈海飞、王云峰所做工作编写；第9章由孙炜博士据其本人及研究生徐宁、陈海飞等所做工作编写；第10章由李桂强据其本人所做工作编写；第11章由裴刚博士、李晶博士据其本人及研究生汪芸芸所做工作编写；第12章由何伟博士、裴刚博士据其本人及研究生于志等所做工作编写。全书由季杰教授统稿并对各章内容进行修改和补充。

太阳能光伏光热综合利用作为太阳能利用新技术，无论从学术研究还是产业应用均处在一个发展过程中，在材料、工艺、系统方面还需要更多的突破，本书内容只是抛砖引玉，希望更多的学者和企业加入该领域的研发中，推动太阳能应用更上一个台阶。本书虽经多次修改，但疏漏之处在所难免，还请读者批评指正。

本书可供太阳能领域、建筑热工领域的科研人员、工程技术人员参考，也可作为高等学校相关专业本科生和研究生教材。

衷心感谢国家自然科学基金委、中国科学院、科技部、广东省及东莞市多个项目的支持。

作　者

2017 年 2 月

目　　录

第1章 绪 论

1.1 太阳能光伏光热综合利用的概念

随着矿石能源的日趋减少及环境问题的日益突出,各国政府都将太阳能资源利用作为国家可持续发展战略的重要内容。太阳能是一种清洁、高效和永不衰竭的可再生能源,其利用方式多种多样,太阳能光热利用和太阳能光伏发电是当前太阳能利用的主要发展方向。

太阳光伏发电技术是近几十年来国际上的研究开发热点,利用光伏效应直接获得高品质的电能是该技术的优势,但成本较高和效率偏低是其发展的最大瓶颈,如何提高光伏转换效率、降低其应用成本,国际上已经做了大量的研究。随着材料、工艺及系统技术的不断进步,太阳能光伏发电技术取得了可喜的进展,光伏电池的成本已大幅降低,但至今依然不够经济,脱离了政府的补贴依然难以被用户接受;电池效率较最初已有很大提高,但效率的绝对数值依然较低,通常光伏电池效率不到20%,这意味着多数太阳能或被反射,或被转换成热量释放。

太阳能光热利用技术历史悠久,该技术最大的优势就是太阳能热利用效率较高,技术成本低。由于其经济性较好,太阳能光热产业发展迅速,太阳能热水、太阳能空气集热等技术已得到广泛应用,但通过该技术获得的能量品质低,其应用范围受到了一定的限制。太阳能热发电近年来发展迅速,但鉴于系统的成本高,可靠性差,复杂性高,依然难以大规模推广。

理论研究表明,单晶硅太阳能电池在 0℃时的最大理论光电转换效率只有30%。在光照强度一定的条件下,太阳能晶硅电池输出功率将随自身温度升高而下降,每升高 1℃,发电效率约下降 0.3%,其他因素如光照强度的大小等也会对太阳能晶硅电池的能量转换效率有所影响。在实际的应用中,标准条件下太阳能晶硅电池转换效率为 16%~20%,由此可以看出,照射到电池表面的太阳能大约有 80%未能转换为有用能量(电能),很大一部分能量将会转化为热能,从而造成电池温度升高,电池光电转换效率下降。为了尽可能使电池光电转换效率保持在比较高的水平,可以在电池背面敷设流体通道,通过冷却介质带走热量以降低电池温度。

太阳能光伏光热综合利用技术是将光伏电池与太阳能集热技术结合起来,在太阳能转化为电能的同时,由集热组件中的冷却介质带走电池的热量加以利用,同时产生电、热两种能量收益。国际上将太阳能光伏光热综合利用技术称为 PV/T 技术，该技术能够提高太阳能的综合利用效率，且能同时满足用户对高品质电力和低品质热能的需求。

太阳能光伏光热综合利用技术将太阳能光伏利用技术、太阳能光热利用技术结合起来，综合利用能克服单一利用方式的缺点，是提高太阳能利用效率、降低综合应用成本的有效手段，也是太阳能大规模应用的方向之一。目前该技术研究正朝多元化方向发展，在 Elsevier 数据库中以 photovoltaic 和 thermal 为关键词进行 2001 年以来的期刊文献检索，可得到 1 万篇以上相关文献检索结果，可见国际上太阳能光伏光热综合利用技术的研究热度。

1.2　太阳能光伏光热综合利用的优点

1) 全光谱利用

以硅材料为例，由于半导体禁带宽度的存在，当太阳辐射投射于太阳能电池表面时，只有能量大于禁带宽度的光子才能产生电子空穴对，能量小于禁带宽度的光子将不能对电池的电流作出贡献。晶硅的禁带宽度在 1.2eV 左右，对应太阳辐射的波长为 1.1μm 左右，而太阳辐射光谱中波长大于 1.1μm 的能量占太阳辐射总能量的约 40%，这也意味着这部分能量将不能产生电子空穴对。太阳能光伏光热综合利用技术则可将这部分能量转换成可利用的热能，实现太阳辐射光谱的全光谱利用，从而提高太阳能的综合利用效率。

2) 多功能利用

对于绝大多数商用光伏电池，电池温度升高会引起光伏转换效率的下降，如果光伏电池吸收的热量受条件限制不能有效释放，反而会导致光伏电池温度升高，引起光伏转换效率的下降。理论与实验研究均表明，在较高的环境温度下，如果不对光伏组件采取冷却措施，其工作温度通常会高达 60～90℃；而在有介质冷却的系统中，光伏电池的工作温度基本上在 30～50℃。太阳能光伏光热综合利用技术在太阳能转化为电能的同时，由集热组件中的冷却介质带走电池的热量，产生电、热两种能量收益，从而提高太阳能的综合利用效率。

3) 降低成本

太阳能光伏光热综合利用技术将太阳能光伏技术和太阳能光热技术结合起来，系统共用了玻璃盖板、框架、支撑构件等，实现了光伏组件和太阳能集热器的一体化，节省了材料、制作和安装成本；太阳能光伏光热综合利用技术有效控制了光伏电池工作温度，避免了电池高温工作，从而提高了光伏电池的运行寿命，也可以说是减少了硅材料的损耗，改善了其经济性。

4) 节约安装面积

建筑是太阳能应用的最佳载体,但目前我国城市中大都是高层或小高层建筑,建筑围护结构可接收到阳光的面积是有限的。若采用太阳能光热技术和太阳能光伏技术两套系统,往往会存在安装位置、安装面积上的矛盾,从而对系统的设计、安装造成困难。采用太阳能光伏光热综合利用技术可以很好地解决这个问题。

5) 电/热输出灵活配置

太阳能光伏光热综合利用技术能够提供电力、热水和采暖等多种能量形式,具备太阳能利用的多功能性,从而能够满足用户对不同能量的需求。可综合考虑投资成本及能量需求,在太阳能光伏光热综合利用技术应用中选择合适的光伏电池覆盖率,进行电力输出优先、热力输出为辅的组件选择和系统设计。

6) 易于建筑一体化

太阳能光伏光热综合利用技术可以方便地实现建筑一体化,光伏热水-屋顶、光伏热水-墙、光伏空气多功能幕墙、光伏-Trombe 墙、光伏-热水窗、光伏-空气窗等一体化方案不仅利用围护结构发电供热,而且大大降低了建筑的空调负荷,获得了额外的收益。

1.3　太阳能光伏光热综合利用技术分类

目前国际上太阳能光伏光热综合利用技术类型非常多,我们从电池种类、聚光方式、冷却介质及应用形式等方面进行了分类。

1) 按电池种类进行分类

根据电池的效率不同、物理参数不同,太阳能光伏光热综合利用技术可分为晶硅电池太阳能光伏光热综合利用技术、非晶硅电池太阳能光伏光热综合利用技术、砷化镓电池太阳能光伏光热综合利用技术,以及其他光伏电池太阳能光伏光热综合利用技术等。此种分类中,太阳能光伏光热综合利用技术重点研究温度对不同电池性能的影响,不同电池与集热组件之间的复合加工工艺等。

2) 按聚光方式进行分类

可分为非聚光太阳能光伏光热综合利用技术、低倍聚光太阳能光伏光热综合利用技术、高倍聚光太阳能光伏光热综合利用技术。此种分类中,太阳能光伏光热综合利用技术重点研究太阳能聚光材料、聚光结构设计、太阳能跟踪技术、电池组件与集热组件的传热技术,以及冷却介质的选择、制备和输送技术等。

3) 按冷却介质进行分类

可分为太阳能光伏/热水综合利用技术,太阳能光伏/热空气综合利用技术,太阳能光伏/热泵综合利用技术,太阳能光伏/热发电综合利用技术及其他。此种分类中,太阳能光伏光热综合利用技术重点在于根据系统的应用目的,研究系统光伏光热综合效率的提高与优化。

4) 按冷却换热结构进行分类

对于采用晶硅电池的太阳能光伏光热综合利用技术而言，参照太阳能集热器的结构，可分为管翅式、管板式、扁盒式、热管式等太阳能光伏光热综合利用结构。此种分类中，太阳能光伏光热综合利用技术重点研究不同冷却换热结构的传热性能及对电池性能的影响。

5) 按应用需求进行分类

可分为太阳能光伏光热墙、太阳能光伏光热屋顶、太阳能光伏光热窗、太阳能光伏通风幕墙、太阳能光伏光热采暖系统、太阳能光伏热水系统、太阳能光伏热泵系统、太阳能光伏干燥系统、太阳能光伏农业大棚等。此种分类中，太阳能光伏光热综合利用技术重点研究综合利用技术对应用目标自身的性能影响及系统整体性能的提高与优化。

1.4　太阳能光伏光热综合利用技术的应用途径

太阳能光伏光热综合利用技术具体应用途径有如下几个方面。

1) 电力-热水

太阳能光伏光热综合利用技术最常见的应用途径是太阳能光伏热水系统，能够同时提供电力和热水，可广泛应用于建筑、工厂、农业等，特别是电力和热水需求量都较大的场所，如医院、宾馆等，与建筑一体化设计时，有太阳能光伏光热墙、太阳能光伏光热屋顶等。此时需要关注管路防冻问题及水路与电路之间的优化设计，避免相互干扰。

2) 电力-空气采暖

太阳能光伏光热综合利用技术同时提供电力和采暖热空气也有很好的应用前景，太阳能光伏光热采暖系统针对寒冷地区或者特定用户、场地的需求，在提供电力的同时，提供热空气直接应用于建筑采暖。光伏-空气集热器、光伏多功能幕墙、光伏-Trombe 墙等可实现发电-空气采暖，相对而言，此类系统结构比较简单，可靠性最高，维护成本最低。

3) 电力-干燥

传统干燥行业能耗巨大，污染严重，太阳能光伏光热综合利用技术针对某些用户、场地的特定需求，如工业干燥、农副产品干燥、烟草、药材、食品干燥等，可应用太阳能光伏干燥技术，能够同时提供电力和热空气，相比于电力-空气采暖，热空气的温度可能要求更高，湿度控制要求更加严格。特别是地域偏僻、电力不足地区，可通过系统自身提供的电力独立运行。

4) 电力-热泵

热泵系统冬季运行时由蒸发器从低温环境的空气中吸热，导致表面温度过低而结霜，从而传热阻力增加，存在热泵系统性能下降的问题；而光伏电池发电则是多余的热能不能够被利用，导致电池温度升高，存在效率随温度下降的问题。太阳能光伏热泵系统根据太阳能光伏与热泵两个系统的特点，不仅利用太阳能发电，而且将光伏电池发电多余的热能提供给热泵系统，提高了蒸发温度，降低了电池温度，在提高光伏电力输出效率的同时，有效地提升了热泵系统的能效比。

5) 电力-通风

针对夏热冬暖地区的建筑，全年冷负荷较高，且有新风需求，在实现太阳能利用与建筑结合时，系统作为建筑围护结构的一部分，电池温度上升不仅降低了电力输出效率，而且还增加了室内冷负荷。因此，可通过太阳能光伏光热综合利用技术与通风技术相结合，如太阳能光伏光热窗、太阳能光伏通风幕墙等，主要利用热压通风原理，光伏电池背面的空气被加热后，被热浮力带走，在降低光伏电池温度、提升发电效率的同时，降低室内冷负荷，实现建筑节能。

6) 电力-农业需求

太阳能光伏光热综合利用技术与农业需求的结合，主要是指太阳能光伏光热综合利用技术在农业大棚、珍稀鱼类养殖等方面的应用，在光伏发电的同时，提高环境温度。如太阳能光伏农业大棚，全年利用太阳能产生电力，针对不同作物生长特点，调节大棚温度。夏季光伏的存在及有效通风，抑制了太阳辐射强度过大导致的温度过高；冬季有效利用光伏发电产生的多余热能改善了大棚热环境。

1.5　太阳能光伏光热综合利用的共性技术

虽然太阳能光伏光热综合利用技术有很多种类，但其中很多技术是相通的，关键技术也是类似的，具体归纳如下：

1) 光伏电池与集热板的可靠性联结，保证它们之间的高绝缘性和高导热性

太阳能光伏光热综合利用技术中光伏电池与集热板之间需紧密结合，集热板一般采用金属材料，如铝、铜等，由于电池与金属热膨胀系数不同，热应力问题是影响系统可靠性的主要因素；另外，保证电池与集热板之间的绝缘性非常重要，需要寻找绝缘性良好的黏结材料，而绝缘性良好的材料通常导热性能较差，不能及时有效地将光伏电池没有转化成电能的太阳能传导出来，因此研发同时满足绝缘性和导热性要求的黏结材料是非常关键的。

2) 电池组件温度分布均匀性对系统的光电转换效率和光热转换效率的影响

与常规太阳能光伏组件相比，由于冷却介质的流动，太阳能光伏光热组件之间不可避免地存在着温度梯度，晶体硅太阳能电池的温度超过25℃时，每升高1℃

电池功率损耗约 4‰，而光电转换效率的变化也将影响系统光热转换效率的变化。对太阳能光伏光热系统而言，系统越大，太阳能光伏光热组件之间的温度梯度对系统性能的影响也就越大。因此，如何选择正确的太阳能光伏光热组件连接方式和系统运行方式是需要研究的问题。

3) 太阳辐照分布均匀性对系统的光电转换效率和光热转换效率的影响

在常规太阳能光伏系统中，存在"热斑"效应，即被遮挡的太阳能电池或组件在阵列中是串联部分或者是串联组件中的一部分时，被遮挡太阳能电池的输出电流(最小电流)将成为组件的输出电流，同时，被遮挡的太阳能电池将作为耗能件以发热的方式将串联回路上的其他太阳能电池产生的大部分电能消耗掉，长时间遮挡情况下，局部温度将会很高，甚至可能烧坏太阳能电池而使太阳能电池组件永久失效。

在太阳能光伏光热系统中，"热斑"效应同样存在，特别是聚光太阳能光伏光热系统中，这个问题更为关键。有别于常规太阳能光伏系统，太阳能光伏光热组件中冷却介质的存在，可以提升组件对热斑效应的耐受力，因此太阳辐照分布均匀性对太阳能光伏光热系统的光电转换效率和光热转换效率的影响是值得研究的问题。

4) 太阳能光伏光热组件的电池组件覆盖率和覆盖位置对系统的光电、光热转换效率的影响

太阳能光伏光热系统中，光电转换量和光热转换量是相互影响的，太阳能光伏光热组件上的电池组件覆盖率的变化将直接影响系统的光电转换量和光热转换量，而太阳能光伏光热组件中一般存在着温度梯度，特别是自然循环模式下，处于较低温度场位置的组件的光电转换率和光电转换量将高于处于较高温度场位置的组件。另外，太阳能光伏光热组件的边框将产生一定的阴影覆盖面积，也将对系统的光电转换率和光电转换量产生影响。

5) 系统的优化与评价方法

太阳能光伏光热综合利用技术多种多样，其系统优化和评价方法目前很难有一个统一的标准，光热转换与光电转换的能量品质是不一样的，不同的应用条件、目的和背景，其评价方法也是不同的。针对不同的太阳能光伏光热综合利用技术应用提出不同的评价方法，特别是与建筑结合或者进行一体化设计时，需要考虑与建筑接口技术、对室内热环境及对建筑整体能耗影响。

第2章 平板型光伏热水系统

平板型太阳能光伏热水集热模块是太阳能光伏光热综合利用技术的基本形式，它将光伏电池与太阳能平板吸热板结合，用水做冷却介质来制备热水，达到能量多级利用的目的，和太阳能热水系统类似，与连接管道、储热水箱、阀门及泵等组成平板型太阳能光伏热水系统。

平板型太阳能光伏热水系统的核心部件是光伏热水集热模块。制作光伏热水收集器的关键在于确保光伏电池与太阳能平板吸热板之间良好的热传导和电绝缘。本章的主要内容包括平板型太阳能光伏热水系统中光伏热水集热模块的结构介绍、系统传热模型、性能测试、参数影响及对比分析等。

2.1 平板型光伏热水集热模块的基本结构

平板型光伏热水集热模块中光伏电池底板材料可以采用常规平板太阳能热水器中的吸热板，按板芯材料划分有全铜、全铝、铜铝复合、不锈钢、钢板铁管、塑料及其他非金属吸热板等；按结构划分有管翅式、扁盒式、管板式吸热板，如图 2.1 所示。管翅式吸热板、扁盒式吸热板、管板式吸热板等都可作为光伏热水集热模块中光伏电池的底板。

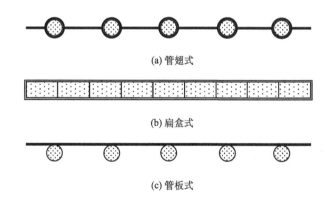

(a) 管翅式

(b) 扁盒式

(c) 管板式

图 2.1 平板型光伏热水集热模块吸热板的基本类型

1) 管翅式

管翅式吸热板具有水容量小、承压性能好和加工灵活等优点，常见的有铜铝复合管翅式吸热板。铜铝复合式吸热板一般采用复合辗压、吹胀成型工艺，肋管与吸热板之间的接触面积较大，能够有效传递热量，但沿肋片方向温度分布不均匀，图 2.2 为铜铝复合板管翅式平板型太阳能光伏热水系统部件。

图 2.2　铜铝复合板管翅式平板型太阳能光伏热水系统部件

由于管翅式吸热板表面非平整表面，不能采用层压工艺与光伏电池结合，可以通过传统黏结工艺与光伏电池结合，光伏电池与吸热板之间热阻较大，组件光伏效率和集热效率都较低，且加工制作过程受人为因素影响较大，性能一致性较差，不利于流水线生产。

2) 扁盒式

扁盒式吸热板与液体的接触面积大，传热性能好，效率因子高，肋片效率近似为 1。

扁盒式吸热板材质可以用塑料或者金属制作，扁盒式塑料吸热板耐腐蚀性好，重量轻，易于加工(一般采用模具吹塑成型工艺)，适于作为光伏电池的底板，但是这类非金属材料的导热系数比金属小，传热性能较差。而扁盒式金属吸热板则具有诸如传热效果好、横向温度分布均匀、表面平整等优点，比较适于作平板型太阳能光伏热水系统中光伏电池的底板。

相对而言，扁盒式吸热板材料需求量较大，且由于集热型条与集水管槽之间的连接问题，承压能力较差，不适用于高压系统。

以铝合金材料为例，铝合金扁盒式吸热板如图 2.3 所示，利用挤压机将加热好的铝合金圆铸棒挤压成型，然后通过阳极氧化进行表面处理，并利用封孔前氧化膜的强吸附性，在膜孔内吸附沉积金属盐，使扁盒表面呈黑色。

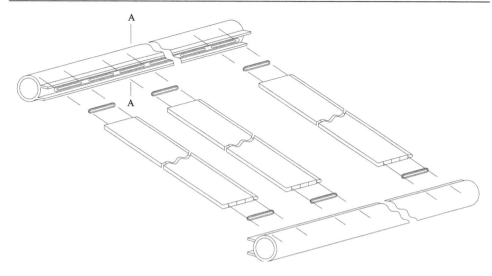

图 2.3　铝合金扁盒式吸热板结构示意图

图 2.3 中所示的铝合金为 6063#，扁盒厚度 12mm，吸热表面宽 85mm，材质厚度 1mm，内置 3 个截面为 20mm×10mm 的液体流道。

铝合金扁盒式吸热板将若干条扁盒式铝合金集热型条相互榫接，并在集热型条与集水管槽之间加硅胶垫，然后将榫接处与集水管槽铆接，可制成扁盒式吸热板。

铝合金扁盒式吸热板的流体与吸热表面的接触面积大，传热效果好；吸热表面光滑、平整，易于电池粘贴和真空层压；型条之间相互榫接，可以自由增减吸热面积。但必须注意，由于集热板型条与集水管槽采用胶垫+铆接方式，这种吸热板的承压能力差，不适用于高压系统。图 2.4 为使用这种铝合金扁盒式吸热板制成的平板型太阳能光伏热水系统部件。

图 2.4　铝合金扁盒式 PV/T 一体化构件实物图

3) 管板式

管板式吸热板结构如图 2.5 所示，同样具有水容量小、承压性能好的优点，而且它结构简单，更容易制造，更适合大规模的推广和应用。与管翅式吸热板相比，吸热板表面平整，适合于光伏电池的层压加工，与扁盒式吸热板相比，承压性能好，但管板式吸热板肋管与吸热板之间为线连接，接触面积小，传热能力略差。

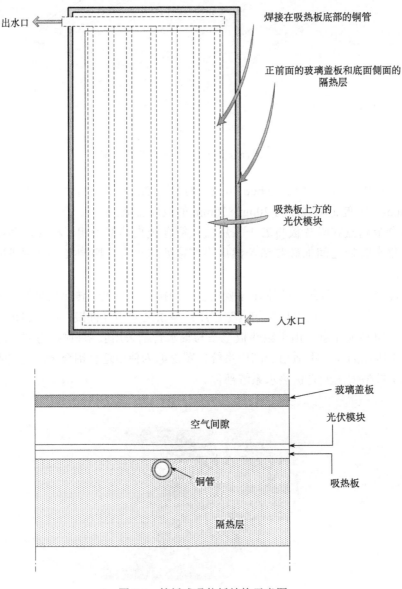

图 2.5　管板式吸热板结构示意图

管板式吸热板肋管与吸热板之间的连接工艺有粘胶式、超声波焊接式和激光焊接式等。

粘胶式吸热板铜管与 Ω 型槽、薄铝板与硬质铝合金板之间的接触热阻太大，且整体热容较大，导致起集热作用的硬质铝合金板与铜管内的水流传热效果较差。

粘胶式太阳能吸热板上表面光滑、平整，便于粘贴光伏电池组件，由于现有工艺的限制，吸热板样品的热转移效果比较差，且加工制作过程受人为因素影响较大，不利于 PV/T 构件的流水线生产。

超声波焊接式吸热板则是先将光伏电池层压于铝制集热底板上，然后通过超声波焊接的方式将铜管与铝制集热底板相连，通过焊点的工艺控制和间隔控制，可以较好地减少铜管与铝制集热底板之间的接触热阻。

激光焊接式吸热板外观与超声波焊接式吸热板类似，先将光伏电池层压于铝制集热底板上，再通过激光焊接的方式将铜管与铝制集热底板相连，通过焊点的工艺控制和间隔控制，也可以较好地减少铜管与铝制集热底板之间的接触热阻，适合于 PV/T 构件的流水线生产。但在加工制作过程中，必须调整好工艺和功率，避免烧穿铝制集热底板，从而破坏光伏电池，也要避免加工制作过程中导致铝制集热底板变形较大而使层压于上的光伏电池破裂。

2.2　平板型光伏热水系统

平板型光伏热水集热模块、贮水箱、连接管路及光伏光热系统组成了平板型光伏热水系统，其运行模式可参照平板型太阳能热水系统，分为自然循环模式和强迫循环模式。

2.2.1　自然循环式平板型光伏热水系统的数理模型

由于太阳辐射和环境温度等系统驱动力在一天内是变化的，故系统工况始终处于非稳定的状态。为了简化数学模型，作出如下假设[1]：

(1) 平板型光伏热水器水管内的水温分布为线性；

(2) 贮水箱内的水温分布为线性；

(3) 系统中上下循环水管的热容和热损均可忽略不计；

(4) 贮水箱中水的平均温度和集热器中水的平均温度相等；

(5) 系统在一天内作无负荷运行。

下面分别对平板型光伏热水系统的各部分作能量平衡分析，以扁盒式平板型光伏热水系统为例，如图 2.6 所示，对系统的各个组成部分分别建立瞬态能量守恒方程。

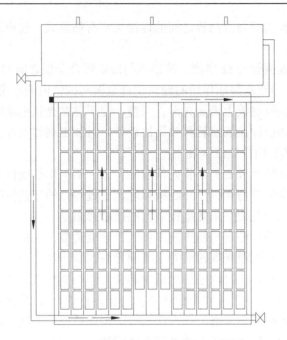

图 2.6　扁盒式平板型光伏热水系统

平板型光伏热水集热模块的构造装配如图 2.7 所示。

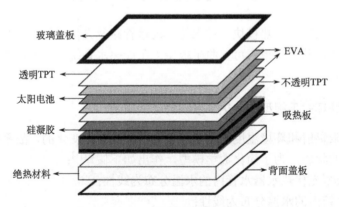

图 2.7　平板型光伏热水集热模块的构造装配图

EVA 指乙烯-醋酸乙烯共聚物 (ethylene-vinyl acetate copolyme)；TPT 指聚氟乙烯复合膜

扁盒式平板型光伏热水器的截面如图 2.8 所示。

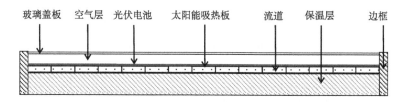

图 2.8 扁盒式平板型光伏热水器的截面图

1) 盖板

考虑玻璃盖板对太阳辐射的吸收

$$l_\mathrm{g} \cdot \rho_\mathrm{g} \cdot C_\mathrm{g} \cdot \frac{\mathrm{d}T_\mathrm{g}}{\mathrm{d}t} = G_\mathrm{t} \cdot \alpha_\mathrm{g} + (h_\mathrm{wind} + h_\mathrm{r,g-a}) \cdot (T_\mathrm{a} - T_\mathrm{g}) + (h_\mathrm{c-g} + h_\mathrm{r,c-g}) \cdot (\overline{T}_\mathrm{c} - T_\mathrm{g}) \qquad (2.1)$$

式中，T_g 为盖板的温度，℃；T_a 为环境温度，℃；$\overline{T}_\mathrm{c}$ 为复合吸热板的平均温度，℃；l_g 为玻璃盖板的厚度，m；ρ_g 为玻璃盖板的密度，kg/m³；C_g 为玻璃盖板的比热容，J·kg/K；α_g 为玻璃盖板的吸收率；G_t 为投射到玻璃盖板表面的太阳辐射强度，W/m²。

由风引起的盖板外表面的对流换热系数

$$h_\mathrm{wind} = 2.8 + 3.0 \times u_\mathrm{wind} \qquad (2.2)$$

式中，u_wind 为室外风速，m/s。

玻璃盖板与环境的辐射换热系数

$$h_\mathrm{r,g-a} = \varepsilon_\mathrm{g} \cdot \sigma \cdot (T_\mathrm{g}^2 + T_\mathrm{a}^2) \cdot (T_\mathrm{g} + T_\mathrm{a}) \qquad (2.3)$$

式中，ε_g 为玻璃盖板的发射率。

盖板与复合吸热板之间的辐射换热系数

$$h_\mathrm{r,c-g} = \frac{\sigma \cdot (T_\mathrm{g}^2 + \overline{T}_\mathrm{c}^2) \cdot (T_\mathrm{g} + \overline{T}_\mathrm{c})}{\dfrac{1}{\varepsilon_\mathrm{g}} + \dfrac{1}{\varepsilon_\mathrm{c}} - 1} \qquad (2.4)$$

式中，ε_c 为复合吸热板的发射率。

玻璃盖板与复合吸热板之间的对流换热为倾斜的矩形腔体内的自然对流换热，其对流换热系数

$$h_\mathrm{c-g} = \frac{\overline{Nu}_\mathrm{L} \cdot k_\mathrm{air}}{L_\mathrm{a}} \qquad (2.5)$$

式中，k_air 为空气的导热系数，W/(m·K)；L_a 为空气层的厚度，m。

倾斜角为 θ 的矩形空间内的自然对流换热努塞尔数[2]

$$\bar{Nu}_{L} = 1 + 1.44 \times \left[1 - \frac{1708}{Ra_{L} \cdot \cos\theta}\right]^{*} \times \left[1 - \frac{1708 \cdot \left[\sin(1.8 \cdot \theta)\right]^{1.6}}{Ra_{L} \cdot \cos\theta}\right]$$

$$+ \left[\left(\frac{Ra_{L} \cdot \cos\theta}{5830}\right)^{\frac{1}{3}} - 1\right]^{*}, \quad \left[(H/L) \geqslant 12, 0° < \theta < 70°\right] \tag{2.6}$$

式中，H 为矩形腔体的长度，m。记号 $[\ ]^{*}$ 表示：如果括号内的量是负的，必须取为 0。

瑞利数

$$Ra_{L} = \frac{g \cdot \beta \cdot (T_{c} - T_{g}) \cdot L_{a}^{3}}{\alpha \cdot \gamma} \tag{2.7}$$

式中，g 为当地重力加速度，m/s^2；β 为空气的热膨胀系数，K^{-1}。

2) 复合吸收板

由于光伏电池组件与吸热板之间的黏结良好，可忽略接触热阻，将二者作为一个整体来处理，光伏电池的工作温度近似等于吸热板温度[3]。

$$l_{c} \cdot A_{c} \cdot \rho_{c} \cdot C_{c} \cdot \frac{dT_{c}}{dt} = G_{t} \cdot K \cdot \tau_{g} \cdot \left[\alpha_{c} \cdot (1 - \zeta) + \alpha_{pv} \cdot \zeta\right] \cdot A_{c} - E \cdot A_{pv}$$

$$+ (h_{c-g} + h_{r,c-g}) \cdot A_{c} \cdot (T_{g} - T_{c}) + h_{c-w} \cdot A_{wc} \cdot (T_{wc} - T_{c}) \tag{2.8}$$

$$+ \frac{T_{a} - T_{c}}{R_{in}} + k_{c} \cdot l_{c} \cdot A_{c} \cdot \left(\frac{\partial^{2} T_{c}}{\partial x^{2}} + \frac{\partial^{2} T_{c}}{\partial y^{2}}\right)$$

式中，T_{c} 为复合吸热板的温度，℃；T_{wc} 为矩形流道内的水温，℃；l_{c} 为复合吸热板的有效厚度，m；ρ_{c} 为复合吸热板的密度，kg/m^3；C_{c} 为复合吸热板的比热容，J·kg/K；k_{c} 为复合吸热板的导热系数，W/(m·K)；α_{c} 为复合吸热板的吸收率；α_{pv} 为光伏电池的吸收率；ζ 为光伏电池的覆盖率；τ_{g} 为盖板的透过率；A_{c} 为复合吸热板的有效吸热面积，m^2；A_{pv} 为光伏电池的吸热面积，m^2；A_{wc} 为矩形流道内水与流道壁面的接触面积，m^2。

考虑到玻璃盖板的透过率随太阳入射角变化的关系，引入入射角修正系数

$$K = 1 - b_{0} \cdot (1/\cos\theta_{i} - 1) \tag{2.9}$$

对于单层玻璃盖板，$b_{0} = 0.10$；θ_{i} 为太阳入射角，此关系式适用于 $0° \leqslant \theta_{i} \leqslant 60°$。

光伏组件的输出功率由光伏电池的转换效率、太阳辐射强度、电池的工作温度等因素决定，而光伏电池的转换效率与工作温度呈线性反比例变化，因此光伏组件的输出功率

$$E = G_{t} \cdot K \cdot \tau_{g} \cdot \eta_{pv}^{*} \cdot [1 - \beta \cdot (T_{c} - 25)] \tag{2.10}$$

式中，η_{pv}^{*} 为标况下光伏电池的光电转换效率；β 为光伏电池的温度系数，$-5‰/℃$。

忽略 PV/T 收集器背板与环境的辐射热损，复合吸热板背部热阻

$$R_{in} = \frac{l_{in}}{k_{in} \cdot A_{in}} + \frac{1}{h_{wind} \cdot A_{in}} \tag{2.11}$$

式中，k_{in} 为绝热层的导热系数，W/(m·k)；l_{in} 为绝热层的厚度，m；A_{in} 为绝热层的面积，m^2。

3) 流道

$$A_{Jc} \cdot \rho_w \cdot C_w \cdot \frac{\partial T_{wc}}{\partial t} = h_{c-w} \cdot P_c \cdot (T_c - T_{wc}) - A_{Jc} \cdot u_w \cdot \rho_w \cdot C_w \cdot \frac{\partial T_{wc}}{\partial y} \tag{2.12}$$

式中，A_{Jc} 为流道的截面积，m^2；P_c 为流道的润湿周长，m；u_w 为每个流道内的流速，m/s；ρ_w 为水的密度，kg/m^3；C_w 为水的比热容，J·kg/K。

水与流道壁面的对流换热系数

$$h_{c-w} = Nu_w \times k_w / D_w \tag{2.13}$$

对于管内充分开展的层流流动，当横截面高宽比为 1：2 时，有

$$Nu_w = 4.11$$

水力直径

$$D_w = 4 \times A_{Jc} / P_c \tag{2.14}$$

4) 循环管

包括上、下循环管两部分，这两部分具有相同的能量方程

$$\dot{m}_w \cdot C_w \cdot \frac{\partial T_{wp}}{\partial t} = h_{p-a} \cdot P_p \cdot (T_a - T_{wp}) - \dot{m}_w \cdot C_w \cdot \frac{\partial T_{wp}}{\partial y} \tag{2.15}$$

式中，T_{wp} 为循环管内的水温，℃；P_p 为循环管直径，m；h_{p-a} 为循环管的热损系数，W/(m^2·K)；$\dot{m}_w$ 为循环管内的质量流量，为 PV/T 构件所有流道内的流量之和，kg/s。

5) 水箱

$$V_{tank} \cdot \rho_w \cdot C_w \cdot \frac{dT_{wt}}{dt} = \dot{m}_w \cdot C_w \cdot (T_{w,in} - T_{w,out}) + h_{tank} \cdot A_{tank} \cdot (T_a - T_{wt}) \tag{2.16}$$

式中，T_{wt} 为水箱内的水温，℃；V_{tank} 为水箱容积，m^3；A_{tank} 为水箱的表面积，m^2；$T_{w,in}$、$T_{w,out}$ 为水箱的进口、出口水温，℃；h_{tank} 为水箱的热损系数，W/(m^2·K)。

6) 自然循环模式下流速 u_w 的确定

假设在准稳态下每一瞬时水路系统的热虹吸压头与阻力水头平衡

$$H_T = H_f \tag{2.17}$$

热虹吸压头 H_T 的大小取决于系统的温度分布情况

$$H_T = \oint h \cdot d\gamma \tag{2.18}$$

在太阳能热水系统的运行温度范围内，水的重度

$$\gamma = A \cdot T_f{}^2 + B \cdot T_f + C \tag{2.19}$$

式中，A、B、C 均为常数。

假设流道内和水箱中温度线性分布

$$H_T = \frac{T_{c,in} - T_{c,out}}{2} \times (2A \cdot T_m + B) \times h \tag{2.20}$$

式中，$T_{c,in}$ 和 $T_{c,out}$ 分别为流道的进口和出口温度；T_m 为流道中水的平均温度；h 为高度差。

阻力水头为沿程阻力和局部阻力之和

$$H_f = \gamma \cdot f \cdot \frac{l}{d} \cdot \frac{u_w^2}{2g} + \gamma \cdot K \cdot \frac{u_w^2}{2g} \tag{2.21}$$

式中，$f = \dfrac{64 \cdot \nu}{u_w \cdot d}$。

由 $H_T = H_f$，得

$$\frac{T_{c,in} - T_{c,out}}{2} \times (2A \cdot T_m + B) \times h = \gamma \cdot \frac{64 \cdot \nu}{u_w \cdot d} \cdot \frac{l}{d} \cdot \frac{u_w^2}{2g} + \gamma \cdot K \cdot \frac{u_w^2}{2g} \tag{2.22}$$

求解关于 u_w 的一元二次方程可得 u_w。

7) 系统的能量平衡

集热器的能量平衡方程为

$$\dot{m}C_w (T_{p,out} - T_{p,in}) = A_p F'[G - U_p (T_{w,m} - T_a)] \tag{2.23}$$

水箱的能量平衡方程为

$$\dot{m}C_w (T_{p,out} - T_{p,in}) = (UA)_s (T_{w,n} - T_a) + (mC_w)_s \frac{dT_{w,n}}{d\tau} \tag{2.24}$$

式中，角标 p 表示平板型光伏热水器；角标 out 表示出口；角标 in 表示进口；角标 s 表示贮水箱；角标 w 表示水；角标 a 表示环境；$\dot{m}$ 为系统中流量；m 为水箱中水质量；$T_{w,n}$ 为水箱中水的平均温度；$T_{w,m}$ 为平板型光伏热水器中水的平均温度，根据上面假设 $T_{w,m} = T_{w,n}$；U 为总传热系数。合并上面两个能量平衡方程，整理得到

$$(mC_w)_s \frac{dT_{w,n}}{d\tau} = F'A_p G - [F'(UA)_p + (UA)_s (T_{w,m} - T_a)] \tag{2.25}$$

式中，G 为太阳辐射量；F' 为集热器效率因子，无量纲；A 为水箱表面积。

2.2.2　强迫循环式平板型光伏热水系统的数理模型

强迫循环式平板型光伏热水系统各部分的能量平衡方程和自然循环式的系统很相似，只是由于在强迫循环式系统中，加入了提供循环动力的直流水泵，因

此在强迫循环式热水系统中以较大流量进行循环。这就导致了强迫循环式系统中铜管流道内的水流速和自然循环式系统铜管流道内水流速不同，直接影响了铜管中的水和吸热铝板的对流换热系数，从而导致强迫循环式平板型光伏热水系统的能量平衡方程有所不同。

在强迫循环式平板型光伏热水系统中，玻璃盖板、光伏模块、吸热铝板、铜管中的水、贮水箱中的水的基本能量平衡方程和自然循环式平板型光伏热水系统基本一样。和自然循环式系统不同的是，强迫循环式平板型光伏热水系统中流道内水流速 u_w 是基本恒定的，所以在铜管中的水和吸热铝板对流换热系数 h_{bw} 与自然循环式系统式(2.8)和式(2.13)中有所不同。

由于在强迫循环式太阳能热水系统中存在水泵的运行，系统以较大的流量进行循环加热，水在贮水箱内引起剧烈的掺混，贮水箱内的水温度可以视为均匀的。同时，为了简化系统的数学模型，假设流体管道的热损失很小，可以忽略不计。

根据以上假设，强迫循环式太阳能热水系统作无负荷运行时，贮水箱的能量平衡方程可以写为

$$(mC_w)_s \frac{dT_{w,n}}{d\tau} = (Q_u)_s - (UA)_s (T_{w,n} - T_a) \tag{2.26}$$

式中，$(Q_u)_s$ 为集热器输入贮水箱的热量。

PV/T 集热器的能量平衡方程为

$$(Q_u)_p = F_R A_c G - F_R A_p U_p (T_{w,m} - T_a) \tag{2.27}$$

PV/T 集热器和流道中水的换热方程为

$$(Q_u)_p = \dot{m} C_w (T_{p,out} - T_{p,in}) \tag{2.28}$$

式中，$(Q_u)_p$ 为平板型光伏热水器经太阳辐照得到的净能量；在强迫循环式系统中，系统流量 $\dot{m}$ 在某一固定时刻为定值；F_R 为集热器的热转移因子。

由于忽略管道热损，则 $(Q_u)_s = (Q_u)_p$，合并式(2.27)和式(2.28)可以得到

$$(mC_w)_s \frac{dT_{w,n}}{d\tau} = F_R A_c G - [(UA)_s + F_R A_p U_p] (T_{w,m} - T_a) \tag{2.29}$$

2.2.3 自然循环式平板型光伏热水系统模型验证

系统主要参数：玻璃盖板厚 4mm，密度 2515kg/m³，比热容 810J/(kg·K)，透过率 0.83，吸收率 0.12，发射率 0.88；光伏电池覆盖率 0.63，温度系数–5‰，吸收率 0.9，发射率 0.9[3]；吸热板长 1.38m，宽 1.275m，集热面积 1.76m²，密度 2770kg/m³，比热容 875J/(kg·K)，导热系数 177W/(m·K)，吸收率 0.9，发射率 0.3；绝热保温层厚 0.03m，导热系数 0.036W/(m·K)；循环管内径 0.028m，外径 0.036m，导热系数 0.3W/(m·K)，上循环管长 0.6m，下循环管长 1.8m；水箱内径 0.45m，

长 1.42m，保温层厚 0.035m。计算过程中环境风速取 2m/s。

如图 2.9 所示，8:00～16:00 的平均太阳辐射强度为 585.811W/m²，平均环境温度为 27.18℃。

如图 2.10 所示，复合吸热板平均温度计算值与吸热板正中央测点的温度实测

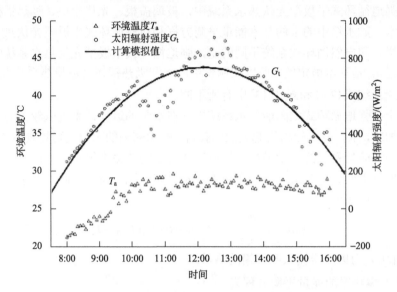

图 2.9　实测的太阳辐射强度和环境温度

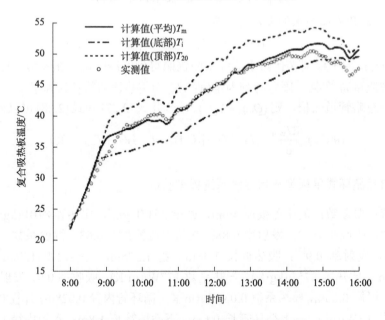

图 2.10　复合吸热板温度计算值与实测值对比

值基本吻合。在白天大部分时间里，吸热板上下边缘维持 5～10℃的温差，这主要是由于自然循环的流量很小，在 0.002～0.019kg/s 变化。通常情况下，硅光伏电池的光电转换效率随工作温度的升高而线性地下降，吸热板沿水流方向的温差将导致电池单元之间的匹配失当，降低平板型光伏热水系统的发电效率。可以通过增加系统的流量，即采用适当的强迫循环，来减小温差，实现整个光伏组件温度分布均匀，提高平板型光伏热水系统的光电性能。

　　如图 2.11 所示，水箱水温的计算值与实测值吻合得较好，计算值大体位于两个测点温度实测值的中间。

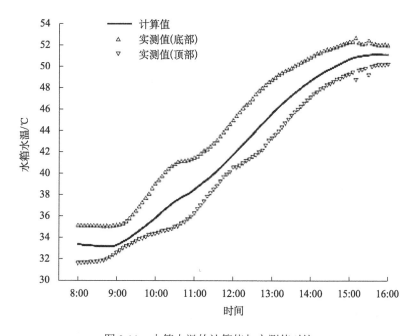

图 2.11　水箱水温的计算值与实测值对比

　　在白天大部分时间里，计算值基本上反映了平板型光伏热水系统发电效率的变化趋势，如图 2.12 所示。但是，在 8:00～9:30 和 15:30～16:00 这两段时间里，计算值与实测值的偏差比较大。8:00～9:30 和 15:30～16:00 的偏差主要是因为太阳辐射角较大，放大了平板型光伏热水器中的水蒸气、灰尘等对太阳辐射透过率的影响。

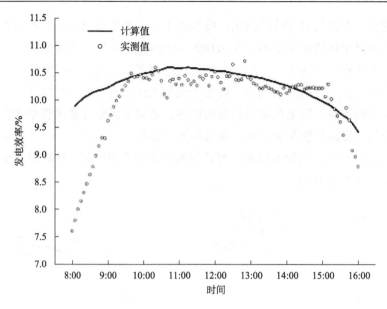

图 2.12　平板型光伏热水系统瞬时发电效率的计算值与实测值对比

2.3　平板型光伏热水系统评价指标

平板型光伏热水系统一般使用光电光热总效率来评价系统的综合性能:

$$\eta_o = \eta_t + \eta_e \qquad (2.30)$$

式中, η_t 为平板型光伏热水系统的热效率; η_e 为平板型光伏热水系统的发电效率; η_o 能够从数量上反映平板型光伏热水系统的能量收益。

但是, 相对于热能, 电能是一种更高品位的能量。因此, Huang 等[4]提出了光电光热综合性能效率(primary-energy saving)作为平板型光伏热水系统的综合性能评价指标:

$$E_f = \eta_t + \eta_e / \eta_{power} \qquad (2.31)$$

式中, η_{power} 为常规火力发电厂的发电效率, 一般取 $\eta_{power} = 0.38$; E_f 兼顾了电能与热能的数量和品位, 能够反映平板型光伏热水构件将所拦截到的太阳能转化为电能和热能的能力。

式(2.30)和式(2.31)只适用于光伏电池面积和吸热板面积完全相等时的情况, 然而, 实际制作的平板型光伏热水构件, 由于光伏电池自身尺寸的限制和封装工艺的要求, 电池面积小于吸热板面积, 因此, 引入光伏电池覆盖率 ζ [4], 定义为

$$\zeta = A_{\mathrm{pv}} / A_{\mathrm{c}} \tag{2.32}$$

式中，A_{pv} 为光伏电池面积，m^2；A_{c} 为太阳能吸热板有效集热面积，m^2。

由式 (2.30) 和式 (2.32)，平板型光伏热水系统的光电光热总效率修正为

$$\eta_{\mathrm{o}} = \eta_{\mathrm{t}} + \zeta \eta_{\mathrm{e}} \tag{2.33}$$

由式 (2.32) 和式 (2.33)，平板型光伏热水系统的光电光热综合性能效率修正为

$$E_{\mathrm{f}} = \eta_{\mathrm{t}} + \zeta \eta_{\mathrm{e}} / \eta_{\mathrm{power}} \tag{2.34}$$

传统的太阳能热水系统的日平均热效率 η_{t} 主要由集热器的性能决定，受测试时间内集热器表面所接收到的太阳辐射量 H_{t} $(\mathrm{MJ/m}^2)$、系统的初始水温 T_{i} $(\mathrm{℃})$、环境温度 T_{a} $(\mathrm{℃})$、系统水量 m (kg) 和集热器倾角等的影响。自然循环式太阳能热水系统性能评价方法如下式：

$$\eta_{\mathrm{t}} = \frac{q_{\mathrm{net}}}{H_{\mathrm{t}}} = \alpha_0 - U_{\mathrm{s}} \frac{T_{\mathrm{i}} - \overline{T_{\mathrm{a}}}}{H_{\mathrm{t}}} \tag{2.35}$$

式中，α_0 为系统初始水温与日平均环境温度 $\overline{T_{\mathrm{a}}}$ 相等时的日平均热效率；U_{s} 为系统在能量收集状态时的热损系数。

由于平板型光伏热水系统在室外日常运行时，天气 (太阳辐射强度、环境温度等) 和每天的初始水温一直处在变化中，因此，参照式 (2.35)，引入平板型光伏热水系统典型热效率 η_{t}^*，定义为系统初始水温 T_{i} 和日平均环境温度 $\overline{T_{\mathrm{a}}}$ 相等时的日平均热效率作为衡量不同水量时 PV/T 热水系统的光热性能的指标。

$$\eta_{\mathrm{t}} = \eta_{\mathrm{t}}^* - U_1 \frac{T_{\mathrm{i}} - \overline{T_{\mathrm{a}}}}{H_{\mathrm{t}}} \tag{2.36}$$

在平板型光伏热水系统中，30%～50% 的太阳能转化为热能，10% 左右 (光伏电池面积和有效集热面积相等时，不等时还须乘以光伏电池覆盖率) 转化为电能，太阳能转化为热能的部分远大于转化为电能的部分；其次，光伏系统的发电效率主要由光伏电池自身的性能决定，受光伏组件的工作温度、倾角、太阳辐射强度及蓄电池、控制电路等的影响，而在 PV/T 一体化构件中，光伏组件的工作温度与吸热板的温度十分接近，吸热板温度又由太阳辐射强度和流道内的水温决定，因此，忽略其他因素的影响，参照式 (2.33) 和式 (2.36)，引入平板型光伏热水系统典型光电光热总效率 η_{o}^*，定义为系统初始水温 T_{i} 和日平均环境温度 $\overline{T_{\mathrm{a}}}$ 相等时的光电光热总效率：

$$\eta_{\mathrm{o}} = \eta_{\mathrm{o}}^* - U_2 \frac{T_{\mathrm{i}} - \overline{T_{\mathrm{a}}}}{H_{\mathrm{t}}} \tag{2.37}$$

参照式 (2.34) 和式 (2.36)，引入平板型光伏热水系统典型光电光热综合性能效率 E_{f}^*，定义为系统初始水温 T_{i} 和日平均环境温度 $\overline{T_{\mathrm{a}}}$ 相等时的光电光热综合性能效率

$$E_{\mathrm{f}} = E_{\mathrm{f}}^* - U_3 \frac{T_{\mathrm{i}} - \bar{T}_{\mathrm{a}}}{H_{\mathrm{t}}} \tag{2.38}$$

作为衡量不同水量时 PV/T 热水系统的光电光热性能的指标。

平板型光伏热水系统的典型热效率 η_t^*、典型光电光热总效率 η_0^* 和典型光电光热综合性能效率 E_{f}^*，可评价同一平板型光伏热水系统在不同运行工况(主要是不同水量)下的光热光电性能，也可作为不同平板型光伏热水系统的性能评价指标，但这需要将单位集热面积热水负荷 m / A_{c} 换算到统一的标准上。

2.4　平板型光伏热水系统的实验系统与结果分析

2.4.1　实验测试系统介绍

如图 2.13 所示，平板型扁盒式光伏热水实验系统主要包括三部分: 光伏系统、热水系统和测量系统。实验过程中，平板型扁盒式光伏热水器(单晶硅、多晶硅)正南放置，倾角 35°[5,6]。

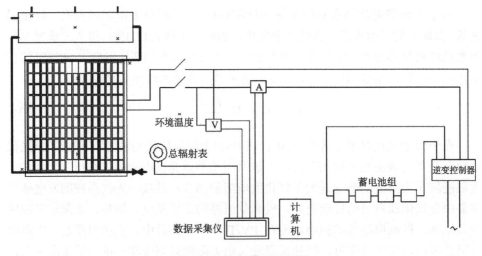

图 2.13　实验系统示意图

1) 光伏系统

光伏系统主要包括光伏电池组件、逆变控制器和蓄电池组。

对于多晶硅平板型扁盒式光伏热水器，光伏电池组件由 140 块 75mm×75mm 多晶硅光伏电池串联组成，电池面积 A_{pv}=0.7875m^2，功率为 102W。实验过程中通过逆变控制器的控制部分对 4 块串联的 12V×65AH 阀控密封式铅酸蓄电池充电。

对于单晶硅平板型扁盒式光伏热水器，光伏电池组件由 144 块 62.5mm×

125mm 单晶硅光伏电池串联组成，电池面积 $A_{pv}=1.125m^2$，功率为 166.5W。实验过程中通过逆变控制器的控制部分对 4 块串联的 12V×100AH 阀控密封式铅酸蓄电池充电。

JHQM-102D 风光互补逆变控制器，具有过压、欠压、过流、过热等保护功能，同时，可将 48V 直流电转换成 220V、50Hz 交流电输出。

2）热水系统

热水系统主要由太阳能吸热板、水箱及若干管道阀门构成。

对于多晶硅平板型扁盒式光伏热水器，吸热板由 16 条集热型条榫接而成，有效集热面积 $A_c=1.64m^2$；水箱横置，设计容量 100L。

对于单晶硅平板型扁盒式光伏热水器，吸热板由 15 条集热型条榫接而成，有效集热面积 $A_c=1.76m^2$；在实验过程中，先后使用了设计容量分别为 100L 和 170L 的两种水箱，横置，两种水箱的保温层均为 35mm 聚氨酯泡沫，水箱顶开三孔，用于放置热电偶兼作排气孔。

3）测量系统

测量系统主要包括温度测量、辐射测量、电量测量和水量测量。

测量温度时，使用 T 型（铜-康铜）热电偶，测量参数包括水箱内水温、PV/T 构件进出口水温、复合吸热板表面温度和环境温度等。

测量辐射时，使用阳光 TBQ-2 总辐射表，与平板型扁盒式光伏热水器表面平行。

测量电量时，使用 WBV344S1 直流电压传感器测量系统工作电压，WBI224S1 交直流电流隔离传感器测量系统工作电流。

使用 Agileng 34970A 数据采集仪和电子计算机，采集并记录上述温度、电压、电流值。

每次测试结束后，采用称重法测量系统水量。

2.4.2　实验结果

参照《家用太阳热水系统热性能试验方法》，在合肥地区先后对这两种自然循环式平板型光伏热水系统进行了全天室外实验测试，每次测试时间段为 8:00～16:00。

测量参数包括：平板型扁盒式光伏热水器表面所接收到的太阳辐射强度 G_t、环境温度 T_a、水箱内水温 T、平板型扁盒式光伏热水器进出口水温 T_{in} 和 T_{out}、复合吸热板表面温度 T_p、工作电压 U、工作电流 I。数据采集仪每 5min 采集一次。测试结束后，通过称重法测量系统水量 m。

整理后的部分实验结果见表 2.1 和表 2.2。

1) 多晶硅平板型扁盒式光伏热水系统

对多晶硅平板型扁盒式光伏热水系统的实验测试集中在 8 月至 11 月间进行，每次测试前，加满水箱，可认为水量基本保持不变，单位集热面积热水负荷为 57.93kg/m²。从表 2.1 可以看出，到测试结束时，水箱中的温升大部分在 20℃ 以上，最高达到了 35.61℃；系统的平均热效率在 36% 左右，发电效率在 9.4% 左右，光电光热总效率在 41% 左右，光电光热综合性能效率在 48% 左右。平均太阳辐射量 15.678MJ/(m²·d)，约合 4.355kW·h/(m²·d)，平均发电功率约 41W/d，日均发电量约 0.328kW·h。

表 2.1　多晶硅平板型扁盒式光伏热水系统测试结果

日期	温度/℃				H_t / [MJ/(m²·d)]	m /kg	m/A_c /(kg/m²)	日平均效率/%			
	T_i	ΔT	T_{max}	$\overline{T}_a$				η_t	η_e	η_o	E_f
8.07	30.49	26.55	60.06	37.16	15.52	95	57.93	41.88	9.88	46.74	54.68
8.08	33.32	18.26	53.60	35.05	13.67	95	57.93	32.71	9.87	37.57	45.49
9.14	27.70	18.70	46.40	30.89	10.46	95	57.93	44.37	10.86	49.72	58.44
9.21	31.10	15.80	47.10	26.86	12.36	95	57.93	31.72	9.99	36.64	44.66
9.28	23.66	20.39	44.08	29.42	12.61	95	57.93	40.13	9.89	45.00	52.94
9.29	20.00	19.70	40.30	25.76	12.83	95	57.93	38.12	10.42	43.25	51.62
9.30	20.72	25.28	46.22	27.47	14.83	95	57.93	42.30	10.16	47.30	55.46
10.15	15.03	24.2	39.23	19.38	19.66	95	57.93	30.54	9.26	35.10	42.53
10.16	13.71	35.61	49.56	21.93	19.06	95	57.93	46.37	9.74	51.16	58.99
10.17	14.50	29.30	44.30	21.36	17.92	95	57.93	38.96	9.55	43.66	51.33
10.19	20.34	20.51	41.34	20.44	14.85	95	57.93	34.28	9.11	38.76	46.08
10.20	18.93	24.19	43.13	21.67	17.50	95	57.93	34.12	8.99	38.54	45.76
10.22	19.94	18.39	38.33	19.26	17.03	95	57.93	26.80	8.79	31.13	38.19
10.24	18.06	27.43	45.49	21.87	19.53	95	57.93	34.87	8.60	39.10	46.01
10.25	18.32	18.97	37.61	21.67	13.55	95	57.93	34.76	8.55	38.97	45.83
10.26	33.83	18.89	52.72	22.39	17.87	95	57.93	26.52	8.17	30.54	37.10
10.28	20.55	22.42	42.96	23.10	17.29	95	57.93	32.18	8.26	36.25	42.88

注：T_i 为水箱初始水温，℃；ΔT 为测试时间内水箱温升，℃；T_{max} 为测试时间内水箱最高水温，℃；$\overline{T}_a$ 为测试时间内平均环境温度，℃；H_t 为测试时间内构件表面所接收到的太阳辐射量，MJ/(m²·d)；m/A_c 为单位集热面积热水负荷，kg/m²。

根据式 (2.36)，对多晶硅平板型扁盒式光伏热水系统的逐日热效率与 $(T_i - \overline{T}_a)/H_t$ 进行线性回归，如图 2.14 所示，可得多晶硅平板型扁盒式光伏热水系统的典型热效率 30.92%。

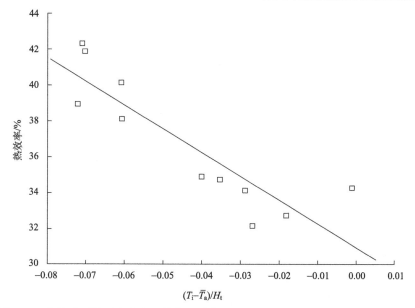

图 2.14　多晶硅平板型扁盒式光伏热水系统的逐日热效率与 $(T_i-\overline{T}_a)/H_t$ 的变化关系

同理，可得多晶硅平板型扁盒式光伏热水系统的典型光电光热总效率35.18%和典型光电光热综合性能效率 42.12%。

2) 单晶硅平板型扁盒式光伏热水系统

对单晶硅平板型扁盒式光伏热水系统的实验测试集中在 7 月至 10 月进行，测试过程中，先后使用了设计容量为100L 和170L 的两种水箱，每次测试前，改变加水量和加水时间，以比较不同水量、不同初始水温时平板型光伏热水系统的光电光热性能。

表2.2　单晶硅平板型扁盒式光伏热水系统测试结果

日期	温度/℃				$H_t/$ [MJ/(m²·d)]	m /kg	m/A_c /(kg/m²)	日平均效率/%			
	T_i	ΔT	T_{max}	$\overline{T}_a$				η_t	η_e	η_o	E_f
7.26	29.89	27.79	57.68	34.43	18.05	95	53.98	34.74	9.37	40.64	50.27
8.10	32.91	23.36	56.27	36.82	14.59	95	53.98	36.12	9.53	42.12	51.92
8.12	30.76	26.76	57.52	35.21	16.51	95	53.98	36.56	9.54	42.57	52.38
8.26	28.15	12.95	41.10	31.56	10.09	166	94.32	50.61	10.17	57.02	67.47
8.27	38.97	18.60	57.69	31.60	18.23	166	94.32	40.22	9.70	46.33	56.30
8.31	27.54	15.98	43.56	28.55	11.93	146	82.95	46.46	10.30	52.95	63.54
9.25	23.21	20.59	43.85	26.83	13.82	156	88.64	55.19	10.21	61.62	72.12
9.28	24.14	15.06	39.20	28.12	9.33	146	82.95	55.94	9.85	62.15	72.27
9.29	34.53	21.53	56.06	29.30	18.52	146	82.95	40.30	10.35	46.82	57.46

续表

日期	温度/℃				H_t / $[MJ/(m^2 \cdot d)]$	m /kg	m / A_c /(kg/m²)	日平均效率/%			
	T_i	ΔT	T_{max}	$\bar{T}_a$				η_t	η_e	η_o	E_f
9.30	23.50	23.50	47.05	28.20	17.90	165	93.75	51.43	10.29	57.91	68.49
10.02	32.40	22.00	54.40	22.33	21.22	165	93.75	40.63	10.29	47.11	57.69
10.03	21.88	19.41	41.52	21.90	14.12	147.5	83.81	48.16	10.21	54.59	65.09
10.06	21.05	13.87	34.92	22.25	9.39	152.5	86.65	53.49	9.93	59.75	69.95
10.07	20.57	22.31	42.88	25.66	14.91	151.5	86.08	53.83	10.18	60.24	70.71
10.08	20.52	20.13	40.65	26.61	13.67	160.5	91.19	56.13	10.09	62.49	72.86
10.09	20.63	16.09	36.72	25.96	10.91	162.5	92.33	56.94	9.82	63.13	73.22

从表 2.2 可以看出，当单位集热面积热水负荷在 82～94kg/m² 变化，测试结束时，水箱中的平均温升 18℃，平均最高水温 45℃；系统的热效率在 50% 左右，发电效率在 10.1% 左右，光电光热总效率在 56% 左右，光电光热综合性能效率在 67% 左右。平均太阳辐射量 14.636MJ/(m²·d)，约 4.065kW·h(m²·d)，平均发电功率约 56.6W/d，日均发电量约 0.453kW·h。

3) 平板型扁盒式光伏热水系统的效率分析

光伏电池的光电转换效率主要由电池自身的性能决定，在实际应用中，光伏系统的发电效率又受光伏组件的工作温度、倾角、太阳辐射强度及蓄电池、控制电路等的影响。同理，日常运行时，平板型光伏热水系统的发电效率主要受光伏组件的工作温度、蓄电池的性能及控制电路等因素的影响。在忽略其他因素影响的情况下，当太阳辐射强度保持不变时，平板型光伏热水系统的发电效率随着复合吸热板温度的升高而降低，如图 2.15 所示。

由于单晶硅平板型扁盒式光伏热水器中光伏电池与太阳能吸热板之间黏结良好，可用复合吸热板的温度来近似表示光伏电池组件的工作温度。图 2.15 是从长期的瞬时实验数据中，选取太阳辐射强度在 (700±20) W/m²、(800±20) W/m²、(900±20) W/m² 时单晶硅平板型扁盒式光伏热水系统的瞬时发电效率和复合吸热板的平均温度制得，其中 70～95℃ 的数据采自系统空晒运行过程中。

在正常运行状况下，平板型扁盒式光伏热水系统的发电效率随着复合吸热板温度的升高而降低，近似呈线性反比例关系；温度越高，发电效率下降得越快。随着太阳辐射强度的增大，系统的发电效率升高，但是在高太阳辐射强度下，系统的发电效率变化不明显。

在较高的环境温度中，若不采取冷却措施，普通光伏组件的工作温度通常会达到 60～80℃[7,8]；对单晶硅平板型扁盒式光伏热水系统的测试集中在夏秋季节进行，期间环境温度较高，而复合吸热板的平均温度大部分在 30～50℃，见表 2.3。

可见，相对于普通的光伏组件，平板型扁盒式光伏热水系统中，光伏电池能够以较低的工作温度长期运行，维持较高的发电效率。

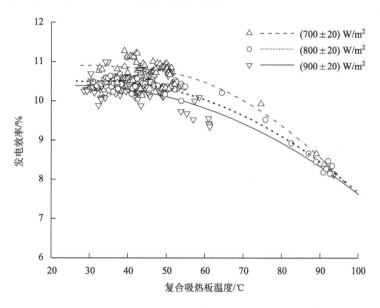

图 2.15　单晶硅平板型扁盒式光伏热水系统发电效率随复合吸热板温度的变化曲线

表 2.3　单晶硅平板型扁盒式光伏热水系统复合吸热板平均温度　（单位：℃）

日期	$T_i < \overline{T_a}$			日期	$T_i > \overline{T_a}$		
	$\overline{T_p}$	$\overline{T_{p,\min}}$	$\overline{T_{p,\max}}$		$\overline{T_p}$	$\overline{T_{p,\min}}$	$\overline{T_{p,\max}}$
8.26	36.93	29.35	43.41	8.27	50.52	32.74	57.38
9.1	36.77	25.96	44.54	9.2	47.32	31.65	54.84
9.22	36.10	23.57	43.00	9.7	43.53	31.80	51.67
9.23	35.86	24.56	43.41	9.8	27.89	24.90	31.41
9.25	34.08	23.23	42.88	9.9	39.57	27.46	46.33
9.28	31.34	24.20	37.90	9.10	50.28	29.12	58.97
9.30	37.30	24.50	45.50	9.21	36.93	18.60	44.70
10.4	36.05	22.85	44.95	9.24	48.03	25.90	60.88
10.5	32.72	21.21	38.87	9.27	42.02	24.66	50.05
10.6	27.18	19.10	34.46	9.29	45.89	25.80	54.50
10.7	33.89	20.39	41.50	10.2	44.54	21.10	52.65
10.8	32.18	19.45	39.84	10.10	41.19	22.07	50.03
10.9	30.80	20.04	36.61	10.12	35.86	18.96	42.97
10.11	25.22	20.39	30.38				
10.19	25.13	17.75	33.08				

　　单晶硅平板型扁盒式光伏热水器所使用的光伏电池，在 1000W/m² 、25℃时的光电转换效率为 15%。电池的切割、连接及组件的封装过程造成 3%～5%的损失，蓄电池的使用造成 3%～5%的损失，偏离最大功率点运行和控制电路造成3%～5%的损失，电池上方玻璃盖板的透过率为 0.83，又造成不小于 17%的能量损失，同时，在实际运行中，光伏组件的发电效率随着组件的工作温度每上升 1℃下降 3‰～5‰（即温度每上升 10℃，发电效率下降 3%～5%）。这和实验中单晶硅平板型扁盒式光伏热水器复合吸热板温度在 30～50℃时，系统的日平均发电效率在 10.1%左右大体相符。

　　通过实验与分析，当平板型扁盒式光伏热水系统建成运行后，首先，要保持平板型光伏热水器表面玻璃盖板清洁，以保证透明盖板系统的高透过率；其次，影响系统发电效率的主要因素就是电池组件的工作温度，在以电能收益为主的场合，可以使系统在较低的初始水温和较多的水量下运行，以便光伏组件保持较低的工作温度，维持较高的发电效率，获得更多的发电量。

2.5　平板型扁盒式光伏热水系统的影响参数分析

2.5.1　水箱初始水温对平板型光伏热水系统的影响

　　从图 2.16 可以看出，当单位集热面积热水负荷变化不大(82～94kg/m²)，初始水温低于日平均环境温度时，单晶硅 PV/T 热水系统的热效率基本在 50%以上，光电光热总效率在 60%左右，光电光热综合性能效率在 70%左右；初始水温高于日平均环境温度时，系统的热效率在 46%左右，光电光热总效率在 50%左右，光电光热综合性能效率在 56%左右。

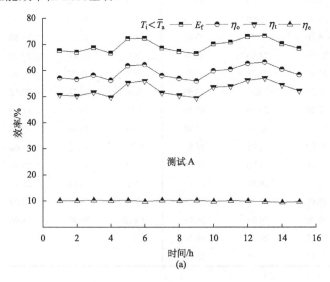

(a)

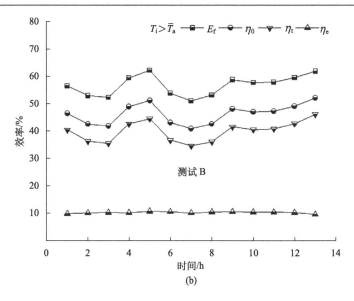

(b)

图 2.16　不同初始水温下单晶硅平板型光伏热水系统的效率

从图 2.17 可以看出，当单位集热面积热水负荷变化不大，初始水温低于日平均环境温度时，复合吸热板的工作温度在 33℃左右；初始水温高于日平均环境温度时，复合吸热板的工作温度在 43℃左右。一般情况下，水箱初始水温越低，导致复合吸热板的工作温度越低，光伏电池的转换效率越高（太阳辐射变化不大时），系统的发电效率越大；同时，水温越低，系统的热损越小，热效率、光电光热总效率和光电光热综合性能效率越高。

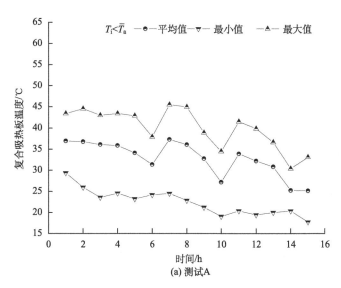

(a) 测试A

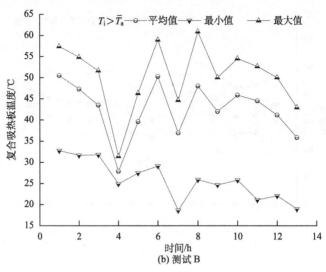

图 2.17　不同初始水温下复合吸热板日平均温度

2.5.2　水量对平板型光伏热水系统的影响

平板型光伏热水系统热效率主要受测试时间内构件表面所接收到的太阳辐射量、初始水温、环境温度、水量的影响，根据式(2.36)，针对不同水量，对单晶硅平板型光伏热水系统的逐日热效率 η_{t} 与 $(T_{\mathrm{i}} - \overline{T}_{\mathrm{a}})/H_{\mathrm{t}}$ 进行线性回归，如图 2.18 所示，可得不同水量下热水系统的典型热效率 η_{t}^{*}，见表 2.4。

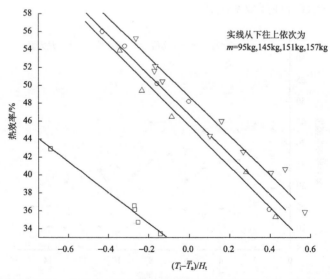

图 2.18　不同水量下，单晶硅 PV/T 热水系统的逐日热效率与 $(T_{\mathrm{i}} - \overline{T}_{\mathrm{a}})/H_{\mathrm{t}}$ 的变化关系

表 2.4　不同水量 m 的情况下，系统的典型效率

参数	多晶硅平板型光伏热水系统	单晶硅平板型光伏热水系统				
m /kg	95	95	145 ± 2	151 ± 2	157 ± 2	165 ± 2
m / A_c /(kg/m^2)	57.93	53.98	82.39	85.80	89.20	93.75
η_e /%	9.39	9.44	10.18	10.08	10.15	10.16
η_t^* /%	30.92	31.21	45.46	46.71	48.73	46.94
η_o^* /%	35.18	36.94	51.88	53.01	55.02	53.34
E_f^* /%	42.12	46.29	62.36	63.30	65.28	63.78

同理，可得不同水量下单晶硅平板型光伏热水系统的典型光电光热总效率和典型光电光热综合性能效率。

从表 2.4 可以看出，水量的变化对系统的发电效率影响不大，发电效率基本可以达到 10% 以上，只是当水量发生明显变化时，即水量减少的幅度很大，导致水的温升相对较大，光伏组件的工作温度相对较高，系统的发电效率才发生明显的降低。系统的典型热效率、典型光电光热总效率和典型光电光热综合性能效率均随系统水量的增加而增大；在系统水量保持在平均 157kg(155～159kg)时，系统的典型热效率、典型光电光热总效率和典型光电光热综合性能效率分别在 48.73%、55.02%、65.28% 左右；而在 165kg 时，系统的典型效率都发生了下降，原因在于，大水箱的设计容量为 170L，测试前，系统加满水；随着水箱水温升高，水的体积变大，水箱顶层的热水通过排气孔溢出；测试结束后，通过称重所得的水量就会比实际水量少，导致系统的热效率偏低。

平板型光伏热水系统的典型热效率、典型光电光热总效率和典型光电光热综合性能效率，有效地反映了不同水量时平板型光伏热水系统的性能变化。同时，由于室外天气(太阳辐射强度、环境温度等)和每天的初始水温一直处在变化之中，对于不同的平板型光伏热水系统，很难做到相同的运行工况，因此，这些典型效率还可以作为不同平板型光伏热水系统的性能评价指标。

2.5.3　光伏电池覆盖率对平板型光伏热水系统的影响

由于光伏组件封装工艺的要求和电池自身尺寸的限制，平板型光伏热水器中，光伏电池的面积往往小于吸热板的面积。

随着光伏电池覆盖面积的增大，更多的太阳能转化为电能输出，而转化为热能的份额减少，复合吸热板的温升降低，导致系统的发电效率上升，如图 2.19 所示。同时，平板型光伏热水系统吸收的太阳能转化为热能的部分减少，直接导致水箱温升下降，如图 2.20 所示。

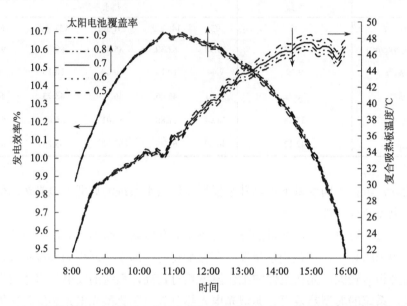

图 2.19　不同覆盖率下平板型光伏热水系统的发电效率与复合吸热板温度的变化曲线

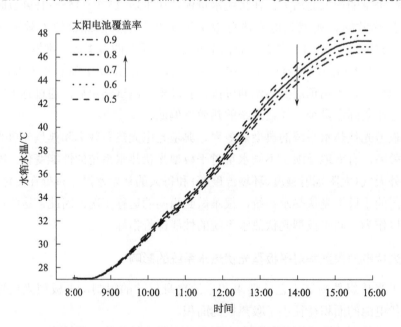

图 2.20　不同覆盖率下平板型光伏热水系统的水箱平均水温

从表 2.5 可以看出，随着光伏电池覆盖率的增加，平板型光伏热水系统的典型热效率和典型光电光热总效率下降，发电效率和典型光电光热综合性能效率上升。覆盖率每增加 0.1，系统的典型光电光热总效率变化不明显，仅下降约 0.05%；而系统的光电光热综合性能效率变化显著，上升约 1.7 个百分点。也就是说，仅考虑能量的数量，光伏电池覆盖率对平板型光伏热水系统的影响不大；而考虑到能量的品位，大的覆盖率意味着更高的太阳能综合利用效率。

表 2.5 不同覆盖率下平板型光伏热水系统的光电光热性能

覆盖率	温度/℃		水箱得热量 /[(kW·h)/d]	发电量 /[(kW·h)/d]	效率/%			
	ΔT	T_{max}			η_t^*	η_e	η_o^*	E_f^*
0.5	21.19	48.38	4.0039	0.4322	48.305	10.428	53.519	62.026
0.6	20.73	47.91	3.9170	0.5189	47.257	10.435	53.518	63.733
0.7	20.27	47.45	3.8300	0.6058	46.208	10.441	53.517	65.441
0.8	19.79	46.97	3.7393	0.6929	45.114	10.448	53.472	67.110
0.9	19.31	46.50	3.6487	0.7799	44.020	10.454	53.429	68.779

注：$\tau_g = 0.83$；$m / A_c = 92.3 \text{ kg/m}^2$。

2.5.4 盖板透过率对平板型光伏热水系统的影响

在平板型光伏热水系统中，随着盖板透过率的增大，复合表面所能接收的太阳辐射能增多，吸热板的温升增大，水箱水温升高，如图 2.21 和图 2.22 所示。

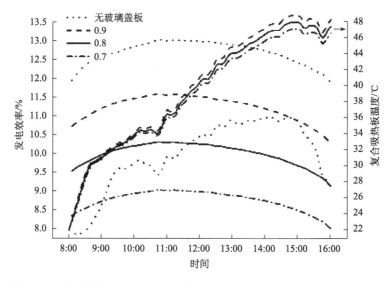

图 2.21 使用不同的玻璃盖板时，平板型光伏热水系统的发电效率和复合吸热板温度的变化曲线

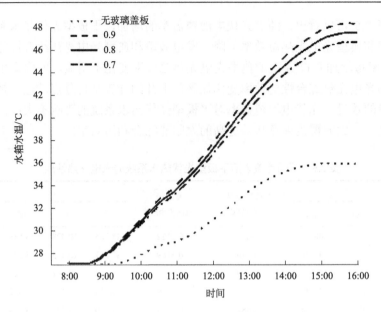

图 2.22　不同的玻璃盖板对水箱水温的影响

与此同时，投射到光伏电池表面的太阳能大幅度增加，由透过率引起的发电效率增加远大于板温升高导致的发电效率下降，系统的发电效率明显地上升。

从表 2.6 可以看出，随着玻璃盖板透过率的增大，平板型光伏热水系统的典型热效率、发电效率、典型光电光热总效率、典型光电光热综合性能效率均明显地上升。无论"量"还是"质"，使用高透光玻璃盖板的平板型光伏热水系统的光电光热性能均明显地优于低透光的平板型光伏热水系统。

表 2.6　不同玻璃盖板对平板型光伏热水系统光电光热性能的影响

透过率	温度/℃		水箱得热量	发电量	效率/%			
y	ΔT	$T_{\max}$	/(kW·h)	/(kW·h)	η_{t}^{*}	η_{e}	η_{o}^{*}	E_{f}^{*}
0.7	19.50	46.68	3.6846	0.4608	44.453	8.815	50.012	59.083
0.8	20.32	47.51	3.8395	0.5261	46.322	10.063	52.669	63.023
0.9	21.13	48.33	3.9925	0.5911	48.169	11.308	55.301	66.937
无玻璃盖板	8.71	35.97	1.6458	0.6681	19.856	12.780	27.916	41.067

注：太阳电池覆盖率为 0.63；m/A_{c} =92.3kg/m^2。

因此，经常清洗玻璃盖板以使其保持高的透光性能非常必要，这也是光伏组件必须使用高透过率的封装材料的原因。

尽管玻璃盖板的存在使复合表面所能接收的太阳辐射能大幅度减少，系统的发电效率明显地下降，但是它的使用能够大大地减少系统的热损，使系统最终的热能收益成倍地增加。然而，由于更多的太阳能可以直接投射到光伏电池表面，并且较低的工作温度保证系统较高的发电效率，在以电力输出为主的场合，无玻璃盖板的平板型光伏热水系统更加适用。

2.6　平板型管板式光伏热水系统对比测试

在本节里，主要探讨在相同的条件下，与传统太阳能集热器和太阳能光伏组件相比，面积相同的太阳能平板型光伏热水器的太阳能利用量高低这一问题。我们在测试平板型光伏热水系统性能的同时，设置了两个实验对照组，进行性能测试，通过对比实验的方法来研究 PV/T 系统的实际性能。

这两个实验对照组分别是一块单晶硅太阳能光伏组件和一块传统的太阳能平板式集热器。测试所用的平板型光伏热水器是一款平板型管板式光伏热水器，主体由相同单晶硅材料的光伏组件和普通传统太阳能平板集热器构成。该平板型光伏热水器的有效集热面积同实验对照组中的平板集热器的集热面积相同；该平板型光伏热水器的光伏材料的面积同实验对照组中光伏组件的光伏电池面积相同，并且二者使用的材料均为同批次生产的单晶硅。我们采用对比实验的方法，即对比平板型管板式光伏热水器的性能和实验对照组太阳能利用装置的性能，来阐述平板型管板式光伏热水系统的实际效率，以及说明平板型管板式光伏热水系统的太阳能利用效率的高低程度。

另外，为了探索平板型管板式光伏热水器的温度梯度对其光电转换效率的影响，循环加热方式平板型管板式光伏热水器的温度梯度对其光热转换效率的影响，我们还分别对自然循环式平板型管板式光伏热水系统和强迫循环式平板型管板式光伏热水系统进行了对比性能测试[7]。

2.6.1　系统性能的测试平台

1. 自然循环式太阳能复合光伏光热系统

1) PV/T 太阳能集热器系统

平板型管板式光伏热水器配有一个 100L 的隔热贮水箱。由于在太阳能自然循环式热水系统中，水箱和集热器中水的温度有明显的温度分层而且基本呈线性分布，所以在贮水箱中自上而下布置了 4 个热电偶来测量水箱中水的温度。为了进行进一步的分析，对环境温度、玻璃盖板的温度、后盖板的温度及进出口的水温，也进行了测量和采集。考虑到需要测量和采集的温度均在 0~100℃，因此选择了较为精准和廉价的铜-康铜热电偶，精度在 ±0.3℃。考虑到贮水箱和集热器中水温大致在 10~70℃，因为温度的误差在 ±0.4%~±3%。控制器控制着蓄电池的充电和放电,并且使太阳能电池的输出电压在最大功率点附近。逆变器将蓄电池的直流电转化为交流电方便负载使用。同时,太阳能电池的工作电压和工作电流也被测量和采集下来,以便计算得到太阳能电池的光电转换效率。全辐照仪与PV/T 太阳能集热器平行放置,以便测量在该放置角度下 PV/T 太阳能集热器接收的太阳辐照通量密度。测试系统的输出参数,包括工作电压、工作电流、各测点温度、太阳辐照及风速风向条件,通过一台数据采集仪全天采集,并记录在一台计算机中。

2) 实验对照组的设置

实验测试系统中设置了两个实验对照组。其中一个实验对照组是一块同平板型管板式光伏热水器集热面积相同的传统太阳能平板集热器,另一个对照组是一块同平板型管板式光伏热水器中光伏电池面积和所用材料均相同的普通太阳能单晶硅光伏组件。通过对实验对照组的实验,可以比较实验组和对照组的实验数据、热效率、电效率等参数,进一步分析平板型管板式光伏热水系统的性能。含有实验对照组的性能测试系统示意图如图 2.23 所示。含有实验对照组的性能测试系统的实物图如图 2.24 所示。

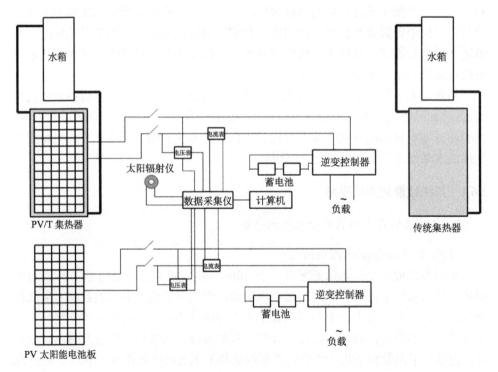

图 2.23　自然循环式太阳能复合光伏光热系统对比测试系统的示意图

图 2.24　自然循环式太阳能复合光伏光热系统对比测试系统的实物图

3) 实验条件

表 2.7 列出了平板型管板式光伏热水系统性能测试系统的安装条件。平板型管板式光伏热水系统和两个实验对照组安装在中国安徽省合肥市中国科学技术大学西区，经纬度为(32°N, 117°E)。实验组和对照组中所有的太阳能装置，包括平板型管板式光伏热水器、传统太阳能平板集热器、普通太阳能光伏组件，倾斜角度均为 35°，以便得到最多的太阳辐射量。关于平板型管板式光伏热水器和传统太阳能平板集热器的热性能测试，均依照中华人民共和国的《家用太阳能热水器热性能试验方法》的国家标准。每天从 8:00 到 16:00 这一时间段 8h 的集热器户外性能测试的数据均被采集和记录，每隔 30s 采集仪会自动采集和记录一次数据。

表 2.7　平板型管板式光伏热水系统性能测试系统的安装条件

位置	中国安徽省合肥市中国科学技术大学西区
纬度	32°N
经度	117°E
倾斜角度	35°
方向	南向
离地高度	0.3m

2. 强迫循环式平板型管板式光伏热水系统

1) 平板型管板式光伏热水系统的测试

强迫循环式平板型管板式光伏热水系统的性能测试与自然循环式平板型管板式光伏热水系统的性能测试系统很相似，只有以下几点不同：强迫循环式平板型管板式光伏热水系统中的贮水箱不需要像自然循环式热水系统中一样放置在平板型管板式光伏热水器的上面，因为整个系统循环的动力由系统中的直流水泵提供，不需要系统中的热虹吸压头，也不需担心水会倒流；强迫循环式太阳能热水系统中配有一个直流水泵，供给系统中水循环的动力；直流水泵的供电不是由外接电源供给，而是由太阳能电池组件来供给。由太阳能电池组件提供系统中直流水泵所需要电力的好处有如下几点：①节约了能量，减少了外部电量的需求，真正做到利用太阳能光伏所发出的电能；②在能量分析中可以很清楚地通过简单的比较分析出能量收益；③使系统具有自调节性，即太阳辐射强度高的时候水泵转速较高，系统中水循环较快，便于系统中水热量的传递，太阳辐射强度低的时候水泵转速较慢，系统中水循环较慢，便于系统中水温度的升高。

平板型管板式光伏热水系统配有一个 120L 的隔热贮水箱。由于在强迫循环式系统中，驱动热水循环的动力是由系统中的直流水泵提供的，因此水箱和集热器中水的温度没有明显的温度分层而且基本呈现均匀分布，所以可以假定在贮水箱中水的温度是一致的。但为了更加准确地测量水箱中水的温度，仍然在水箱中布置了四个热电偶，测量值的平均温度即为水箱中水的温度。为了进行进一步的分析，同样也对环境温度、玻璃盖板的温度、后盖板的温度及进出口的水温进行了测量和采集。同样也选择了较为精准和廉价的铜-康铜热电偶，精度在±0.3℃。另外，对水泵的工作电流和工作电压也进行了测量和采集。

2) 实验对照组的设置

在强迫循环式平板型管板式光伏热水系统性能的实验测试平台中设置了一个实验对照组。该实验对照组是一块同等面积、同样材料的平板型管板式光伏热水器配有等体积贮水箱的平板型管板式光伏热水系统，在自然循环式太阳能热水系统模式工作。通过实验组和对照组的实验，得到温度、热效率、电效率等关键实验数据，可以比较这两种太阳能热水模式下，即自然循环式和强迫循环式平板型管板式光伏热水系统的性能，尤其是光电转换效率的区别和不同。因为自然循环式平板型管板式光伏热水系统的集热器中的水是存在温度梯度的，而强迫循环式平板型管板式光伏热水系统的集热器中的水温是均匀分布的，通过对比实验分析两种温度分布模式对太阳能电池的光电转换效率有何种不同的影响，从而进一步得到平板型管板式光伏热水系统的最优化工作模式。平板型管板式光伏热水系统对比测试系统示意图如图 2.25 所示。强迫循环式平板型管板式光伏热水系统测试系统的实物图如图 2.26 所示。

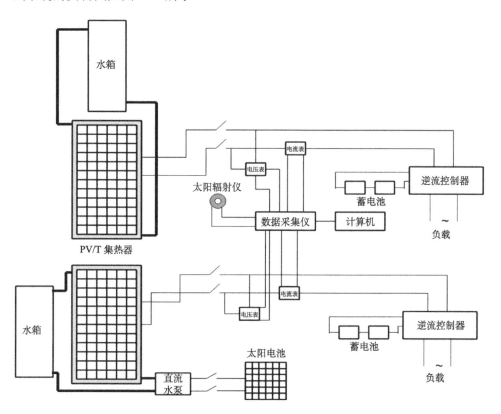

图 2.25　平板型管板式光伏热水系统对比测试系统示意图

图 2.26　强迫循环式平板型管板式光伏热水系统对比测试系统实物图

3) 实验条件

强迫循环式平板型管板式光伏热水系统的性能测试条件与自然循环式平板型管板式光伏热水系统的性能测试条件基本一致：强迫循环式太阳能复合光伏光热系统性能测试系统的安装条件也如表 2.7 所示；同样的系统中每隔 30s 采集仪会自动采集和记录一次数据。两种不同的平板型管板式光伏热水系统工作模式下实验条件的不同之处在于：由于强迫循环式平板型管板式光伏热水系统中水循环的动力由一直流水泵提供，直流水泵工作需要一个启动电压和电流，而驱动直流水泵工作的电源为一太阳能光伏组件，因此只有在一定的光照条件下实验测试系统中的直流水泵才能工作。按照《家用太阳能热水器热性能试验方法》的国家标准，自然循环式平板型管板式光伏热水系统的测试时间段为 8:00～16:00，这对于测试强迫循环式平板型管板式光伏热水系统是不合适的。因为测试系统中没有跟踪装置，所有的平板型管板式光伏热水器和太阳能光伏组件都是正南向的，在 8:00 左右和 16:00 左右，光照条件是不能使测试系统中的直流水泵运转的，从而强迫循环式平板型管板式光伏热水系统中水箱中的水是得不到热量的，导致温度不会上升。因此，根据前几次的实验经验，将强迫循环式平板型管板式光伏热水系统的测试时间段定为 9:00～15:00，一共 6h，从而保证测试系统中水泵能够一直正常运转和工作，保证强迫循环式平板型管板式光伏热水系统中热量传递正常进行。

2.6.2　实验结果及效率计算

平板型管板式光伏热水系统的非稳态效率的回归方程为

$$\eta_{th} = 0.400 - 0.195 \frac{T_i - \bar{T}_a}{H} \tag{2.39}$$

传统太阳能集热系统的非稳态效率的回归方程为

$$\eta_{th} = 0.547 - 0.052 \frac{T_i - \bar{T}}{H} \tag{2.40}$$

可以看出平板型管板式光伏热水系统的热效率是低于传统太阳能集热系统的。这是因为，一方面，在一个平板型管板式光伏热水系统中，在吸热板的上面有太阳能光伏电池，它对太阳辐射的吸收率较低，发射率则高于传统太阳能集热器里面的选择吸收性涂层，因此平板型管板式光伏热水器和环境之间的热损就远高于传统集热器和环境之间的热损，平板型管板式光伏热水器吸收的太阳能就远比传统集热器吸收的太阳能要少；另一方面，在平板型管板式光伏热水器的接收太阳能辐照的表面和铜管中吸收热量的水流之间，存在一个额外的热阻，这是由平板型管板式光伏热水器中额外的吸热铝板造成的[8]。

理论上，在相同的条件下，平板型管板式光伏热水器的光电转换效率应该高于普通太阳能光伏板的光电转换效率。因为在平板型管板式光伏热水器中，铜管中的水流会把光伏组件的热量带走，光伏组件的温度会下降从而其效率会增加。但是，通过表 2.8 的实验数据和性能指数可以看出，现实的结果和预想的恰恰相反，平板型管板式光伏热水器的光电转换效率略低于普通太阳能电池板的光电转换效率。这是因为，一方面，在平板型管板式光伏热水器的玻璃盖板和光伏模块之间有一个空气夹层，这样在太阳辐射投射于光伏电池表面时，经过了玻璃-空气、空气-EVA 两个界面，相比于只经过玻璃-EVA 界面的常规光伏组件，增加了反射损失，从而减少了太阳辐照到达光伏电池表面的量；另一方面，为了防止系统中的热量从平板型管板式光伏热水器中铜管的水中散发到环境中去，在平板型管板式光伏热水器的光伏模块与水管的侧面和下面都布置了隔热层。尽管光伏模块下面的铜管水流道能够增加热量从光伏模块上的消散，但是光伏板和周围环境空气的对流换热因为隔热层而大大减小了。当流道中的水温度较高时，流道中的水和光伏板之间的热传递效果变差。因此，平板型管板式光伏热水器中的光伏模块的温度有可能高于常规光伏组件的温度，那么平板型管板式光伏热水系统的光电转换效率就会较低。

表 2.8　自然循环式平板型管板式光伏热水系统每日实验数据及性能参数

No.		T_i /℃	T_f /℃	ΔT /℃	$\overline{T_a}$ /℃	H /(MJ/m²)	η_{th} /%	η_e /%	η_o /%	η_f /%
1	平板型管板式光伏热水器	34.9	59.1	24.2	36.7	16.14	41.34	9.84	51.18	67.24
	传统集热器	33.8	65.8	32.0			54.61	0	54.61	54.61
	太阳能电池						0	12.55	12.55	33.03
2	平板型管板式光伏热水器	34.0	58.8	24.8	35.9	16.45	41.55	9.75	51.30	67.21
	传统集热器	33.7	65.9	32.2			54.02	0	54.02	54.02
	太阳能电池						0	12.52	12.52	32.95
3	平板型管板式光伏热水器	33.2	56.1	22.9	35.9	14.57	43.20	10.49	53.69	70.81
	传统集热器	32.6	62.8	30.2			57.09	0	57.09	57.09
	太阳能电池						0	12.53	12.53	32.97
4	平板型管板式光伏热水器	33.6	57.9	24.3	35.3	15.87	42.17	9.94	52.11	68.33
	传统集热器	33.6	64.9	31.3			54.34	0	54.34	54.34
	太阳能电池						0	12.49	12.49	32.87

No.		T_i /℃	T_f /℃	ΔT /℃	$\overline{T_a}$ /℃	H/(MJ/m²)	η_{th} /%	η_e /%	η_o /%	η_f /%
5	平板型管板式光伏热水器	33.1	51.3	18.2	33.0	12.94	38.85	9.01	47.86	62.56
	传统集热器	30.5	56.9	26.4			56.24	0	56.24	56.24
	太阳能电池						0	13.16	13.16	34.63
6	平板型管板式光伏热水器	29.3	50.5	21.2	31.6	15.22	38.33	11.56	49.89	68.75
	传统集热器	29.1	58.7	29.6			53.61	0	53.61	53.61
	太阳能电池						0	13.22	13.22	34.79
7	平板型管板式光伏热水器	29.5	54.7	25.2	29.6	16.87	41.07	11.27	52.34	70.73
	传统集热器	29.0	63.2	34.2			55.78	0	55.78	55.78
	太阳能电池						0	13.21	13.21	34.76
8	平板型管板式光伏热水器	23.3	39.6	16.3	22.0	11.66	38.34	11.39	49.73	68.31
	传统集热器	22.4	46.6	24.2			57.24	0	57.24	57.24
	太阳能电池						0	12.48	12.48	32.84
9	平板型管板式光伏热水器	17.9	39.7	21.8	19.39	13.82	43.51	12.22	55.73	75.67
	传统集热器	18.6	51.3	32.7			65.23	0	65.23	65.23
	太阳能电池						0	13.01	13.01	34.24
10	平板型管板式光伏热水器	17.5	36.5	19.0	18.8	15.30	39.66	11.83	51.49	70.79
	传统集热器	17.2	47.7	30.5			63.48	0	63.48	63.48
	太阳能电池						0	12.66	12.66	33.32
11	平板型管板式光伏热水器	17.6	42.1	24.5	17.6	16.71	40.44	12.51	52.95	73.36
	传统集热器	18.5	56.0	37.5			61.89	0	61.89	61.89
	太阳能电池						0	13.60	13.60	35.79
12	平板型管板式光伏热水器	18.4	34.0	15.6	16.9	10.55	40.65	11.45	52.10	70.78
	传统集热器	18.7	41.7	23.0			60.02	0	60.02	60.02
	太阳能电池						0	12.81	12.81	33.71
13	平板型管板式光伏热水器	18.3	41.0	22.7	16.8	16.49	38.00	11.96	49.96	69.47
	传统集热器	18.6	54.9	26.3			60.53	0	60.53	60.53
	太阳能电池						0	12.90	12.90	33.95

续表

No.		T_i /℃	T_f /℃	ΔT /℃	$\overline{T_a}$ /℃	H/(MJ/m²)	η_{th} /%	η_e /%	η_o /%	η_f /%
14	平板型管板式 光伏热水器	18.6	38.5	19.9	16.1	13.61	40.27	11.93	52.20	71.67
	传统集热器	18.5	45.8	27.3			55.12	0	55.12	55.12
	太阳能电池						0	13.18	13.18	34.68

自然循环式平板型管板式光伏热水系统的日平均光电转换效率在 10%左右，略低于单独光伏组件的日平均光电转换效率。单独光伏组件的日平均光电转换效率大约是 12%。尽管平板型管板式光伏热水系统的总效率仍然低于传统的太阳能集热器，但是考虑到电能相对于热能来说是一种更高品位的能源，平板型管板式光伏热水系统的光电光热综合效率要比传统太阳能集热器或者普通太阳能光伏组件高很多，如表 2.8 所示。除此之外，平板型管板式光伏热水系统的占地面积要比一块传统太阳能集热器加上一块单独的太阳能光伏组件的面积小得多，因此平板型管板式光伏热水系统在占地面积上有很大的优势。

从表 2.9 中可以看出，强迫循环式平板型管板式光伏热水系统的光热转换效率和自然循环式平板型管板式光伏热水系统差不多，均在 40%~50%，系统中贮水箱中水的最终温度也相差无几。最后一组实验中，自然循环式平板型管板式光伏热水系统的光热转换效率较高是由于其初始水温较低，其最终水温和强迫循环式平板型管板式光伏热水系统的最终水温是一样的。

表 2.9　强迫循环式平板型管板式光伏热水系统每日实验数据及性能参数

No.		T_i /℃	T_f /℃	ΔT /℃	$\overline{T_a}$ /℃	H/(MJ/m²)	η_{th} /%	η_e /%	η_o /%	η_f /%
1	强迫循环	21.9	48.2	26.3	29.8	17.75	48.8	7.7	56.5	69.1
	自然循环	21.6	47.3	25.7			47.7	7.0	54.7	66.1
2	强迫循环	23.1	47.0	23.9	25.2	17.80	44.2	6.6	50.8	61.6
	自然循环	21.2	43.9	22.7			41.9	6.4	48.3	58.8
3	强迫循环	23.9	49.7	25.8	29.1	17.83	47.8	6.5	54.3	64.9
	自然循环	21.2	49.7	28.5			52.7	6.4	59.1	69.5

强迫循环式平板型管板式光伏热水系统的光电转换效率略高于自然循环式平板型管板式光伏热水系统的光电转换效率。虽然二者系统中水的平均温度是很相近的，但是由于自然循环式平板型管板式光伏热水系统中水有明显的温度分层，所以在实际应用中，太阳能光伏组件实际上也是有温度梯度的。这就导致太阳能光伏组件中串联的各片电池片中的电流应该等于电流最小的那片电池片，从而影

响了自然循环式太阳能光伏组件的光电转换效率。但是考虑到强迫循环式平板型管板式光伏热水系统中的水泵会额外消耗电能，所以在实际的应用中应该充分考虑各方面的因素来选择太阳能复合光伏光热系统的循环方案。

参 考 文 献

[1] 陆剑平. 复合光伏热水一体化系统综合性能研究. 合肥: 中国科学技术大学, 2006.

[2] Hollands K G T, Unny S E, Raithby G D, et al. Free convective heat transfer across inclined air layers. Journal of Heat Transfer，1976, 98: 189-193.

[3] He W, Chow T T, Ji J, et al. Hybrid photovoltaic and thermal solar-collector designed for natural circulation of water. Applied Energy, 2006, 83(3): 199-210.

[4] Huang B J, Lin T H, Hung W C, et al. Performance evaluation of solar photovoltaic/thermal systems. Solar Energy, 2001，70(5): 443-448.

[5] 季杰, 陆剑平, 何伟, 等. 一种新型全铝扁盒式 PV/T 热水系统. 太阳能学报, 2006, 27(8): 765-773.

[6] Ji J, Lu J P, Chow T T, et al. A sensitivity study of a hybrid photovoltaic/thermal water heating system with natural circulation. Applied Energy, 2007, 84(2): 222-237.

[7] 张杨. 太阳能复合光伏光热系统的性能研究. 合肥: 中国科学技术大学, 2012.

[8] He W, Zhang Y, Ji J. Comparative experiment study on photovoltaic and thermal solar system under natural circulation of water. Applied Thermal Engineering, 2011, 31: 3369-3376.

第3章 热管式 PV/T 装置及其系统

  传统水冷式 PV/T 系统因易受冻结而不能在高纬寒冷地区正常使用。针对此问题，本章提出了一种热管式 PV/T 系统。将抗冻性能较强的热管与 PV/T 集热板有机结合，利用热管导热的方式来替代传统直接水冷的方式，大大提高了 PV/T 集热板的抗冻性能，同时还避免了冷却水对集热板芯的腐蚀；此外，热管蒸发段内部发生的工质相变传热使得沿热管长度方向的温度梯度很小，因此电池板芯的温度较为均匀，有利于提高电池组件的光电转换效率。

  本章首先介绍了三种主要热管的结构及工作原理。针对整体热管式 PV/T 系统及环形热管式 PV/T 系统进行了实验研究。首先在整体式热管实验中探究了不同热管间距、不同集热板安装倾角、不同热管类型、有无玻璃盖板，以及不同循环水流量下系统的整体性能。其次搭建了环形热管式 PV/T 系统和普通水冷型 PV/T 系统的对比实验台，对采用环形热管传热和普通水传热下系统的性能进行了研究。然后建立合适的数值模型，进行上述因素及其他相关因素的数值模拟，最后借助数值模型进行不同地区应用时的系统全年性能分析。

3.1 热 管 简 介

  热管是一种具有快速均温特性的传热元件。其中空的金属管体，使其具有质轻的特点；而其快速均温的特性，则使其具有优异的热超导性能。热管的运用范围相当广泛，早期运用于航天领域，现已普及运用于各式热交换器、冷却器、天然地热应用等，担任起快速热传导的角色[1]。

3.1.1 热管的基本结构

  热管一般由管壳、吸液芯和管内工作液体三部分组成，如图 3.1 所示。热管须借由管壳结构形成封闭腔体，管壳既要具有承受内外压差的结构功能，亦是热传入与传出腔体的介质材料，因此除演示用热导管会以玻璃材质来展示其内部运动现象外，其他实用热导管的管体材料均为金属。另有重力热管，它仅由管壳和工作介质两部分组成。由于重力热管结构简单，所以是余热回收中应用的主要形式。运用于电子散热的小型热管，其管体材质大多为铜，亦有因重量考量而采用铝管或钛管。热管的制作过程一般为：先将热管内部抽成真空状态，然后向里充入适量易挥发液体，最后对其完全密闭。

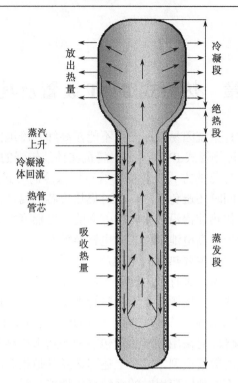

图 3.1　热管的工作原理图

3.1.2　热管的工作原理及基本特性

热管一般包括蒸发段(加热段)、冷凝段(冷却段)及绝热段。当热管蒸发段受热时，毛细管芯中的液体迅速蒸发，蒸汽在微小的压力差驱动下流向冷凝段，并且释放出热量，重新凝结成液体，然后再沿管内壁并借助毛细力(或重力)的作用流回蒸发段，如此循环，不断地将热量从蒸发段向冷凝段传输，如图 3.1 所示。

热管实现热量转移主要包括以下几个过程：

(1)热量由热源经热管蒸发段管壁和充满工作液体的吸液芯传递到(液-汽)分界面；

(2)液体吸收热量在蒸发段内的(液-汽)分界面上蒸发；

(3)蒸汽腔内的蒸汽在压差作用下从蒸发段流到冷凝段；

(4)蒸汽在冷凝段内的(汽-液)分界面上凝结；

(5)热量从(汽-液)分界面通过冷凝液体和冷凝段管壁传给冷源；

(6)在吸液芯的毛细力(或重力)作用下，冷凝后的工作液体回流到蒸发段继续吸热蒸发。

鉴于上述热管的工作过程及原理，热管具有如下特性：

(1)超高的传热性能,其蒸发段和冷凝段通过工质的相变来传递热量,因而热阻极小,导热能力超过目前任何已知的金属;

(2)等温性能优良,其内部的工质均处于饱和状态,工作过程中沿轴向只有极小压力损失,因此整根热管的温差也非常小;

(3)热流大小能够灵活更改,根据使用场合的需要,设计匹配的蒸发段和冷凝段尺寸,使得外表面满足热流大小的需求;

(4)可做成热二极管,热流只能从既定的蒸发段流向冷凝段,而不会向相反的方向流动,使得已得的热量不会倒流损失。

3.1.3　热管的分类

常用的热管包括三种:整体式热管、环形热管、微槽道热管。整体式热管又分为无芯热管及金属卷绕丝网芯热管。

常见的整体式热管都是无芯热管,冷凝液在重力作用下沿管壁回流到蒸发段,但有些整体式热管会在热管内壁增加金属丝网芯,这就构成了有芯热管,此种热管自身存在毛细吸力,冷凝液可以在热管自身毛细吸力作用下回流到蒸发段。

环形热管是将热管蒸发段与冷凝段分离,用蒸汽上升管与冷凝液下降管相连接,可应用于冷、热流体相距较远或冷、热流体绝对不允许混合的场所。环形热管相比于整体式热管的一大优点是可以实现热量的远距离传送。

微槽道热管的结构及工作原理与常规热管类似,最大的区别是常规热管内部通常存在专门提供毛细力以供工质回流的毛细吸液芯;而微型热管则主要是通过沟道尖角区完成工质的回流。微通道内部工质在蒸发段吸热后变成蒸汽流向冷凝段,蒸汽在冷凝段被冷却,经过相变放出潜热后由气态变成液态,依靠重力及毛细力回流到蒸发段,如此循环工作。微槽道热管阵列与传统热管相比,具有以下优点:多根微热管并联解决了微热管由微尺度造成的热输运能力小的问题;内部微翅结构使得相变换热面积大大增加;微细热管之间的间壁在结构上起到了“加强筋”的作用,大大增加了微热管阵列的承压能力;微热管阵列的外形扁平,能方便与换热面贴合,减少了界面接触热阻,克服了常规的圆形截面重力热管需增加特殊结构才能与换热面紧密贴合的缺点。

3.2　热管式 PV/T 系统的基本结构

相比于一般形式的 PV/T 系统,热管式 PV/T 系统具有以下优点:

(1)与传统的水冷式 PV/T 系统相比,由于采用热管进行热量传导,而热管具有良好的防冻性,因此可以在高纬寒冷地区使用,进而使得与建筑相结合的 PV/T 系统得以在北方地区推广应用;

(2)采用热管导热的方式来替代传统的直接通水的冷却方式,有效地避免了由于自来水中存在杂质而对集热板电池板芯造成腐蚀,大大延长了系统的使用寿命;

(3)由于在热管蒸发段内部发生的是工质相变传热,沿热管长度方向的温度梯度很小,所以电池板芯的温度较为均匀,有利于提高电池组件的光电转换效率;

(4)在热管式 PV/T 系统中,由于冷却水直接从集热板顶部的流道换热器中流过,并未进入集热板内部,因此大大缩短了系统的水路长度,简化了系统的水路结构,从而降低了水泵功耗,同时还减少了储存在系统管路内部的热水量,提高了系统热水的可用率;

(5)在生产、制作和应用方面,热管式 PV/T 集热板易于实现标准化、模块化设计和生产,并且易于与建筑外围结构如墙体、屋面等相结合,而且不会破坏建筑外部的视觉美观,可以实现太阳能技术与建筑的一体化完美结合。

鉴于热管式 PV/T 系统的以上诸多优点,本节详细介绍三种不同热管式 PV/T 系统,阐明三种系统在结构上及热传递过程中的不同之处,并阐述热管式 PV/T 系统的组成及工作流程,从而使读者系统地了解热管式 PV/T 系统。

3.2.1　热管式 PV/T 集热板的基本结构

三种热管式 PV/T 集热板的原理图如图 3.2 所示,其剖面结构如图 3.3 所示。

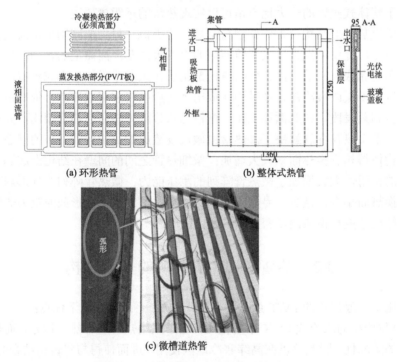

图 3.2　三种热管式 PV/T 集热板的原理图

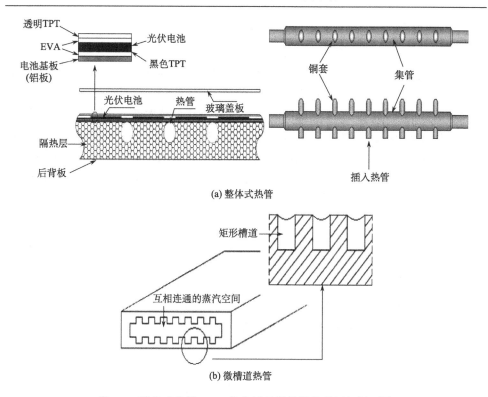

图 3.3　整体式热管 PV/T 集热板及微槽道热管局部剖面图

　　整体式热管及环形热管与 PV/T 集热板的结合是采用激光焊接技术。首先将热管的蒸发段直接焊接在电池基板的背面，然后将整体式热管的冷凝段插入一个流道换热器中，环形热管的冷凝段则插入水箱中，冷凝液通过毛细管回流到蒸发段，这样就完成了热管与 PV/T 集热板的组合，流道换热器的结构如图 3.3 所示。

　　微槽道热管由于其形状可以与集热板完美结合，一般采用导热胶与集热板相连，冷凝段和水流道的连接方式与整体式热管相似，区别是整体式热管是尖状的，直接插在水流道中进行传热。而微槽道热管冷凝段则是弧形的，如图 3.2(c)所示。水流道被弧形热管包裹，通过两者之间连接的导热胶进行传热。

　　当太阳光透过集热器的玻璃盖板，照射到光伏电池组件表面时，一部分的短波辐射将被光伏电池转化为电能输出，其余部分则被吸收转化为热能，热量经电池基板传导给热管蒸发段，然后热管内工作液体发生受热蒸发、冷凝放热从而将热量传送到热管冷凝段，而热管冷凝段再通过流道换热器将热量传给冷却水，从而提高冷却水的温度。

3.2.2　热管式 PV/T 系统的组成及工作过程

热管式 PV/T 系统主要由热管式 PV/T 集热板、储水箱、循环水泵、太阳能控制逆变系统、蓄电池及水路管道和阀门组成。当系统运行时，热管式 PV/T 集热器将接收到的一部分短波太阳辐照转化为电能，其余的大部分太阳辐照则被集热器吸收转化为热能。电能通过导线并经过太阳能控制逆变系统后储存到蓄电池中或直接输出给用户使用。在这里，太阳能控制逆变系统主要起到对光伏电池电力输出的最大功率追踪、调节，以及对蓄电池的蓄、放电控制作用；而集热器内的热能通过热管的热传导后加热水箱或流道内的冷水，最终使冷水温度升高。

3.3　整体热管式 PV/T 系统的数值模型

本节将分别对热管式 PV/T 系统的集热板和储水箱建立数值模型，其中集热板模型中包含太阳光入射模型、玻璃盖板方程、光伏电池层方程、电池基板方程、热管方程及流道换热器内的冷却水方程等六部分[2]。

3.3.1　太阳光入射模型

由于在一天之中，太阳光的入射角度是随时间不断变化的，而当太阳光的入射角发生变化时，太阳能集热板接收到的太阳辐射能将会有所差异，玻璃盖板对太阳光的透过率也会发生改变，因此在对太阳能集热板建立模型前，有必要先建立太阳光的入射模型。

太阳光对某一平面的入射角度与该平面的倾角和方位角、当地纬度、太阳时角及太阳赤纬有关，具体计算表达式为

$$\cos\theta = \sin\delta\sin\phi\cos\beta - \sin\delta\cos\phi\sin\beta\cos\gamma + \cos\delta\cos\phi\cos\beta\cos\omega \\ + \cos\delta\sin\phi\sin\beta\cos\gamma\cos\omega + \cos\delta\sin\beta\sin\gamma\sin\omega \tag{3.1}$$

式中，θ 为太阳光对某一平面的入射角；δ 为太阳赤纬；ϕ 为当地纬度；β 为平面倾角；γ 为平面方位角，朝东为负，朝西为正，正南为 0；ω 为太阳时角，每相差 1h 太阳时角相差 15°，正午 12 点时为 0，下午为正，上午为负。

对于朝正南方向的平面，太阳光对其入射角为

$$\cos\theta_T = \sin\delta\sin\phi\cos\beta - \sin\delta\cos\phi\sin\beta + \cos\delta\cos\phi\cos\beta\cos\omega \\ + \cos\delta\sin\phi\sin\beta\cos\omega \tag{3.2}$$

太阳赤纬 δ 由式(3.3)计算得到：

$$\delta = 23.45\sin\left(360\frac{284+n}{365}\right) \tag{3.3}$$

式中，n 为一年中的第 n 天。

3.3.2　玻璃盖板的能量平衡方程

　　整体热管式 PV/T 集热板的各部分温度标注如图 3.4 和图 3.5 所示。由于玻璃盖板的厚度一般较薄，因此假设玻璃盖板在厚度方向上的温度是均匀相等的。在此，忽略玻璃盖板在其平面方向的导热，从而得出玻璃盖板的能量平衡方程为

$$d_g \rho_g c_g \frac{\partial T_g}{\partial t} = h_a(T_a - T_g) + h_{e,g}(T_e - T_g) + h_{g,pv}(T_{pv} - T_g) + G\alpha_g \tag{3.4}$$

式中，d_g 为玻璃厚度，m；ρ_g 为密度，kg/m³；c_g 为比热容，J/(kg·K)；T_g、T_a、T_{pv} 和 T_e 分别为玻璃盖板的温度、周围环境空气温度、光伏电池温度及环境等效温度，K；G 为太阳辐射强度，W/m²；α_g 为玻璃盖板对太阳光的吸收率；h_a、$h_{e,g}$ 和 $h_{g,pv}$ 分别为玻璃盖板与周围环境空气的对流换热系数、玻璃盖板与周围环境间的等效辐射换热系数、玻璃盖板与光伏电池层间的总换热系数，W/(m²·K)，可分别由下面式 (3.9) ～式 (3.11) 计算得到。

　　环境等效温度可由下式计算[3]：

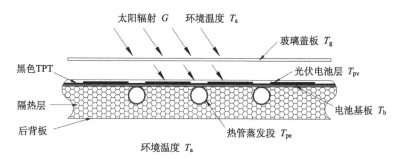

图 3.4　整体热管式 PV/T 集热板截面图

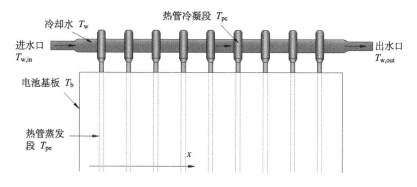

图 3.5　整体热管式 PV/T 集热板结构图

$$T_e^4 = f_{sky} \cdot T_{sky}^4 + f_{gr} \cdot T_{gr}^4 + f_{sur} \cdot T_{sur}^4 \tag{3.5}$$

式中，f_{sky}、f_{gr} 和 f_{sur} 分别为玻璃盖板对天空、地面和周围环境物体的视角系数；T_{sky}、T_{gr} 和 T_{sur} 分别为天空温度、地面温度和周围环境物体的温度，K。

天空温度的计算公式可简化为下式[4]：

$$T_{sky} = 0.0552 T_a^{1.5} \tag{3.6}$$

玻璃盖板对太阳光的吸收率可由下式计算：

$$\alpha_g = 1 - \tau_a \tag{3.7}$$

式中，τ_a 为只考虑对太阳光吸收时的玻璃盖板对太阳光的透过率[5]

$$\tau_a = e^{-KL/\cos\theta_2} \tag{3.8}$$

式中，K 为玻璃的消光系数，m^{-1}；L 为玻璃的厚度，m；θ_2 为光线在玻璃内的折射角。

$$h_a = 2.8 + 3.0 u_a \tag{3.9}$$

$$h_{e,g} = \varepsilon_g \sigma (T_e^2 + T_g^2)(T_e + T_g) \tag{3.10}$$

式中，u_a 为风速，m/s；ε_g 为玻璃的发射率；σ 为斯特藩-玻尔兹曼常数，取值 $5.67 \times 10^{-8}\ W/(m^2 \cdot K^4)$。

$$h_{g,pv} = \sigma(T_{pv}^2 + T_g^2)(T_{pv} + T_g) \left[\frac{\zeta}{1/\varepsilon_{pv} + \zeta(1/\varepsilon_g - 1)} + \frac{1-\zeta}{1/\varepsilon_{TPT} + (1-\zeta)(1/\varepsilon_g - 1)} \right] + \frac{Nu \cdot k_a}{l} \tag{3.11}$$

式中，ξ 为光伏电池的覆盖因子，$\xi = A_{pv}/A_c$；ε_{pv} 和 ε_{TPT} 分别为光伏电池和黑色 TPT(tedlar/polyester/tedlar)涂层的发射率；k_a 为空气的导热系数，$W/(m \cdot K)$；l 为玻璃盖板与光伏电池层的间距，m；Nu 为玻璃盖板与光伏电池层间空气对流的努塞尔数。集热板倾角在 $0° \sim 75°$ 范围内的计算公式[6]为

$$Nu = 1 + 1.14 \left[1 - \frac{1708 \cdot (\sin 1.8\beta)^{1.6}}{Ra \cdot \cos\beta} \right] \left(1 - \frac{1708}{Ra \cdot \cos\beta} \right)^+ + \left[\left(\frac{Ra \cdot \cos\beta}{5830} \right)^{1/3} - 1 \right]^+ \tag{3.12}$$

式中，β 为集热板的安装倾角，(°)；+表示只有括号内的数值大于零时才取值，否则取值为零；Ra 为瑞利数，由下面式(3.13)计算得到

$$Ra = \frac{g\beta'\Delta T l^3}{\nu\alpha'} \tag{3.13}$$

式中，g 为重力加速度，m/s^2；α' 为热扩散系数，m^2/s；ν 为运动黏度，m^2/s；β' 为空气的膨胀系数，K^{-1}；ΔT 为玻璃盖板与光伏电池间的温差，K。

3.3.3　光伏电池层的能量平衡方程

光伏电池层中包含光伏电池、透明 TPT、黑色 TPT 及黏合胶(EVA)等四部分，为简化计算，假设在同一节点处的这几部分温度是均匀相等的；另外，由于透明 TPT、黑色 TPT 及黏合胶(EVA)这三部分材料厚度很薄，且密度和比热容均较小，因此，忽略这三部分的热容，可得出光伏电池层的能量平衡方程：

$$\zeta d_{\mathrm{pv}}\rho_{\mathrm{pv}}c_{\mathrm{pv}}\frac{\partial T_{\mathrm{pv}}}{\partial t}=h_{\mathrm{g,pv}}(T_{\mathrm{g}}-T_{\mathrm{pv}})+(T_{\mathrm{b}}-T_{\mathrm{pv}})/R_{\mathrm{b,pv}}+G(\tau\alpha)_{\mathrm{pv}}-E_{\mathrm{pv}} \tag{3.14}$$

式中，d_{pv} 为光伏电池的厚度，m；ρ_{pv} 为密度，kg/m^3；c_{pv} 为比热容，$J/(kg\cdot K)$；T_{b} 为电池基板的温度，K；$R_{\mathrm{b,pv}}$ 为光伏电池层与电池基板间的热阻，$K\cdot m^2/W$；$(\tau\alpha)_{\mathrm{pv}}$ 为光伏电池层对太阳光的有效吸收率；E_{pv} 为光伏电池的光电功率，W/m^2，由式(3.15)计算得到：

$$E_{\mathrm{pv}}=\zeta G\tau\eta_{\mathrm{r}}\left[1-B_{\mathrm{r}}(T_{\mathrm{pv}}-T_{\mathrm{r}})\right] \tag{3.15}$$

式中，η_{r} 为光伏电池在参考温度 T_{r} 下的光电转换效率，一般取 $T_{\mathrm{r}}=298.15\mathrm{K}$；$B_{\mathrm{r}}$ 为光伏电池的温度系数，通常取 $0.0045\mathrm{K}^{-1}$；τ 为光伏电池封装材料的总透过率，在本章计算中，包括玻璃盖板及透明 TPT 两层材料的透过率，可由式(3.16)计算得到：

$$\tau=\frac{1}{2}\left[\left(\frac{\tau_{\mathrm{o}}\tau_{\mathrm{i}}}{1-\rho_{\mathrm{o}}\rho_{\mathrm{i}}}\right)_{\perp}+\left(\frac{\tau_{\mathrm{o}}\tau_{\mathrm{i}}}{1-\rho_{\mathrm{o}}\rho_{\mathrm{i}}}\right)_{\parallel}\right] \tag{3.16}$$

式中，τ_{o} 和 ρ_{o} 分别为外层封装材料(玻璃盖板)对太阳光的透过率和反射率；τ_{i} 和 ρ_{i} 分别为内层封装材料(透明 TPT)对太阳光的透过率和反射率；$\perp$ 和 $\parallel$ 分别代表非偏振太阳光的垂直和水平部分。

光伏电池层对太阳光的有效吸收率 $(\tau\alpha)_{\mathrm{pv}}$ 可由式(3.17)计算得到：

$$(\tau\alpha)_{\mathrm{pv}}=\frac{\tau\alpha}{1-(1-\alpha)\rho_{\mathrm{d}}} \tag{3.17}$$

式中，α 为光伏电池层对太阳光的总吸收率，在本章计算中，$\alpha=\zeta\alpha_{\mathrm{pv}}+(1-\zeta)\alpha_{\mathrm{TPT}}$；$\rho_{\mathrm{d}}$ 为盖板对太阳散射光的反射率，可近似等效于盖板对 $60°$ 入射光的反射率。

3.3.4　电池基板的能量平衡方程

在本节计算中，我们假设热管的导热性能良好，整个热管蒸发段的温度是均匀相等的，那么，基于此假设，我们可以得出电池基板沿热管轴向方向的温度也应该是均匀相等的，因此，沿此方向上的导热是可以忽略的。在此前提下，我们建立了电池基板的一维导热方程，其节点划分如图 3.6 所示。

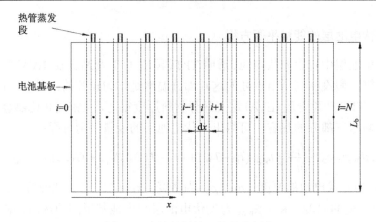

图 3.6　电池基板的一维节点划分

根据图 3.6 我们可以看出，电池基板的节点所对应的控制容积包含两种：一种是与热管蒸发段有直接的热传导（图 3.6 所示的节点 i）；另一种是与热管蒸发段没有直接的热传导（图 3.6 所示的节点 $i-1$ 和 $i+1$）。这两种节点的能量平衡方程是不相同的，要分开来建立。

对于与热管蒸发段有直接热传导的部分，其能量平衡方程为

$$\rho_b c_b \frac{\partial T_b}{\partial t} = k_b \frac{\partial^2 T_b}{\partial x^2} + \frac{1}{d_b}\Big[(T_a - T_b)/R_{b,a} + (T_{pv} - T_b)/B_{b,pv} + (T_{p,e} - T_b)/(R_{p,b} \cdot a)A_{bi}\Big]$$

$$(3.18)$$

对于与热管蒸发段没有直接热传导的部分，其能量平衡方程为

$$\rho_b c_b \frac{\partial T_b}{\partial t} = k_b \frac{\partial^2 T_b}{\partial x^2} + \frac{1}{d_b}\Big[(T_a - T_b)/R_{b,a} + (T_{pv} - T_b)/R_{b,pv}\Big] \qquad (3.19)$$

式中，ρ_b、c_b 和 k_b 分别为电池基板的密度（kg/m³）、比热容（J/(kg·K)）和导热系数（W/(m·K)）；d_b 为电池基板的厚度，m；$R_{b,a}$ 为电池基板与外界环境间的总热阻，K·m²/W；$T_{p,e}$ 为热管蒸发段的温度，K；$R_{p,b}$ 为电池基板与热管蒸发段管壁间的热阻，K/W；A_{bi} 为单个控制容积的表面换热面积，m²，$A_{bi} = dx \times L_b$，L_b 为电池基板宽度，m。

电池基板与外界环境间的热阻 $R_{b,a}$，以及与热管蒸发段管壁间的热阻 $R_{p,b}$ 分别由式(3.20)和式(3.21)计算得出：

$$R_{b,a} = d_s/k_s + 1/h_a \qquad (3.20)$$

$$R_{p,b} = d_{pb}/(k_{pb} \cdot A_{pb}) \qquad (3.21)$$

式中，d_s 为电池基板背面隔热材料的厚度，m；k_s 为导热系数，W/(m·K)；A_{pb} 为电池基板与热管蒸发段管壁的接触面积，m²；k_{pb} 为焊接材料的导热系数，W/(m·K)；d_{pb} 为电池基板与热管蒸发段管壁的焊接厚度，m。

3.3.5　热管的能量平衡方程

在对热管的传热计算中，分别对热管的蒸发段和冷凝段进行计算，而在热管蒸发段与冷凝段间给出一个总热阻以表征热管的内部传热性能的好坏。这个总热阻包括六个部分：蒸发段管壁的径向导热热阻 $R_{e,p}$、蒸发段毛细管芯的径向等效传热热阻 $R_{e,i}$、蒸发段汽-液交界面的传热热阻 $R_{e,vl}$、蒸汽轴向流动传热热阻 R_v、冷凝段蒸汽凝结传热热阻 $R_{c,i}$、冷凝段管壁的径向导热热阻 $R_{c,p}$。文献[7]中提供的数据显示，蒸发段汽-液交界面的传热热阻和蒸汽轴向流动传热热阻的数量级远小于其他四部分的数量级，因此，在计算中，这两部分的传热热阻可以忽略不计。那么，热管冷凝段与蒸发段间的总传热热阻可表述为

$$R_{e,c} = R_{e,p} + R_{e,i} + R_{c,i} + R_{c,p} \tag{3.22}$$

式中

$$R_{e,p} = \frac{\ln(D_{e,o} / D_{e,i})}{2\pi L_e k_p} \tag{3.23}$$

$$R_{e,i} = \frac{\ln(D_{wick,o} / D_{wick,i})}{2\pi L_e k_{wick}} \tag{3.24}$$

其中，$D_{e,i}$ 和 $D_{e,o}$ 分别为热管蒸发段管壁的内、外直径，m；L_e 为热管蒸发段长度，m；k_p 为热管管壁的导热系数，W/(m·K)；$D_{wick,i}$ 和 $D_{wick,o}$ 分别为热管蒸发段内部管芯的内、外直径，m；k_{wick} 为热管管芯的等效导热系数，W/(m·K)。

对于沟槽结构的管芯[图 3.7(a)]，其等效导热系数的计算公式为

$$k_{wick} = \frac{(w_f k_l k_w d) + w k_l (0.185 w_f k_w + k_l d)}{(w + w_f)(0.185 w_f k_w + k_l d)} \tag{3.25}$$

式中，k_l 和 k_w 分别为热管液态工质的导热系数和吸液芯材料的导热系数；w_f、w 和 d 分别为槽道肋脊宽度、槽道宽度及槽道深度，m。

对于网状结构的管芯[图 3.7(b)]，其等效导热系数的计算公式为

$$k_{wick} = \frac{k_l[(k_l + k_w) - (1 - \xi_{wick})(k_l - k_w)]}{(k_l + k_w) + (1 - \xi_{wick})(k_l - k_w)} \tag{3.26}$$

式中，ξ_{wick} 为热管管芯的空隙率。

而对于热管冷凝段处的热阻，分别由下面式(3.27)和式(3.28)计算得到：

$$R_{c,i} = \frac{1}{\pi D_{c,i} L_c h_{c,i}} \tag{3.27}$$

$$R_{c,p} = \frac{\ln(D_{c,o} / D_{c,i})}{2\pi L_c k_p} \tag{3.28}$$

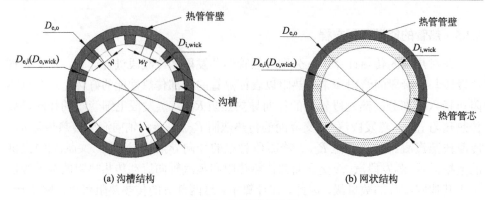

(a) 沟槽结构　　　　　　　　　　　　　(b) 网状结构

图 3.7　热管管芯结构

式中，$D_{c,i}$ 和 $D_{c,o}$ 分别为热管冷凝段管壁的内、外直径，m；L_c 为热管冷凝段的长度，m；$h_{c,i}$ 为热管工质与热管冷凝段内壁间的冷凝换热系数，W/(m²·K)，Hussein 等[8] 给出了如下的拟合计算公式：

$$h_{c,i} = \left[0.997 - 0.334 (\cos \beta)^{0.108} \right] \left[\frac{g \rho_1^2 k_1^3 h_{fg}}{\mu_1 \Delta T_{cr} L_c} \right]^{0.25} \left[L_c / D_{c,i} \right]^{0.254 (\cos \beta)^{0.385}} \quad (3.29)$$

其中，β 为热管放置的倾角，°；ρ_1 为热管内部工质的饱和液态密度，kg/m³；h_{fg} 为工质的相变潜热，J/kg；μ_1 为工质的饱和液态的动力黏度，N·s/m²；ΔT_{cr} 为热管内部工质与管壁的温差，K。

对于热管蒸发段，其能量平衡方程为

$$M_{p,e} c_p \frac{\partial T_{p,e}}{\partial t} = (T_{p,c} - T_{p,e}) / R_{e,c} + (T_b - T_{p,e}) / R_{p,b} \quad (3.30)$$

式中，$M_{p,e}$ 为热管蒸发段的总质量，kg；c_p 为热管管壁的比热容，J/(kg·K)；$T_{p,c}$ 为热管冷凝段的温度，K。

对于热管冷凝段，其能量平衡方程为

$$M_{p,c} c_p \frac{\partial T_{p,c}}{\partial t} = (T_{p,e} - T_{p,c}) / R_{e,c} + (T_w - T_{p,c}) / R_{w,c} \quad (3.31)$$

式中，$M_{p,c}$ 为热管冷凝段的总质量，kg；T_w 为流道换热器内的冷却水温，℃；$R_{w,c}$ 为热管冷凝段管壁与冷却水间的总热阻，K/W，由式 (3.32) 计算得到：

$$R_{w,c} = R_{ct} + \frac{1}{A_w h_w} \quad (3.32)$$

其中，R_{ct} 为热管冷凝段与流道换热器的接触热阻，K/W；A_w 为冷却水与流道换热器间的等效换热面积，m²；h_w 为冷却水与流道换热器的对流换热系数，K·m²/W，可由式 (3.33) 计算得到[9]：

$$h_{\mathrm{w}} = Nu \frac{k_{\mathrm{w}}}{D} \tag{3.33}$$

式中

$$Nu = CRe_{\mathrm{D}}^{m} Pr^{n} (Pr_{\infty} / Pr_{\mathrm{s}})^{1/4} \tag{3.34}$$

其中，Pr 为普朗特数；Re_{D} 为雷诺数；Pr_{∞} 和 Pr_{s} 分别为按流体温度和管壁温度计算出的普朗特数；C、m 和 n 是常系数，当 $Pr \leqslant 10$ 时，$n = 0.37$，当 $Pr > 10$ 时，$n = 0.36$，C 和 m 的数值见表 3.1。

表 3.1 式 (3.31) 中的系数表

Re_{D}	C	m
1~40	0.75	0.4
40~1×10^{3}	0.51	0.5
1×10^{3}~2×10^{5}	0.26	0.6
2×10^{5}~1×10^{6}	0.076	0.7

3.3.6 流道换热器内冷却水的能量平衡方程

对于流道换热器内冷却水的计算，本章中采用迎风格式进行离散计算，其节点划分如图 3.8 所示。

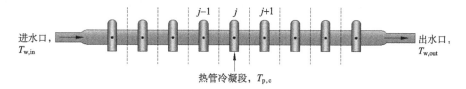

图 3.8 流道换热器内冷却水的节点划分

根据图 3.8 的节点划分，流道换热器内冷却水的能量平衡方程如下：

$$m_{\mathrm{w}} c_{\mathrm{w}} \frac{\partial T_{\mathrm{w},j}}{\partial t} + \dot{m}_{\mathrm{w}} c_{\mathrm{w}} (T_{\mathrm{w},j} - T_{\mathrm{w},j-1}) = (T_{\mathrm{a}} - T_{\mathrm{w},j}) / R_{\mathrm{w,a}} + (T_{\mathrm{p,c}} - T_{\mathrm{w},j}) / R_{\mathrm{w,c}} \tag{3.35}$$

式中，m_{w} 为单个控制容积内冷却水的质量，kg；$R_{\mathrm{w,a}}$ 为冷却水与外界环境的总热阻，K/W；c_{w} 为水的比热容，J/(kg·K)；$\dot{m}_{\mathrm{w}}$ 为通过单块集热板的冷却水质量流量，kg/s。

3.3.7 储水箱的数学模型

对于储水箱内的水，我们采用单节点计算模型，在计算中不考虑水箱内水温

的分层，其能量平衡方程为

$$M_w c_w \frac{\partial T_{wt}}{\partial t} = (T_a - T_{wt}) / R_{a,wt} + n \cdot \dot{m}_w c_w (T_{w,out} - T_{w,in})$$ (3.36)

式中，M_w 为储水箱内水的总质量，kg；T_{wt} 为储水箱内的水温，K；$R_{a,wt}$ 为储水箱内水与外界间的总热阻，K/W；$T_{w,in}$ 和 $T_{w,out}$ 分别为集热板的进、出口水温，K；n 为集热板的数目。

3.3.8 系统性能计算模型

一个 PV/T 系统的综合性能可以通过热力学第一定律和热力学第二定律进行评价，下面分别介绍。

1）热力学第一定律评价

（1）系统的全天总得热量由式（3.37）计算得出：

$$Q_w = M_w c_w (T_{wt,f} - T_{wt,i})$$ (3.37)

式中，M_w 为储水箱内水的总质量，kg；c_w 为水的比热容，J/(kg·K)；$T_{wt,i}$ 和 $T_{wt,f}$ 分别为系统的初始水温和终水温，K。

（2）系统的全天平均光热效率由式（3.38）计算：

$$\eta_t = \frac{Q_w}{H_t} \times 100\%$$ (3.38)

式中，H_t 为系统集热板全天接收到的总太阳辐射量。

（3）根据测量所得的系统光电功率，系统的全天平均光电效率可由式（3.39）计算：

$$\eta_{pv} = \frac{\sum_{1}^{N} E_{pv} \Delta t}{\zeta H_t} \times 100\%$$ (3.39)

式中，E_{pv} 为系统的瞬时光电功率，W；N 为实验数据总采集数；Δt 为数据采集的时间间隔，s；ζ 为光伏电池的覆盖因子，$\zeta = A_{pv} / A_c$，A_{pv} 为光伏电池的面积，m^2，A_c 为集热板对太阳光的有效接收面积，m^2。

（4）热管式 PV/T 系统的全天平均光电光热综合效率由式（3.40）计算：

$$\eta_{pvt} = \frac{Q_w + \sum_{1}^{N} E_{pv} \Delta t}{H_t} \times 100\% = \eta_t + \zeta \eta_{pv}$$ (3.40)

2）热力学第二定律（㶲效率）评价

热力学第二定律综合性能评价可以通过式（3.41）计算：

$$\varepsilon_{pvt} = \varepsilon_{pv} + \varepsilon_t = \eta_{pv} + \left(1 - \frac{T_a}{T_2}\right)\eta_t$$ (3.41)

式中，ε_{pv} 为光伏电池发电的㶲效率；ε_t 为系统热的㶲效率；T_a 为环境温度，K；T_2 为实验结束水箱里面的温度，K。通常情况下，由于技术原因，很难在整个吸热板的表面都覆盖光伏电池，即 $0 < \zeta < 1$。电池覆盖率会影响到系统的电能输出和热输出，因此实际评价时需要将电池覆盖率也考虑在内，其计算公式如下：

$$\varepsilon_{pvt} = \frac{\int_{t_1}^{t_2} (A_c \dot{E}x_t + A_{pv} \dot{E}x_{pv}) dt}{A_c \int_{t_1}^{t_2} \dot{E}x_{sun} dt} = \varepsilon_t + \zeta \varepsilon_{pv} \tag{3.42}$$

式中，Ex_{pv} 为光伏电池单位面积的㶲输出；Ex_t 为系统单位面积的热能㶲输出；Ex_{sun} 为太阳辐照的㶲输入。式 (3.42) 中涉及的㶲的输出可通过以下几个式子计算得出：

$$\dot{E}x_{pv} = \dot{E}_{pv} \tag{3.43}$$

$$\dot{E}x_t = \dot{E}_t \left(1 - \frac{T_a}{T_2}\right) \tag{3.44}$$

在计算系统的㶲输出时依据是系统对环境做功的能力，因此太阳辐射能在这里也要以㶲的方式，最常用的计算太阳能㶲的方式是 Jeter[10] 提出的：

$$\dot{E}x_{sun} = \left(1 - \frac{T_a}{T_{sun}}\right) G \tag{3.45}$$

式中，T_{sun} 为太阳辐照的温度，一般认为是 6000K。

3.3.9　整体热管式 PV/T 系统动态模型的求解

热管式 PV/T 系统模型主要由方程 (3.4)、方程 (3.14)、方程 (3.18)、方程 (3.19)、方程 (3.30)、方程 (3.31)、方程 (3.35) 和方程 (3.36) 组成。上述方程全部采用全隐式离散求解，其中方程 (3.18) 和方程 (3.19) 采用二阶中心差分格式离散，方程 (3.35) 采用迎风格式离散。上述方程的迭代计算求解是通过 C++ 计算机语言来实现的，其计算流程图如图 3.9 所示。

系统的具体计算步骤如下：

(1) 计算程序开始，对系统各参数进行初始化设定，包括玻璃盖板温度、光伏电池温度、电池基板温度、热管蒸发段和冷凝段的温度、流道内冷却水的温度、储水箱的初始水温，以及系统循环水流量，设定初始时刻 $t=0$；

(2) 输入气象参数，并计算太阳光对集热器表面的入射角度，给定集热器进口水温，设定集热器进口水温等于储水箱的水温；

(3) 求解玻璃盖板能量平衡方程，计算盖板的温度 T_g；

(4) 求解光伏电池层能量平衡方程，计算光伏电池的温度 T_{pv} 及光电功率 E_{pv}；

(5) 求解电池基板一维传热方程，计算基板温度 T_b；

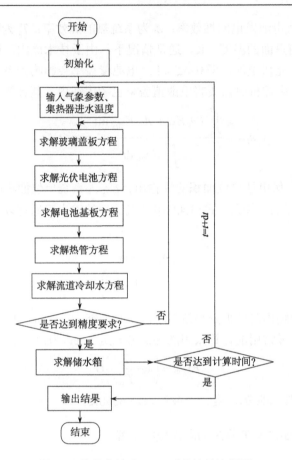

图 3.9　整体热管式 PV/T 系统计算流程图

(6)求解热管能量平衡方程，计算热管蒸发段温度 $T_{p,e}$ 和冷凝段温度 $T_{p,c}$；

(7)求解流道内冷却水能量平衡方程，计算集热器出口水温 $T_{w,out}$；

(8)判断是否达到计算精度要求，如果没有，返回步骤(3)继续迭代计算，如果已达到计算精度，则进入到步骤(9)；

(9)求解储水箱内水的能量平衡方程，根据集热器进、出口水温及系统循环水流量计算水箱水温 T_{wt} 和系统得热量 q_w，计算结束后，判断是否已达到计算时间，若否，返回步骤(2)开始下一时刻计算，若是，输出结果并结束计算。

3.4　整体热管式 PV/T 系统的性能分析

本节首先对整体热管式 PV/T 系统进行全天模拟并与实验结果进行对比，然后对不同电池覆盖因子、不同基板涂层材料及不同热管间距、不同集热板倾角、不同循环水流量下五种单一因素对 PV/T 性能的影响进行模拟分析，最后进行系统在不同地区的全年性能分析[2]。

3.4.1　实验系统介绍

实验系统由两块集热器和储水箱组成，两块集热器并联连接，系统运行时系统的循环水总流量为 0.166kg/s，流经单块集热器的水流量为 0.083kg/s，系统运行时间段为 8:15～16:30，集热器与储水箱的相关参数如下：

(1) 单块集热器有效集热面积：$A_c = 0.967\,\mathrm{m^2}$；光伏电池面积：$A_{pv} = 0.555\,\mathrm{m^2}$；电池覆盖因子：$\zeta = 0.574$；光伏电池吸收率和发射率：$\alpha_{pv} = 0.9$，$\varepsilon_{pv} = 0.9$；光伏电池在标准状况下(太阳辐射强度为 1000W/m²,周围环境温度为 25℃)的光电转换效率：$\eta_r = 15.9\%$；黑色 TPT 吸收率和发射率：$\alpha_{TPT} = 0.98$，$\varepsilon_{TPT} = 0.98$；电池基板(铝板)导热系数：238W/(m·K)；热管类型：水-铜热管；热管蒸发段长度和外径：1300mm 和 $\varPhi$8mm；热管冷凝段长度和外径：90mm 和 $\varPhi$24mm；集热器隔热材料厚度和导热系数：50mm 和 0.035W/(m·K)。

(2) 储水箱容积：200L；水箱内径和内高：$\varPhi$410mm 和 1515mm；水箱外径和外高：$\varPhi$500mm 和 1795mm；水箱隔热层厚度及导热系数：45mm 和 0.034W/(m·K)。

3.4.2　理论计算与实验结果对比、分析

为了更深入地研究热管式 PV/T 系统的光电、光热及光电光热综合性能，本节对热管式 PV/T 系统的性能进行模拟计算，并与实验结果相比较和分析。计算中采用合肥地区九月份实测的气象数据(图 3.10)，模拟计算的时间段与实验时间段一致，也为 8:15～16:30。

图 3.11 给出了系统玻璃盖板温度随时间的变化图。结合图 3.10 可看出，玻璃盖板温度主要受太阳辐射和环境温度影响，全天最高温度出现在 13:00 左右。对比实验测试结果和理论计算结果发现，理论结果与实验结果整体变化趋势基本一致，上午时段两者相差稍稍偏大，相对误差(RE)在 5.0%～15.0%的范围内，下午误差缩小，在–5.0%～5.0%，全天平均相对误差(MRE)为 3.9%。图 3.12 给出了光伏电池的温度变化曲线。由于早上系统初始水温及太阳辐照较低，光伏电池的温度也相对较低，但随着系统水温的上升及太阳辐射强度的增强，光伏电池温度逐渐上升，到 13:00 附近达到最大值；随后，虽然系统水温还在继续升高，但由于太阳辐射强度出现快速下降，同时电池温度较高导致热量损失较大，因此，光伏电池的温度开始逐渐下降。图中显示，在 14:15 左右，电池温度出现陡然下降然后又迅速回升，这主要是因为太阳辐射强度出现剧烈变化(图 3.10)。

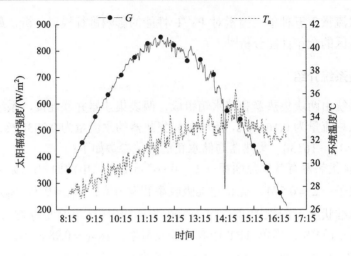

图 3.10　太阳辐射和环境温度

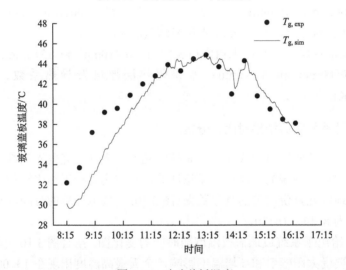

图 3.11　玻璃盖板温度

　　另外，由图 3.12 我们还可看出，光伏电池温度的理论计算值与测量值基本吻合，全天的相对误差均在-3.0%～7.5%的范围内，平均相对误差为 3.3%。图 3.13 给出了储水箱内的平均水温变化图。系统平均水温从初始温度 27.8℃逐渐被加热到终温 46.7℃，全天温升 18.9℃。系统平均水温的计算值与实验值的相对误差为 -1.2%～1.8%，全天平均相对误差为 0.9%，两者吻合得很好。

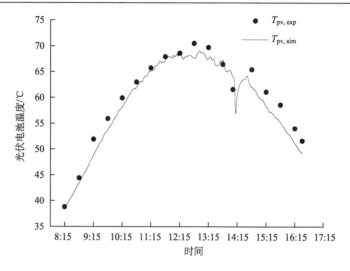

图 3.12　光伏电池温度

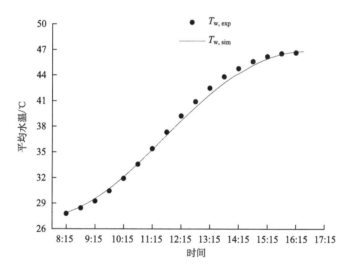

图 3.13　储水箱内平均水温

图 3.14 给出了系统光电功率和光电效率的测量和计算值。由图可看出，系统光电功率呈现出与太阳辐射相同的变化趋势，系统光电功率从实验开始时的 35W 逐渐增加到 11:30 左右的最大值 95W，然后下午逐渐下降，到实验结束时降低到最小值 21W；系统光电效率在测试时间段内基本维持在 9.0%～11.0% 的范围内，在上午实验开始和下午实验结束阶段，由于太阳光对集热器表面的入射角较大，因此系统光电效率的值相对偏低。系统光电功率的计算值与测量值的相对误差基本在 –10.0%～4.0% 的范围内，全天平均相对误差为 3.2%；而对于光电效率，其相

对误差为-10.0%～2.0%，全天平均相对误差为2.8%。导致系统光电功率和光电效率的计算值与测量值出现偏差的原因主要有两方面：①系统集热器盖板采用的是内纹玻璃盖板，而在计算中并未考虑玻璃内纹对太阳光透过率的影响；②在计算中采用的是照射到集热器表面上的总太阳辐射，并未区分直射辐射、散射辐射及不同波段的太阳辐射。图3.15给出了系统的光热功率和光热效率变化曲线图。对比图3.10可以看出，系统光热功率主要取决于太阳辐射强度和系统水温，当中午太阳辐射最强时，系统光热功率达到最大值897W，下午太阳辐射强度减弱，以及系统水温逐渐上升，导致系统热损增大，因此系统光热功率逐渐下降，到达实验结束时段，系统光热功率几乎为零，这说明此时系统从太阳辐照获得的热量与

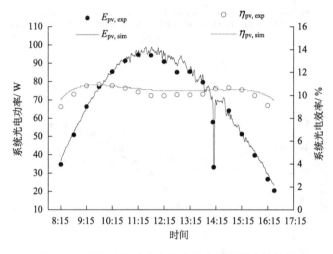

图3.14　系统光电功率和光电效率的测量和计算值

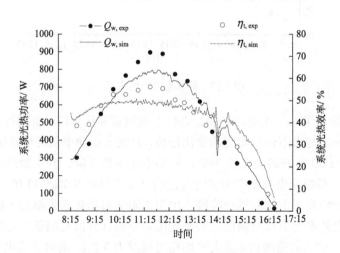

图3.15　系统光热功率和光热效率

其向外界环境损失的热量基本达到平衡。系统的瞬时光热效率在中午时最高,达到 56.1%,下午由于系统光热功率下降,系统的光热效率也出现了较快的下降。系统瞬时光热功率和光热效率的计算结果与实验结果的平均相对误差分别为 11.2% 和 13.7%。导致出现这些误差的原因除了上述提到的玻璃盖板和太阳辐射因素影响外,还有我们在测量系统水温时,采用的是精度为 ±0.2℃ 的铜-康铜热电偶,使得实验测量出现一定的偏差,导致了理论计算与实验测量值出现偏差。

表 3.2 给出了热管式 PV/T 系统性能的全天理论计算结果和实验测量结果。由表可看出,系统全天光电输出为 2.087MJ,平均光电效率为 10.3%;总得热量为 15.772MJ,平均光热效率为 44.6%;全天平均热力学第一能源综合效率为 50.5%,热力学第二能源综合效率为 7.1%,系统具有较好的光电光热综合性能。对比理论计算结果和实验测量结果发现,系统的光电输出、总得热量、光电效率、光热效率,以及光电光热综合效率的理论计算值与实验测量值之间的相对误差均在 –2.4%~0.0% 的范围之内,因此,所建立的热管式 PV/T 系统模型基本可以用于系统的全天性能准确模拟预测。

表 3.2 热管式 PV/T 系统性能的全天理论计算结果与实验测量结果对比

参数	H_t /MJ	E_{pv} /MJ	Q_w /MJ	η_{pv}	η_t	$\eta_{I,pvt}$	$\eta_{II,pvt}$
实验测量 X_{exp}	35.340	2.087	15.772	10.3%	44.6%	50.5%	7.1%
理论计算 X_{sim}		2.137	15.797	10.5%	44.7%	50.7%	7.2%
相对误差 RE		–2.4%	–0.2%	–1.9%	–0.2%	–0.4%	–1.4%

3.4.3 关键参数对系统性能影响的理论分析

选取合肥地区九月中旬的气象数据进行数值模拟,通过求解数值模型,分析各种因素对系统性能的影响。计算中采用的其他参数如下。

(1)集热板数目:2 块,并联连接,每块上面有 36 块蓝色多晶硅光伏电池;单块集热板有效集热面积:$A_c=0.967\,m^2$;光伏电池面积:$A_{pv}=0.555\,m^2$。

(2)热管类型:水-铜热管;热管蒸发段长度和外径:1300mm 和 Φ8mm;热管冷凝段长度和外径:90mm 和 Φ24mm。

1. 不同覆盖因子下系统性能的理论研究

Chow 等[11]的研究结果显示,光伏电池的覆盖因子对 PV/T 系统性能影响较大。本节利用本章给出的热管式 PV/T 系统模型,对不同电池覆盖因子下系统的性能进行计算和研究。由图 3.16 中可看出,随着电池覆盖因子的增大,系统平均水温上升速率将逐渐下降，系统终水温也将逐渐降低，如图中所示，当电池覆盖因子为 0.01 时，全天系统平均水温可以从 27.5℃上升到 48.9℃，但当电池覆盖因子增大到 0.99 时，系统平均水温只从 27.5℃上升到 45.3℃，终水温下降了 3.6℃。

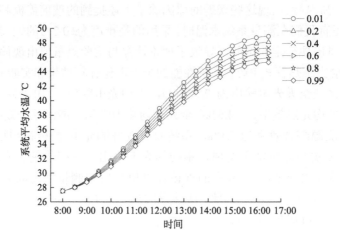

图 3.16　不同电池覆盖因子下系统平均水温随时间的变化曲线

由图 3.17 可看出，随着电池覆盖因子的增大，系统总得热量呈现线性下降变化，而系统光电输出却呈现线性增加。当电池覆盖因子为 0.01 时，系统全天总得热量为 17.867MJ，系统全天光电输出为 0.037MJ，系统总能收益为 17.904MJ；当电池覆盖因子为 0.99 时，系统全天总得热量减少为 14.853MJ，而系统全天光电输出增加到 3.775MJ，系统总能收益也增加为 18.628MJ。这主要是由于，当电池覆盖因子增大时，集热板内吸热板表面的光伏电池面积增加，使得系统光电输出

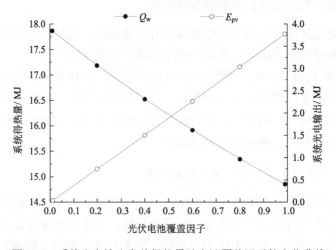

图 3.17　系统光电输出和总得热量随电池覆盖因子的变化曲线

增加，同时导致转化为电能的这部分太阳辐射量增加，那么，在太阳辐照总量一定的情况下，转化成热能的这部分太阳辐照就会相应减少，从而使得系统总得热量出现下降，而系统光电输出增加。

由图 3.18 可看出，随着电池覆盖因子的增大，系统光电光热综合效率也出现上升，并且上升速率逐步增大，当电池覆盖因子从 0.01 增大到 0.99 时，系统光电光热综合效率从 49.9%提高到 51.9%，这说明当电池覆盖因子增大时，系统光电输出的增加量要比系统总得热的减少量大，从而使得系统总能收益不断增加。

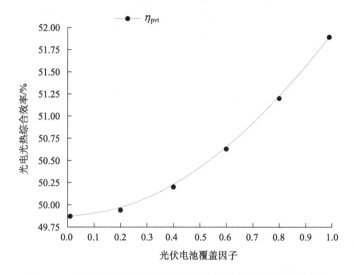

图 3.18 系统光电光热综合效率随电池覆盖因子的变化曲线

2. 不同基本涂层材料下系统性能的理论分析

通常情况下，热管式 PV/T 集热板的光伏电池覆盖因子不会达到 1，因此在吸热板芯（电池基板）处必定会存在未被光伏电池覆盖的区域，这些区域的面积刚好等于集热板的有效太阳光接收面积与光伏电池面积之差，即 $A_c - A_{pv}$。光伏电池覆盖因子越小，这部分区域面积所占集热板总面积的比例就越大，因此，这一区域表面所采用的涂层将会影响到集热板的集热性能。

本节将利用已建立的热管式 PV/T 系统模型，对在不同光伏电池覆盖因子下（ζ=0.3，0.5，0.7，0.9），分别由三种不同基板涂层的热管式 PV/T 集热板组成的系统的光电、光热性能进行模拟计算和研究分析，这三种涂层的计算参数分别如下。

(1)基板无涂层，表面为铝板，如图 3.19(a)所示。铝板对太阳光吸收率 $\alpha_{alu} = 0.09$，热发射率 $\varepsilon_{alu} = 0.03$。

(2) 基板采用黑色 TPT 涂层，如图 3.19(b) 所示。涂层的太阳光吸收率 $\alpha_{TPT} = 0.98$，热发射率 $\varepsilon_{TPT} = 0.98$。

(3) 基板采用选择性涂层，如图 3.19(c) 所示。涂层的太阳光吸收率 $\alpha_{sel} = 0.95$，热发射率 $\varepsilon_{sel} = 0.05$。

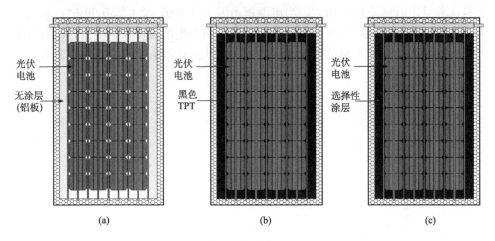

图 3.19　三种不同涂层的热管式 PV/T 集热板

由图 3.20 可看出，采用选择性涂层时的热管式 PV/T 系统平均水温上升速率最快，终水温也最高，采用黑色 TPT 涂层时次之，而无涂层时的系统平均水温上升速率最慢，终水温也最低。另外，我们还可发现，随着电池覆盖因子的减小，它们之间的差距逐渐增大，如当电池覆盖因子为 0.9 时，采用选择性涂层、黑色 TPT 及无涂层时的系统最终水温分别为 45.8℃、45.6℃和 44.4℃，但当电池覆盖因子减小为 0.3 时，它们的终水温分别变为 49.8℃、47.7℃和 37.2℃，差距明显加大。此外，由图 3.20 我们还可发现，当电池覆盖因子不大时，基板有涂层与无涂层时系统所获得的终水温度相差较大，而采用选择性涂层和采用黑色 TPT 时，系统所获得的终水温度相差不大，这说明对于热管式 PV/T 系统，基板有涂层时对提高系统的热性能效果较为明显。

类似于系统的光热性能，对于采用这三种不同基板涂层，系统的总能收益及光电光热综合性能也均出现类似的变化趋势。当电池覆盖因子为 0.9 时，基板采用选择性涂层时系统的总能收益、光电光热综合效率分别为 18.698MJ、52.1%；而基板采用黑色 TPT 时的分别为 18.504MJ、51.5%；基板无涂层时的则分别为 17.534MJ、48.8%。当电池覆盖因子减小为 0.3 时，基板采用选择性涂层时的系统总能收益、光电光热综合效率分别变为 19.683MJ、54.8%；而基板采用黑色 TPT 时的分别变为 17.972MJ、50.1%；基板无涂层时的则分别变为 9.282MJ、25.9%，分别采用这三种涂层时的系统综合性能的差距明显增大。然而，与系统的光热性能和光电光热综合性能不同，系统的光电性能却由于基板采用吸收涂层而出现下降，如表 3.3 所示，基板无涂层时系统的光电性能最高，采用黑色 TPT 时次之，光电性能最差的是采用选择性涂层时。这主要是由于，当基板表面添加吸收涂层时，电池板芯对太阳光的吸收率就会提高，那么其自身获得的热能就会相应增加，从而导致电池温度上升，光电转换效率下降。但从系统的光电光热综合性能来考虑，当电池覆盖因子不大时(如 $\zeta \leqslant 0.7$ 时)，基板添加太阳光吸收涂层总体上对系统是有利的，因为可以较大幅度地增加系统的总能收益，提高系统的综合效率。

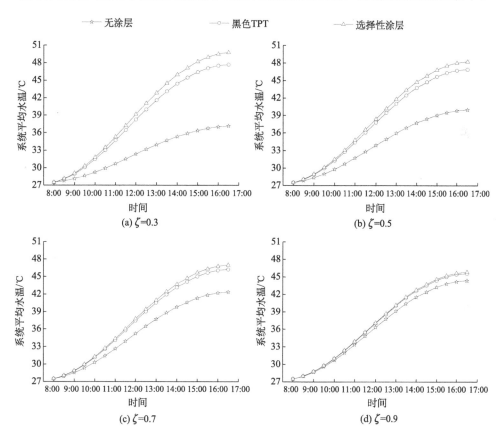

图 3.20 不同涂层及电池覆盖因子下系统平均水温随时间的变化曲线

表 3.3 不同涂层及电池覆盖因子下的系统性能计算结果

覆盖因子	涂层类型	H_t /MJ	Q_w /MJ	E_{pv} /MJ	Q_{total} /MJ	η_t /%	η_{pv} /%	η_{pvt} /%
	选择性涂层		18.577	1.106	19.683	51.7	10.3	54.8
$\zeta \leqslant 0.3$	黑色 TPT	35.903	16.849	1.123	17.972	46.9	10.4	50.1
	无涂层		8.065	1.217	9.282	22.5	11.3	25.9

续表

覆盖因子	涂层类型	H_t /MJ	Q_w /MJ	E_{pv} /MJ	Q_{total} /MJ	η_t /%	η_{pv} /%	η_{pvt} /%
	选择性涂层		17.325	1.864	19.189	48.3	10.4	53.5
$\zeta \leqslant 0.5$	黑色 TPT	35.903	16.206	1.882	18.088	45.1	10.5	50.4
	无涂层		10.428	1.986	12.414	29.0	11.1	34.6
	选择性涂层		16.239	2.636	18.875	45.2	10.5	52.6
$\zeta \leqslant 0.7$	黑色 TPT	35.903	15.621	2.650	18.271	43.5	10.5	50.9
	无涂层		12.399	2.731	15.130	34.5	10.9	42.1
	选择性涂层		15.279	3.419	18.698	42.6	10.6	52.1
$\zeta \leqslant 0.9$	黑色 TPT	35.903	15.079	3.425	18.504	42.0	10.6	51.5
	无涂层		14.077	3.457	17.534	39.2	10.7	48.8

3. 不同热管间距下系统性能的理论分析

由于热管间距的大小会影响热管式 PV/T 系统电池板芯的热量传输及光伏电池的冷却效果，因此，本节利用本章给出的系统模型，对热管式 PV/T 系统在不同热管间距下的性能进行深入的理论计算和研究分析。

由图 3.21 可看出，随着热管间距的增大，系统平均水温上升速率将逐渐下降，系统终水温也将逐渐降低。如图中所示，当热管间距为 0.05m 时，系统平均水温从 27.5℃上升到 48.3℃，全天温升为 20.8℃；当热管间距为 0.15m 时，系统平均水温从 27.5℃上升到 43.8℃，全天温升为 16.3℃，与热管间距为 0.05m 时的相比降低了 4.5℃。

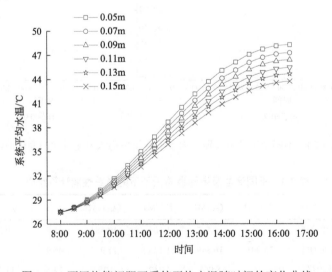

图 3.21　不同热管间距下系统平均水温随时间的变化曲线

　　由图 3.22 可看出，随着热管间距的增大，系统光电输出和总得热量均呈现出线性下降的趋势，当热管间距从 0.05m 增大到 0.15m 时，系统全天的光电输出从 2.228MJ线性下降到 2.091MJ，降幅为 6.1%；而系统全天的总得热量则从 17.366MJ 线性下降到 13.576 MJ，降幅为 21.8%。由此可得出，热管间距的增大对系统全天总得热量的影响远比对系统光电输出的影响显著，这主要是因为当热管间距增大时，单块集热板的热管根数就会减少，从而导致集热板中热管与冷却水的换热面积减少，进而使得冷却水获得的热能减少；此外，热管间距增大会使得电池板芯的热量不能有效传给热管，从而导致其自身温度升高，热损增大；另外，温度对光伏电池光电转换效率的影响相对较弱，温度每上升 1℃，光伏电池的光电转换效率大约只下降 0.45%，因此，热管间距增大对系统全天总得热量的影响要比对系统光电输出的影响显著。

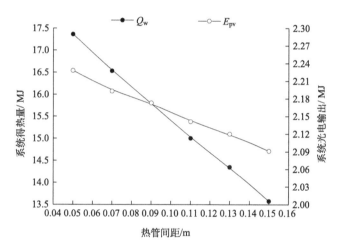

图 3.22　系统光电输出和总得热量随热管间距的变化曲线

　　根据图 3.22 我们已经知道，当热管间距增大时，系统光电输出和总得热量均出现线性下降，因此，随着热管间距增大，系统的光电光热综合效率也出现线性下降。从图 3.23 可看出，当热管间距从 0.05m 增加到 0.15m 时，系统的光电光热综合效率从 54.6% 线性下降到 43.6%，反过来，我们可得出，缩短热管间距可以提高系统的综合性能，但是缩短热管间距必定会使得制作单块集热板所需的热管数目增加，从而导致单块集热板的制作成本增加。

　　由表 3.4 可知，当热管间距为 0.15m 时，制作单块集热板只需 5 根热管，而当热管间距缩短到 0.05m 时，制作单块集热板需要热管数增加到 16 根，热管数目增加了两倍多，但系统总能收益只增加了约 25.1%，因此，在确定集热板的热管间距时，需要综合考虑集热板的成本和性能，根据表 3.4 的结果，我们觉得热管间距在 0.09m 左右较为适宜。

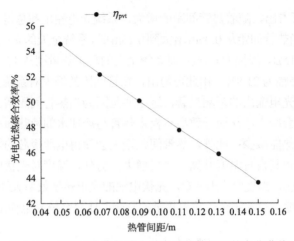

图 3.23 系统光电光热综合效率随热管间距的变化曲线

表 3.4 不同热管间距所对应热管数目及系统性能参数关系表

项目	热管间距/m					
	0.05	0.07	0.09	0.11	0.13	0.15
热管数目/根	16	11	9	7	6	5
总能收益 Q_{total}/MJ	19.594	18.725	17.978	17.145	16.472	15.667
光电光热综合效率 η_{pvt} /%	54.6	52.2	50.1	47.8	45.9	43.6

4. 不同集热板倾角下系统性能的理论分析

如图 3.24 所示，九月份太阳光对北半球集热板的平均入射角随倾斜角度先增大后减小，太阳辐射总量随倾斜角度先增大后减小。

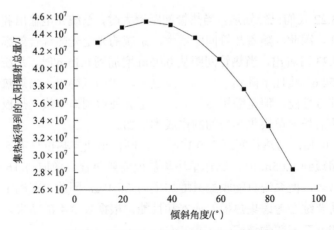

图 3.24 集热板上接收到的太阳辐射总量

由图 3.25 可知，系统的得热量和光热效率都随集热板倾角的增加，先增大后减小，在 20°～50° 得热量与光热效率最大，其中最大得热在 32° 时，光热效率超过 44%。

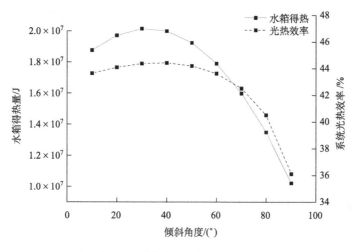

图 3.25　系统的总得热量和热效率

由图 3.26 可知，输出电功也随着倾角的增加而先增大后减小，20°～50° 的电功输出大，32° 的输出电功最大，40° 之后大幅度减小，这是由于接收到的辐射在快速减小，光电效率在各个倾角下变化小。

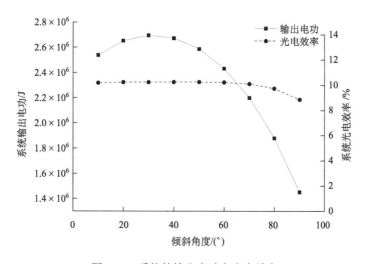

图 3.26　系统的输出电功和光电效率

由图 3.27 可知，全天总收益和光电光热综合效率随倾角的变化与得热量和热效率的变化曲线一致，在 20°～50° 总收益和综合效率大。最大收益在 32° 处，系统综合效率超过 50%。

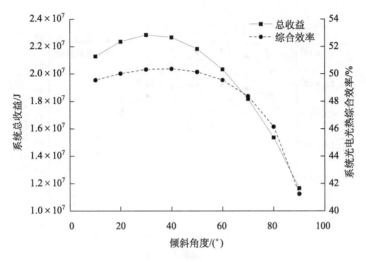

图 3.27　系统总收益和系统光电光热综合效率

　　图 3.28 为系统倾角为 32° 时方位角对系统的最优倾角的影响，从图中可以看出，朝向正南的时候集热板接收到的太阳辐射总量最大，越朝向东(西)越小。由于受方位角的影响，集热面上的太阳入射角度也在变化,集热效率在偏向西 5° 左右的时候是最大的。

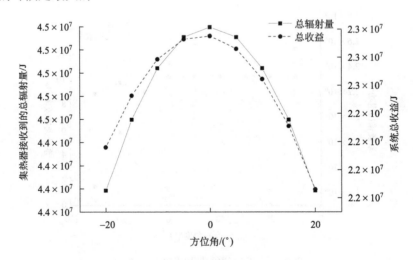

图 3.28　集热板不同方位角的性能

5. 不同循环水流量下系统性能的理论分析

由图 3.29 可看出，随着水流量的增加，系统水温上升速率加快，全天系统水温升也增加。尤其是当流过单块集热板的水流量从 0.005kg/s 增大到 0.02kg/s 的过程中，系统水温上升速率明显加快，但当水流量增大到 0.04kg/s 以后，系统水温上升速率的变化就不再明显，尤其是当水流量达到 0.06kg/s 以后，系统的平均水温变化曲线已基本趋近重合。

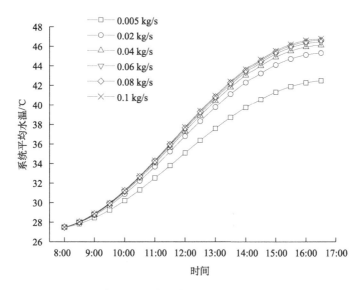

图 3.29　不同冷却水流量下系统平均水温随时间的变化曲线

由图 3.30 可看出，随着水流量的加大，系统光电输出和总得热量均出现增加，尤其是当单块集热板的水流量从 0.005kg/s 增大到 0.04kg/s 的过程中，两者的数值显著增加，系统光电输出从 2.056MJ 增加到 2.151MJ，系统总得热量从 12.524MJ 增加到 15.546MJ。这主要是由于，当水流量增大时，可以增强水流动时的湍流程度，从而增强集热板中的热管冷凝段与冷却水间的换热效果，进而使得冷却水获得的热能增加；另外，由于热管冷凝段与冷却水的换热增强，集热板内温度降低，热损减小，同时光伏电池也得到有效冷却，光电转换效率得以提高，因此系统光电输出和总得热量均出现增加。但是，当水流量大于 0.04kg/s 后，随着水流量的增大，系统光电输出和总得热量不再明显增加，而逐渐趋于稳定，这主要是由于当水流量大于 0.04kg/s 以后，加大水流量对增强热管冷凝段与冷却水间的换热效果已不再明显；同时，由于此时热管冷凝段与冷却水间的换热热阻已相对较小，而其他部分的热阻已逐渐开始起主要制约作用，因此系统光电输出和总得热量不再明显增加。由图 3.30 还可发现，冷却水流量的大小对系统总得热量的影响要比系统光电输出显著得多，当从水流量从 0.005kg/s 增大到 0.1kg/s，系统总得热量增加了 28.5%，而系统光电输出只增加了约 5.5%。

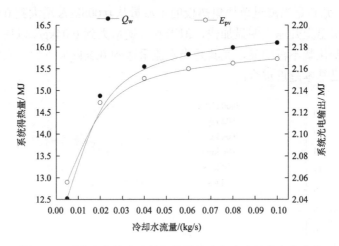

图 3.30 系统光电输出及总得热量随冷却水流量的变化曲线

由图 3.31 可看出，系统的光电光热综合效率呈现出与系统光电输出和得热量相同的变化趋势，当水流量从 0.005kg/s 增大到 0.04kg/s 时，系统光电光热综合效率从 40.6%快速增加到 49.3%；当水流量大于 0.04kg/s 以后，增速开始逐渐变缓，水流量从 0.04kg/s 增大到 0.1kg/s，系统光电光热综合效率只从 49.3%增加到 50.9%。

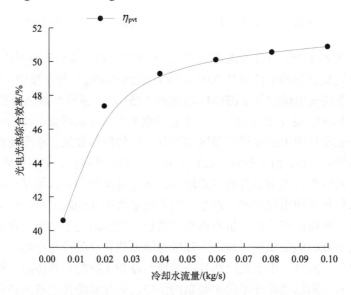

图 3.31 系统光电光热综合效率随冷却水流量的变化曲线

3.4.4　系统全年性能的理论分析

本小节将利用所建立的热管式 PV/T 系统模型，对系统在香港（东经 114.16°，北纬 22.28°）、拉萨（东经 91.11°，北纬 29.64°）及北京（东经 116.41°，北纬 39.90°）等三个不同地区使用时的全年性能进行模拟计算。本次模拟对象包括两套不同运行方式的热管式 PV/T 系统：

（1）带有燃气辅助加热的热管式 PV/T 系统。该系统的运行方式为：当每天的太阳辐照不足以使系统水温达到使用温度时（认为 45℃以上为可使用温度），将利用系统的燃气辅助加热装置把系统的水加热到可使用温度以供用户使用，其计算流程如图 3.32（a）所示。另外，系统需要的辅助热能由以下公式计算得到：

$$Q_{\mathrm{aux}} = \begin{cases} M_{\mathrm{w}} c_{\mathrm{w}} (T_{\mathrm{ava}} - T_{\mathrm{wt,f}}), & T_{\mathrm{wt,f}} < T_{\mathrm{ava}} \\ 0, & T_{\mathrm{wt,f}} \geqslant T_{\mathrm{ava}} \end{cases} \tag{3.46}$$

式中，T_{ava} 为热水的使用温度，取为 45℃。

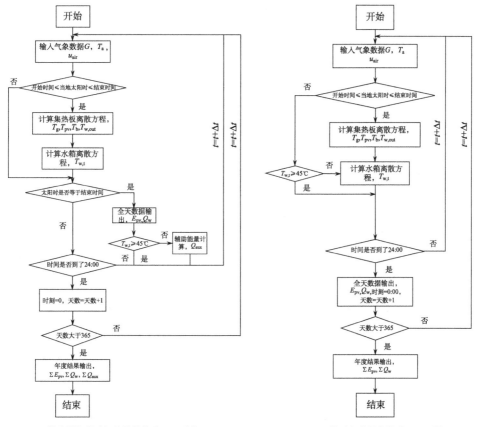

(a) 带有燃气辅助加热的热管式 PV/T 系统　　　(b) 无辅助加热的热管式 PV/T 系统

图 3.32　热管式 PV/T 系统的全年计算流程图

（2）无辅助加热的热管式 PV/T 系统。该系统的运行方式为：当一天的太阳辐射量不足以使系统水温达到使用温度要求时，系统内的水继续储存在储水箱内，第二天接着加热，直到系统水温达到使用温度要求，其计算流程如图 3.32（b）所示。

在本小节的模拟中，假定系统每天的运行时间为：上午 8:00（太阳时）开始，下午 16:30 结束，并且每次当系统水温达到使用温度要求时，系统内的热水均被使用完，然后再进行冷水补充。三个地区的典型年气象参数如图 3.33 所示。

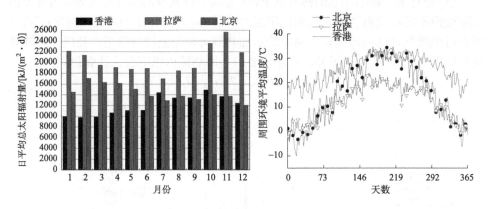

图 3.33　三个地区的月平均太阳辐射量及每天的平均环境温度

另外，计算中所用到的一些系统参数如下：

（1）每套热管式 PV/T 系统包含 4 块集热板，这 4 块集热板各自并联连接在系统中，系统集热板的总太阳光有效接收面积为 $3.868m^2$，总光伏电池面积为 $2.22m^2$；系统分别选用 250L，300L，350L 和 400L 等四个不同储水容积的储水箱。

（2）系统集热板的安装倾角为当地的地理纬度+5°，集热板表面朝正南方向。

（3）系统总循环水流量为 0.10kg/s，流经单块集热板的水流量为 0.025kg/s。

（4）每次补给冷水后，系统的初始水温假定为[[T_a, 5℃]]，其中 T_a 为每次系统开始运行时的环境温度，[[ ]]表示只有当环境温度 T_a 大于 5℃时才取 T_a 的数值，否则取 5℃作计算。

1. 带有燃气辅助加热的热管式 PV/T 系统全年性能分析

由图 3.34 和图 3.35 可看出，系统的得热量和光电输出主要取决于当地的太阳辐射量，对于拉萨地区，由于其太阳辐照资源相当丰富，且全年分布比较均匀（图 3.33），因此其获得的热能和电能较多，单月平均每天获得的热能在 26.01～44.93MJ，光电输出在 3.99～6.30MJ；北京地区的太阳辐照资源属于中等地区，系统单月平均每天获得的热能在 16.93～29.30MJ，光电输出在 2.91～4.30MJ；而香港地区的太阳辐照资源相对较弱，系统获得的热能和电能较少，单月平均每天获得的热能只有

14.12~24.68MJ,光电输出在 2.33~3.43MJ。另外,由图 3.34 我们可以发现,虽然香港地区的辐射量较低,但在 6 月~10 月的这几个月份里,系统需要补充的辅助热能基本都在 10.00MJ/d 以内,而需要补充辅助热能最多的出现在 1 月~3 月及 12 月等这几个月里,单月平均每天需要补充的辅助热能最多约为 33.00MJ。这主要是香港地区的全年气温较高,使得系统的初始水温较高,加热系统内的水使其达到使用温度要求所需的热能相对较少。而拉萨地区,虽然太阳辐照资源丰富,但全年气温相对较低,使得系统初始水温较低,系统水温达到使用要求时所需的热能较多,因此全年需要补充的辅助热能也相对较多,尤其是当系统总水量较大时。对于北京地区,在 6 月~8 月这三个月里,虽然太阳辐照并不是很强,但由于气温较高,因此需要补充的辅助热能也较少,但是在 1 月~4 月及 10 月~12 月这七个月份里,气温下降导致系统初始水温下降,从而系统需要的辅助热能大幅增加,尤其是 12 月份,当系统总储水量为 400L 时,系统需要的辅助热能达到 48.19MJ/d。

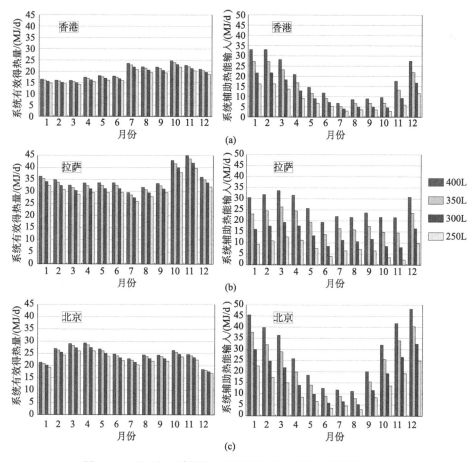

图 3.34 不同地区系统的月平均得热量及辅助能源消耗量分布

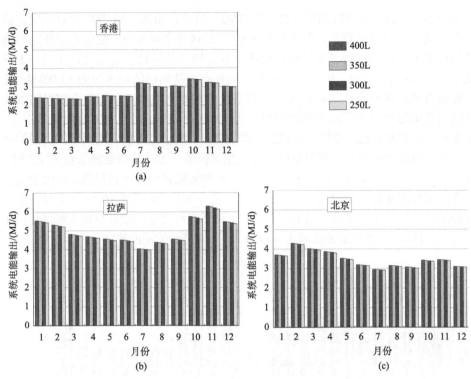

图 3.35　不同地区系统的月平均光电输出分布

此外，由表 3.5 我们同样可看出，当系统总储水量为 250L 时，对于香港地区，在 6 月～10 月这五个月里，每个月均有 14 天以上系统是完全不需要辅助热能的；

表 3.5　带辅助加热装置的系统仅依靠太阳能就能满足热水使用温度要求的天数

地区	M_w / A_c /(kg/m²)	V_w /L	月份											
			1 月	2 月	3 月	4 月	5 月	6 月	7 月	8 月	9 月	10 月	11 月	12 月
香港	64.5	250	—	—	5	7	11	14	21	19	21	18	10	—
	77.4	300	—	—	1	2	11	13	21	17	15	15	7	—
	90.3	350	—	—	—	2	10	12	19	14	13	10	2	—
	103.2	400	—	—	—	1	5	6	15	13	9	6	—	—
拉萨	64.5	250	1	—	4	—	2	7	6	14	6	12	9	—
	77.4	300	—	—	—	—	—	—	1	9	1	2	—	—
	90.3	350	—	—	—	—	—	—	—	—	—	—	—	—
	103.2	400	—	—	—	—	—	—	—	—	—	—	—	—
北京	64.5	250	—	—	2	6	14	17	16	18	12	7	—	—
	77.4	300	—	—	—	—	7	10	13	10	9	4	—	—
	90.3	350	—	—	—	—	5	7	12	7	4	—	—	—
	103.2	400	—	—	—	—	3	3	7	4	1	—	—	—

而对于拉萨地区，只有 8 月份是有 14 天不需要辅助热能；对于北京地区，在 5 月～8 月这四个月里，每个月也均有超过 14 天不需要辅助热能。随着系统总水量增加，系统不需要辅助热能的天数逐渐减少，当系统储水量达到 350L 以后，对于拉萨地区，系统全年都需要补充辅助热能才能使热水达到使用温度要求。

图 3.36 给出了带有燃气辅助加热装置的热管式 PV/T 系统在不同地区应用时的月平均太阳能-热能贡献率。这里的太阳能-热能贡献率（f_s）是指系统从太阳能中获得的热能（Q_w）与加热系统内的水使其达到使用温度要求所需的总热能（Q_t）之比，即 $f_s = Q_w / Q_t$，其中 $Q_t = Q_w + Q_{aux}$。由图可看出，对于香港地区，当系统总储水量在 400L 以内时，除了 1 月～4 月，在其他月份，系统的太阳能-热能贡献率基本都在 50.0%以上，尤其是 7 月～10 月这四个月里，月平均太阳能-热能贡献率超过 70.0%；对于拉萨地区，其太阳能-热能贡献率更高，全年的月平均太阳能-热能贡献率均在 50.0%以上，当系统储水量在 250L 时，可以达到 70.0%以上；对于北京地区，系统的太阳能-热能贡献率在夏、秋季节时相对较高，而冬、春季节时较低，当系统储水量在 250～400L 时，在 5 月～9 月期间，系统的太阳能-热能贡献率基本在 60.0%以上。

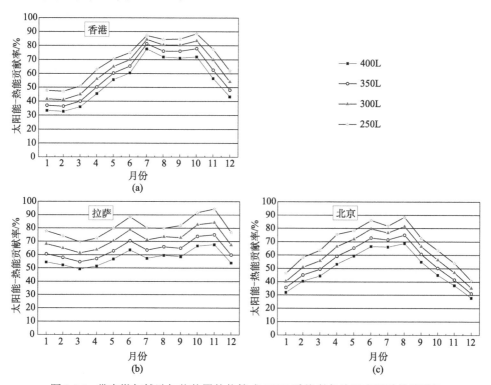

图 3.36 带有燃气辅助加热装置的热管式 PV/T 系统在各地区应用时的月平均
太阳能-热能贡献率分布

　　表 3.6 给出了带辅助加热装置的热管式 PV/T 系统在各地区应用时的全年性能。由表中可看出，对于香港地区，随着系统储水量从 250L 增大到 400L，系统的全年总得热量也从 6440.41MJ 增加到 7241.75MJ，系统全年总光电输出从 1010.79MJ 增加到 1024.94MJ，但同时系统加热水使其达到使用温度所需的总热能也大幅增加，使得系统所需的辅助热能也大幅增加，从 2956.35MJ 增加到 6673.92MJ，系统全年平均太阳能-热能贡献率则由 68.5%下降到 52.0%。对于拉萨地区，当系统储水量为 250L 时，其全年总得热量和总光电输出分别为 11370.64MJ 和 1787.56MJ，全年所需的总辅助热能只有 2762.56MJ，全年太阳能-热能平均贡献率高达到 80.5%；当系统储水量增大到 400L 时，其全年总得热量和总光电输出也分别随之增大到 12873.67MJ 和 1823.61MJ，全年所需的总辅助热能也增大到 9528.78MJ，全年太阳能-热能平均贡献率降低为 57.5%。对于北京地区，系统全年总得热量和总光电输出分别为 8165.62～9101.21MJ 和 1248.75～1269.28MJ，系统全年所需的总辅助热能随系统储水量的增大由 4451.14MJ 增加到 10418.11MJ，系统太阳能-热能贡献率则从 64.7%降低到 46.6%。

表 3.6　带辅助加热装置的热管式 PV/T 系统在各地区应用时的全年性能

地区	V_w /L	M_w / A_c /(kg/m^2)	H_t /MJ	Q_w /MJ	Q_{aux} /MJ	f_s /%	E_{pv} /MJ
香港	250	64.5	17052.39	6440.41	2956.35	68.5	1010.79
	300	77.4		6774.92	4090.22	62.4	1016.78
	350	90.3		7034.50	5330.88	56.9	1021.35
	400	103.2		7241.75	6673.92	52.0	1024.94
拉萨	250	64.5	28793.97	11370.64	2762.56	80.5	1787.56
	300	77.4		11998.88	4809.55	71.4	1802.87
	350	90.3		12486.10	7116.19	63.7	1814.52
	400	103.2		12873.67	9528.78	57.5	1823.61
北京	250	64.5	20230.72	8165.62	4451.14	64.7	1248.75
	300	77.4		8561.93	6286.62	57.7	1257.53
	350	90.3		8863.75	8291.41	51.7	1264.14
	400	103.2		9101.21	10418.11	46.6	1269.28

　　注：M_w / A_c 指的是系统平均单位集热面积所需加热的水量。

2. 无辅助加热的热管式 PV/T 系统全年性能分析

　　由图 3.37 可看出，对于香港地区，只有 7 月～11 月系统的月平均每天的得热量大于 15.00MJ，其余月份系统的得热量相对较少，尤其是 1 月～4 月这段时间里，系统得热量均少于 10.00MJ/d；系统的平均光电输出在 1 月～6 月期间基本处于 2.30～2.50MJ/d，而在 7 月～12 月这段时间相对较高，大约在 3.00MJ/d。对于拉萨地区，系统可获得较高的得热量和光电输出，系统的得热量除了 4 月和 7 月相对较低外，其余月份均基本大于 20.00MJ/d，尤其是 10 月和 11 月，平均得热量大于 30.00MJ/d，系统光电输出在 1 月、2 月、10 月～12 月的这段时间均大于 5.00MJ/d。对于北京地区，由于 1 月和 12 月的环境温度较低，系统向环境的热量损失较大，因此，系统得热量较低，在其余月份，系统平均得热量基本在 15.00～20.00MJ/d；系统全年各月的平均光电输出基本在 3.00～4.00MJ/d，其中，1 月～5 月的值相对较高些。

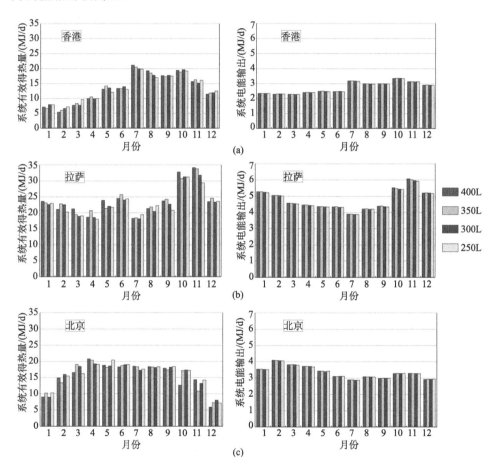

图 3.37　无辅助加热的热管式 PV/T 系统的月平均得热量及电能输出分布

表 3.7 给出了无辅助加热的热管式 PV/T 系统在全年各月中水温能达到使用要求的天数分布。由表中数据可看出，对于香港地区，系统水温能达到使用温度要求的天数主要集中在 5 月～11 月；对于北京地区，系统水温能达到使用温度要求

的天数主要集中在 4 月~9 月；而拉萨地区由于全年太阳辐照较为均匀，因此各月中系统水温达到使用要求的天数分布相对较为均匀。另外，由表 3.7 可看出，当系统储水量为 250L 时，对于香港地区，系统每年共有 172 天的水温可以达到使用温度要求，而拉萨地区的天数最多，为 178 天，北京地区最少，为 158 天，三地区的天数均达到了其全年总天数的 40.0%以上。即使当系统储水量增加到400L，对于香港、拉萨及北京地区，仍然分别有 122 天、127 天和 102 天的系统水温满足使用要求，也几乎达到了全年总天数的 30.0%。若结合不同地区对生活热水的需求量及当地生活习惯(如全年对洗浴次数、洗浴水温的要求等)的差异因素，如香港地区全年对洗浴次数的要求较多，但对水温要求不高，因此系统储水量可适当增加；但对于北京地区，由于全年对洗浴次数的要求相对较少，但对水温要求较高，因此可适当地减少系统储水量以满足实际使用要求。

表 3.7　无辅助加热的热管式 PV/T 系统依靠太阳能就能满足热水使用温度要求的天数

地区	M_w/A_c /(kg/m²)	V_w /L	月份											
			1 月	2 月	3 月	4 月	5 月	6 月	7 月	8 月	9 月	10 月	11 月	12 月
香港	64.5	250	7	6	9	10	13	16	23	20	20	21	16	11
	77.4	300	6	5	6	9	14	16	21	19	18	19	12	9
	90.3	350	4	4	6	9	14	13	20	18	15	16	12	7
	103.2	400	4	3	5	7	11	11	19	18	14	14	10	6
拉萨	64.5	250	14	11	12	11	15	18	16	17	14	19	16	15
	77.4	300	12	11	10	10	13	15	12	13	13	16	15	12
	90.3	350	11	10	9	10	11	15	11	12	13	14	15	11
	103.2	400	10	8	9	8	11	12	10	11	11	14	14	9
北京	64.5	250	7	6	10	13	19	21	19	19	16	12	9	4
	77.4	300	5	8	10	12	13	17	16	16	14	10	7	4
	90.3	350	5	6	9	11	12	14	16	14	12	9	5	3
	103.2	400	4	6	7	10	11	12	15	13	10	6	6	2

由表 3.8 可看出，对比香港、拉萨和北京三个地区，拉萨地区全年得到的热能和电能最多，分别为 8319.45~8733.40MJ 和 1725.75~1745.20MJ，香港地区最少，分别为 4923.19~4950.46MJ 和 994.62~1000MJ。对比带有辅助加热的热管式 PV/T 系统全年性能(表 3.6)，我们可以发现，无辅助加热的热管式 PV/T 系统的全年得热量和电能输出均出现了减少，其中系统的全年得热量减少幅度较大，在 23.0%~38.0%，而系统电能输出减少幅度相对较小，只有 1.5%~4.3%。这主要是由于无辅助加热的热管式 PV/T 系统的水温提升只依靠太阳能，而当全天太阳辐照不足时，系统水温达不到使用要求，只能储存在储水箱内等到第二天继续

加热，然而，在夜间或者当第二天是阴雨天气时，由于存在温差，储水箱内的水
会向外界环境损失部分热能，从而使得系统得到的有效热能减少。而导致电能输
出减少的原因主要是，无辅助加热的热管式 PV/T 系统的水所获得的热能全部来
自太阳能，而当系统集热板在对太阳光进行吸收集热时，系统水温越高，集热板
的温度就越高，同时光伏电池的温度也就越高，这就使得光伏电池处在高温的时
间较长，而温度升高，电池的光电转换效率就会下降，导致系统的电能输出减少，
但由于温度对电池的光电转换效率影响相对较弱，当电池温度每升高 1.0℃，其光
电转换效率只下降 0.45%左右，因此，无辅助加热的热管式 PV/T 系统电能输出的
下降幅度较小。

表 3.8　无辅助加热装置的热管式 PV/T 系统的全年性能

地区	V_w /L	M_w / A_c /(kg/m^2)	H_t /MJ	Q_w /MJ	E_{pv} /MJ	N
香港	250	64.5		4929.50	994.62	172
	300	77.4	17052.39	4933.90	997.91	154
	350	90.3		4950.46	999.61	138
	400	103.2		4923.19	1000.00	122
拉萨	250	64.5		8319.45	1725.75	178
	300	77.4	28793.97	8409.57	1732.36	152
	350	90.3		8727.45	1741.88	142
	400	103.2		8733.40	1745.20	127
北京	250	64.5		5874.60	1213.55	158
	300	77.4	20230.72	5839.06	1215.40	132
	350	90.3		5749.63	1217.92	116
	400	103.2		5642.25	1218.07	102

3.5　环形热管的实验内容及实验结果分析

　　搭建了环形热管式 PV/T 系统和普通水冷型 PV/T 系统的对比实验台，对采用
环形热管传热和普通水传热下系统的性能进行了研究。环形热管采用 R600a 作为
循环工质，并采用了自主设计的冷凝器。环形热管蒸发段的等温性对光伏电池的
效率会有促进作用，本实验重点对其进行了分析研究，同时通过系统综合性能和
热力学第二定律对系统的性能进行了比较[1]。

3.5.1 对比系统的实验平台介绍

环形热管式 PV/T 系统主要由 PV/T 集热器、带盘管的冷凝水箱及连接管道组成，连接管道采用的是铜管；而普通 PV/T 系统由 PV/T 集热器和水箱组成，中间用水管连接起来。系统工作时，短波部分的太阳辐射被光伏电池吸收转化成电能，其他大部分的太阳辐射转变成热能被循环工质（分别为 R600a 和水）吸收，有少部分的太阳辐射会耗散到环境中。水系统循环的动力主要来自于水箱里面水与集热器里面水的温差产生的密度差；而对于环形热管，其循环动力是环形热管冷凝段冷凝液的重力差。普通 PV/T 系统吸收的太阳辐射直接转化成了水的热能，而环形热管 PV/T 系统吸收的太阳辐射先是转化成了工质的潜热，然后通过冷凝器间接转化成水的热能。系统的原理图如图 3.38 所示。图中 T1～T24 是热电偶；P1、P2 是压力传感器；W1、W2 是电流传感器。

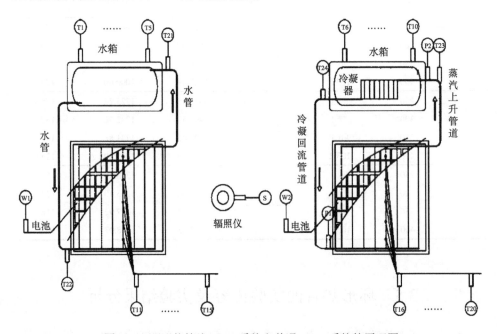

图 3.38　环形热管式 PV/T 系统和普通 PV/T 系统的原理图

两套系统采用相同的集热器，相同大小的水箱。对于 PV/T 集热器，其有效吸热面积为 $1.88m^2$，光伏电池的面积为 $0.9m^2$，由 144 块电池串联组成，其开路电压为 72V，水箱体积均为 100L。两套系统都是正南方向布置，倾角都为 30°。对于环形热管，其内部的体积为 6.89L，在此对比实验中，其充注量为 0.9kg。在系统参数的采集中，使用 TBQ-2 总辐射表来测量集热器表面的太阳辐射，辐射表与 PV/T 集热器平行放置；光伏的输出电流通过维博电子的 WB1342S1 测量；光伏控制器采用的是阳光电源生产的 SN482KS，蓄电池由四块 12V，200AH 的铅酸蓄电池组成，四块蓄电池串联。环形热管的冷凝器为自主设计，顶部采用 4 根直径 32mm 的铜管，底部采用 4 根直径 16mm 的铜管，中间用 18 根直径 9.52mm 的铜管连接起来，高为 360mm，冷凝器在水箱内倾斜布置，这样有利于冷凝液的回流。环形热管式 PV/T 系统的蒸汽上升管道采用直径为 28mm，长度为 1m 的铜管，冷凝液回流管道采用直径为 16mm，长度为 2m 的铜管。普通的 PV/T 系统的水路管道采用 DN25 的铝塑管。两套系统的实验平台及冷凝器实物图如图 3.39 所示。

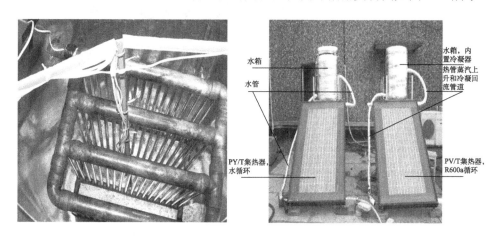

图 3.39　自主设计的冷凝器及对比实验台

3.5.2　系统性能分析

在实验平台的基础上，对两套系统进行了长时间的室外测试，测试地点在合肥。本实验选择了其中具有代表性的一天对二者的性能进行了对比分析，依据国标测试时间从 8:00 到 16:00。采集的数据包括太阳辐照、环温、水温、吸热板温度、环形热管蒸发段进出口压力、电池的输出电流电压等，数据每 30s 采集一次。图 3.40 是当天的太阳辐射强度及环温的波动图。

1. 瞬时光热效率对比

图 3.41 是对比系统的水温波动图，水温的升高可以直接反映系统的热性能。从图中可以看出，水循环系统的最终水温可达 37.0℃，而环形热管 PV/T 系统的最终水温只有 30.0℃，并且水循环系统的水温始终高于环形热管式，在太阳辐射总量相同的情况下，水系统的热性能明显高于环形热管系统。两套系统在实验初期都没有温升，从初始水温到有明显的温升，热管花费的时间较长，大约为 1h，

而水系统仅为不到半小时。这是因为水系统的热量直接传递给水，并且水系统的热阻较小，不需要相变即可传热，因此水的温升比较明显；而对于热管系统，刚开始辐射强度比较低，只有少量的工质蒸发，同时由于环形热管冷凝器与蒸发器之间存在热阻，工质气体与冷凝段管壁的对流换热系数较小，热管未能正常工作，因此环形热管系统实验初期的水温升高不明显，比水系统要缓慢得多。

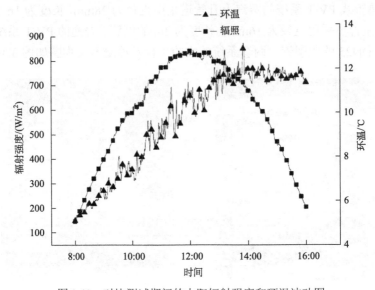

图 3.40　对比测试期间的太阳辐射强度和环温波动图

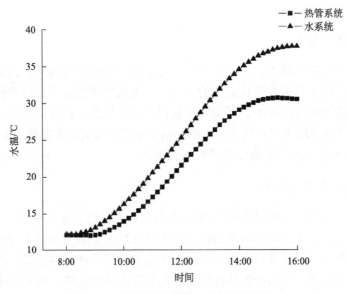

图 3.41　对比系统测试期间的水温波动图

　　图 3.42 是环形热管冷凝端的进口和出口的温度。从图中可以看出，冷凝端的进出口在实验开始 1h 内温度几乎没有变化，因此可以推断在这个时间之前，冷凝器与水之间没有换热或是只有很少的换热；另外，冷凝端出口的温度在 15:30 以后趋于稳定，比实验结束提前了半小时。从以上可以推断，只有在饱和 R600a 的温度和水温之间存在一个较大的温差时，环形热管才能启动，系统才能运行，饱和 R600a 与水温之间的温差是环形热管系统循环的驱动力所在。而温差的大小直接由系统的吸热量决定，因此当温差大到可以克服系统的阻力使得环形热管开始正常运行，系统工质开始循环的时候，环形热管冷凝端的进口就会有一个较大的温升，图 3.42 中 9:00 后环形热管冷凝端进口有一个较大的温升就是以上推断最好的证明；15:30 以后当太阳辐照较低，太阳入射角较大时，系统的吸热量不能提供工质循环所需要的足够的温差，热管停止运行，所以重力环形热管具有热二极管的性质，不会像普通的水系统出现热倒流的现象，所以冷凝端进出口的温度就会彼此保持稳定。可以推断在实验结束后的一段时间内，环形热管冷凝段进口的温度(即蒸发段的温度)因为与环境之间存在热损会逐渐降低，而出口的温度会随着水箱里面水温的降低而降低，但是降低的幅度会明显低于出口。

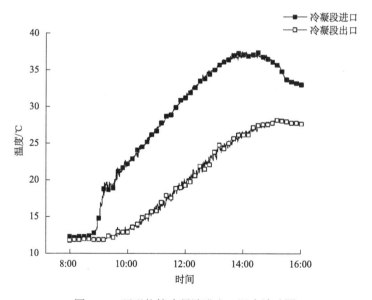

图 3.42　环形热管冷凝端进出口温度波动图

　　由于热管的冷凝端与水之间存在着二次换热的热阻，同时系统的充注量可能不是最佳(在下面的分析中会详细地解释)，环形热管式 PV/T 系统的光热效率低于普通的 PV/T 系统。通过对测试数据的分析，环形热管式 PV/T 系统的光热转化效率为 23.8%，而普通的 PV/T 水系统的热效率为 33.0%，相比降低了 27.9%。图

3.43 是对比系统详细的瞬时光热效率波动图，图中选取的时间间隔是 10min。从图中可以看出，除了最开始很短的时间外，普通的 PV/T 系统的瞬时光热始终高于环形热管式 PV/T 系统，在系统趋于稳定后，于 12:30 左右达到最大。两者在系统启动后都有个较大的效率的波动，并且水循环系统的启动速度明显快于环形热管系统，同时从图中还可以看出在 9:00 前，系统的光热效率稍低于 0，这是因为在系统启动前存在热损。对于环形热管系统，在 9:00 的时候有一个突然增大的波动，在图 3.42 中的冷凝端的进口也存在同样的波动，由此可以看出，环形热管应该是 9:00 左右开始启动，这样系统的光热效率和进口温度才会突然增加。环形热管在 15:30 以后系统的光热趋近于 0，说明此时环形热管没有正常运行，从另一个侧面支持了环形热管需要一定的温差才能启动的推断。综上我们可以看出，图 3.41～图 3.43 具有非常好的一致性，系统在 9:00 之前的波动和环形热管在 9:00 左右开始启动及环形热管在 15:30 以后停止运行都提供了非常好的相互支持。

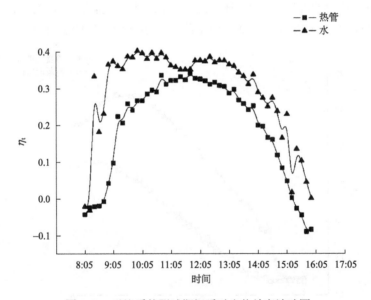

图 3.43　对比系统测试期间瞬时光热效率波动图

2. 瞬时光电效率对比

图 3.44 是对比系统的瞬时光电效率波动图，从图中可以看出，大部分时间里环形热管式 PV/T 系统的光电效率高于普通的 PV/T 系统，特别是实验开始后和结束前的 1h 里。但水系统的瞬时光电效率曲线平滑，波动较小，呈现先增大后减小的趋势，这与太阳辐射强度和太阳入射角的变化有关，相关的解释在前面几章中

已详细阐述,这里不再过多解释;而环形热管系统的光电效率在实验期间具有较明显的波动,并且在实验初期和结束附近波动得最剧烈,这是因为环形热管的传热靠的是工质的相变,测试期间工质相变的波动会影响蒸发段的温度分布,进而影响系统的光电转化效率。通过对 8h 内的测试数据的计算结果得知,环形热管系统的平均光电效率为 9.5%,普通水系统的为 8.9%,相比提高了 6.7%。

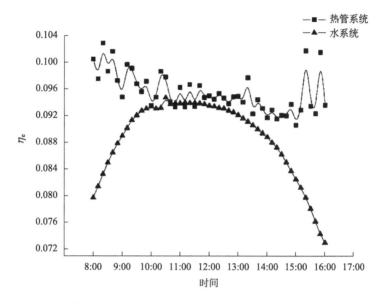

图 3.44 对比系统测试期间瞬时光电效率波动图

在前面的介绍中也提到过,影响光伏电池光电效率的主要原因是光伏电池的温度,因为光伏电池的连接一般都是串联,光伏电池间的温差也是影响光伏电池光电效率的因素之一。因此对黏结有光伏电池的吸热板的温度分布研究具有重要的意义。本章在吸热板的背面从上到下平均布置了 5 个热电偶,图 3.45 是对比系统的吸热板温度测量的最大值和最小值,图 3.46 是吸热板温度最大值与平均值的差和吸热板温度最小值与平均值的差,其中吸热板的平均温度是 5 个热电偶的平均值。

从图 3.45 中可以看出,除了实验刚开始的半小时外,环形热管系统的吸热板的温度始终高于普通水系统的,环形热管系统吸热板温度的最小值仍然高于普通水系统吸热板温度的最大值;另外,环形热管系统的吸热板温度在太阳辐射较强的时候具有较明显的波动,特别是最大值,相比之下,水系统的吸热板温度无论是最大值还是最小值都是逐渐地增大,波动非常小。水系统具有较小的吸热板温度的最小值,这是因为水系统是直接加热水的模式,板温的最小值近似等于进口水温的值,即水箱里面的水温值;热管系统是间接加热的模式,因此太阳辐射会先加热工质使得工质的温度上升,吸热蒸发,但是由于此时蒸发的驱动力还不足以克服系统的阻力使得系统循环来冷凝工质，因此热管系统在实验开始时吸热板温度较高。对环形热管蒸发段来讲，测试期间工质的相变波动会影响其温度分布，进而影响其光电效率，图 3.44、图 3.45 中温度波动和光电效率的波动具有较好的吻合。

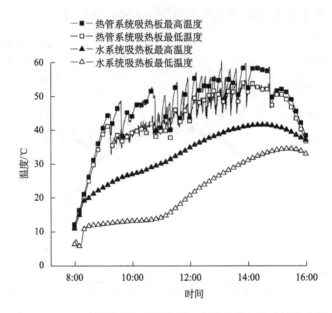

图 3.45　对比系统测试期间吸热板温度最大值与最小值波动图

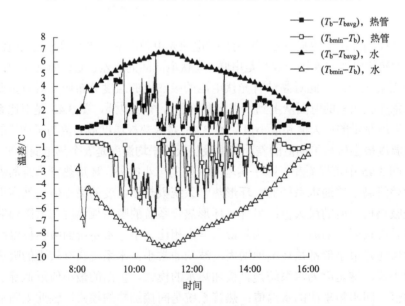

图 3.46　对比系统吸热板温度最大值、最小值与平均值的差值波动图

图 3.46 通过吸热板温度最大值、最小值与吸热板温度平均值的比较可以间接说明粘贴在其正面的光伏电池间的温差。从图中可以看出，环形热管系统和水系统相比始终具有较小的温差。水系统的波动曲线平滑，趋势是先增大后减小。这是因为随着太阳辐射强度和太阳入射角的变化，系统的吸热量和进出口的温差也发生变化，系统吸热量的变化趋势是先增大后减小，因此对于水系统来说，其差值的绝对值趋势也是先增大后减小。尽管环形热管系统的温差变化总体趋势与水系统具有相似性，但是除了开始的一小时和结束前的半小时外，波动都非常明显，因为从图 3.41～图 3.43 中已经得知，环形热管系统在开始的一小时和结束前的半小时里热管没有正常工质。环形热管的工质吸收太阳能后转成其本身的焓，因此开始的一小时里吸热板温度升高；最后半小时吸热板温度高，因此与环境之间的热损比较大，从而吸热板温度降低；但是由于此时温度分布均匀，因此温差波动也很小。环形热管工质存在剧烈的相变，因此其温度也出现明显的波动。

通过计算得知，环形热管集热器吸热板的平均温度为 44.9℃，而水循环集热器的吸热板平均温度为 28.0℃。环形热管集热器吸热板温度的最大值与平均值的温差和最小值与平均值的差分别为 1.6℃和−2.2℃，而水系统吸热板对应的温差分别为 4.7℃和 6.6℃。图 3.47 为实验进行时和实验结束后系统的红外测温所呈现出的图像。从图像可以看出，水系统在实验结束后，集热器的温度分布比较均匀，

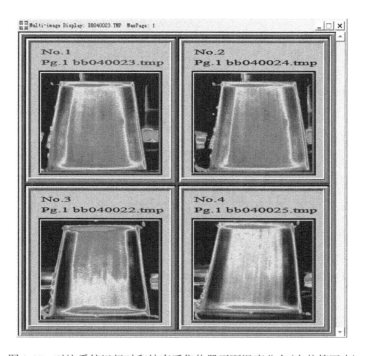

图 3.47　对比系统运行时和结束后集热器正面温度分布（上热管下水）

在运行时系统具有较明显的分层现象，这也是水系统普遍存在的问题；而环形热管集热器在系统运行时和结束后都具有非常好的温度均匀性。环形热管集热器具有较高的平均温度、较小的温差，但是环形热管系统具有较高的瞬时光电效率，也从另外一方面证明了光伏电池间的温度均匀性对于光电效率的提高具有促进作用。从图3.45中温度的分布也可以看出，因为电池间的串联关系，水系统个别温度高的点将会影响系统的光电效率，但是这个分层又是肯定存在的，因此水系统的光电效率就受到限制。

3. 环形热管压力及压差分析

图3.48是环形热管蒸发段的进出口压力及压差的波动图，从图中可以看出，进出口压力波动的趋势为在开始的一小时是逐渐增加，然后突然减小，之后再逐渐增加，从14:00到15:30，压力在很长的一段时间内稳定，在实验结束前半小时内逐渐减小；压差具有比较明显的波动，但是和系统整体的压力相比，压差的波动其实是非常小的，压差在开始的一段时间为负值的原因是此时系统没有启动，由于工质液位产生的高度差带来的压差而产生了负值。根据之前的分析，热管在实验开始后的一小时才正常工作，在此之前吸收的太阳能转化成了液体工质的焓，因此工质的温度增加，压力也随之增加；一小时后环形热管启动，工质在冷凝段被冷凝后温度降低，因此在9:00左右，蒸发段的进出口压力有一个非常明显的突然

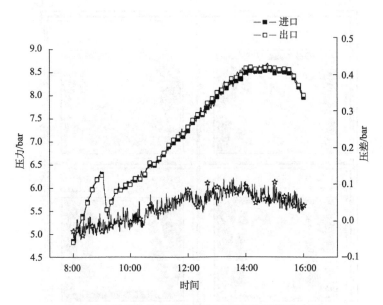

图3.48　环形热管集热器进出口压力及压差波动图

1bar=10^5Pa

下降的趋势；9:00 之后系统开始运行，随着水温的升高，冷凝温度也就逐渐升高，工质的温度逐渐升高，因此压力也逐渐增大；在 14:00 到 15:30 由于太阳辐照比较低，但是吸热板温度较高，系统吸收的太阳辐照和系统的热损达到一个平衡，故在 14:00 到 15:30 压力保持不变，从图 3.41 也可以看出，14:00 以后环形热管光热系统的水箱已经稳定；15:30 以后，随着环境温度的降低，吸热板与环境间的热损增大，蒸发段内的工质温度降低，故进出口压力也降低。

4. 系统的综合性能和㶲效率分析

目前评估 PV/T 综合性能最常用的两种方法，一个是综合性能，另一个是㶲效率，两者都是将热能和电能放在同一个标准上进行比较，能比较客观地体现系统真实性能。本章采用的综合性能和㶲效率的计算公式分别与式 (3.40) 和式 (3.41) 相同。

图 3.49 是对比系统的综合性能对比图，从图中可以看出，其波动与系统的瞬时光热效率波动具有相似的趋势，均呈现先增大后减小的趋势，均为水系统在大部分时间都高于热管系统。这是因为在系统综合效率计算中，系统的光热效率起决定作用；光电效率虽然通过电厂的效率与热效率在同样的标准下进行对比，但是因为光伏电池覆盖率的问题，其与实际的光电效率值差别不是特别大。通过计算可得，环形热管式光伏太阳能光热系统的综合效率为 31.33%，而普通的光伏太阳能光热系统的综合效率为 40.83%。

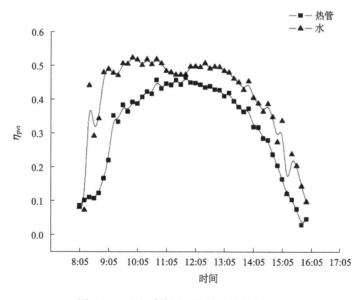

图 3.49 对比系统测试期间综合性能对比

　　图 3.50 是对比系统的㶲效率对比图。从图中可以看出，水系统的㶲效率在实验开始后的一小时和结束前的一小时低于环形热管式的㶲效率，其他的大部分时间里水系统都具有较高的㶲效率。这是因为在实验开始后的一小时和结束前的一小时里，环形热管式系统具有较高的光电转换效率，同时二者的光热效率此时都比较低，在㶲效率的计算中，电能由于品质高占决定比重，因此对应的㶲效率较高。在其他的时间里，由于普通水系统具有较高的光热效率，同时两套系统的光电效率差别不大，因此水系统具有较高的㶲效率。从整体上，水系统的㶲效率波动趋势和其光电效率波动趋势较一致，均为先增大后减小的平滑的抛物线，而环形热管系统具有比较明显的波动。虽然两个系统的瞬时光电效率和光热效率都具有不同的变化趋势，但是根据对测量数据的计算得知，两者具有几乎相同的平均㶲效率，两套系统八小时的平均㶲效率计算结果为 10.3%。

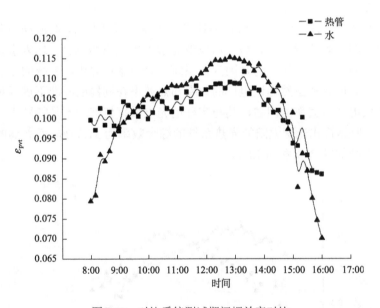

图 3.50　对比系统测试期间㶲效率对比

参 考 文 献

[1] 张涛. 重力热管在太阳能光电光热利用中的理论和实验研究. 合肥: 中国科学技术大学, 2013.

[2] 符慧德. 热管式光伏光热综合利用系统的理论和实验研究. 合肥: 中国科学技术大学, 2012.

[3] Chow T T. Performance analysis of photovoltaic-thermal collector by explicit dynamic model. Solar Energy, 2003, 75(2): 143-152.

[4]　Gang P, Huide F, Tao Z, et al. A numerical and experimental study on a heat pipe PV/T system. Solar Energy, 2011, 85 (5): 911-921.

[5]　Duffie J A, Beckman W A. Solar Engineering of Thermal Processes. New York: John Wiley & Sons, 1991.

[6]　Hollands K G T, Unny T E, Raithby G D, et al. Free convection heat transfer across inclined air layers. Transactions of the American Society of Mechanical Engineers, Journal of Heat Transfer, 1976, 98: 189-193.

[7]　Zalewski L, Chantant M, Lassue S, et al. Experimental thermal study of a solar wall of composite type. Energy and Buildings, 1997, 25:7-18.

[8]　Hussein H M S, Mohamad M A, El-Asfouri A S. Optimization of a wickless heat pipe flat plate solar collector. Energy Conversion and Management, 1999, 40: 1949-1961.

[9]　Incropera F P, Dewitt D P, Bergman T L, et al. Fundamentals of Heat and Mass Transfer. New York: John Wiley&Sons, 2007.

[10] Jeter S M. Maximum conversion efficiency for the utilization of direct solar radiation. Solar Energy, 1981, 26: 231-236.

[11] Chow T T, Pei G, Fong K F, et al. Energy and exergy analysis of photovoltaic-thermal collector with and without glass cover. Applied Energy, 2009, 86: 310-316.

第 4 章 主动式太阳能光伏空气集热器

主动式太阳能空气集热系统一般是利用风机等动力设备，驱动空气在集热器内流动换热带走热量，可应用于工业过程、农产品烘干，以及建筑的采暖、通风或者空调预热等。适用的建筑类型包括工业、商业、学校、仓库及北向的住宅建筑等，而且可适用于纵深长、空间大的建筑。

将光伏电池与传统空气集热器结合可得到主动式太阳能光伏空气集热器，通过空气流动带走热量，降低电池温度的同时，输出热空气。主动式太阳能光伏空气集热器具备了光伏发电和空气集热的双重功能。主动式的空气流动不仅提高了太阳能光热/光电转换效率，而且提升了单位面积的太阳能转化利用率[1-3]。

主动式太阳能光伏空气集热器在增加光伏发电的同时，继承了主动式空气集热器的特点。与主动式热水采暖系统相比，光伏空气集热采暖系统结构简单，无防冻问题，在冬季可以同时获取新风和提升室内采暖能效。与太阳能被动采暖系统相比有以下优点：①采暖与换气相结合，不仅可以提高室内热环境，还可以提升室内空气质量。②利用风机可以根据需要将热空气通过风管输送到任何房间位置，不仅可以加热南向房间，还可将热量输送到北向房间，可以更好地满足建筑采暖需求。③可以进一步拓展应用于空间较大或者纵深较长的工业建筑、商业建筑等。在工业建筑中，工厂的库房、车间冬季温度通常不宜低于 15℃，加之工业建筑通常面积很大，冬季采暖是工业能耗中的重要部分。由于工业建筑通常面积大、纵深长，被动式采暖无法深入到内部空间，且由于工业建筑内部均需要大量的新鲜空气驱散室内的烟气等，主动式太阳能空气集热系统可以有效地向建筑内部输送热空气或提供空调新风预热，不仅提升室内温度，还可以实现建筑房间换气，具有广阔的应用前景。④主动式的空气集热可应用于工业生产过程和农产品的加工。光伏集热器在发电同时产生的热空气可直接应用于工、农业生产中的加热和烘干过程，或者作为加热过程的预热部分，降低传统能源的消耗，增加可再生能源的利用比例。

4.1 主动式太阳能光伏空气集热器的基本结构

主动式太阳能光伏空气集热器将光伏电池与玻璃盖板或吸热板表面层结合，太阳能被光伏电池和吸热板吸收，光伏电池发电，风机等设备驱动空气流经流道，带走光伏板和吸热板吸收的太阳热能,空气升温后应用于建筑采暖或工农业过程。主动式光伏空气集热器的基本结构形式如图 4.1 所示,根据光伏电池和流道布置分为五种:①Ⅰ型,光伏电池以一定的覆盖率与玻璃盖板相结合,光伏玻璃盖板和背板之间的空腔构成空气流道,光伏玻璃和背板内表面吸收太阳能并加热流动空气;②Ⅱ型,光伏电池与背板上表面结合为光伏吸热板,玻璃盖板和光伏吸热板之间构成空气流道,光伏吸热板吸收太阳能,在发电的同时,加热空气;③Ⅲ型,光伏电池与吸热板上表面相结合,由玻璃盖板、光伏吸热板和背板构成上下两个空腔,上空腔作为隔热层,下空腔作为空气流道,光伏吸热板吸收太阳能并加热空气流;④Ⅳ型,结构与Ⅲ型相同,但是上下空腔均作为空气流道;⑤Ⅴ型,结构与Ⅳ型相近,但空气进口和空气出口在集热器的同一端,气流从上流道进入,

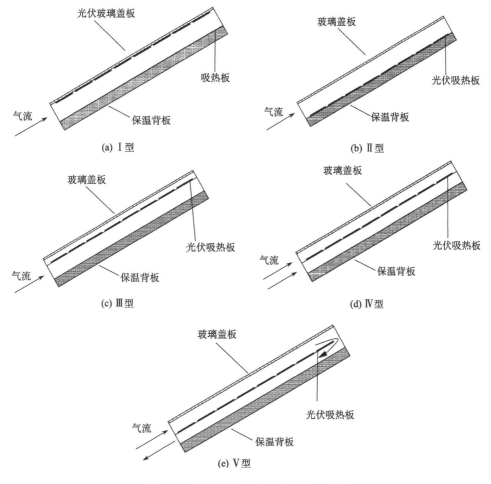

图 4.1　五种类型的光伏空气集热器结构

到达另一端后进入下流道折回，受热距离为集热器长度的两倍[4]。Ⅰ型光伏空气集热器在盖板表面收太阳能，类似于无盖板的空气集热器，电池温度相对较低，光热转化率高，但是空气温度上升非常有限。Ⅰ型和Ⅱ型单流道光伏空气集热器相对Ⅲ～Ⅴ型的结构，热损较大。对于光伏空气集热器，采用Ⅲ型结构，光伏吸热板与玻璃盖板之间为封闭的空气夹层，即可以减少集热器上表面的热损，同时也避免空气流动在光伏电池表面积灰，影响光伏转换效率，可以实现较高的光伏光热综合利用效率。为了进一步强化空气与吸热表面之间的换热，可以在空气流道内加入肋片、阻流结构或是破坏吸热表面层流边界层的结构，但是各种强化换热的方法都会增加一定的流动阻力[5,6]，从而增加泵功。因此本章的工作主要是针对Ⅲ型的光伏空气集热器，并基于之前的工作采用了流道高度的优化[7]。

　　Ⅲ型主动式太阳能光伏空气集热器俯视图及剖面图如图 4.2 所示。光伏空气集热器上表面宜采用的超白布纹钢化玻璃，具有高透和减反的光学性质。玻璃与光伏吸热板之间的空气夹层为 10～20mm。适宜的空气夹层厚度具有良好的隔热功能，但考虑到边框的阴影效应，厚度不宜过大。集热器的吸热板可采用导热良好的薄铝板（厚度 1mm），铝板上表面层热压光伏电池。晶硅光伏电池由 TPT 封装并由 EVA 粘合，吸热板表面未被光伏电池覆盖的部分为黑色 TPT 层。吸热板与保温层底板之间为空气流道。集热器两端分别为空气进口和出口。

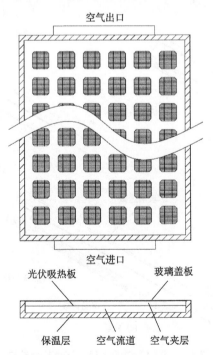

图 4.2　Ⅲ型主动式太阳能光伏空气集热器结构示意图

4.2　主动式太阳能光伏空气集热器的数理模型

4.2.1　理论模型

图 4.3 给出了光伏/空气集热模式下换热过程。由于 PV/T 集热器厚度方向上的尺寸远小于其长度和宽度，因此忽略四周边框的热损。而且由于空气集热过程中传热主要是沿垂直集热器上表面方向的一维换热，假设除流道内空气温度沿流动方向变化外，集热器各部分均处于均匀温度。计算玻璃盖板、吸热板、保温底板等平面之间辐射换热时，由于平面间距远小于平面尺寸，可以看作无限大平板间辐射换热，因此假定平面间视角系数等于 1。

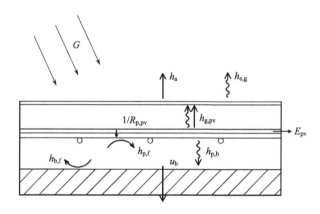

图 4.3　光伏/空气集热模式下换热过程示意图

光伏空气集热器的理论模型为各组件能量平衡方程的建立和联合求解。能量平衡方程包括玻璃盖板方程、光伏电池层方程、光伏吸热板方程、空气层方程及保温背板方程。

1）玻璃盖板的能量平衡方程

$$d_g \rho_g c_g \frac{\partial T_g}{\partial t} = h_a(T_a - T_g) + h_{e,g}(T_e - T_g) + h_{g,pv}(T_{pv} - T_g) + G\alpha_g \tag{4.1}$$

式中，T_a、T_g、T_e、T_{pv} 分别为环境温度、玻璃盖板温度、等效天空温度和光伏电池层温度，K；h_a、$h_{e,g}$、$h_{g,pv}$ 分别为玻璃盖板与环境空气的对流换热系数、玻璃盖板与天空之间的辐射换热系数、玻璃盖板与光伏电池层间辐射和对流换热系数之和，W/(m²·K)；G 为太阳辐射强度，W/m²；α_g 为玻璃盖板对太阳辐射的吸收率。相关换热系数计算公式分别为

$$h_a = 2.8 + 3.0u_a \tag{4.2}$$

$$h_{e,g} = \varepsilon_g \sigma (T_e^2 + T_g^2)(T_e + T_g) \tag{4.3}$$

$$h_{g,pv} = \sigma(T_{pv}^2 + T_g^2)(T_{pv} + T_g)\left[\frac{\zeta}{1/\varepsilon_{pv} + \zeta(1/\varepsilon_g - 1)} + \frac{1-\zeta}{1/\varepsilon_{TPT} + (1-\zeta)(1/\varepsilon_g - 1)} \right]$$
$$+ \frac{Nu \cdot k_a}{d} \tag{4.4}$$

式中，u_a 为环境风速，m/s；ε_g 为玻璃发射率；σ 为斯特藩-玻尔兹曼常数；ζ 为光伏电池覆盖因子，$\zeta = A_{pv}/A_c$；ε_{pv} 和 ε_{TPT} 分别为光伏电池和黑色 TPT 的发射率；d 为玻璃盖板与光伏电池层之间空气夹层的高度，m；k_a 为空气的导热系数，W/(m·K)；Nu 为玻璃盖板与光伏电池层之间的对流换热的努塞尔数。根据 Hollands 等的研究，在底部加热的封闭腔体的长高比（H/d）较大，努塞尔数在倾角小于 70° 范围内的计算公式为[8]

$$Nu = 1 + 1.14\left[1 - \frac{1708 \cdot (\sin 1.8\beta)^{1.6}}{Ra \cdot \cos \beta}\right]\left[1 - \frac{1708}{Ra \cdot \cos \beta}\right]^+ + \left[\left(\frac{Ra \cdot \cos \beta}{5830}\right)^{1/3} - 1\right]^+ \tag{4.5}$$

式中，β 为集热器安装倾角；[ ]$^+$ 表示如果括号内的值小于零，取值为零；Ra 为瑞利数，其计算公式为

$$Ra = \frac{g\beta(T_{pv} - T_g)d^3}{\alpha \nu} \tag{4.6}$$

其中，g 为重力加速度，m/s^2；β 为空气膨胀系数，K^{-1}；α 为空气热扩散系数，m^2/s；ν 为空气的动力黏度系数，m^2/s。

2）光伏电池层的能量平衡方程

$$\zeta d_{pv} \rho_{pv} c_{pv} \frac{\partial T_{pv}}{\partial t} = h_{g,pv}(T_g - T_{pv}) + \frac{1}{R_{p,pv}}(T_p - T_{pv}) + G(\tau\alpha)_{pv} - \zeta E_{pv} \tag{4.7}$$

式中，T_p 为吸热板温度，K；$R_{p,pv}$ 为光伏电池层与吸热板之间的热阻，K·m^2/W；$(\tau\alpha)_{pv}$ 为光伏电池层对投射到玻璃盖板表面太阳辐射的有效吸收率；E_{pv} 为光伏电池的输出功率，W/m^2。

$$(\tau\alpha)_{pv} = \frac{\tau_g \alpha}{1 - (1-\alpha)\rho_g} \tag{4.8}$$

$$E_{pv} = G\tau_g \eta_{ref}[1 - B_r(T_{pv} - T_{ref})] \tag{4.9}$$

式中，τ_g 为玻璃盖板对太阳辐射的透过率；α 为光伏电池层的综合吸收率，$\alpha = \zeta\alpha_{pv} + (1-\zeta)\alpha_{black}$；$\rho_g$ 为玻璃盖板的漫反射率；T_{ref} 为光伏电池的标准测试温度，$T_{ref} = 25℃$；η_{ref} 为光伏电池在标准测试温度下的光伏效率；B_r 为光伏电池的温度系数，对于单晶硅电池通常取 $B_r = 0.0045\,\text{K}^{-1}$。

3) 吸热板的能量平衡方程

$$d_p \rho_p c_p \frac{\partial T_p}{\partial t} = \frac{1}{R_{p,pv}} (T_{pv} - T_p) + h_{p,f}(T_f - T_p) + h_{p,b}(T_b - T_p) \qquad (4.10)$$

式中，T_f 为流道内空气的温度，K；T_b 为保温底板温度，K；$h_{p,b}$ 为吸热板与保温底板之间的辐射换热系数，W/(m²·K)，可由下式计算：

$$h_{p,b} = \sigma(T_p^2 + T_b^2)(T_p + T_b) \frac{1}{1/\varepsilon_p + 1/\varepsilon_b - 1} \qquad (4.11)$$

4) 流道内空气的能量平衡方程

$$\frac{\dot{m} c_a}{w} \frac{dT_f}{dx} = h_{p,f}(T_p - T_f) + h_{b,f}(T_b - T_f) \qquad (4.12)$$

式中，$\dot{m}$ 为空气质量流量，kg/s；c_a 为空气的定压比热，J/(kg·K)；w 为空气流道宽度，m；T_f 为流道内空气温度，是沿空气流动方向距离 x 的函数，K；$h_{p,f}$ 和 $h_{b,f}$ 分别为吸热板和保温底板与流道内空气之间的对流换热系数，W/(m²·K)。

5) 保温背板的能量平衡方程

$$d_b \rho_b c_b \frac{\partial T_b}{\partial t} = h_{b,f}(T_f - T_b) + h_{p,b}(T_p - T_b) + u_b(T_a - T_b) \qquad (4.13)$$

式中，u_b 为保温底板对环境的热损，W/(m²·K)，其计算式为

$$u_b = 1 \Big/ \left(\frac{1}{h_a} + \frac{d_R}{k_R} \right) \qquad (4.14)$$

其中，k_R 为保温层的导热系数，W/(m·K)；d_R 为保温层厚度，m。

4.2.2　模型的求解方法

因为光伏空气集热器为开路系统，在进口空气温度、太阳辐射强度、环境温度变化缓慢的情况下，可以假设 PV/T 集热器处于准稳态，各参数不随时间变化。假定除流道内空气温度分布之外的集热器各部分温度已知，联立以上各方程，将空气的能量方程转化为关于空气温度 T_f 的一阶微分方程，以 $T_f\big|_{x=0} = T_{in}$ 为边界条件，通过常数变易法求得

$$T_f = \left(T_a + \frac{N}{M} \right) e^{\frac{Mw}{\dot{m} c_p} x} - \frac{N}{M} \qquad (4.15)$$

式中

$$M = h_{p,f}(K_1 - 1) + h_{b,f}(K_1 J + F - 1) \qquad (4.16)$$

$$N = h_{p,f} K_2 + h_{b,f}(K_2 J + E) \qquad (4.17)$$

流道中空气的平均温度可以由上式积分得到：

$$T_{\text{fm}} = \frac{1}{L}\int_0^L T_f\,\mathrm{d}x = \left(T_a + \frac{N}{M}\right)\frac{\dot{m}c_p}{MLw}\left(\mathrm{e}^{\frac{Mw}{\dot{m}c_p}L} - 1\right) - \frac{N}{M} \tag{4.18}$$

根据给定的初始条件，利用数值迭代的方式即可求得稳态状况下的空气出口温度、平均温度，以及集热器内玻璃盖板、光伏吸热板及保温背板平均温度。

以上各式中，K_1、K_2、E、F、J 等参数表达式如下：

$$A = \frac{G\alpha_g + h_a T_a + h_{e,g}T_e}{h_a + h_{e,g} + h_{g,pv}} \tag{4.19}$$

$$B = \frac{h_{g,pv}}{h_a + h_{e,g} + h_{g,pv}} \tag{4.20}$$

$$C = \frac{G(\tau\alpha)_{pv} - E_{pv} + Ah_{g,pv}}{(1-B)h_{g,pv} + \dfrac{1}{R_{p,pv}}} \tag{4.21}$$

$$D = \frac{1}{(1-B)R_{p,pv}h_{g,pv} + 1} \tag{4.22}$$

$$E = \frac{u_b T_a}{h_{b,f} + h_{p,b} + u_b} \tag{4.23}$$

$$F = \frac{h_{b,f}}{h_{b,f} + h_{p,b} + u_b} \tag{4.24}$$

$$J = \frac{h_{p,b}}{h_{b,f} + h_{p,b} + u_b} \tag{4.25}$$

$$K_1 = \frac{h_{p,f} + Fh_{p,b}}{1 - \dfrac{D}{R_{p,pv}} + h_{p,f} + h_{p,b}(1-J)} \tag{4.26}$$

$$K_2 = \frac{\dfrac{C}{R_{p,pv}} + Eh_{p,b}}{1 - \dfrac{D}{R_{p,pv}} + h_{p,f} + h_{p,b}(1-J)} \tag{4.27}$$

根据给定的太阳辐射强度、环境温度、进口空气温度、空气质量流量等边界条件，结合对流和辐射换热系数的计算公式，采用 Fortran 编制模拟程序，对集热器玻璃盖板、光伏电池、吸热板、保温底板的平均温度，以及流道内空气温度分布进行迭代求解，最后根据式(4.28)和式(4.30)计算 PV/T 集热器的光伏光热效率。

计算流程如图 4.4 所示。具体的计算步骤如下：

(1)计算程序开始，设定集热器各部分温度的初始值，包括：玻璃盖板温度、光伏电池层温度、吸热板温度、保温底板温度和空气温度及质量流量等。

(2)输入太阳辐射强度、环境温度、环境风速等气象参数，输入时间并计算太阳光入射角度和玻璃盖板透过率。

(3)根据空气温度初始值或返回值，通过查表插值更新空气物性参数。

(4)更新集热器各部分之间的对流及辐射换热系数。

(5)求解更新集热器玻璃盖板、光伏电池层、吸热板及流道内空气的温度。

(6)收敛判断，不收敛则返回步骤(3)继续求解，收敛则计算集热器光伏光热输出功率及光热效率、光伏效率。输出结果并结束计算。

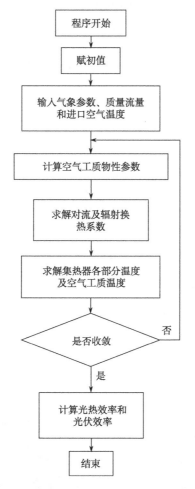

图 4.4　光伏空气集热器的模拟计算流程图

4.3　主动式光伏空气集热器的性能测试分析系统

4.3.1　系统测试平台

针对主动式太阳能光伏空气集热器的工作模式，参照 ASHRAE 93—2010 标准[9]，建立了光伏和空气集热的测试系统。测试系统主要包括空气温度控制器、光伏空气集热器、风机、风道、三通阀、太阳能光伏逆变控制器、蓄电池及负载，其原理及实物如图 4.5 所示。风道进口处的温度控制器由 10kW 空气加热器、加热温度控制器和过热温度控制器组成，控温精度±1℃。集热器进口和出口温度均由风道内五个铂电阻测量值取平均。集热器内吸热板、光伏电池、底板温度及环境温度均由铜-康铜热电偶测量，其中吸热板背面温度由沿空气流动方向排布的三个温度测点确定。太阳辐射由与集热器置于同一平面的 TBQ-2 型总辐射表测量。集热器进出口压降由 KANOMAX 环境测试仪测量，精度±3%。空气流量由 ABB 涡轮流量计测量，精度为 0.5 级。测试系统内的风量由风机上游的三通阀控制。光伏逆变控制器用于对光伏电池电力输出的最大功率跟踪，以及对蓄电池的充、放电和用电负载输出的控制。

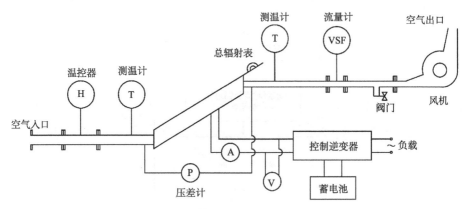

图 4.5　光伏空气集热系统测试平台

分别对光伏集热器在准稳态条件下的光伏光热性能和全天的光伏光热性能进行了测试。准稳态定义为测试过程中工质流速、进口温度、集热器温度、太阳辐照及环境温度的变化很小,可以认为是常数的状态,详细数值参考美国 ASHRAE 93—2010 的相关限定。实验平台在安徽省合肥市(32°N, 117°E),集热器倾角均固定在 35°。测试期间数据通过数据采集仪进行采集记录,记录时间间隔为 30s。

4.3.2 性能评价

太阳能光伏空气集热器的性能评价包括热效率和电效率两方面。集热器热效率定义为受热工质得到的热量与入射到集热器表面的太阳辐照之比

$$\eta_{\text{th}} = \frac{\dot{m}c_{\text{p}}(T_{\text{out}} - T_{\text{in}})}{GA_{\text{c}}} \tag{4.28}$$

实验过程中,环境参数如太阳辐照、环境温度、进口温度、环境风速等均对集热器热效率有明显影响。为了比较不同条件下的集热器性能,参考 GB/T4271—2007《太阳能集热器热性能试验方法》,引入归一化温差 $\dfrac{T_{\text{in}} - T_{\text{a}}}{G}$,通过测试不同进口温度下的集热器热效率,进行线性拟合即可得到瞬时效率曲线

$$\eta_{\text{th}} = \eta_0 - U_{\text{loss}}\frac{T_{\text{in}} - T_{\text{a}}}{G} \tag{4.29}$$

集热器的瞬时光电效率定义为集热器输出的电能与入射到集热器表面的太阳辐照之比

$$\eta_{\text{PV}} = \frac{UI}{GA_{\text{PV}}} \tag{4.30}$$

根据测得的光热效率和光电效率相加即得到光伏光热总效率

$$\eta_{\text{total}} = \eta_{\text{th}} + \zeta\eta_{\text{PV}} \tag{4.31}$$

式中,光伏电池的覆盖因子

$$\zeta = \frac{A_{\text{PV}}}{A_{\text{c}}} \tag{4.32}$$

考虑到电能相比热能是一种更高品位的能源,光伏光热综合效率更能够体现太阳能光伏集热器的综合性能,其表达式为[10]

$$\eta_{\text{f}} = \eta_{\text{th}} + \zeta\frac{\eta_{\text{PV}}}{\eta_{\text{power}}} \tag{4.33}$$

式中,η_{power} 为传统的火力发电厂的发电效率,一般取值为 0.38。

系统光电效率定义为集热器全天电力输出与集热器全天接收到的总太阳辐

射量之比

$$\overline{\eta_{\mathrm{PV}}} = \frac{\sum UI\Delta t}{HA_{\mathrm{PV}}} \tag{4.34}$$

全天热效率定义为全天空气得热与集热器全天接收到的总太阳辐射量之比

$$\overline{\eta_{\mathrm{th}}} = \frac{\sum \dot{m}c_{\mathrm{p}}(T_{\mathrm{out}} - T_{\mathrm{in}})\Delta t}{HA_{\mathrm{c}}} \tag{4.35}$$

在空气集热模式中，空气流量对通过集热器的压降和耗功影响很大。集热器进出口压降由智能环境测试仪测量，耗功可由下式给出：

$$P_{\mathrm{flow}} = \dot{m}\Delta p / \rho \tag{4.36}$$

4.4　主动式太阳能光伏空气集热器的性能分析

4.4.1　性能的实验测试分析

对Ⅲ型主动式光伏空气集热器的性能进行了测试。 光伏空气集热器采用 3.2mm 厚的超白布纹钢化玻璃作为盖板，玻璃与光伏吸热板之间为 20mm 的空气夹层。集热器的吸热板是一块厚度为 1mm，面积为 960mm×1960mm 的铝板，铝板上表面层压有 72 块面积为 125mm×125mm 的单晶硅电池。图 4.6 给出了光伏/空气集热工作模式下，集热器进出口温度、环境温度及辐照度随时间变化曲线。实验过程中，空气流量为 0.033 kg/s，集热器进口温度为环境温度。从图中可以看出，上午集热器出口温度随太阳辐照的上升而上升。最高温度超过 35℃ 出现在 12:25，而最大进出口温升接近 20℃ 出现在 12:05。空气出口温度变化相对太阳辐照有所滞后是因为与进出口温升直接相关的太阳辐照的最大值出现在正午，而最高出口温度与太阳辐照和环境温度相关，环境温度最大值出现在 13:00 左右。图 4.7 所示为集热器内部各部分温度变化曲线。其中 T_{p1}、T_{p2}、T_{p3} 为沿集热器中轴线的气流方向布置的温度测点。从图中可以看出，除靠近空气进口处的 T_{p1} 以外，吸热板温度与光伏电池温度基本一致。集热模块中保温背板温度最低，介于空气进出口温度之间。

图 4.8 所示为瞬时光电输出功率及太阳辐照的变化曲线。由图可以看出，集热器的瞬时光电输出功率基本呈现出与太阳辐照度相似的变化趋势。在上午和下午太阳辐照较弱时，光电输出功率较低，中午太阳辐照最强，光电输出功率也达到最大值 92.7W，对应时间约为 11:45。但是在正午时间，光电输出功率有轻微的降低，这是由于正午时分太阳辐照最强、环境温度最高，对应电池温度的最高点，此时电池光电效率有所下降。

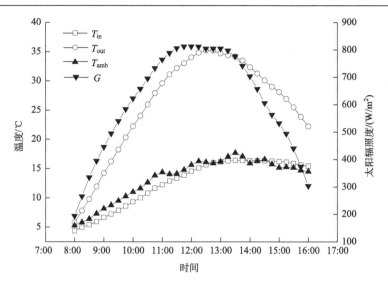

图 4.6　进出口温度、环境温度以及太阳辐照度随时间变化曲线

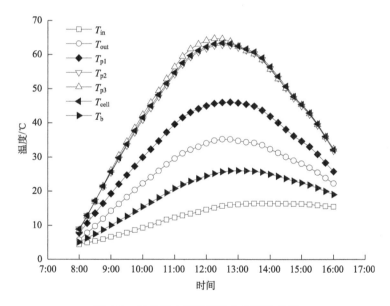

图 4.7　集热器内部温度的全天变化曲线

　　针对不同空气流量，对光伏/空气集热模式的全天光热和光电效率进行了六天实验测试。实验中的空气流量范围参考美国标准 ASHRAE 93—2010 确定。由图 4.9 可以看出，随着流量由 0.021kg/s 升高到 0.042kg/s，集热器热效率由 30.3% 升高到 46.0%，电效率由 9.5% 升高到 10.2%。在这一流量范围内，集热器的热效率和电效率随流量变化基本呈线性关系。如图 4.10 所示为不同空气流量下集热器

导致的压降和耗功。压降与流量之间呈二次关系，而耗功与压降和流量的乘积成正比，即与流量呈三次方关系。尽管图中所示的耗功较低，但是换算成风机实际耗功时还要考虑风机内效率和机械效率，而且集热器只是通风管路中耗功的一部分，因此实际应用中应该根据需求确定一个合适的空气流量。

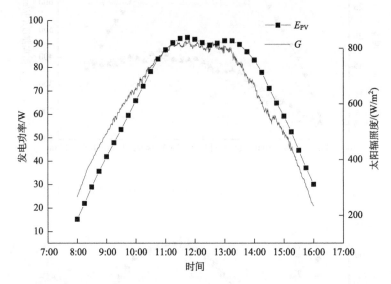

图 4.8　集热器瞬时光电输出功率与太阳辐照随时间变化曲线(光伏/空气集热模式)

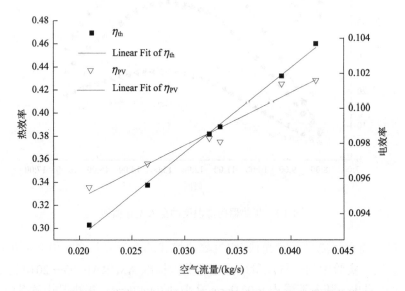

图 4.9　集热器全天热效率随空气流量变化曲线(光伏/空气集热模式)

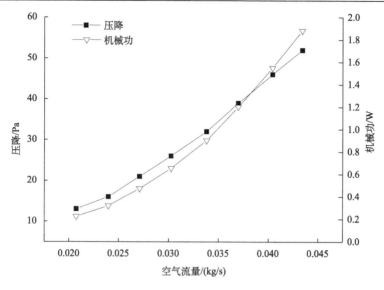

图 4.10　集热器进出口压降及耗功随空气流量变化曲线(光伏/空气集热模式)

　　图 4.11 为两种不同空气流量下的空气集热效率与归一化温差关系曲线。实验数据点均为良好晴天的正午前后在准稳态状态下测得。两个流量下的空气集热效率线性拟合得到空气集热效率方程

$$\eta_{\text{th}}\big|_{\dot{m}=0.026\text{kg/s}} = 0.374 - 5.21\frac{T_{\text{in}} - T_{\text{a}}}{G} \tag{4.37}$$

$$\eta_{\text{th}}\big|_{\dot{m}=0.030\text{kg/s}} = 0.443 - 6.77\frac{T_{\text{in}} - T_{\text{a}}}{G} \tag{4.38}$$

　　根据以上两式，当归一化温差为零即空气进口温度等于环境温度时，两个流量下的空气集热特征效率分别为 37.4%和 44.3%。给定太阳辐照、环境温度及进口温度，通过两式可以方便地得出两个流量下的空气集热效率。可以看到，在进口温度较高时集热器仍有较好的热效率，这有利于在实际应用中将两级或者多级集热器串联以得到更高的出口温度。理想状况下，对于同一个集热器，同样条件下得到的不同流量的集热效率曲线应该相交于 x 轴上一点。在这一点，集热器进出口空气温升为零，集热效率为零，对应的温度即集热器内空气所能达到的最高温度，也称为集热器的滞止温度[11]。但实际图中两条线相交于 x 轴上方。这是因为实验过程中的风速对于集热器热损系数(直线斜率)有明显影响，而测试过程中的风速难以人为控制。实验过程中光电效率约为 9.6%。

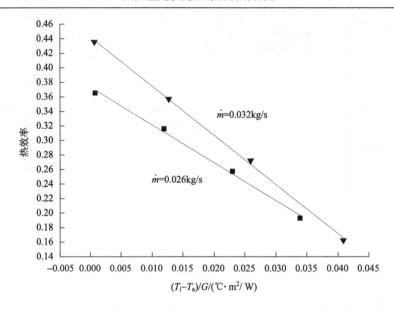

图 4.11　不同空气流量下的空气集热效率与归一化温差关系曲线(光伏/空气集热模式)

4.4.2　不同工况下的性能分析

　　集热器实验测试结果的讨论中，外部环境参数难以精确控制，集热器各部分换热系数也难以定量计算。本节对理论模型进行了实验验证，并对不同运行工况下 PV/T 集热器的光伏光热性能进行了模拟计算和研究分析。

　　1. 理论模型验证

　　对理论计算结果和实验结果进行了对比分析。实验日的环境温度、进口温度及环境辐射强度如图 4.12 所示。模拟程序计算由 8:00 到 16:00 的集热器各部分温度、出口空气温度、光伏输出功率及光热效率等参数。图 4.13 给出了集热器出口空气温度及得热量随时间变化曲线.对比模拟计算结果与实验测试结果可以发现，相同边界条件下模拟和实验结果变化趋势基本一致。出口空气温度和得热量的全天均方根误差(RMSD)分别为 8.3%和 19.0%。实验开始阶段出口温度偏差较大，最大偏差为 2.26℃。这是由于理论模型是基于集热器始终运行于准稳态情况的假设建立的，没有考虑集热器围护结构和保温层热容的影响，而实际实验中夜晚对天空红外辐射导致集热器上午整体温度偏低。

　　由图 4.14 可以看出，光伏电池温度与吸热板温度的模拟计算和实验测试结果基本吻合，对应全天均方根误差(RMSD)分别为 4.1%和 4.6%。实际测试中，光伏电池温度仅中心位置一个热电偶测点，吸热板温度沿空气流动方向有三个热电偶

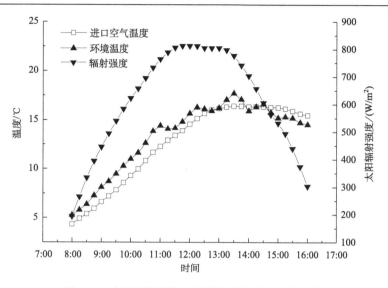

图 4.12　太阳辐射强度、环境温度和进口空气温度

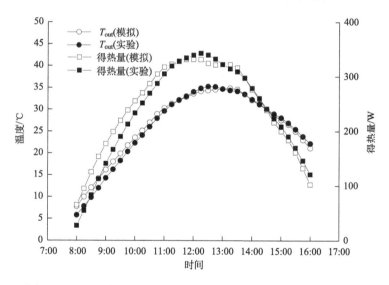

图 4.13　出口空气温度和集热器得热量的模拟与实验结果对比曲线

测点，而模拟值则是基于整板温度一致得到的平均温度。测点的布置及铜-康铜热电偶的测量误差是模拟计算与实验测试出现偏差的主要原因。图 4.15 给出了光伏输出功率的模拟值和实测值。可以看出集热器光伏输出功率全天变化趋势基本一致，但是在上午实验开始和下午实验结束阶段偏差较大。这是因为电池参考效率是在标准状态下测试得到的，其测试条件包括：大气质量为 AM1.5 的标准太阳光谱，总太阳辐射强度 1000W/m²，测试温度 25℃。为简化计算，仅考虑了电池温

度对电池效率的影响。而实际上，光伏电池效率同时受到太阳辐射和电池温度的影响。太阳辐射越强，电池温度越低，光伏电池效率越高。于是在早晨和傍晚太阳辐射强度较低时，便出现模拟值大于实验值的情况。此外，模拟计算中玻璃透过率是基于平面玻璃和直射辐射进行计算的，并未考虑实际测试中散射辐射的透过率及实际采用的布纹玻璃对入射角度较大时太阳光透过率的影响。

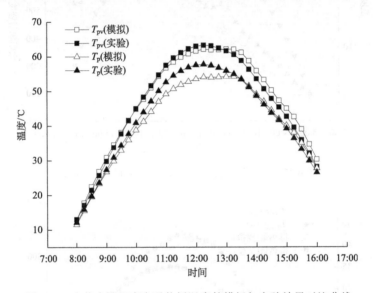

图 4.14　光伏电池温度和吸热板温度的模拟与实验结果对比曲线

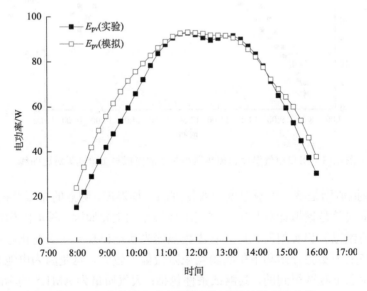

图 4.15　光伏输出功率的模拟与实验结果对比曲线

表 4.1 给出了光伏空气集热器的全天模拟计算和实验测试结果。由表中可以看出，集热器光热效率和光伏效率的相对误差分别为 2.6% 和 8.2%，光伏光热综合效率相对误差为 4.3%。总体来看，模拟计算结果与实验测试结果较为吻合，光伏空气集热理论模型中所使用的稳态假设符合实际运行情况，所建立的稳态模型可以用于集热器光伏/空气集热模式下光伏光热性能的模拟预测。

表 4.1　光伏空气集热器全天光伏光热效率模拟与实验结果对比

参数	模拟值	实验值	相对误差
光热效率	39.8%	38.8%	2.6%
光伏效率	10.6%	9.8%	8.2%
光伏光热综合效率	56.3%	54.0%	4.3%

2. 不同环境和运行工况下的性能分析

采用验证了的理论模型，对不同环境风速和空气流量的影响进行了计算分析。光伏/空气集热模式下，边界条件设置为：时间为当地真太阳时正午 12:00，太阳辐射强度为 $800W/m^2$，环境温度为 $15℃$，空气质量流量为 $0.033kg/s$。风速分别为 $1\sim4m/s$ 情况下，PV/T 集热器的瞬时光热效率曲线如图 4.16 所示。光热效率与归一化温差的关系式分别为

$$\eta_{th}\big|_{u_a=1m/s} = 0.429 - 4.96\frac{T_{in}-T_a}{G} \qquad (4.39)$$

$$\eta_{th}\big|_{u_a=2m/s} = 0.404 - 5.42\frac{T_{in}-T_a}{G} \qquad (4.40)$$

$$\eta_{th}\big|_{u_a=3m/s} = 0.388 - 5.72\frac{T_{in}-T_a}{G} \qquad (4.41)$$

$$\eta_{th}\big|_{u_a=4m/s} = 0.377 - 5.93\frac{T_{in}-T_a}{G} \qquad (4.42)$$

在风速由 1 m/s 增大到 4 m/s 的过程中，集热器与环境之间的对流换热系数由 $5.8 W/(m^2·K)$ 增加至 $14.8 W/(K·m^2)$；归一化温差为零时的截距效率由 42.9% 降低至 37.7%；集热器总热损系数由 $4.96K·m^2/W$ 增加至 $5.93K·m^2/W$。相应地，集热器光伏效率由 9.8% 增加至 10.4%。从图 4.16 可以看出，当进口空气温度与环境温度接近时，风速对于光热效率的影响较小；而随着进口温度逐渐高于环境温度，风速增大对光热效率的影响也逐渐增加。风速增大对集热器光伏性能的提高效果并不明显。这是因为在风速由 1m/s 增大到 4m/s 的过程中，导致光伏电池温度的降低不超过 5℃。

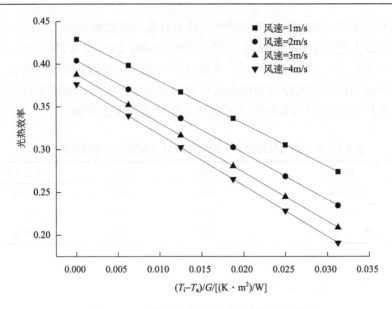

图 4.16　光伏空气集热器瞬时光热效率曲线

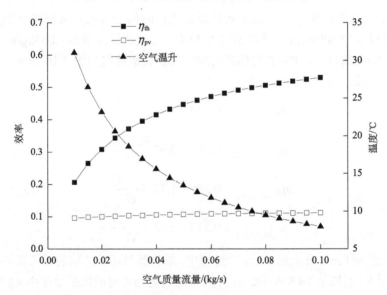

图 4.17　空气质量流量对于集热器光伏光热性能的影响

图 4.17 为空气质量流量对于集热器光伏光热性能的影响。随空气质量流量由 0.01kg/s 增加至 0.10kg/s，集热器的光热效率由 20.6% 增大至 53.0%，但是进出口温升由 31.0℃ 降至 8.0℃。这是由于随流量增加，空气与吸热板间对流换热系数由 3.65W/(m²·K) 增加至 23.00W/(m²·K)，而且集热器整体温度降低，导致集热器

热损减少, 光热效率上升。但在流量大于 0.05 kg/s 之后, 集热器光热效率的增长逐渐趋缓。美国采暖、制冷与空调协会标准 ASHARE 93—2010 推荐的流量范围是 $0.01\sim0.03$ kg/(s·m^2)。实际应用中, 应根据具体温度和能量需求, 注意平衡集热器光热效率与进出口温升之间的关系。空气流量增加过程中, 集热器光伏效率由 9.6%增加至 11.1%。

3. 不同地区运行的性能分析

利用所建立的太阳能 PV/T 集热器的理论模型, 对系统应用在合肥(32°N, 117 °E)、北京(40°N, 116°E)和西宁(37°N, 102°E)三个不同气候地区的光热性能进行模拟计算。模拟采用由 EnergyPlus 提供的典型气象年数据。三个地区中, 合肥太阳辐射量偏低但是全年气温最高, 西宁太阳辐照条件最好但是环境气温最低, 北京则介于两地之间。

对各地区冬季运行模拟显示:合肥地区, 每日单位面积得热量处于 3.14～4.19 MJ/(m^2·d);北京地区, 每日单位面积得热量处于 4.53～7.30MJ/(m^2·d);西宁地区, 每日单位面积得热量处于 5.60～8.14MJ/(m^2·d)。也由此可见, 太阳能辐射量对光伏空气集热器收益的影响最大。

4.4.3 与建筑结合的应用分析

主动式太阳能光伏空气集热器与建筑围护相结合, 在产生电量的同时可提供热空气应用于室内采暖。假定光伏空气集热器与建筑屋顶相结合, 建筑为可控制室内温度的房间, 其屋顶为混凝土结构, 厚度为 0.08m, 导热系数为 1.1 W/(m·K), 密度为 2000kg/m^3。屋顶外表面对太阳辐照的吸收率为 0.6, 常温发射率为 0.6。房间室内温度恒定为 18℃。

图 4.18 为屋顶斜面上接收到的太阳辐射强度和环境温度全天变化曲线。当日全天最高太阳辐射强度为 876.80W/m^2, 全天太阳总辐射量为 18.95MJ/m^2。全天平均环境温度为 3.47℃, 最高 6.92℃, 最低–1.00℃。因环境温度较低, 而室内温度为 18℃, 因此系统采用两级 PV/T 集热器空气流道串联的方式向室内送风, 总集热面积 3.78m^2, 光伏电池面积 2.24m^2。集热器进口温度为环境温度, 空气质量流量为 0.035kg/s。环境风速假定为 2m/s。图 4.19 所示为两级串联情况下的集热器出口温度和由空气带入房间的热量全天变化曲线。由图中可以看出, 在 9:05 之前和 16:05 之后这段时间内, 集热器出口温度低于室内温度 18℃, 通风情况下室内净得热为负值, 因此应当由控制系统停止送风。在 9:05～16:05, 集热器出口温度最大值为 41.17℃, 房间最大的得热功率为 209.25W/m^2, 总得热量为 3.32MJ/m^2, 光伏发电量为 1.17MJ/m^2。

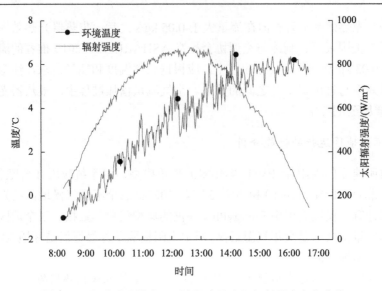

图 4.18 冬季采暖模式下环境温度及太阳辐射强度变化曲线

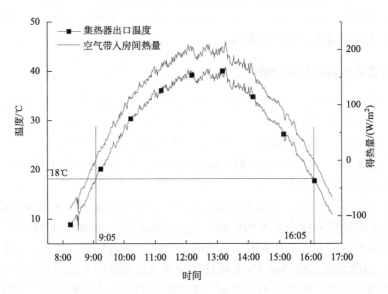

图 4.19 集热器出口温度和空气带入房间热量

图 4.20 给出了冬季屋顶外表面有集热器覆盖和无集热器覆盖的温度全天变化曲线。可以看到，PV/T 集热器覆盖部分因只与集热器和混凝土屋顶换热，全天温度变化幅度较小。全天有集热器覆盖部分和无集热器覆盖部分通过屋顶传热进入室内的热量分别为 0.57MJ/m^2 和 0.70MJ/m^2。图 4.21 所示为无集热器覆盖的屋顶表面对外散热量分布。虽然根据屋顶表面吸收率 0.6 的假设，屋顶可吸收 60%

的太阳辐照，但是从图 4.21 可以看出，绝大部分的热量都通过环境空气对流和天空红外辐射散失到环境之中。房间通过屋顶得热功率最大值仅为 50W/m²，而上午开始和下午结束阶段是房间通过屋顶对外散热。

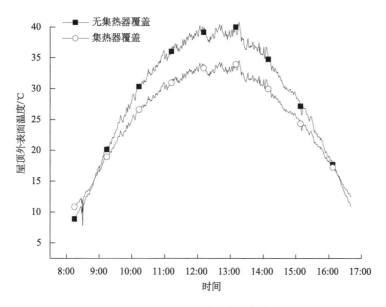

图 4.20　冬季屋顶外表面温度比较

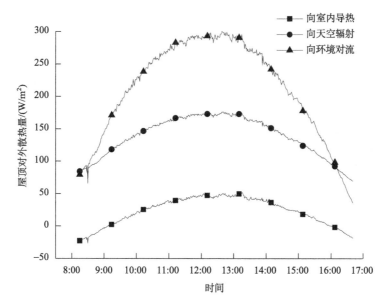

图 4.21　无集热器覆盖的屋顶表面对外散热分析

通过以上对冬季全天集热器性能和建筑得热的分析可以发现，安装于建筑屋顶的 PV/T 集热器运行于光伏/空气集热模式可以有效实现对房间供热，降低采暖负荷。集热器安装面积可根据实际房间负荷确定。按照普通住房建筑每平方米对应采暖功率 100W 计，安装同等面积的集热器，并通过合理的集热器排布和风量控制，可以满足房间白天全天的采暖需求。

4.5　多功能太阳能光伏集热器

由于空气集热往往不需要全年运行，尤其用于建筑采暖时，只在采暖季使用，其他时间处于通风或闲置状态。同时在光伏空气集热器中，空气集热功能不运行时，集热器内温度升高影响光伏电池效率，甚至在夏季有可能出现过热损坏光伏电池。而对于光伏热水集热器，在外界环境温度较低时，集热器内的水会发生冻结，损坏集热器结构，而此时采暖正是更主要的需求。因此在原有集热器基础上，将集热水和集热空气功能结合，在光伏吸热板背面焊接铜管用以实现热水集热功能，提出一种太阳能多功能光伏空气集热器。在采暖季，集热器可以用于发电和建筑采暖；而在非采暖季，集热器可以用于发电和产生生活热水。相比单一的光伏热水集热器和光伏空气集热器，太阳能多功能光伏空气集热器可以满足不同季节用户对于热能的不同需求，实现太阳能全年的高效利用。

4.5.1　多功能太阳能光伏集热器结构

在上述太阳能光伏空气集热器的基础上，通过激光焊接将铜管焊在光伏吸热板背面，得到主动式太阳能多功能光伏空气集热器，其内部结构如图 4.22 所示。为保证水集热模式下的热效率，减少背面的热损，不建议在吸热板背面加入肋片等强化换热结构。集热器分为光伏/空气集热工作模式和光伏/水集热工作模式。当集热器用于集热水功能时，将集热器两端的空气进出风口封闭，热水集管接入储水箱；当集热器用于集热空气功能时，将集热器的热水集管封闭，进出风口接入通风管路。

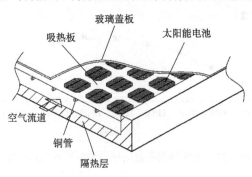

图 4.22　主动式太阳能多功能光伏空气集热器结构示意图

4.5.2　多功能太阳能集热器的性能测试

多功能太阳能集热器具备光伏/空气集热和光伏/水集热两种工作模式。其中光伏/空气集热的工作模式和性能与上几节阐述的主动式光伏空气集热器的性能相同,而其光伏/水集热工作模式的水集热系统可采用主动循环式系统和自然循环式系统两种形式,如图 4.23 所示。集热器进出风口封闭并做好保温。系统测试的光伏部分与光伏/空气集热系统相同。热水集管与 120 L 保温水箱相连,主动循环式的进水口上游依次接有直流水泵、水表和阀门,水循环由外界电源的直流水泵驱动。集热器进出口水温、吸热板温度、光伏电池温度、铜管温度、背板温度、水箱水温、环境温度均采用铜-康铜热电偶测量,其中水箱温度由水箱内部沿中心线位置高度方向均匀分布的五个温度测点取平均值。对于自然循环测试系统,同样体积的储热水箱置于集热器上方,通过管路与集热器相连,形成一个封闭的自然循环回路。

(a) 主动循环式　　　　　　　　　　　　(b) 自然循环式

图 4.23　光伏/水集热系统测试平台

针对两种不同水循环形式,分别对准稳态条件下集热器的光伏和光热性能、光伏光热系统的全天性能进行了测试。实验平台在安徽省合肥市(32°N,117°E),集热器倾角均固定在 35°。

在光伏/水集热模式下,流量对于集热器的热效率影响较小,主动循环实验中水流量根据国家标准的建议被设定在 0.038kg/s。图 4.24 为水集热效率与归一化温差关系曲线,对应线性拟合得到的热效率方程为

$$\eta_{\mathrm{th}} = 0.566 - 6.08\frac{T_{\mathrm{in}} - T_{\mathrm{a}}}{G} \tag{4.43}$$

归一化温差为零时的特征效率与光伏热水集热器相当。可以看出，水集热效率要高于空气集热效率，这是因为相比空气，水有更高的密度、热容和换热系数，有利于与集热器间换热。实验过程中集热器电效率约为 11.5%，因此得到在归一化温差为零时集热器光电光热综合效率约为 75%。

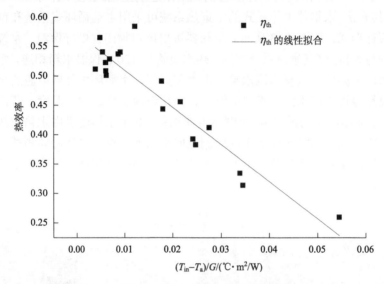

图 4.24　集热器热效率曲线(光伏/水集热主动循环模式)

　　针对自然循环的光伏/水集热系统，进行了不同初始水温、太阳总辐射量、环境温度的多天测试。图 4.25 给出了单日的水箱温度、进出口水温、环境温度及太阳辐射随时间变化情况。系统全天光热和光电效率分别为 35.9%和 10.4%，水箱全天超过 25℃。在正午之前集热器进口温度一直没有明显升高，这是由于自然循环系统中水箱内水温分层明显，水箱下部靠进出口位置一直保持较低温度。前期较低的集热器进口水温有利于集热器保持较高的光热和光电效率。图 4.26 给出了全天集热效率拟合曲线图，对应的曲线方程为

$$\overline{\eta_{th}} = 0.364 - 0.115\frac{T_{initial} - \overline{T_a}}{H} \tag{4.44}$$

　　测试期间全天电效率的变化范围从 9.6%到 11.8%。由于电池温度并非与初始水温和环境温度之差相关，而是与环境温度及初始水温本身相关，所以全天电效率 $\overline{\eta_{PV}}$ 与归一化温差 $(T_{initial} - \overline{T_a}) / H$ 之间并不存在线性关系。测试过程中自然循环的光伏/水集热系统的全天光电光热综合效率最高可达 54.9%，与传统的热水集热器热效率相当。与文献报道[12–16]相比较，多功能 PV/T 集热器在光伏/水集热和光伏/空气集热两种模式下的光伏和光热性能与单一的 PV/T 水集热器和 PV/T 空气集热器基本处于同一水平。

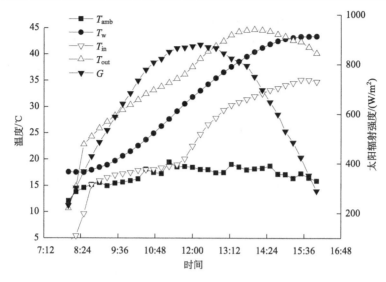

图 4.25　水箱温度、集热器进出口水温、环境温度及太阳辐射全天变化曲线（光伏/水集热自然循环模式）

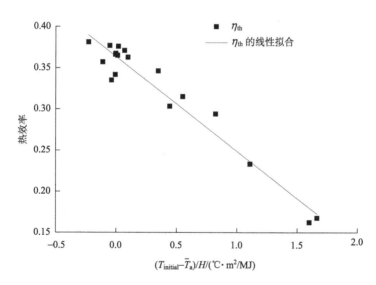

图 4.26　系统全天热效率与初始水温、环境温度及太阳总辐射量的关系曲线（光伏/水集热自然循环模式）

4.5.3　多功能集热器与建筑结合的夏季运行分析

多功能集热器应用于建筑，其在冬季运行与上节中光伏空气集热器的运行相同，在夏季的光伏热水模式下运行则在产电的同时为建筑提供生活热水，并对建筑围护性能产生影响。多功能集热器安装于建筑屋顶斜面，以夏季某日的环境进行分析，其屋顶斜面上接收到的环境温度和太阳辐射强度全天变化曲线如图 4.27 所示。当日全天最高太阳辐射强度为 944.09 W/m²，全天太阳总辐射量为 22.36 MJ/m²。全天平均环境温度为 35.82℃，最高 39.28℃，最低 30.83℃。以单块集热器计算，水箱容积 120 L，初始温度为自来水供水温度 20℃。储水箱内最终温度为 58.02℃，水箱全天总得热 19.16 MJ，全天系统热效率为 45.35%，全天平均电效率为 11.34%。

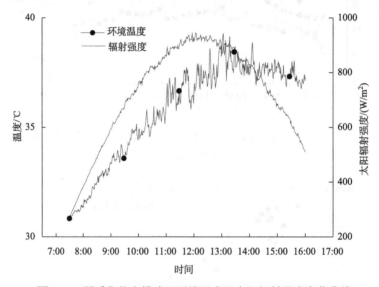

图 4.27　夏季集热水模式下环境温度及太阳辐射强度变化曲线

　　图 4.28 所示为夏季屋顶外表面有集热器覆盖和无集热器覆盖的温度全天变化曲线。可以看到，对于有 PV/T 集热器覆盖部分，屋顶外表面温度随系统水温和集热器温度上升而逐渐升高，最大值为 38.01℃。而对于无 PV/T 集热器覆盖部分，屋顶外表面全天平均温度为 58.89℃，最低温度为 37.58℃，最高温度达到 68.63℃。图 4.29 给出了两种情况下屋顶外表面的散热分布。在无 PV/T 集热器覆盖时，屋顶表面除向环境对流散热和向天空红外辐射外，通过屋顶向室内导热部分超过了屋顶外表面吸收太阳总辐射量的 20%。通过屋顶向室内导热最大功率达到 123.24 W/m²，全天房间总得热量达到 2.90MJ/m²。而有 PV/T 集热器覆盖的屋顶表面全天对室内总传热量仅为 0.64MJ/m²，相比无集热器覆盖的情况，建筑屋顶得热减少了 78%。由此可见，安装于建筑屋顶的 PV/T 集热器夏季运行光伏/水集热模式时，不仅可以得到生活所需热水，同时还可以显著减少通过屋顶进入室内的热量，降低建筑制冷负荷。

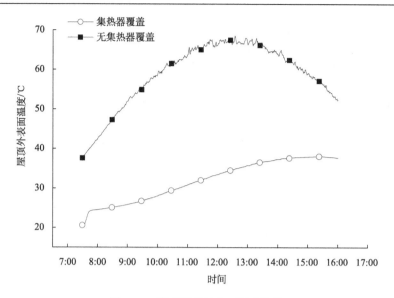

图 4.28　夏季屋顶外表面温度比较

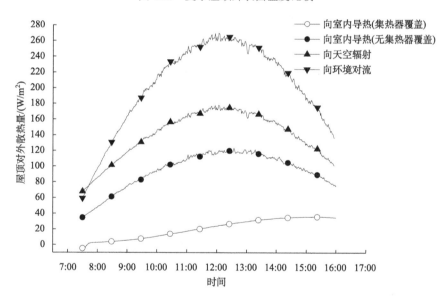

图 4.29　夏季屋顶对外散热分析

参 考 文 献

[1]　郭超. 多功能太阳能光伏光热集热器的理论和实验研究. 合肥: 中国科学技术大学, 2015.

[2]　Guo C, Ji J, Sun W, et al. Numerical simulation and experimental validation of tri-functional photovoltaic/thermal solar collector. Energy, 2015, 87:470-480.

[3]　Ji J, Guo G, Sun W, et al. Experimental investigation of tri-functional photovoltaic/thermal solar collector. Energy Conversion and Management, 2014, 88: 650-656.

[4]　Hernandez A L, Quinonez J E. Analytical models of thermal performance of solar air heaters of double-parallel flow and double-pass counter flow. Renewable Energy, 2013, 55: 380-391.

[5]　Karim M, Hawlader M. Performance investigation of flat plate, v-corrugated and finned air collectors. Energy, 2006, 31 (4): 452-470.

[6]　Gupta M K, Kaushik S C. Performance evaluation of solar air heater for various artificial roughness geometries based on energy, effective and exergy efficiencies. Renewable Energy, 2009, 34 (3): 465-476.

[7]　Sun W, Ji J, He W. Influence of channel depth on the performance of solar air heaters. Energy, 2010, 35 (10): 4201-4207.

[8]　Hollands K G T, Unny T E, Raithby G D, et al. Free convective heat transfer across inclined air layers. Journal of Heat Transfer, 1976, 98 (2): 189-193.

[9]　ASHRAE Standards Committee. ANSI/ASHRAE 93-2010 Methods of testing to determine the thermal performance of solar collectors. 2010.

[10]　Huang B J, Lin T H, Hung W C, et al. Performance evaluation of solar photovoltaic thermal systems. Solar Energy, 2001, 70 (5): 443-448.

[11]　Bejan A, Kearney D W, Kreith F. Second law analysis and synthesis of solar collector systems. Journal of Solar Energy Engineering, 1981, 103 (1): 23-28.

[12]　Zondag H A, De Vries D W, Van Helden W G J, et al. The thermal and electrical yield of a PV-thermal collector. Solar Energy, 2002, 72 (2): 113-128.

[13]　Roberts D E. A figure of merit for selective absorbers in flat plate solar water heaters. Solar Energy, 2013, 98: 503-510.

[14]　Mojaro A P, Aldabbagh L B Y. Experimental performance of single and double pass solar air heater with fins and steel wire mesh as absorber. Applied Energy, 2010, 87 (12): 3759-3765.

[15]　Fudholi A, Sopian K, Yazdi M H, et al. Performance analysis of photovoltaic thermal (PVT) water collectors. Energy Conversion & Management, 2014, 78: 641-651.

[16]　Solanki S C, Dubey S, Tiwari A. Indoor simulation and testing of photovoltaic thermal (PV/T) air collectors. Applied Energy, 2009, 86 (11): 2421-2428.

第5章　太阳能光伏 Trombe 墙

太阳能光伏 Trombe (PV-Trombe) 墙是太阳能光伏光热建筑一体化 (BIPV/T) 的一种形式。PV-Trombe 墙是将光伏阵列引入 Trombe 墙，将 Trombe 墙的建筑被动采暖功能与光伏发电功能相结合[1]。Trombe 墙通常是在南向集热蓄热墙外覆盖玻璃盖板，形成空气夹层，并在墙体开设和室内相通的上、下两个风口。在冬季，太阳辐射透过玻璃被集热墙吸收，进一步通过墙体导热，以及经由上下风口与室内的空气循环对流将热量传给房间，达到采暖的目的。虽然 Trombe 墙在过去的几十年内得到了广泛的应用并有了很多的改进方案，但是该技术也存在着以下问题：①功能单一，仅能用作冬季供暖或其他季节的通风；②美观性差，集热墙外表面涂黑，以透明玻璃板覆盖，因此整个系统外观呈黑色，和绝大多数建筑表面不够协调。为此，将传统的 Trombe 墙内铺设光伏阵列，光伏电池模块的背面铺设流道、通过空气流动带走热量，在利用太阳能发电的同时，冬季可以向室内供暖，夏季可以通风降低室内空调冷负荷[2-7]。PV-Trombe 墙解决了传统 Trombe 墙功能单一的问题，而且可根据需要采用不同颜色的光伏电池，使建筑的外观更具魅力。

5.1　PV-Trombe 墙的基本结构

PV-Trombe 墙由光伏玻璃板、集热墙、空气流道(光伏玻璃板和集热墙体之间空间夹层)、冬季用上下通风口和夏季用上下挡板(以下分别简称上下通风口或上下风口，以及上下挡板)组成，其中光伏玻璃板由玻璃盖板和光伏电池构成。PV-Trombe 墙工作原理和光伏电池布置如图 5.1 和图 5.2 所示。

在冬季白天，打开集热墙上的上下通风口，关闭上下挡板。当太阳辐射投射到光伏玻璃板上有光伏电池部分，小部分被光伏电池吸收，转化成电能，大部分转化成热能，使光伏电池温度升高；投射到无光伏电池的玻璃盖板部分，小部分被玻璃盖板吸收，大部分透过玻璃盖板被集热墙吸收，导致集热墙温度升高。吸收太阳辐射后升温的光伏玻璃板和集热墙，通过对流的方式加热空气流道内的空气，然后被加热的空气在热虹吸作用下通过上通风口进入室内，带走光伏玻璃板和集热墙的热量，达到冷却光伏电池和采暖的目的。另外，集热墙吸收的热量也有小部分通过集热墙的热传导被导入室内。在夜间，关闭上下通风口，防止室内的热空气往空气流道倒流,导致更大热损。由于墙体的蓄热作用,白天吸收的热量一部分被集热墙和室内其他墙体吸收贮存于墙体内,到夜间再通过墙体的内表面以辐射和自然对流方式释放到室内,这样可以避免中午可能温度过高和全天温度波动大引起居住者的不舒适感。

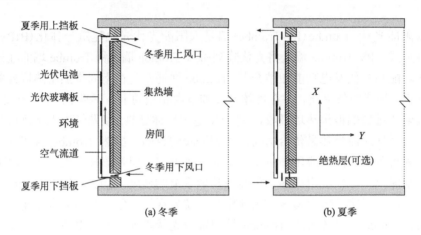

图 5.1　PV-Trombe 墙冬季和夏季工作原理图

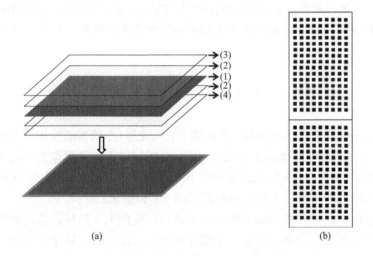

图 5.2　光伏电池板的结构(a)与光伏电池排列(b)

(1)光伏电池；(2)EVA；(3)玻璃；(4)TPT

　　在夏季,关闭集热墙的上下通风口,打开上下挡板。在空气流道内热虹吸作用下,冷空气由下挡板处进入空气流道,带走光伏玻璃板和集热墙的热量,再从上挡板处流出。在这个过程中,光伏玻璃板上的光伏电池和集热墙被冷却,因此可以提高光伏电池电效率,减少墙体得热,从而降低室内冷负荷。

　　PV-Trombe 墙的光伏玻璃可采用光电池层压封装工艺。封装中应用的光伏电池封装材料 EVA 和 TPT 为光透明材料，并具有良好的导热性和电绝缘性，将光伏电池阵列按一定的覆盖率层压在高透过率的玻璃板上。

5.2　PV-Trombe 墙的实验研究方法

　　PV-Trombe 墙的运行与建筑相耦合，因此实验测试在建筑热箱上进行。热箱的室内房间除南墙以外，其他墙体通过空气夹层与外墙隔开。被动光伏光热装置安装在房间的南向壁面。通过布置测试传感器、与没有安装太阳能装置的房间进行对比，研究装置的光伏发电性能，及其对室内温度和温度场的影响。图 5.3 显示的是 PV-Trombe 墙系统的实验房的照片。实验房为两个可对比热箱，正南朝向，PV-Trombe 墙安装在其中一个房间的南墙上。

图 5.3　PV-Trombe 墙的实验房照片

　　在 PV-Trombe 墙的实验系统中进行的测量包括：温度分布、太阳辐射强度及光伏电池阵列的发电量。温度测量可用铜-康铜的 T 型热电偶，采用固定冰点补偿法。自制的热电偶在使用前进行水浴测试校准，即预先将制作的若干热电偶同时置于均匀温度的水浴中，测得相对温度误差。热电偶测量的内容包括：外界空气温度、室外墙面的温度、室内墙面、窗户温度、房间空气夹层温度、PV-Trombe 墙的光伏电池板的温度、集热墙表面温度、空气流道和室内的温度分布。在室内沿 PV-TRombe 墙中心面布置测线 1 和 2，房间中央布置测试线 3，测试线上的热电偶如图 5.4 所示，包括在房顶、地面、上下风口高度和室内中心高度等的测点，以测量室内的水平和高度方向上的温度分布。太阳辐射强度的测量采用总辐射表，使其端面与南墙端面平行，直接测量竖直面太阳辐射强度；同样的辐射表竖直面北，避免太阳直射，测量北竖直面得到的散射强度。假设散射强度在各个方向上近似，测得的散射强度作为通过玻璃窗到达室内的散射强度的参考值。测量光伏的电压和电流输出分别采用直流电压传感器和交直流电流隔离传感器。光伏组件产生的电流经过逆变控制器后，储存到蓄电池组中。测量系统的示意图如图 5.5 所示。建筑热箱两个对比房间的各种条件是一致的，除了其中一间安装了 PV-Trombe 墙，通过对比测试，可得到 PV-Trombe 墙对建筑的影响。

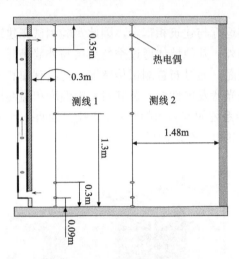

图 5.4　安装 PV-Trombe 墙的房间热电偶的布置方位

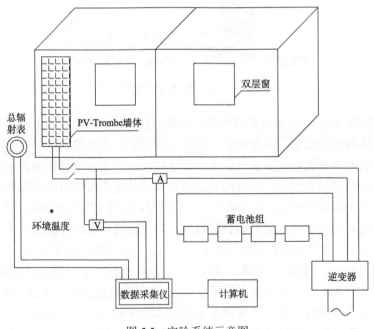

图 5.5　实验系统示意图

5.3　PV-Trombe 墙的理论模型及实验验证

5.3.1　理论模型的建立

PV-Trombe 墙的冬季采暖过程即为太阳辐照在光伏玻璃板、空气流动、集热墙和建筑室内的能量传递,因此数值模拟是通过耦合求解这四个区域(图 5.6)的能量方程来实现的。

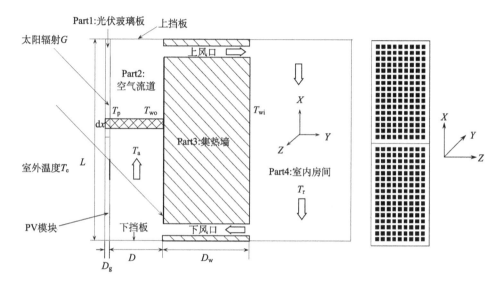

图 5.6　PV-Trombe 的理论建模示意图

1)光伏玻璃板的能量平衡方程

光伏玻璃板背面的光伏电池的厚度很薄,光伏电池和玻璃之间的黏结是紧密的,热传导良好,因此可以假设光伏玻璃板在厚度方向上的温度是一致的。但是由于太阳的照射,光伏玻璃板有光电池的部分和无光电池的部分温度是不一致的,甚至有较大差别,所以我们将光伏玻璃板的温度分布考虑为一个高度和宽度方向的二维的传热问题。光伏玻璃板的能量平衡式为

$$\rho c_{\mathrm{p}} D_{\mathrm{g}} \frac{\partial T_{\mathrm{p}}}{\partial t} = k_x D_{\mathrm{g}} \frac{\partial^2 T_{\mathrm{p}}}{\partial x^2} + k_z D_{\mathrm{g}} \frac{\partial^2 T_{\mathrm{p}}}{\partial z^2} + q \tag{5.1}$$

式中,ρ,c_{p},k,D_{g} 分别为玻璃的密度、比热容、热传导系数和厚度;T_{p} 为光伏玻璃温度;热源项 q 为

$$q = q_{\mathrm{sw}} + h_{\mathrm{c,amb}}(T_{\mathrm{amb}} - T_{\mathrm{p}}) + \varepsilon_{\mathrm{o}} h_{\mathrm{r,amb}}(T_{\mathrm{sky}} - T_{\mathrm{p}}) + h_{\mathrm{c,ch}}(T_{\mathrm{a}} - T_{\mathrm{p}}) + \xi_2 h_{\mathrm{r,i}}(T_{\mathrm{wo}} - T_{\mathrm{p}}) \tag{5.2}$$

其中,等号右边各项分别为吸收的太阳辐照、外环境的对流、辐射换热、与流道

中空气的对流换热及与集热墙辐射换热；T_{amb}、T_{sky}、T_a 和 T_{wo} 分别为光伏玻璃板的温度、环境温度、空气流道中空气的温度及集热墙的外表面温度；$h_{r,amb}$、$h_{r,i}$ 分别为光伏玻璃板外侧和内侧的辐射换热系数；ζ_2 为光伏玻璃板内侧与集热墙外表面之间的辐射换热因子；ε_i、ε_o 分别为光伏玻璃板内外两侧的发射率；$h_{c,amb}$、$h_{c,ch}$ 分别为光伏玻璃板与外部环境，光伏玻璃板和空气流道中空气之间的对流换热系数；吸收的太阳辐照 q_{sw} 包括玻璃吸收的太阳辐照及透过玻璃被光伏电池吸收并未转化为电能的太阳能，为

$$q_{sw} = \alpha_{pvg} G \tag{5.3}$$

式中，α_{pvg} 为光伏玻璃的太阳辐照吸收率。

$$\alpha_{pvg} = (1-\zeta)(\alpha_{sw,g} + \tau_{sw,g}\rho_{sw,wo}\alpha_{sw,g}) + \zeta\left[\alpha_{sw,g} + \tau_{sw,g}(\alpha_{PV} - \eta_{PV} + \rho_{PV}\alpha_{sw,g})\right] \tag{5.4}$$

其中，等式右边第一项为未贴光伏电池部分吸收太阳能辐照率；第二项为有光伏电池部分吸收太阳能辐照率；G 为光伏玻璃板垂直面上入射的太阳辐射强度；ζ 为光伏电池覆盖率(对于离散求解，依据电池排列及网格划分情况，ζ 值在各网格中的值不尽相同)；$\alpha_{sw,g}$、α_{PV}、$\tau_{sw,g}$、$\rho_{sw,wo}$ 和 ρ_{PV} 分别为玻璃对太阳辐照的吸收率、光伏电池对太阳辐照的吸收率、玻璃对太阳辐照的透过率、集热墙外表面和光伏电池反射率，η_{PV} 为光电转化效率。

2) 空气流道中能量平衡方程

$$A\rho_a C_{p,a}\frac{\partial T_a}{\partial t} = wh_{c,ch}(T_p - T_a) + wh_{c,wo}(T_{wo} - T_a) - AV\rho_a c_{p,a}\frac{\partial T_a}{\partial x} \tag{5.5}$$

式中，A 和 w 分别为空气流道截面积和宽度，$A = w \times D$；V 为浮力引起的空气流速。由于吸收太阳辐照，流道两壁面(光伏玻璃内侧和集热墙外侧)温度较高，加热空气上浮，当下风口与室内相通时，进入流道下风口的空气温度 $T_{a,in}$ 即为室内空气温度。由浮力引起的自然对流的空气流速为

$$V = \sqrt{\frac{g\beta(T_{a,out} - T_{a,in})L}{C_{in}\left(\dfrac{A}{A_{V,in}}\right)^2 + f\dfrac{L}{D_h} + C_{out}\left(\dfrac{A}{A_{V,out}}\right)^2}} \tag{5.6}$$

式中，$T_{a,out}$ 为流道出口的空气温度；L 为 PV-Trombe 墙高度；D_h 为流道的水利直径动力尺寸，$D_h = 2A/(w+D)$；$A_{V,out}$、$A_{V,in}$ 分别为上下风口的面积；f、C_{out}、C_{in} 分别为空气流道沿程阻力系数及上下风口处的损失系数。其中进出口的阻力系数分别设为 1.0 和 1.5，沿程阻力系数 f 根据流道中的流动状态而定，湍流状态可采用 Blasius 方程：

$$f = 0.3164 Re^{-0.25} \tag{5.7}$$

而层流状态可采用以下经验公式[8]：

$$f = \frac{96}{Re}(1 - 1.20244\chi + 0.88119\chi^2 + 0.88819\chi^3 - 1.69812\chi^4 + 0.72366\chi^5) \quad (5.8)$$

式中，χ 是流道截面厚度/宽度，其值小于 1。

在实际运用中，当没有太阳辐照或辐照度过低时，为防止室内空气倒流入空气流道被降温，流道的上下风口应关闭，形成封闭的空气腔体。由于光伏玻璃在外环境中，其温度与集热腔体之间存在一定的温差，会有一定的自然对流。没有流道中空气与室内空气的对流，光伏窗与集热墙之间的换热为对流换热，因此式 (5.1) 中的热源项变为

$$q = q_{sw} + h_{c,amb}(T_{amb} - T_p) + \varepsilon_o h_{r,amb}(T_{sky} - T_p) + h_{c,ch}(T_{wo} - T_p) + \xi_2 h_{r,i}(T_{wo} - T_p) \quad (5.9)$$

式中，$h_{c,ch}$ 为有两壁温差的竖直空腔中自然对流换热系数，可采用管流的对流换热系数。

3) 集热墙的能量平衡方程

考虑到集热墙的温差及热传导主要沿着厚度方向，可假设集热墙传热是一维传热。而集热墙的内表面处于建筑室内，外表面与空气流道中空气进行对流换热，与光伏玻璃板进行辐射换热，并接收透过光伏玻璃的太阳辐照。热墙的非稳态传热方程为

$$\rho_{wall} C_{wall} \frac{\partial T}{\partial t} = k_{wall} \frac{\partial^2 T}{\partial y^2} \quad (5.10)$$

其边界条件即外表面和内表面的换热方程

$$-k_{wall}\left(\frac{\partial T}{\partial y}\right)_{y=0} = h_{wo}(T_{wo} - T_a) + \xi_3 h_{rwo}(T_{wo} - T_p) + G\alpha_{wall}\tau(1 - \zeta) \quad (5.11)$$

$$-k_{wall}\left(\frac{\partial T}{\partial y}\right)_{y=D_w} = h_{wi}(T_{wi} - T_{room}) \quad (5.12)$$

式中，ρ_{wall}、C_{wall}、k_{wall} 分别为集热墙的密度、热容和热传导系数；T_{room} 为室内空气的温度；h_{wo}、h_{rwo} 分别为集热墙外侧的对流和辐射换热系数；h_{wi} 为集热墙内侧的对流换热系数；辐射换热因子 $\xi_3 = \xi_2$；考虑到透过光伏玻璃板无光电池部分的太阳照射，集热墙外表面单位面积所接收到的入射太阳能为 $G \cdot \alpha_{wall} \cdot \tau \cdot (1 - \zeta)$，其中 α_{wall} 为集热墙外表面的吸收率。

4) 建筑室内的模拟计算

PV-Trombe 墙与建筑南墙相结合，并且与室内空气有对流，因此其发电和热交换不仅取决于外环境和太阳辐照，和建筑也密切相关。所以计算分析 PV-Trombe 墙的性能，需要与建筑体进行耦合计算，而且分析计算其对建筑热环境的影响也是评价 PV-Trombe 墙性能的重要指标。PV-Trombe 墙对建筑的热作用主要有两个途径：作为建筑围护一部分的集热墙的热传导和 PV-Trombe 墙的流道与室内的对

流换热。二者在数学模型上的反映即为集热墙体的能量平衡方程及其边界条件，流动空气的能量方程及其边界条件。对于空调恒温房间，与集热墙内表面换热的室内温度 T_{room} 为常数，空气流道的进口空气温度也为常数 T_{room}。但是对于非恒温的室内，T_{room} 随环境、太阳辐照及室内热源等动态变化。如果实验测得动态 T_{room}，可作为已知边界条件输入。而对于未知 T_{room}，则建筑的模拟计算必须和 PV-Trombe 墙的模拟计算同步进行，由此预测 PV-Trombe 墙与建筑非稳态耦合的结果。建筑的非稳态模拟计算包括墙体、室内空气流动及外环境对围护外表面的作用等，其传热过程计算复杂，包括墙体的导热计算、辐射换热和流体的计算[9]。流体的模拟计算采用简化的节点法[10]和整个流场计算流体力学(computational fluid dynamics,CFD)模拟[11]等。节点法即根据实际流场特性，将室内空气流动空间划分为若干区域，每个区域中的空气温度作为一个温度节点用平均温度代替，区域的空气温度节点一方面与相应区域的墙体壁面进行对流换热，另一方面节点之间的流动换热遵循质量守恒和能量守恒。

　　其中墙体的计算为非稳态导热计算，能量平衡方程与集热墙公式(5.10)相同。墙体的边界条件，即墙体表面的能量方程为

$$-k_{\text{wall}}\frac{\partial T_{\text{w}}}{\partial y} = h(T_{\text{w}} - T_{\text{a}}) + q \tag{5.13}$$

式中，等式左边第一项为与空气的对流换热，墙体室外侧为环境空气，室内侧为与墙面对流换热的空气节点温度；第二项热源项根据墙体的具体位置，包括吸收的太阳辐照率、与天空或其他物面的辐射换热率。对于封闭空间的室内，墙体某个内表面 i 的热源项为

$$q = \left[h_{\text{c}} A_i (T_{\text{room,a}} - T_i) + \sigma \sum_{j=1}^{N} \varepsilon_j G_{j,i} T_j^4 A_j - \sigma \varepsilon_i T_i^4 A_i + \alpha_i Q_{\text{sw},i} \right] \Big/ A_i \tag{5.14}$$

式中，h_{c} 为墙面的对流换热系数；ε_j、α_i 分别为墙面的发射率和吸收率；$Q_{\text{sw},i}$ 为透过玻璃窗照射到该墙面或地面的太阳辐照度，等式括号中第一项为与室内空气的对流换热率，第四项为吸收的通过透明玻璃窗的太阳辐照率，第二、三项为与室内其他墙面或窗内表面的辐射换热率，采用的 Gebhart 方法[12]，其中吸收系数 $G_{j,i}$ 为

$$G_{j,i} = F_{ji}\alpha_i + \sum_{k=1}^{N} F_{jk}\rho_k G_{k,i}$$

式中，N 为封闭空间的辐射换热表面总数；F_{ji} 为 j 表面对 i 表面的辐射角系数；ρ_k 为 k 表面的反射系数。

　　在安装 PV-Trombe 墙的房间如无其他热源，则房间水平方向空气基本相同，而上风口送热风，在垂直方向上有可能造成一定的温度分层，即上部温度高，下

部温度低。因此采用节点法可沿高度方向简化为四点，如图 5.7 所示，即房顶和地面各为一节点，靠近屋顶和地面各有一空气节点，两个空气节点之间的空气可假设为线性分布。由 PV-Trombe 墙的空气流道中进入室内的热空气的初始温度为 T_{out}，为一热射流，热空气上浮，首先与屋顶内表面进行接触换热，从而温度下降为 T_a^c，同时由于 PV-Trombe 墙的空气流道对下部室内空气的抽吸作用，室内空气由上至下流动，并同时与室内壁面和窗面进行换热，在接近房间底部，以 T_{in} 的温度流入 PV-Trombe 墙内。由于是热空气由房间上部进入，因此室内空气主要是与壁面进行对流换热，而无上下空气自然对流，空气流动如同柱节式下推，仅在有经窗户入射太阳光斑的地面或壁面处有局部例外，因此可认为室内空气从接近顶部的温度 T_a^c 到靠近地面的温度 T_f^a 线性下降。将室内空间视为一控制体，室内空气的能量随时间变化是由流经 PV-Trombe 流道的空气热能变化、出口热空气与房顶的换热，以及室内空气与各墙面的换热引起的。整个室内平均空气温度的能量方程为

$$\rho C_p \frac{\mathrm{d}T_{room,a}}{\mathrm{d}t} A_c H = \rho C_p q_v (T_{out} - T_{in}) - hc_c (T_{out} - T_c) A_c + \sum_{i=1}^{N} hc_i (T_i - T_{room,a}) A_i \quad (5.15)$$

式中，$T_{room,a}$ 为平均空气温度；q_v 为室内自上而下空气体积流量（与 PV-Trombe 墙的流道中的相同）；最后一项中下标 i 代表除了房顶以外的各壁面，而房顶内表面的温度表示为 T_c，房间的水平截面积为 A_c，高度为 H。室内空气温度沿高度增加，变化斜率设为 s，所以空气平均温度即为中间高度温度，即

$$T_{room,a} = T_a^c - sH/2 \quad (5.16)$$

PV-Trombe 墙的进风口空气温度为

$$T_{in} = T_a^c - s(H - h_v) \quad (5.17)$$

式中，h_v 为进风口所在高度。而顶部的空气温度 T_a^c 则为出口温度与房顶换热后的温度

$$\rho C_p q_v (T_{out} - T_a^c) = hc_c (T_{out} - T_c) A_c \quad (5.18)$$

类似于通风换热，房顶的对流换热系数 hc_c 由空气和壁面温差及换气率（ACH，由容积流率 q_v 换算）经验公式求得，其他壁面的换热系数依据位置不同，各不相同，如表 5.1 所示。对于有入射阳光的地面，犹如朝上的热表面，计算公式不同于不加热的朝上表面。空气流率 q_v、出口温度 T_{out} 和房顶温度 T_c 由上一轮迭代求解得到，f 最高处空气温度 T_a^c 可由式(5.18)求得。式(5.16)、式(5.17)联立，消除温度变化斜率 s，并将 $T_{room,a}$ 和 T_{in} 代入，式(5.15)即可解。由此求得室内空气的温度分布。

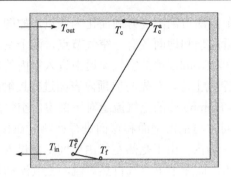

图 5.7　室内的节点计算图

表 5.1　室内壁面的对流换热经验公式[13]

壁面	hc	温差 ΔT
房顶	$-0.166+0.484ACH^{0.8}$	$T_{out} - T_c$
墙或窗户	$\{[1.5(\Delta T/Dh)^{0.25}]^6+(1.23\Delta T^{1/3})^6\}^{1/6}$	$\lvert T_i - T_{room,a}\rvert$
地面	$0.6(\Delta T/Dh^2)^{0.2}$	$\lvert T_f - T_{room,a}\rvert$
加热地面(有太阳入射)	$\{[1.4(\Delta T/Dh)^{0.25}]^6+(1.63\Delta T^{1/3})^6\}^{1/6}$	$\lvert T_f - T_{room,a}\rvert$

5) 计算求解方法

PV-Trombe 墙与建筑结合数值模拟为 PV-Trombe 墙各组成体的能量方程、建筑墙体及室内空气的能量方程联立求解。采用控制容积法离散光伏玻璃及各墙体的能量方程组，依次求解光伏玻璃板、墙体及空气流道的离散方程，室内空气的分布采用节点法，通过迭代求出 PV-Trombe 墙及建筑内的温度分布。由于外环境及太阳辐照变化是非稳态的驱动力，求解由外表面开始，逐步向室内，最后进行室内表面温度和空气温度的方程组求解。迭代计算直至满足收敛判断条件。

光伏玻璃在空间离散的各控制容积内，其热性能及辐射性能需根据其中电池覆盖率 ζ 的具体情况而定。墙体从内到外通常非同一种材质，各材质的热性能有可能相差很大，所以墙体沿着厚度方向的空间离散需考虑材质分布进行划分。墙体的能量方程离散后得到的方程组，采用矩阵变换可得到墙体外表温度及其边界条件与内表温度及其边界条件的关系式，而各个壁面内表温度的边界条件[式(5.14)]的辐射换热项是互相关联的，因此将矩阵变换后得到的各墙体内外表面的数学关系式联立求解，即可解得室内各表面温度和外墙面温度、室内空气等的关系。

对于复杂建筑的模拟，建筑部分的模拟将会相当复杂，宜采用已有的软件如 Energy Plus、TRNSYS 等进行模拟。其中 TRNSYS 具有开放接口，可将自编 PV-Trombe 程序模块嵌入软件，并与 TRNSYS 中建筑模拟模块 type56、气象数据及其他运行操作控制模块共同建成仿真模型。

5.3.2　PV-Trombe 墙系统的数理模型的实验验证

　　实验热箱房间尺寸为 2.9m（宽）×2.96m（深）×2.6m（高），南墙安装有 1.2m × 1.2m 的双层窗和 0.83m（宽）×2.6m（高）的 PV-Trombe 墙，PV-Trombe 墙的光伏玻璃盖板的电池覆盖率为 0.334。测试室内布置了三根测线（M1、M2、M3），其中 M1 靠近集热墙，M3 在室内中央。采用上述的理论模型进行计算，与实验研究的结果进行对比。室内的空气温度分布计算采用了节点法两种不同的方法：一为光线追踪法，即根据当时的太阳入射角，计算太阳光斑具体落在墙面或地面的位置，并对有光斑和无光斑的表面的换热作不同处理；二为简化方法，即将太阳入射能量平均分配于地面。图 5.8 为在合肥冬季 1 月的一个晴好天气的环境下，安装 PV-Trombe 墙的有窗的热箱房间内温度分布的理论与实验计算的对比。其中测试线和测点布置为如图 5.4 所示。

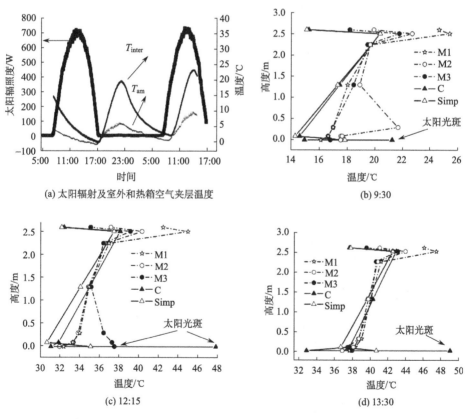

图 5.8　冬季不同时刻的室内温度分布的理论计算与实验结果对比

M1、M2、M3 分别为三根测试线上的实验数据；C 为采用太阳光线跟踪的算法；Simp 为简化算法

图中显示除了 PV-Trombe 墙的出口高度及太阳光斑附近，室内的温度水平方向分布基本一致，理论计算模型可以相当准确地预测 PV-Trombe 墙对室内空气温度的动态影响。全天的动态模拟中，采用太阳光斑的简化计算的空气温度与采用追踪法计算结果相差不超过 0.7℃，除了太阳光斑附近。

　　PV-Trombe 内部墙体温度及发电量的理论和实验对比如图 5.9 所示。理论计算可以很好地预测 PV-Trombe 墙内的温度和发电量的动态变化。

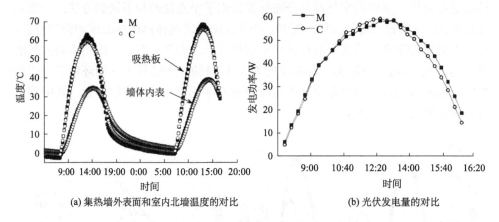

(a) 集热墙外表面和室内北墙温度的对比　　　　　　(b) 光伏发电量的对比

图 5.9　PV-Trombe 墙的理论计算和实验测试结果对比

C 为计算值；M 为测量值

5.4　PV-Trombe 墙的 CFD 模拟

　　PV-Trombe 墙的空气夹层与室内空气的自然对流可采用 CFD 模拟，计算出温度场及流场分布，对其中的传热和流动特性进行分析，研究 PV-Trombe 墙的热性能及其相应的光电性能。

5.4.1　湍流模型的选择及其验证

　　被动光伏集热和通风中的空气流动和换热属于自然对流问题，可采用 CFD 进行模拟计算。Gan 用 RNG k-ε 湍流模型模拟计算了长方空腔里的对流及热烟囱的流动，通过与以往的实验数据进行对比，验证了 CFD 计算的可行性，并采用 CFD 对 Trombe 墙的参数优化进行了研究[14]。Moshfegh 和 Sandberg 用 RNG k-ε 湍流模型的二维模型计算了光伏电池板背面流道里的空气流动，并且利用辐射角系数的方法计算了表面的辐射换热，以及流动速度和温度，计算结果与试验结果吻合良好[15]。通用计算软件如 Fluent，可进行 PV-Trombe 墙及光伏通风窗的模拟计算。

　　在研究 PV-Trombe 墙的性能时，我们首先对相似结构的长方腔体的自然对流和太阳热烟囱[16]利用进行了数值模拟，并和文献中的试验数据进行了对比，模型结构如图 5.10 所示。太阳热烟囱、Trombe 墙和 PV-Trombe 墙里的流道通常在宽度方向的边界条件均匀，而且流道的宽度和流道的深度比例通常较大，文献中的试验证明流道里的速度和温度分布沿着宽度方向基本是均匀的。所以对这一类的结构可以认为是在深度和高度方向上的二维问题。我们对竖立的热烟囱流道进行了模拟，流道一侧均匀加热为 400W/m^2。在对热烟囱的数值模拟中我们发现，对于固定热流量的壁面，其壁面的发射系数对流场有较大的影响，在模拟中假设为 0.3。辐射换热的计算采用了 Fluent[17]中的 S2S 方法，即通过辐射角系数求面与面之间的辐射换热。

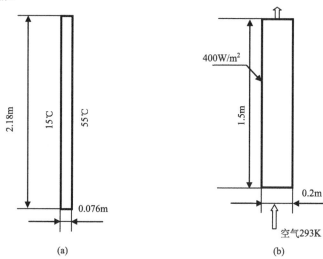

图 5.10　文献[14]中的长方形腔体的模型(a)和文献[16]中的热烟囱模型(b)

　　图 5.11 显示了热烟囱中距离进风口 1.1 m 处气流速度沿着流道深度分布。图中显示的是采用 RNG k-ε 湍流模型的计算结果与实验数据的对比，二者基本吻合，但是在靠近加热壁处有一定的误差。标准 k-ε 的湍流模型和 RNG k-ε 湍流模型对等温壁的长方形腔体的模拟计算结果如图 5.12 所示。和实验数据比较，RNG k-ε 湍流模型计算所得的速度分布更接近于实验值，而在温度分布上几乎是一样的。由此可见数值计算可以很好地计算出因竖壁受热而产生自然对流的窄流道里的流动速度和温度分布情况。

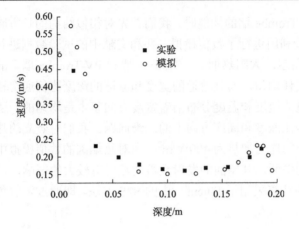

图 5.11　热烟囱中距进风口 1.1 m 处气流速度沿着流道深度的分布

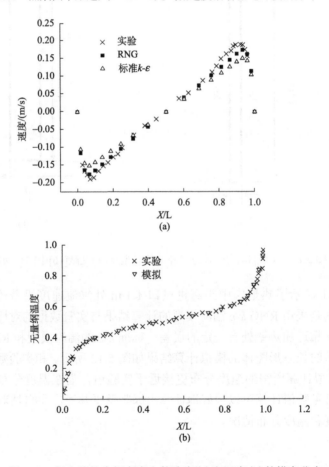

图 5.12　长方腔体中间高度上的速度(a)和温度(b)的横向分布

5.4.2　PV-Trombe 墙的 CFD 模型

1）二维模型

PV-Trombe 墙的性质在宽度方向上具有一致性，因此数值模拟可采用二维模型，模型的几何结构如图 5.13 所示。外玻璃板的背面局部地贴有光伏电池，太阳辐射流 G 一部分被外玻璃和光伏电池吸收，而另一部分到达集热蓄热墙体。墙体和玻璃外板被加热后，中间的空气夹层由于自然对流作用抽取室内空气，通过墙体的上、下通风口与室内的空气产生对流。

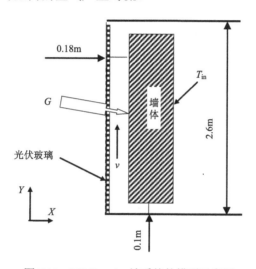

图 5.13　PV-Trombe 墙系统的模型示意图

在数值模拟中，空气流道和固体集热墙体为计算域。计算的边界条件如下：

(1) 进风口和出风口的边界条件分别设为压力入口和压力出口，进、出口表压都设为 0，进风口处的湍流度及进风温度根据室内情况设定。

(2) 光伏玻璃板为对流、辐射混合边界，设置外界环境温度及对流换热系数；并且将热源密度设为吸收的太阳热流为

$$\dot{q} = q_{sw,g}/D_g \tag{5.19}$$

(3) 集热墙体的外表面为固体和流体计算域的界面，由于吸收了一定的太阳辐照，其上的热源密度为

$$\dot{q} = G\alpha_{wall}\tau_{sw,g}(1-\zeta)/d_w \tag{5.20}$$

式中，d_w 设定为一个很薄的表面厚度。集热墙内表面设为稳定的室内温度 T_{in}。

(4) 上下边框通常有保温，可简化设为绝热。

通过 CFD 计算，不仅可以得到计算域的速度、温度等的分布，还可以求得单

位宽度的流道里的空气质量流量 $\dot{m}$，墙体向室内的导热量为 Q_λ。单位宽度的
PV-Trombe 墙向室内传热总量为室内空气从热空气流道的得热量及通过墙体的导
热量之和，即

$$Q = \dot{m}C_p(T_{out} - T_{in}) + Q_\lambda \tag{5.21}$$

单位宽度光伏玻璃板的发电量 E 为电池的单位面积的发电量在高度上的积分，即

$$E = \int_L \zeta G \tau_{sw,g} \eta_{PV} dx \tag{5.22}$$

整个 PV-Trombe 墙系统的综合效率为发电量及室内得热量之和与太阳辐射量之比。

2) 三维模型

综合考虑 PV-Trombe 墙与房间的耦合作用，特别是非恒温控制的房间，可采
用三维计算模型，如图 5.14 所示为 CFD 模型的结构图。模型中包含了光伏电池
板、空气流道、集热墙、室内空间，以及有着相应厚度的地板、房顶、墙体和窗
户。利用实验测得的外环境参数和房间墙体外界温度作为计算域的边界条件，计
算某一个时刻的空气的流动和换热、墙体的传热及各壁面之间的辐射换热。

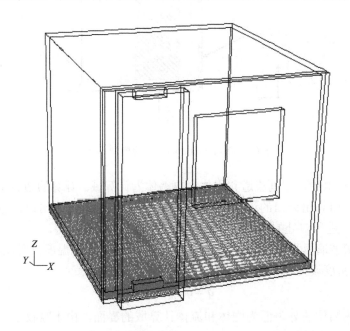

图 5.14　PV-Trombe 墙系统的三维 CFD 计算的数字模型

空气的流动计算采用了 RNG k-ε 湍流模型。辐射换热计算采用了 Fluent 软件
中的 DO 模型，即通过求解辐射输运方程来得到辐射能量的传输情况。对于照在
并透过玻璃窗的太阳辐射，启用了 Fluent 中的太阳光线追踪法，通过跟踪太阳光
线的路径，来计算其在途中被玻璃窗吸收、被地面吸收和反射、被墙体吸收和反

射的辐射强度。而对于落在 PV-Trombe 墙的光伏玻璃板和墙体，以及南墙上的太阳辐射，则通过计算直接作为固壁表面热源项。南墙表面吸收的太阳辐射热量为南墙的吸收率与竖面上的太阳辐射强度的乘积。而光伏电池板和 Trombe 集热墙外表面的边界设定为与二维计算中相同。

5.4.3　PV-Trombe 墙的 CFD 模拟与实验研究的结果对比

将实验测量的某一时刻的太阳辐射强度、外界温度及空气夹层的温度作为已知条件，通过式 (5.19) 和式 (5.20) 为 PV-Trombe 墙和南边的外墙加上太阳辐射的吸收量。在计算中，我们发现采用固定的边界条件计算所得的稳态的流场和温度场分布虽然定性地与实验值相似，但是温度有一定的偏差。分析实验数据可知，在冬季的晴好天气下，直到 14:00 左右，室内和墙体的温度都处于升温的状态，此后，温度下降，所以在计算中需要考虑变温的影响。参照实验数据，根据当时的壁面的升温、降温速率，在墙体的固体计算域中加入相应的单位体积的热吸收率或释放率。由此计算所得的室内温度分布与实验值吻合良好。

图 5.15 和图 5.16 分别显示了模拟计算所得温度场、速度矢量场的分布及与实验值的对比，计算的时刻是 11:30，对比的实验值为这个时刻前后 15min 内的测量所得的温度值的平均。这个时刻的正南方向竖直壁面得到太阳辐射强度为 497.65 W/m^2，其中散射辐射占 20 %。室外环境温度为 290.15 K，空气夹层的温度为 290.65 K。实验中室温在半小时内快速上升了 2.8℃，考虑到围护的热惰性，稳态计算中，将墙体的热源项设为 –100 W/m^3，南墙的设为 –110 W/m^3，内层玻璃的设为 –1316 W/m^3。

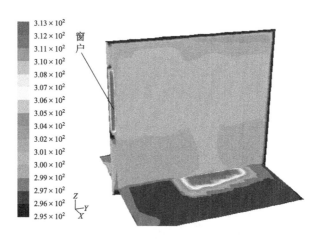

(a) 宽度中心平面上的温度分布

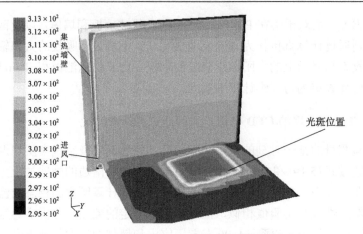

(b) 穿过PV-Trombe墙中心的竖直面的温度分布

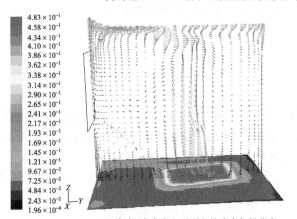

(c) 宽度 X 方向中心平面上的速度矢量分布

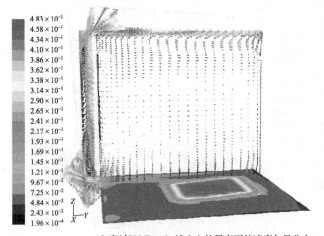

(d) 穿过PV-Trombe墙中心的竖直面的速度矢量分布

图 5.15　11:30 时刻，计算所得的室内地面的温度分布及速度分布

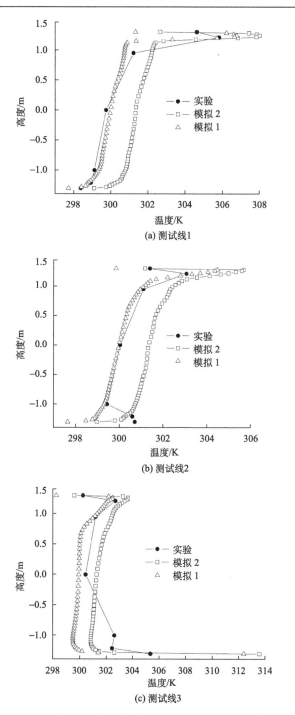

(a) 测试线1

(b) 测试线2

(c) 测试线3

图 5.16　CFD 模拟计算的测试线上的温度分布与实验值的对比

△表示墙体中加了热吸收率；□表示未加热吸收率

图 5.15 显示了室内的温度和速度矢量分布。PV-Trombe 的集热墙面温度在中午可到达 40～50℃，热壁抽取室内的空气并加热后送入室内的上部。这个时刻的双层玻璃窗由于对太阳辐照有一定的吸收，其温度也高于室内空气，在窗户的内表面引起自然对流。在室内的空间高度上，从地面到房顶，温度是分层升高的。但是在太阳光斑的地面，较高的温度引起了光斑以上的热空气的上升，冲破了光斑上的温度分层，如图 5.16(a) 和 (c) 所示。除了光斑以上和 Trombe 墙的风口附近及窗户边缘，室内的空气流速很低，普遍低于 0.1m/s。

图 5.16 显示了 CFD 模拟计算所得的测试线上的温度分布与实验的对比，三根测试线的位置如图 5.4 所示。在考虑了系统非稳态的性质后，将墙体在这一时刻的升温速率转化为墙体内的热吸收率，由此计算所得到的结果与实验值吻合良好。靠近 Trombe 墙的测试线 1 上的各点与实验值相当吻合。测试线 3 处于光斑的地面上，在中间高度及其以上的温度数值计算与实验数据吻合良好，但是下部的差别较大。误差的产生可能由于测试线的下部直接受到太阳辐照，被阳光加热，而不再能真实地反映空气温度。图 5.16 还显示了不考虑系统的非稳态的性质，墙体不加热吸收率的情况下，CFD 数值模拟的稳态的室内温度分布，和考虑墙体吸热的情况相比较，温度高出 1.2～1.8℃。虽然和实验数据不相符，但是稳态计算所得的温度场分布的趋势和实验数据是一致的，计算得到的温度在空间上的相对分布与实验值相似，空气流场也是相似的。由于系统的升温速率的确定，要通过实验或者系统的传热和能量网络计算得到，所以稳态的 CFD 模拟计算的温度分布和流场可以作为定性分析 PV-Trombe 墙系统的参考。

5.5　PV-Trombe 墙的参数及性能研究

5.5.1　PV-Trombe 墙在热箱中的对比测试

1）PV-Trombe 墙的光电性能及其对室内温度的影响

通过对在建筑热箱上安装 PV-Trombe 墙与未安装 P-Trombe 墙的房间进行对比，可知 PV-Trombe 墙的采暖功效。建筑热箱所有墙体、屋顶和地板均采用轻质夹芯钢板，钢板厚度为 1mm，内保温墙壁厚 50mm，外保温墙壁厚 100mm，导热系数为 0.026W/(m·K)，对比研究图 5.17 是有 PV-Trombe 墙房间温度，无 Trombe 墙房间温度，环境温度的变化曲线。在 Trombe 墙系统最初运行的 3 天内，房间温度是逐步升高的，而两个房间的温差在三天内最大能达到 13.22℃。

对运行中 PV-Trombe 墙的光伏玻璃的温度分布及其光伏性能进行了测试。光伏玻璃板的光电池部分，上部温度略高于下部；而对于无光电池部分，上部的温度也是略高于下部。而光伏玻璃板光电池部分和无光电池部分的平均温差最大可以达到 10.58℃，并且和太阳辐射的变化趋势一致，如图 5.18 所示。由于冬季运行玻璃板温度较低，效率相对于标况可提高 5.00%。

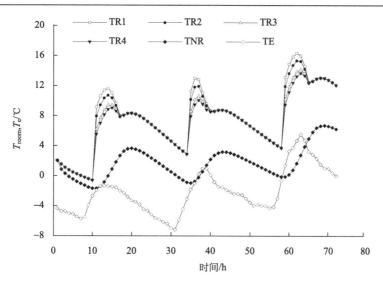

图 5.17　有无 PV-Trombe 墙的房间温度对比

TR1、TR2、TR3、TR4 分别为有 PV-Trombe 墙房间 4/5、3/5、2/5、1/5 倍高度的温度；TNR 为无 PV-Trombe 墙
房间温度；TE 为环境温度

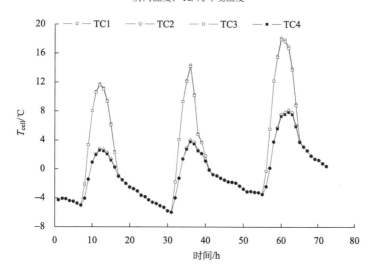

图 5.18　光伏玻璃板的温度

TC1、TC2 分别为玻璃板 3/4 高度位置的光电池部分、无光电池部分的温度；TC3、TC4 分别为下面玻璃板 1/4 高
度位置的光电池部分、无光电池部分的温度

2) 蓄热对 PV-Trombe 墙的性能影响

建筑材料的蓄热影响到室内温度波动，也相应地影响到 PV-Trombe 墙的运行
性能。对蓄热的影响进行了实验，建筑蓄热以放置砖堆替代，放置在可对比热箱

上，如图 5.19 所示。为了减少环境温度对系统热性能评价的影响，定义两个相对指标，RI-A 和 RI-R，即测试间室温与环境温度差值，测试间与对比间室温差值，来评价系统的性能。实验显示以上任一种工况下的白天，测试房间室内温度均高于对比房间室内温度。在太阳辐照较好的情况下，测试房间与环境温度差值(RI-A)和测试房间与对比房间温差（RI-R）的最大值分别可达 20℃左右和 7℃左右。

由图 5.20 可以看出，有蓄热砖块时的室内温度与环境温度差值(RI-A)比无蓄热砖块时的波动更小，但是这种温度波动性的改善并不是很明显。实际应用中，

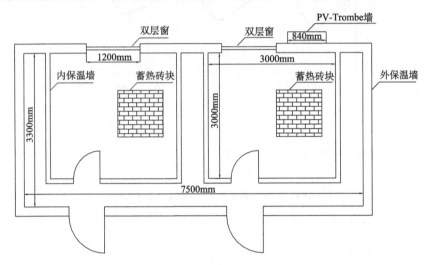

图 5.19　可对比热箱俯视图

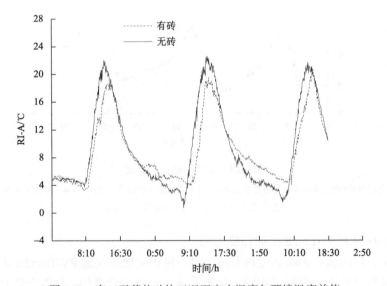

图 5.20　有、无蓄热砖块工况下室内温度与环境温度差值

PV-Trombe 墙安装在重质墙体上，重质墙体具有良好的蓄热能力，能进一步减少房间的热量散失，降低室内温度的波动性，使 PV-Trombe 墙对室内热环境的改善更趋舒适。

5.5.2　PV-Trombe 墙的结构及其参数的影响

在实际应用中，必须根据该地区的气象参数、建筑结构等因素因地制宜地设计 PV-Trombe 墙，使 PV-Trombe 墙的性能达到最佳。对于 PV-Trombe 墙，有很多影响性能的参数，例如，PV-Trombe 墙的宽度、高度，光伏玻璃板的覆盖率，空气流道的深度，冬季用上下通风口的大小，墙体材料和厚度等。对于一个给定的房间，上述参数中的墙体材料的厚度，房间的尺寸(长、宽、高)是确定的。由于 Trombe 墙空气流道内的空气流率随其高度的增大而增大，因此一般来说其高度等于房间高度。可以优化的参数有：上下通风口的尺寸、集热墙外表面绝热(绝热层外表面涂黑)和设置卷帘隔热等。以下对安装 PV-Trombe 墙的建筑进行数值模拟研究，采用的参数为：PV-Trombe 墙光伏电池覆盖率 0.331，高 2.66m，流道深度 0.13m，上下风口面积 0.04m^2；房间为红砖墙体，厚度 240mm，房间 3.00m(宽)× 3.00m(深)×2.66m(高)；采用的气象参数如图 5.21 所示。为保证流入室内的空气温度比室内温度高，设定当空气流道内空气温度高于或低于室内温度时，冬季用上下风口同时打开或关闭。将第七天的室内平均温度(运行稳定后的室内日平均温度，记为 T_7) 作为衡量 PV-Trombe 墙运行稳定后热性能的标准。

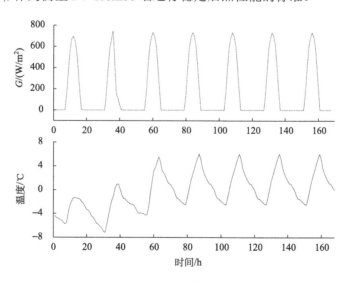

图 5.21　冬季气象数据(1 月 1～7 日)

1）通风口面积的影响

上下通风口的大小可以用一个参数 A_V/A_S 来描述，A_V 是上下通风口的面积，A_S 是空气流道的竖直方向的截面积，即 PV-Trombe 墙的宽度和空气流道深度的乘积。对于不同 PV-Trombe 墙宽度，A_V/A_S 对 PV-Trombe 墙系统室内日平均温度的影响如图 5.22 所示。可以看出，当 A_V/A_S >0.7 时，不同宽度下室内日平均温度几乎不变，尽管 A_V/A_S 持续增大，但是传热的总量是有限的，室内日平均温度不会再升高；当 A_V/A_S <0.5 时，集热墙收集的热量不能及时导入室内，随 A_V/A_S 减小，室内日平均温度下降很快。另外，当 A_V/A_S 过大时，也会影响建筑结构的稳定性，因此 A_V/A_S 取 0.5~0.7 是较合适的。

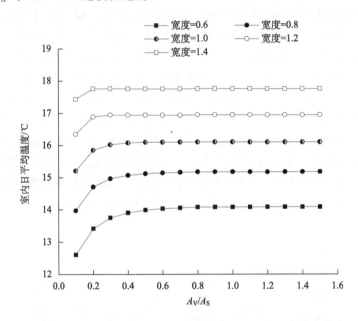

图 5.22　A_V/A_S 对 PV-Trombe 墙系统室内日平均温度的影响

2）PV-Trombe 墙宽度的影响

PV-Trombe 墙的宽度对于室内日平均温度的影响如图 5.23 所示。可以看出，随着 PV-Trombe 墙的宽度增大，不同通风口大小情况下的室内日平均温度都增大。此外，还可以看出，在 A_V/A_S 取 0.5 和 0.7 时的室内日平均温度曲线差别很小，进一步证明了前面的结论是正确的。对 A_V/A_S 取 0.5 的曲线作四阶拟合，如图 5.24 所示，可以看出原曲线和拟合曲线很吻合，四阶拟合的方程如下：

$$T_7 = 6.95375 + 19.98679\,w - 18.87226\,w^2 + 9.93249\,w^3 - 1.92398\,w^4 \quad (5.23)$$

式中，w 是 PV-Trombe 墙的宽度。根据《夏热冬冷地区居住建筑节能设计标准》（以下简称设计标准），冬季采暖的设计温度是 16~18℃。根据上式计算，对于该

PV-Trombe 墙，为达到采暖设计标准，其宽度应在 0.98～1.44m 范围内。

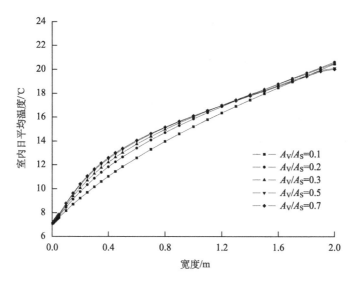

图 5.23　PV-Trombe 墙的宽度对室内日平均温度的影响

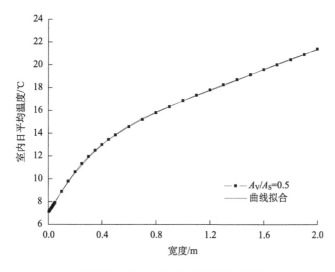

图 5.24　A_V/A_S 取 0.5 时的拟合曲线

3) 集热墙外表面加绝热保温及夏季隔热卷帘的影响

实际应用中，可以通过集热墙外表面的绝热保温来增强 PV-Trombe 墙冬季采暖的效果：集热墙外表面绝热保温后，更多的热量可以通过空气流道内空气的流入迅速带入室内，同时可以减小室内房间在夜间到外界环境的热损。引入集热墙体外表面绝热(南墙其他部分无绝热)，绝热材料的物性参数密度为 30kg/m^3，热传导系数为 0.026W/(m·K)，比热是 1045J/(kg·K)，厚度为 10cm。PV-Trombe 墙系统运行 7 天的室内温度如图 5.25 所示，通过 PV-Trombe 墙的室内得热部分（heat gain component，因为 PV-Trombe 墙仅占部分南墙，南墙其他部分还有得热），如图 5.26 所示。可以看出，相对于原始的无集热墙外表面绝热 PV-Trombe 墙，白天风口打开时，有集热墙外表面绝热时室内温度和室内得热部分都显著增大。有集热墙外表面绝热时，集热墙吸收的热量难以通过集热墙得热导入室内，因而有更多的热量通过风口流入室内。室内温度可以迅速升高。因此，集热墙外表面绝热的 PV-Trombe 墙特别适用于仅在白天使用的房间，如教室、办公室、诊所和工厂等。但是，在夜间风口关闭时，因为集热墙体的绝热导致墙体蓄热更少，向室内的放热就更少，所以室内温度和室内得热部分都有少许降低。

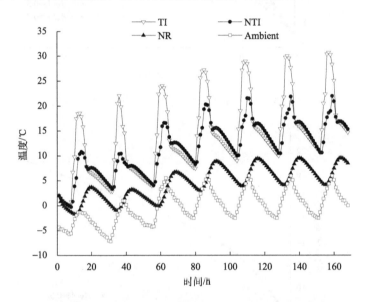

图 5.25　冬季时 PV-Trombe 墙系统运行 7 天室内温度变化曲线

TI 表示有集热墙外表面绝热的 PV-Trombe 墙；NTI 表示没有集热墙外表面绝热的 PV-Trombe 墙；NR 表示没有 Trombe 墙的普通房间；Ambient 表示室外环境

　　有无集热墙外表面绝热的 PV-Trombe 墙运行稳定后的室内日平均温度分别为 18.00℃和 15.64℃，由此可以证明集热墙外表面绝热有利于 PV-Trombe 墙的冬季采暖。有无集热墙外表面绝热的 PV-Trombe 墙运行 7 天的光电效率 η_7 分别为 0.1432 和 0.1460，相对于标准工况下的效率 14%，分别增加了 2.29% 和 4.29%。由此可见，因为集热墙外表面绝热导致空气流道内空气温度升高，电池温度也就升高，所以电效率有少许降低。

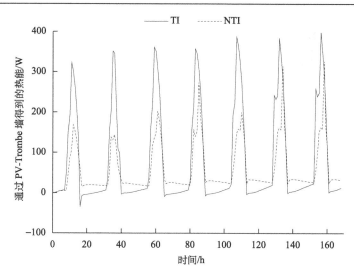

图 5.26　有无绝热的 PV-Trombe 墙系统冬季运行时的室内得热

TI 表示有集热墙外表面绝热的 PV-Trombe 墙；NTI 表示没有集热墙外表面绝热的 PV-Trombe 墙

　　PV-Trombe 墙夏季运行时，冬季用上下风口关闭，夏季用上下挡板打开，在空气流道内热虹吸作用下，冷空气由下挡板处进入空气流道，带走光伏玻璃板和集热墙的热量，再从上挡板处流出。PV-Trombe 墙主要用于冬季采暖，夏季需要防止墙体过热。在集热墙体前面安装反射率高的卷帘可以降低集热墙体的吸热，减少夏季建筑负荷。模拟计算研究采用的气象参数如图 5.27 所示，计算所得的室内温度及得热如图 5.28 和图 5.29 所示。可以看出，因为涂黑的集热墙的吸热，没有任何改进措施的原始 PV-Trombe 墙房间的室内温度总是比无 PV-Trombe 墙的普通房间室内温度更高，且原始 PV-Trombe 墙的得热部分始终为正，这说明了原始的 PV-Trombe 墙不利于夏季的通风或制冷。因而，PV-Trombe 墙在夏季运行时必须采取隔热措施。运行稳定后的室内日平均温度 (T_7) 及 7 天总的电效率 (η_7) 如表 5.2 所示。可以看出，无论采用两种改进措施的任何一种，PV-Trombe 墙的得热部分始终为负，PV-Trombe 墙房间的室内温度都比无 PV-Trombe 墙的普通房间低。安装卷帘还可以少许提高 PV-Trombe 墙的电效率，但是集热墙外表面绝热仍会少许降低电效率。有文献指出，在夏季，若对光伏组件不采取冷却措施，其工作温度通常会高达 60~80℃。而模拟结果表明，在有无集热墙外表面绝热、有无安装卷帘工况下，光伏电池的工作温度基本上在 30~50℃，充分说明了 PV-Trombe 墙在夏季运行时可以很好地冷却光伏电池。

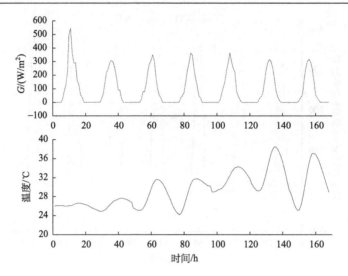

图 5.27　夏季的气象参数(7 月 29 日～8 月 4 日)

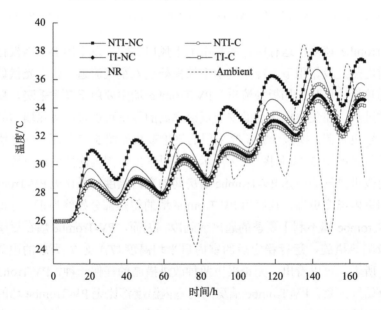

图 5.28　夏季不同结构下的 PV-Trombe 墙系统的室内温度

C 和 NC 分别表示是否安装卷帘；TI 和 NTI 分别表示是否有外表面绝热；NTI-NC 即原始 PV-Trombe 墙；

Ambient 表示环境

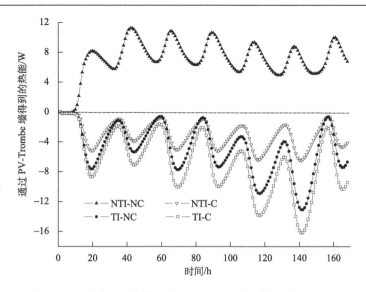

图 5.29　夏季不同结构下的 PV-Trombe 墙系统的室内得热

C 和 NC 分别表示是否安装卷帘；TI 和 NTI 分别表示是否有外表面绝热；NTI-NC 即原始 PV-Trombe 墙

表 5.2　不同夏季运行工况下的 PV-Trombe 墙系统的性能

项目	$T_7/℃$	η_7
NTI-NC	36.2765	0.1322
NTI-C	34.2804	0.1334
TI-NC	33.8049	0.1311
TI-C	33.4113	0.1331
NR	34.5818	
Ambient	31.3167	

4) 光伏电池覆盖率的影响

在 PV-Trombe 墙系统中，外玻璃板的背面部分粘贴光伏电池，到达的太阳辐照在有光伏电池的部位被玻璃和光伏电池吸收，而在没有光伏电池的部位则会部分地透过玻璃和空气夹层到达涂黑的集热墙。光伏电池在外玻璃的分布情况决定了 PV-Trombe 墙外玻璃盖板和集热墙吸收太阳辐照的比例，整个系统的光电性能及流动和传热性能也会因此发生改变。图 5.30 为数值模拟的二维 PV-Trombe 墙系统的室内得热效率相对于光伏电池的覆盖率的变化，光伏玻璃板接收到的太阳辐照度分别为 300W/m² 和 500W/m²。计算结果显示，同样覆盖率下，光伏电池在整个玻璃板上均匀等间距排列和光伏电池集中在某一区域排列，PV-Trombe 墙提供的室内得热量有所不同。在等间距排列下，系统热效率和电池的覆盖率呈线性反比关系。而热效率不仅受电池覆盖率影响，和接收到太阳辐照度也有直接关系，太阳辐照度为 500W/m² 时，热效率大于 300W/m²。然而，太阳辐照度高时，光电池温度升高，电效率有所下降，当太阳辐照度由 300 W/m² 上升到 800 W/m² 时，光电池的温度升高，从而可使发电效率下降 1%。

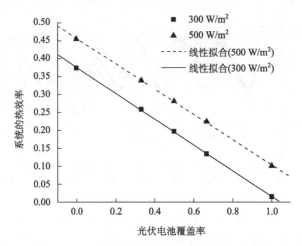

图 5.30 PV-Trombe 墙系统的热效率随光伏电池的覆盖率的变化

对于非空调恒温的室内，PV-Trombe 墙的覆盖率改变了向室内的热能输送量，室内温度因此不同，而室内温度对 PV-Trombe 墙的热效率也有直接的影响。图 5.31 显示了 PV 覆盖率和建筑南窗对室内温度的影响，以及相应的 PV-Trombe 墙的热效率。对于动态室温的建筑，PV 覆盖率增加，PV-Trombe 墙的热性能下降，室内温度随之下降，因此热效率的降低相对于恒定室温的情况下降较少，而发电量随覆盖率近乎线性增长，因此光热光电综合性能随覆盖率的增加，至多下降 5%。

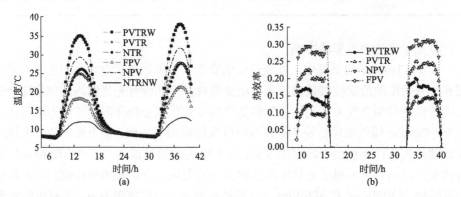

图 5.31 PV 覆盖率及有无南窗对室内温度的影响(a)，以及 PV 覆盖率及有无南窗对热效率的影响(b)
PVTRW 为有 33.4%覆盖率的 PV-Trombe 墙和南窗；PVTR 为有 33.4%覆盖率的 PV-Trombe 墙、无南窗；NTR 为没有 PV-Trombe 墙、有南窗；FPV 为 100%覆盖率的 PV-Trombe 墙、无南窗；NPV 为有 PV-Trombe 墙、无南窗；NTRNW 为无 PV-Trombe 墙、无南窗

5.5.3　PV-Trombe 墙在高寒高辐照地区应用的研究

我国西北地区冬季温度低、太阳辐射量大，非常适合 PV-Trombe 墙的应用。以西藏地区的一栋典型居民建筑为研究对象，该建筑为正南朝向，砖墙结构，房间尺寸为 6m（长）×4m（宽）×3m（高），另外在南墙安装了一扇 1.5m（宽）×2m（高）的窗户，在北墙安装了一扇 1m（宽）×2m（高）的门，建筑材料符合该地区的设计规范。将西藏地区的典型冬季气象数据（图 5.32，G_h 为水平面的太阳辐照度）作为已知条件对 PV-Trombe 墙的性能进行模拟计算[18]。

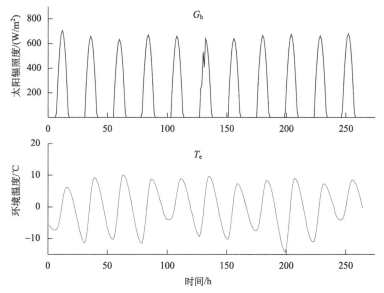

图 5.32　西藏地区 11 天的气象数据（1 月 11～21 日）

PV-Trombe 墙的设计，需要确定许多参数，首先，应选取合适的 PV-Trombe 墙的发电功率。我们预先设计 PV-Trombe 墙系统的发电容量为 100W。确定发电功率之后，我们再来确定 PV-Trombe 墙的尺寸：深度，高度，宽度和风口的尺寸。da Silva 和 Gosselin 对 L 形和 C 形的流道的热性能进行了研究，根据其中的公式计算，得到 PV-Trombe 墙的深度的最佳值为 0.18m[19]；PV-Trombe 墙的高度一般和房间的高度是一致的；风口的大小可以用参数 A_V/A_S，取 0.6。另外，西藏地区冬季气温低，必须考虑对围护结构外表面进行绝热以加强采暖效果。以下是有无围护结构外表面绝热（分别记为工况 2 和工况 1），以及 PV-Trombe 墙的宽度对其性能的影响。

采用系统运行 7 天后其余 4 天的平均温度和电效率（分别记为 TR 和 EFF）作为系统性能的评价参数。另外，在变量后面加上 "–2" 和 "–1" 来表示有无围护结构外表面绝热的工况 2 和工况 1。

　　PV-Trombe 墙宽度增加，集热面积增大，给室内提供的热风更多，TR 就增加，可近似认为是线性的，其线性拟合方程如下：

$$TR = 6.85536 + 1.96391w, \qquad 1.29 \leqslant w \leqslant 2.43 \qquad (5.24)$$

但是，根据图 5.33 和式(5.24)，即使宽度取最大值 2.5m，TR 仅达 11.8℃，这和设计标准规定的采暖温度 16～24℃是有较大差距的，因此，必须考虑采用改进措施。对围护结构外表面作隔热处理：在房间外表面，包括东西南北墙、屋顶、地板和门(除了窗户)，以及 PV-Trombe 墙集热墙外表面都安装一层厚度为 10cm 的绝热层。PV-Trombe 墙宽度对 TR 的影响如图 5.34 所示。TR 的线性拟合方程为

$$TR = 13.7809 + 5.91805w, \qquad 1.29 \leqslant w \leqslant 2.43 \qquad (5.25)$$

相对于无绝热的 PV-Trombe 墙系统，有绝热之后 TR 显著增加了至少 10℃，并且已经超过了设计标准规定的最低温度 16℃。

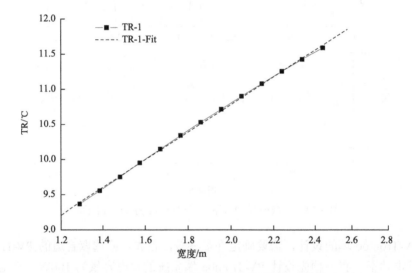

图 5.33　PV-Trombe 墙宽度对 4 天室内平均温度的影响(工况 1)

　　根据人体舒适度的标准，根据式(5.25)，选定 PV-Trombe 墙的宽度为 1.70m，此时 TR-2 可达 24.0℃。另外，由于墙体的蓄热作用，两种工况下的室内温度并非在中午达到最高值，而是在午后几小时。两种工况下的室内温度如图 5.35 中的实线所示。可以看出，由于围护结构的绝热，工况 2 下室内温度比工况 1 下室内温度高许多，且全天变化更平缓。另外，由于墙体的蓄热作用，两种工况下的室内温度并非在中午达到最高值，而是在午后几小时。

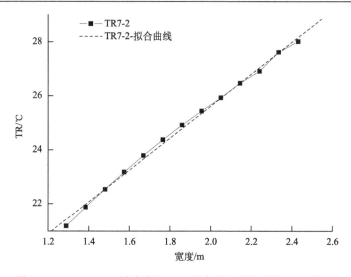

图 5.34　PV-Trombe 墙宽度对 4 天室内平均温度的影响(工况 2)

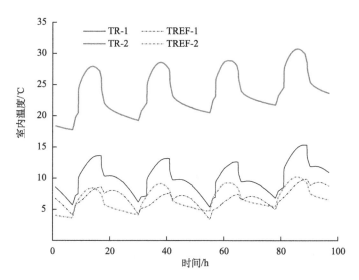

图 5.35　两种工况下有无 PV-Trombe 墙房间的温度

　　为进一步考察 PV-Trombe 墙系统的热性能，我们仍然采用相对指标的概念，仅讨论有无 PV-Trombe 墙房间的温差，即 TR 与 TREF 之差(记为 RI-R)。两种工况下，未安装 PV-Trombe 墙的室内温度(记为 TREF)在图 5.35 中用虚线表示；相对指标 RI-R 如图 5.36 所示。可以看出，对于未安装 PV-Trombe 墙的房间，两种工况下室内温度相差不大，但安装 PV-Trombe 墙后，两种工况下 RI-R 差距很大，围护结构外表面绝热的作用十分明显。

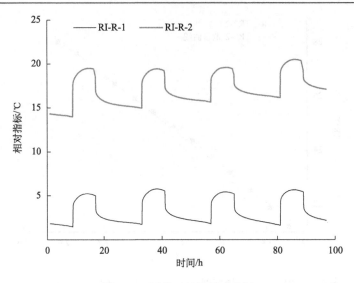

图 5.36　两种工况的相对指标

　　计算结果显示两种工况下光伏电池的温度差距相对较小，PV-Trombe 墙表面的平均太阳辐照度为 597W/m^2 时，工况 1 和工况 2 下系统的平均发电功率分别为 101.8W 和 101.0W。因此，在冬季良好的天气情况下，此工况 2 的结构参数设计不仅将室内平均温度提升到 24.0℃，而且可以保证 100W 的电力输出需求。

参 考 文 献

[1] 易桦. 新型 PV-Trombe 墙系统的理论和实验研究. 合肥: 中国科学技术大学, 2007.

[2] 季杰, 蒋斌, 陆剑平, 等. 新型 PV-Trombe 墙的实验. 中国科学技术大学学报, 2006, 36(4): 349-354.

[3] 季杰, 易桦, 何伟, 等. PV 新型 Trombe 墙的光电光热性能数值模拟. 太阳能学报, 2006, 27(9): 870-877.

[4] Ji J, Yi H, Pei G, et al. Study of PV-Trombe wall installed in a fenestrated room with heat storage. Applied Thermal Engineering, 2007, 27:1507-1515.

[5] Ji J, Yi H, Pei G, et al. Study of PV-Trombe wall assisted with DC-fan. Building and Environment, 2007, 42(10): 3529-3539.

[6] Ji J, Yi H, He W, et al. PV-Trombe system designed for composite climates. Journal of Soar Energy Engineering, 2006, 129(4): 431-437.

[7] Ji J, Yi H, He W, et al. Modeling of a novel Trombe wall with PV cells. Building and Environment, 2007, 42(3): 1544-1552.

[8] Spiga M, Morini G L. A symmetric solution for velocity profile in laminar flow through rectangular ducts. Int Commun Heat Mass Transfer, 1994, 21(4): 469-475.

[9] Sun W, Ji J, Luo C, et al. Performance of PV-Trombe wall in winter correlated with south façade

design. Applied Energy, 2011, (88)：224-231.

[10] Li Y G, Sandberg M, Fuchs L. Vertical temperature profiles in rooms ventilated by displacement: Full-scale measurement and nodal modeling. Indoor Air, 1992, (2)：225-243.

[11] 孙炜. 空调室内污染液滴的扩散及室内热环境的研究. 合肥: 中国科学技术大学, 2007.

[12] Clarke J A. Energy Simulation in Building Design. Oxford: Butterworth-Heineman, 2001: 118.

[13] Beausoleil-Morrison I. The adaptive coupling of heat and air flow modelling within dynamic whole-building simulation. Glasgow UK: Department of Mechanical Engineering, University of Strathclyde, 2000.

[14] Gan G. A parameter study of trombe walls for passive cooling of building. Energy and Buildings, 1998, 27(1)：37-43.

[15] Moshfegh B, Sandberg M. Flow and heat transfer in the air gap behind photovoltaic panels. Renewable and Sustainabel Energy Reviews, 1998, 2: 287-301.

[16] Chen Z D, Bandopadhayay P, Halldorsson J, et al. An experimental investigation of a solar chimney model with uniform wall heat flux. Building and Environment, 2003, 38: 893-906.

[17] Fluent Inc. Fluent User's Manual 6.2. 2005.

[18] Ji J, Yi H, Pei G, et al. Numerical study of the use of photovoltaic-Trombe wall in residential buildings in Tibet. Journal of Power and Energy , 2007 , 221(8)：1131-1140.

[19] da Silva A K, Gosselin L. Optimal geometry of L and C-shaped channels with maximal heat transfer rate in natural convection. International Journal of Heat and Mass Transfer, 2005, 48(3/4)：609-620.

第6章 直膨式光伏太阳能热泵

本章突破传统的被动式太阳能光电光热综合利用思路，把光电光热转换与热泵循环有机结合在一起，提出了光伏太阳能热泵(PV-SAHP)系统的思想。PV-SAHP 系统以太阳辐照为驱动热源，可以同时向建筑物提供热能和补充光伏电力。在 PV-SAHP 系统中，由于光伏电池在工质蒸发后的低温条件下进行工作，系统具有较高的光电效率；同时，热泵循环以太阳辐照作为蒸发热源，性能系数(COP)也明显提高。

本章以太阳能直膨式光伏热泵的基本原理、系统构成、数理模型及实验研究展开介绍，主要对 PV-SAHP 系统在恒定冷凝水温工况和变冷凝水温工况下系统的压力、冷凝功率和水箱得热、冷凝水温、压机功率、COP 和光电性能进行了研究。

6.1 直膨式光伏热泵的基本原理

在 PV-SAHP 系统中，光伏电池直接层压在直膨式太阳能热泵系统蒸发器的上表面，利用制冷工质的蒸发吸热来对光伏电池进行冷却，保证了光伏电池始终处于较低的工作温度，提高了其光电转换效率。当太阳光照射到光伏蒸发器(PV evaporator)的表面时，部分短波辐射被光伏电池转化为电能输出，其余辐射则转化为热能被制冷工质所吸收，最后在热泵冷凝器处输出，其工作原理如图 6.1 所示[1]。

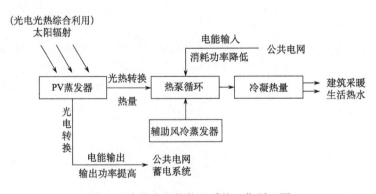

图 6.1　光伏太阳能热泵系统工作原理图

　　一方面，由于热泵工质的蒸发作用，光伏电池工作在较低温度范围，得到有效冷却，光电转换效率得以提高；另一方面，太阳辐射通过光热转换作为热泵热源，提高了热泵循环的蒸发温度和蒸发压力，使得热泵性能系数得以提高。

　　光伏太阳能热泵(PV-SAHP)系统具有以下优点：

　　蒸发冷却作用使得 PV 蒸发器温度明显低于普通的光伏电池和集热器温度，提高了光电转换和光热吸收效率。光电光热综合利用，极大提高了单位面积太阳辐射的利用效率，使得有限的建筑物外表面可以得到充分利用。太阳直接辐射使得热泵循环的蒸发温度显著提高，因此光伏太阳能热泵的性能系数明显高于普通热泵；同时蒸发温度的提高大大减少了蒸发器结霜的可能性，提高了热泵系统在寒冷地区运行的适用性。

　　与普通的空气源热泵相比较，太阳能热泵具有较高的热性能，并且当太阳辐射越强烈时，性能系数越高。在冬季可以用来采暖，加装水冷冷凝器后可以供应生活用热水，具有一机多用的功效。与建筑相结合的太阳能热泵系统，成为建筑围护结构的一部分，可以增加建筑的隔热效果，起到减少建筑冷暖负荷的作用。

6.2　系　统　构　成

　　光伏太阳能热泵(PV-SAHP)系统包括太阳能热泵循环系统和光伏发电系统两部分，两者通过光伏蒸发器实现耦合连接，如图 6.2 所示。

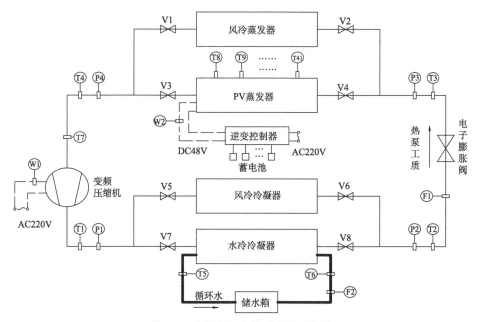

图 6.2　光伏太阳能热泵系统示意图

其中热泵循环系统主要由压缩机、光伏蒸发器、风冷蒸发器、水冷冷凝器、风冷冷凝器和电子膨胀阀等几个主要部件及过滤器、气液分离器、消音器、辅助毛细管、变频功率控制模块等制冷系统附件和水路循环控制系统(包括储水箱、循环水泵和温控给水系统)所构成，系统以 R22 为循环工质。光伏发电系统则包括太阳能光伏电池、逆变器、控制器、蓄电池及配套的电器柜等部件。

PV-SAHP 系统运行时，光伏蒸发器将接收到的太阳能一部分转换成电能输出，其余大部分转换成热能被流经蒸发器的制冷工质所吸收，制冷工质在蒸发器中经历了蒸发相变过程，因此使得光伏电池能够维持比较低且稳定的工作温度，提高了其光电转换效率；同时，制冷工质吸收热能后，提高了工质的蒸发温度和蒸发压力，因此光伏太阳能热泵的性能系数亦明显高于普通热泵。

PV-SAHP/HP 系统具有太阳能-热泵制热水模式、太阳能-热泵采暖模式、空气源-热泵制热水模式、空气源-热泵采暖模式。下面将介绍这四种运行模式的具体运行过程：

(1)太阳能-热泵制热水模式：系统(图 6.2)中的阀 V1、V2、V5、V6 闭合，风冷蒸发器和风冷冷凝器关闭，阀 V3、V4、V7、V8 打开，PV 蒸发器与水冷冷凝器打开，通过 PV 蒸发器接收太阳能，部分太阳能通过逆变控制器转换成电能输出，其余大部分转换成热能被流经蒸发器的制冷工质所吸收，蒸汽进入压缩机被压缩成高温高压的气体后,在冷凝器中被循环管道中的水冷凝成高压液态工质，管道中水吸热后进入储水箱可用作生活热水，同时，制冷工质再通过电子膨胀阀节流降压后变成两相状态，进入蒸发器，完成一次热泵循环。如此反复循环，用来发电及制取生活用水。此模式是在有辐照时运行，主要用于夏、秋季为用户制取生活热水。

(2)太阳能-热泵采暖模式：系统(图 6.2)中的阀 V1、V2、V7、V8 闭合，风冷蒸发器与水冷冷凝器关闭，阀 V3、V4、V5、V6 打开，PV 蒸发器与风冷冷凝器打开，通过 PV 蒸发器接收太阳能，部分太阳能通过逆变控制器转换成电能输出，其余大部分转换成热能被流经蒸发器的制冷工质所吸收，蒸汽进入压缩机被压缩成高温高压的气体后，在冷凝器中与空气进行充分换热后转变成过冷液体并输出热能，吸收热能后的空气可用来给房间供暖，同时，制冷工质再经电子膨胀阀节流降压后变成两相状态，进入蒸发器，完成一次热泵循环。如此反复循环，用来发电及给房间采暖。此模式是在冬季房间需要采暖且存在太阳辐照的情况下才运行。

(3)空气源-热泵制热水模式：系统(图 6.2)中的阀 V3、V4、V5、V6 闭合，PV 蒸发器及风冷冷凝器关闭，阀 V1、V2、V7、V8 打开，风冷蒸发器与水冷冷凝器打开，此模式与太阳能-热泵制热水模式相似，不同的是制冷工质通过风冷蒸发器从空气中吸收热量，吸热后变成过热气体，然后再进入压缩机。此模式是在外界太阳辐照很弱或者是阴雨天气无太阳辐照时才运行，用于制取生活热水。

(4) 空气源-热泵采暖模式：系统 (图 6.2) 中的阀 V3、V4、V7、V8 闭合，PV 蒸发器及水冷冷凝器关闭，阀 V1、V2、V5、V6 打开，风冷蒸发器与风冷冷凝器打开，此模式与太阳能-热泵采暖模式相似，不同的是制冷工质通过风冷蒸发器从空气中吸收热量，吸热后变成过热气体，然后再进入压缩机。此模式是在外界太阳辐照很弱或者是阴雨天气且房间需要采暖时才运行，用于给房间采暖。

6.3　数　理　模　型

光伏太阳能热泵系统的数学模型主要包括：光伏蒸发器模型、压缩机模型、电子膨胀阀模型、水冷冷凝器模型和水路循环系统的水箱模型。

6.3.1　光伏蒸发器模型

光伏蒸发器的数学模型包括三部分：制冷工质的流动传热模型、光伏电池的能量平衡方程、蒸发器集热板的二维传热模型[2]。

1) 制冷工质的流动传热模型

制冷工质在管道中的流动传热过程是一个复杂的传热、传质过程，理论上可以通过由气、液两相工质各自的质量方程、动量方程和能量方程所组成的方程组进行计算。为了简化计算，在建立蒸发器数学模型之前，作如下相应假设：

(1) 制冷工质的流动为一维均相流动，气、液两相工质均匀混合，具有相同的流速，忽略气、液两相之间的相间滑移；

(2) 在同一流动截面上，气、液两相工质处于热力平衡状态，即气、液两相工质具有相同的饱和压力和温度，不存在亚稳态；

(3) 忽略弯头对流动的影响，忽略重力的影响；

(4) 忽略蒸发器的结露和结霜等问题。

如图 6.3 所示，选取节点 i 为控制容积，在上述假设基础上，对气、液两相工质的守恒方程组进行合并化简，得到制冷工质的动态分布参数模型如下所示。

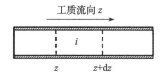

图 6.3　控制容积 i 示意图

质量方程：

$$\frac{\partial \rho}{\partial t} + \frac{\partial (\rho u)}{\partial z} = 0 \tag{6.1}$$

式中，u 为控制容积内工质的平均流速，m/s；ρ 为控制容积内工质的平均密度，kg/m³，表达式如下：

$$\rho = \frac{\rho_{\rm v} \rho_{\rm l}}{x \rho_{\rm l} + (1-x) \rho_{\rm v}} = \langle \alpha \rangle \rho_{\rm v} + (1 - \langle \alpha \rangle) \rho_{\rm l} \tag{6.2}$$

其中，$\rho_{\rm v}$ 和 $\rho_{\rm l}$ 分别为控制容积内气、液两相工质的密度，kg/m³；x 为工质的干度，即控制容积内气相工质的质量与工质总质量的比值，在过冷区 $x=0$，过热区 $x=1$，两相区 $0<x<1$；$\langle \alpha \rangle$ 为工质的空泡系数，即某一横截面气相工质所占的面积与总面积的比值，$A_{\rm v}/A$，在过冷区 $\langle \alpha \rangle = 0$，过热区 $\langle \alpha \rangle = 1$，两相区 $0 < \langle \alpha \rangle < 1$。

动量方程：

$$\frac{\partial (\rho u)}{\partial t} + \frac{\partial (\rho u^2)}{{\rm d}z} = -\frac{\partial p}{\partial z} - \left(\frac{\partial p}{\partial z}\right)_{\rm fric} \tag{6.3}$$

式中，p 为工质的压力，Pa；$\left(\dfrac{\partial p}{\partial z}\right)_{\rm fric}$ 为工质的摩擦压降。

能量方程：

$$\frac{\partial (\rho h)}{\partial t} + \frac{\partial (\rho u h)}{\partial z} = \frac{\pi D_{\rm in}}{A_{\rm p}} \dot{q}_{\rm r} \tag{6.4}$$

式中，h 为制冷工质的平均比焓，J/kg，其数值通过工质气相比焓和液相比焓加权平均计算得到，加权因子为工质的干度：

$$h = x h_{\rm v} + (1-x) h_{\rm l} \tag{6.5}$$

$\dot{q}_{\rm r}$ 为管壁与制冷工质之间的热流密度，W/m²，即

$$\dot{q}_{\rm r} = \alpha_{\rm r} (T_{\rm c} - T_{\rm r}) \tag{6.6}$$

其中，$\alpha_{\rm r}$ 为工质与管壁的局部对流换热系数，W/(m²·K)。

方程(6.3)可以改写为

$$u \frac{\partial \rho}{\partial t} + \rho \frac{\partial u}{\partial t} + u \frac{\partial (\rho u)}{{\rm d}z} + \rho u \frac{\partial u}{{\rm d}z} = -\frac{\partial p}{\partial z} - \left(\frac{\partial p}{\partial z}\right)_{\rm fric} \tag{6.7}$$

方程(6.7)减去方程(6.1)$\times u$，得到简化后的动量方程

$$\rho \frac{\partial u}{\partial t} + \rho u \frac{\partial u}{\partial z} = -\frac{\partial P}{\partial z} - \left(\frac{\partial p}{\partial z}\right)_{\rm fric} \tag{6.8}$$

方程(6.4)可以改写为

$$h \frac{\partial \rho}{\partial t} + \rho \frac{\partial h}{\partial t} + h \frac{\partial (\rho u)}{\partial z} + \rho u \frac{\partial h}{\partial z} = \frac{\pi D_{in}}{A_p} \dot{q}_r \tag{6.9}$$

方程(6.9)减去方程(6.1)×h，得到简化后的能量方程

$$\frac{\partial h}{\partial t} + u \frac{\partial h}{\partial z} = \frac{\pi D_{in}}{\rho A_p} \dot{q}_r \tag{6.10}$$

2) 光伏电池的能量平衡方程

光伏电池的光电转换效率受其工作温度影响较大，工作温度的上升会导致光电转换效率的下降，而光伏电池光电转换效率的变化又会影响蒸发器的得热量，从而引起光伏电池工作温度的变化，所以在建模时，必须考虑两者之间的耦合关系。另一方面，光伏电池和蒸发器集热板之间存在接触热阻，使得两者之间产生一定的工作温差，实验研究发现这个温差可达 3~15℃，因此，为了准确计算蒸发器的得热和光伏电池的光电转换效率，必须将光伏电池和蒸发器集热板分开考虑，分别进行建模。假设光伏电池位于蒸发器集热板控制容积的中心，则光伏电池的能量平衡方程为

$$l_{pv} \rho_{pv} C_{pv} \frac{\partial T_{pv}}{\partial t} = G(\tau\beta)_{pv} - E_{pv} + \alpha_{a\text{-}pv}(T_a - T_{pv}) + \alpha_{r,sky\text{-}pv}(T_{sky} - T_{pv}) + \frac{T_c - T_{pv}}{R_{pv\text{-}c}}$$

$$\tag{6.11}$$

式中，l_{pv}、ρ_{pv} 和 C_{pv} 分别为光伏电池的厚度、密度和比热；G 为太阳辐射强度，W/m²；$(\tau\beta)_{pv}$ 为光伏电池有效吸收率；T_{pv} 为光伏电池的工作温度，K；T_a 为环境温度，K；T_c 为蒸发器集热板温度，K；$R_{pv\text{-}c}$ 为光伏电池与蒸发器集热板之间的接触热阻，(m²·K)/W，其数值通过实验回归获得；T_{sky} 为天空温度，K，即

$$T_{sky} = 0.0552 T_a^{1.5} \tag{6.12}$$

其中，$\alpha_{a\text{-}pv}$ 和 $\alpha_{r,sky\text{-}pv}$ 分别为光伏电池与环境的对流换热系数和与天空的辐射换热系数，根据下列公式进行计算[3]：

$$\alpha_{a\text{-}pv} = 2.8 + 3.0 \cdot u_{wind} \tag{6.13}$$

$$\alpha_{r,sky\text{-}pv} = \varepsilon_{pv} \sigma (T_{pv}^2 + T_{sky}^2)(T_{pv} + T_{sky}) \tag{6.14}$$

其中，u_{wind} 为风速，m/s；ε_{pv} 为光伏电池发射率；σ 为斯特藩-玻尔兹曼常数，取值为 5.67×10^{-8} W/(m²·K⁴)。

E_{pv} 为光伏电池输出的电能

$$E_{pv} = G \eta_{pv} = G \tau_{eva} \eta_{ref} \left[1 - \kappa (T_{pv} - 298.15) \right] \tag{6.15}$$

其中，τ_{eva} 为光伏电池封装材料的透过率。

3) 蒸发器集热板的二维传热模型

由于蒸发器铝合金板、薄铝板及制冷盘管之间接触良好，具有良好的热传导

性能，为简化计算，忽略其接触热阻，将三者看作一个整体(蒸发器集热板)，以蒸发器制冷管道为中心进行控制容积划分，近似认为图 6.4 所示的蒸发器集热板的控制容积所包含的铝合金板、薄铝板及制冷盘管具有相同温度。

　　集热板在垂直于流动方向上的温差比沿流动方向大，在传统直膨式蒸发器建模的时候一般仅考虑蒸发器沿垂直于流动方向的传热。但是在光伏蒸发器的过热区，制冷工质和集热板的温度迅速上升，使得集热板在沿工质流动方向存在一定温差，而在两相区，工质压降的影响，也导致了集热板在沿工质流动方向存在类似的温差，因此不仅要考虑垂直于流动方向上的传热，同样需要考虑沿流动方向上的传热。

　　如图 6.4 所示，控制容积(j,k)将一部分太阳能转化成热能，并与周边四个相邻的控制容积、制冷工质、光伏电池和环境之间进行能量交换。根据能量守恒原理，推导出蒸发器集热板的二维传热模型：

$$m_c C_c \frac{\partial T_c}{\partial t} = G(\tau\beta)_c (1-\xi) A_c + \alpha_{a\text{-}c}(1-\xi) A_c (T_a - T_c) + \alpha_{r,sky\text{-}c}(1-\xi) A_c (T_{sky} - T_c)$$

$$+ \xi A_c \frac{T_{pv} - T_c}{R_{pv\text{-}c}} + \alpha_r A_r (T_r - T_c) + A_c \frac{T_a - T_c}{R_b} + \lambda_{c,y} l_{c,y} A_c \frac{\partial^2 T_c}{\partial y^2} + \lambda_{c,z} l_{c,z} A_c \frac{\partial^2 T_c}{\partial z^2}$$

$$(6.16)$$

式中，m_c、C_c 分别为控制容积中集热板的质量和比热；$(\tau\beta)_c$ 为集热板的有效吸收率；A_c 为集热板的面积，m^2；$\alpha_{a\text{-}c}$ 和 $\alpha_{r,sky\text{-}c}$ 分别为集热板与环境的对流换热系数和与天空的辐射换热系数；T_r 为制冷工质温度，K；$l_{c,y}$、$l_{c,z}$ 分别为集热板沿 Y 方向和 Z 方向的有效厚度，m；$\lambda_{c,y}$、$\lambda_{c,z}$ 分别为集热板沿 Y 方向和 Z 方向的导热系数，$W/(m \cdot K)$；ξ 为光伏电池覆盖率，即光伏电池面积与蒸发器集热板面积之比

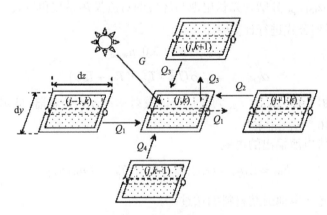

图 6.4　蒸发器集热板控制容积

$$\xi = \frac{A_{pv}}{A_c} \tag{6.17}$$

R_b 为集热板背部与环境之间的热阻

$$R_b = \left(\frac{1}{\alpha_b} + \frac{l_b}{\lambda_b} \right)^{-1} \tag{6.18}$$

其中，α_b 为绝热层与环境的总换热系数，包括对流换热和辐射换热；l_b 和 λ_b 分别是绝热层的厚度和导热系数。

6.3.2　变频压缩机模型

PV-SAHP 系统工作在大幅变化的太阳辐射强度下，为了能够及时带走投射到光伏蒸发器表面的太阳能，使系统的蒸发温度、制冷剂流量等参数随太阳辐射强度的变化进行调整，以确保系统处于较优的工作状态，本系统采用了全封闭涡旋式变频压缩机和电子膨胀阀。

压缩机是空调/热泵系统的"心脏"，为制冷工质的流动循环提供动力，压缩机模型的准确性会对系统性能的模拟精度产生直接影响。根据压缩机模型的应用场合和应用目的，目前主要有几种不同的类型：①据压缩机的具体内部结构，建立压缩机的热力学模型和动力学模型，对压缩机的动力学和热力学过程进行详细的模拟计算[4-6]。这种建模方法从压缩机的工作本质出发，因此能够比较准确地计算压缩机的性能，但是该方法求解过程复杂，一般只在单独对压缩机进行研究的时候采用，在研究空调/热泵系统整体性能时很少使用。②根据压缩机厂商所提供的性能曲线回归出相应多项式 [式(6.19)]，必要的时候引入修正系数进行修正[7]，称为图形法。这种模型比较简单，但是只适用某一特定型号的压缩机，不同型号压缩机的模型差别比较大。③将制冷工质流经压缩机的复杂流动传热过程近似简化为一些简单的函数计算式，称为效率法。这种模型形式比较简单，而且具有较高准确度，因此受到广泛重视，在进行系统性能模拟时，一般采用这种方法[8,9]。

$$f_i \left(T_e, T_c \right) = c_1 T_c^2 + c_2 T_c + c_3 T_e^2 + c_4 T_e + c_5 T_c T_e + c_6 \tag{6.19}$$

式中，f_i 为压缩机功率、工质质量流量或者制冷量；$c_1 \sim c_6$ 等系数通过压缩机性能曲线回归得到。

在涡旋压缩机的压缩过程中，工质的状态参数变化非常快，其时间常数远小于蒸发器和冷凝器，因此采用效率法建立压缩机的稳态集总参数模型，并结合压缩机性能曲线回归得到各相关系数的数值。

工质质量流量

$$\dot{m}_{r,com} = n\eta_v V_{com} \rho_{r,com} \tag{6.20}$$

式中，n 为压缩机每秒的转速；V_{com} 为压缩机的气缸容积，m^3；$\rho_{r,com}$ 为压缩机进口工质的密度，kg/m^3；η_v 为压缩机的容积系数，通过压缩机性能曲线回归得到如下表达式：

$$\eta_v = 0.97228 - 0.03037\left[\left(\frac{p_{com,out}}{p_{com,in}}\right)^{\frac{1}{\kappa}} - 1\right] \tag{6.21}$$

式中，$P_{com,in}$、$P_{com,out}$ 分别为压缩机进、出口的压力，Pa；κ 为制冷工质的绝热压缩指数。

压缩机的理论输入功率

$$N_{th} = n\eta_v V_{com} p_{com,in} \frac{\kappa}{\kappa-1}\left[\left(\frac{p_{com,out}}{p_{com,in}}\right)^{\frac{\kappa-1}{\kappa}} - 1\right] \tag{6.22}$$

压缩机的实际输入功率

$$N = \frac{N_{th}}{nf\,\eta_m\eta_{mo}\eta_i} \tag{6.23}$$

式中，η_m、η_{mo} 和 η_i 分别为压缩机的机械效率，电机效率和指示效率，根据文献[10]近似为 $\eta_m = 0.85$，$\eta_{mo} = 0.88$，$\eta_i = 0.9$；由于 η_m，η_{mo} 和 η_i 采用的是近似值，必然会带来一定的误差，为了提高压缩机模型的精度和适应性，引入校正因子 nf，nf 通过压缩机性能曲线回归得到，表达式为

$$\begin{aligned}nf = &(1.47621 - 0.00935T_c) + (-0.00909 + 3.65E - 4T_c)T_e \\ &+ (-0.0013 + 1.75016E - 5T_c)T_e^2\end{aligned} \tag{6.24}$$

式中，T_c 和 T_e 的单位为℃。

压缩机的排气温度：

涡旋压缩机的排气过程较为复杂，制冷工质从压缩腔排出后，在压缩机内还有一段流程，会进一步与压缩机进行换热，压缩机的输入功率除了用于压缩制冷工质外，其余全部转化成热能传递给压缩机和制冷工质，近似认为压缩机出口的工质温度与压缩机温度相同

$$T_{r,out} = T_{com} \tag{6.25}$$

将压缩机作为单节点考虑，则压缩机的能量平衡方程为

$$m_{com}C_{com}\frac{dT_{com}}{dt} = Q - Q_a \tag{6.26}$$

式中，m_{com}、C_{com} 为压缩的质量和平均比热；T_{com} 为压缩机温度，K；Q 为内部生成热，W；Q_a 为压缩机壳体与近壳体环境之间的换热，W，即

$$Q_a = \pi D_{com}^2 \left[\alpha_a \left(T_{com} - T_a \right) + \varepsilon\sigma \left(T_{com}^4 - T_a^4 \right) \right] \tag{6.27}$$

其中，D_{com} 为压缩机的当量球体直径；α_a 为压缩机壳体与近壳体环境之间的对流换热系数。

$$Q = N - \dot{m}_{r,com} \left(h_{com,out} - h_{com,in} \right) \tag{6.28}$$

其中，$h_{com,in}$、$h_{com,out}$ 分别为压缩机进、出口的工质比焓，J/kg。

6.3.3　电子膨胀阀模型

电子膨胀阀在空调/热泵系统中的作用是对制冷工质进行节流降压，并调节制冷工质的流量。由于制冷剂的黏度较小，阀体节流孔径很小，一般只有几毫米，在阀孔流通截面前后，两相流体的流动情况非常复杂，因此膨胀阀的质量流量通常采用的是根据伯努利方程推导出的质量流量关联式[11]

$$\dot{m}_{eev} = C_{eev} A_{eev} \sqrt{2\rho_{r,in} \left(p_{eev,in} - p_{eev,out} \right)} \tag{6.29}$$

式中，$\dot{m}_{eev}$ 为工质的质量流量，kg/s；A_{eev} 为电子膨胀阀的流通截面积，m²；$\rho_{r,in}$ 为电子膨胀阀进口工质的平均密度，kg/m³；$p_{eev,in}$、$p_{eev,out}$ 为电子膨胀阀的进、出口压力，Pa；C_{eev} 为电子膨胀阀的流量系数，因其影响因素较多且较复杂，一般通过实验数据整理回归得到相应的经验关系式[12-14]，本章所采用的是简化经验关系式[15]

$$C_{eev} = 0.82 - 0.053 x_{eev,out} \tag{6.30}$$

制冷工质流过膨胀阀后，体积流量会发生变化，但其比焓基本保持不变

$$h_{eev,in} = h_{eev,out} \tag{6.31}$$

式中，$h_{eev,in}$、$h_{eev,out}$ 分别为电子膨胀阀进、出口工质的平均比焓，J/kg。

6.3.4　水冷冷凝器模型

水冷冷凝器按套管式冷凝器进行建模，在套管式冷凝器中内管走工质，内管和外管所形成的环形区域走冷却水。制冷工质通过水冷冷凝器释放所吸收的热量，整个能量释放过程，制冷工质经历了过热、两相和过冷的复杂变化，为了准确计算制冷工质所释放出的热量，采用分布参数法建立水冷冷凝器的动态模型。冷凝器模型主要包括：制冷工质的流动传热模型、管壁能量平衡方程和冷凝水能量平衡方程。制冷工质的流动传热模型与蒸发器部分相同，但是工质的变化过程与蒸发器相反，工质流型状态不同，从而导致局部换热性能的变化，因此冷凝器两相区中工质与管壁的局部对流换热系数采用经验关系式[16]

$$\alpha_r = \alpha_l \left[\left(1 - x \right)^{0.8} + \frac{3.8 x^{0.76} \left(1 - x \right)^{0.04}}{p_r^{0.38}} \right] \tag{6.32}$$

式中，α_1 为液相工质的局部对流换热系数，$W/(m^2 \cdot K)$，采用 Dittus-Boelter 关系式进行计算；p_r 为工质的相对压力。

管壁的能量平衡方程为

$$m_p C_p \frac{\partial T_p}{\partial t} = \alpha_w A_w \left(T_w - T_p \right) + \alpha_r A_r \left(T_r - T_p \right) + \lambda_p l_p A_p \frac{\partial^2 T_p}{\partial z^2} \tag{6.33}$$

式中，m_p 和 C_p 为控制容积中制冷管道的质量和比热；T_p 和 T_w 为管壁和冷凝水的温度，K；λ_p 为管壁的导热系数，$W/(m \cdot K)$；l_p 为管壁的厚度，m；A_p 为管壁的横截面积，m^2。

冷凝水的能量平衡方程为

$$m_{w,con} C_w \frac{\partial T_{w,con}}{\partial t} + Q_{con} = \alpha_w A_w \left(T_p - T_{w,con} \right) + U_{con} A_{con} \left(T_a - T_{w,con} \right) \tag{6.34}$$

式中，$m_{w,con}$ 和 C_w 分别为冷凝器中冷凝水的质量和比热；$T_{w,con}$ 为冷凝器中冷凝水的平均温度；U_{con} 为冷凝水与环境的总传热系数，$W/(m^2 \cdot K)$；A_{con} 为冷凝水与环境的换热面积，m^2；A_w 为冷凝水与冷凝器内管的换热面积，m^2；α_w 为冷凝水与管壁的对流换热系数，$W/(m^2 \cdot K)$；Q_{con} 为冷凝器的冷凝功率，即

$$Q_{con} = \dot{m}_w C_w \left(T_{w,out} - T_{w,in} \right) \tag{6.35}$$

其中，$T_{w,in}$ 和 $T_{w,out}$ 分别为冷凝器进、出口水温，K；$\dot{m}_w$ 为冷凝水的质量流量，kg/s。

6.3.5　水箱模型

PV-SAHP 系统的水路循环系统由水箱、循环水泵、温控给水系统和相应的管路所组成。温控给水系统可以根据需要往水箱中补充新水，保证冷凝器进口水温处于恒定状态。水箱中的水在循环水泵的作用下进入冷凝器，对工质进行冷却，吸收热量升温后返回水箱。忽略水箱的温度分层，将水箱当成单个节点进行建模，则水箱的能量平衡方程为

$$m_{w,t} C_w \frac{\partial T_{w,t}}{\partial t} = \dot{m}_w C_w \left(T_{w,out} - T_{w,in} \right) + U_t A_t \left(T_a - T_{w,t} \right) \tag{6.36}$$

式中，$m_{w,t}$ 为水箱中冷凝水的总质量，kg；$T_{w,t}$ 为水箱中的冷凝水温，K；U_t 为水箱的热损系数，$W/(m^2 \cdot K)$，其数值通过实验获得。根据方程(6.36)可知，水箱中的冷凝水所获得的能量可以通过方程(6.37)计算得到：

$$Q_w = m_{w,t} C_w \frac{\partial T_{w,t}}{\partial t} \tag{6.37}$$

6.3.6　PV-SAHP 系统动态模型的求解

PV-SAHP 系统的动态模型包括五个部分：光伏蒸发器模型、压缩机模型、水冷冷凝器模型、电子膨胀阀模型和水箱模型。由于精确解的获得存在一定的困难和复杂度，因此采用数值迭代的方法进行求解则成了一种不错的选择。

1) PV-SAHP 系统动态模型的离散

数值迭代求解的前提是必须对模型进行离散，光伏蒸发器采用动态分布参数法进行离散，而压缩机和电子膨胀阀采用稳态集总参数法进行建模，无需进行离散，可以直接计算求解。

2) 计算流程

PV-SAHP 系统各部件是相互影响、相互联系的，压缩机、冷凝器、电子膨胀阀和光伏蒸发器通过制冷工质的流动联结成一个整体，构成一个闭环回路。对于数值计算，必定要有一个开始和一个结束，因此需要寻找一个合适的切入点，采用一定的方式将 PV-SAHP 系统的闭环回路用开环的计算方法来处理，在闭环回路的某一个环节断开，然后从估计反馈值开始，通过循环迭代计算，使得开环计算能够逼近闭环回路。

对 PV-SAHP 系统，最佳的切入点是压缩机进口，这是因为压缩机进口工质所处的状态最简单，一般处于过热状态，只需知道工质的压力和温度就可以直接通过工质物性方程计算出其他状态参数，并根据压缩机模型求解出压缩机出口的工质物性参数和质量流量。由于 PV-SAHP 系统各部件模型是通过进出口工质的质量流量和状态参数进行耦合连接的，知道了压缩机进口状态参数和工质流量后便可对系统各部件逐次进行求解。

以 PV-SAHP 系统的动态模型为基础，结合制冷工质的物性参数模型、摩擦压降模型和对流换热系数经验关系式，按照上述开环处理方法，以压缩机进口为起始点、蒸发器出口为终点进行迭代计算，编写相应的 C++计算程序。将实测的太阳辐射强度和环境温度等气象数据作为程序输入条件，对 PV-SAHP 系统全天的动态光电、光热性能进行数值模拟，并给出制冷工质在系统各部件中的物性迁移分布状态。图 6.5 给出了 PV-SAHP 系统性能仿真程序的计算流程图。具体计算步骤如下：

(1) 程序开始时，进行系统初始化，设定系统初始条件，包括系统中工质物性参数的分布、光伏电池温度和水冷冷凝器的温度分布，并设定初始时刻 $t=0$。

(2) 进入 PV-SAHP 系统动态模型的求解进程，输入太阳辐射强度和环境温度等气象参数。

(3) 分别对压缩机模型、水冷冷凝器模型和电子膨胀阀模型进行迭代求解，其中水冷冷凝器的求解流程与第 3 章所介绍的光伏蒸发器的求解流程类似。

(4)判断电子膨胀阀质量流量的匹配情况，如果匹配，则进入下一个求解步骤，否则调整相关参数，并返回步骤(3)。

(5)对光伏蒸发器模型进行迭代求解。并判断收敛情况，如果不收敛，则调整相关参数，并返回步骤(3)；如果收敛，则进入下一时刻的计算，设定 $t=t+\mathrm{d}t$，并返回步骤(2)。

(6)重复(2)~(5)的计算步骤，直到达到设定的仿真时间，输出结果并结束程序。

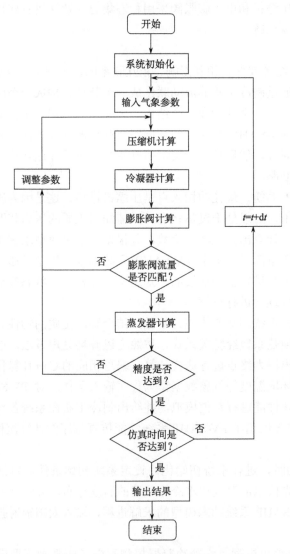

图 6.5　PV-SAHP 系统性能计算流程图

6.4　实　验　研　究

6.4.1　实验装置

1）光伏蒸发器

光伏蒸发器是 PV-SAHP 系统的核心部件，单个光伏蒸发器模块的尺寸为 1.01m×0.73m；以 1.5mm 厚的铝合金板为基板，将 144 块光伏电池置于两层透明 TPT 之间，层间均匀涂满 EVA，整体置于基板上表面，在保证光伏电池与基板的良好电绝缘性和热传导性的前提下，用真空层压机层压成型；制冷工质盘管为紫铜管，管长 6m、内外径分别为 6mm 和 8mm，通过专用弯管机弯成蛇形盘管，管道分成六排布置，管间距 130mm；将蛇形盘管安置在带有 U 形槽、厚度为 0.5mm 的粘胶铝板中，将粘胶铝板与基板下表面密封黏结在一起，并确保盘管与两层铝板之间的热传导性能；在蒸发器周边固以铝合金框架，为了保证蒸发器的热性能，在蒸发器背部铺设有绝热材料，并在上部架设可拆卸的高透率玻璃盖板。如图 6.6、图 6.7 所示。

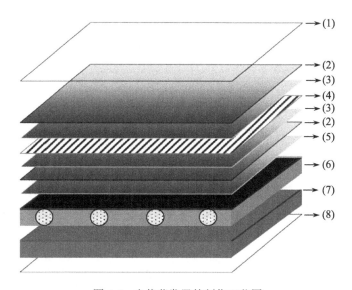

图 6.6　光伏蒸发器的制作工艺图

(1)高透玻璃；(2)TPT；(3)EVA；(4)光伏电池；(5)硅胶；
(6)蒸发器集热板；(7)绝热层；(8)后背板

图 6.7 成型的光伏蒸发器模块

PV-SAHP 系统的光伏蒸发器阵列由 9 个蒸发器模块以 3×3 的排列方式构成，每三个模块串联成一路，然后再将三路并联，其连接装配图如图 6.8 所示。光伏蒸发器阵列总面积(包括边框)为 6.6m²，总有效采光面积为 5.49m²，光伏电池总面积为 4.59m²，电池覆盖率为 83.4%。光伏蒸发器阵列朝向正南，倾角为 38°，如图 6.9 所示。

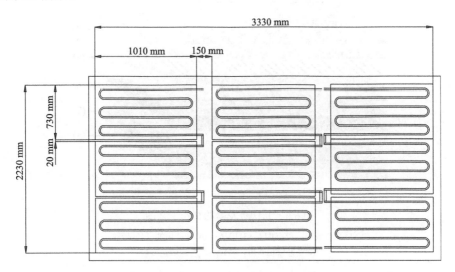

图 6.8 光伏蒸发器阵列组合装配图

图 6.9　光伏蒸发器阵列

2) 变频压缩机

由于地球的自转，某一平面的太阳辐射强度每天都会呈现近似半周期正弦函数的变化趋势；同时，随着太阳和地球之间空间位置的变化，日平均太阳辐射强度在一年中也会出现一定的差别；另外，受气象条件的影响，太阳辐射强度的随机波动也很明显。为了适应太阳辐射强度的变化，及时带走投射到光伏蒸发器表面的太阳能，并使 PV-SAHP 系统处于较优的工作状态，采用变频压缩技术是必然的选择。表 6.1 是压缩机转速、出口压力和压缩比之间的关系。

表 6.1　压缩机转速、出口压力和压缩比

转速/(r/min)	出口压力最大值(表压)/MPa	压缩比
600～1200	1.6	1.2～2.2
1200～1800	1.8	1.8～4.0
1800～2100	2.1	2.5～6.2
2100～2400	2.4	2.5～6.2
2400～5400	2.6	2.5～6.2
5400～6300	2.4	2.7～6.8
6300～6400	2.1	2.7～6.8

3) 光伏发电系统

光伏发电系统包括太阳能光伏电池、逆变器、控制器、蓄电池及配套的电器柜、导线等部件。单个光伏蒸发器模块上表面层压有 144 块 6.25 cm×6.25cm 的单晶硅电池，所有光伏电池串联后在输出端以 48V 直流电的形式输出，然后将 9 路直流输出并联后，经控制器给蓄电池充电。放电时，蓄电池或者光伏电池 48V

直流输出经逆变器转换为 220V、50Hz 的交流电，供负载使用或直接输送到公共电网，光伏发电系统的工作原理如图 6.10 所示。

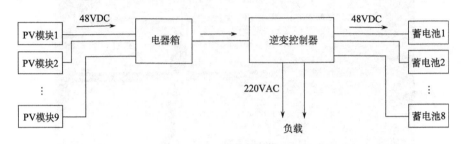

图 6.10　光伏发电系统原理图

控制器采用模块化和分级控制的设计方法，对蓄电池组进行充、放电管理：太阳能光伏阵列发出的直流电，经过智能控制器对蓄电池充电，在蓄电池未充满时，控制器的作用是最大限度地对蓄电池充电，当蓄电池充满时，控制光伏电池输出的电力，使蓄电池处于浮充状态；当蓄电池放电至接近蓄电池过放点电压时，控制器将发出蓄电池电量不足的警告并切断蓄电池的放电回路，以保护蓄电池。

逆变器的功能是将直流电转换为交流电，供交流负载使用。逆变器是光伏发电系统的核心部件。为了提高光伏发电系统的整体性能，保证电站的长期稳定运行，对逆变器的可靠性提出了很高的要求；另外，由于光伏发电成本较高，逆变器的高效运行也显得非常重要。

蓄电池的任务是贮能，以便在夜间或阴雨天保证负载用电。

PV-SAHP 系统还有风冷换热器 2 台、水冷换热器 1 台、变频功率控制模块 1 套、电子膨胀阀、过滤器、汽液分离器、消音器、辅助毛细管等空调制冷附件若干和水路循环控制系统 1 套（包括储水箱、循环水泵和温控给水系统）。

4) 测试设备

结合对 PV-SAHP 系统的研究要求，参考图 6.2，其测试平台主要包括温度测量、压力测量、功率测量、流量测量、辐射强度测量、风速测量等几部分。共有测点 53 个，除工质流量由商家自带软件单独测量外，其他测点全部由数据采集仪实时采集记录。

(1) 数据采集：数据采集仪 Agilent34970A，配置 HP 34901A 采集模块 3 个，共 54 个电压采集通道，6 个电流采集通道，实验过程一般 30s 采集数据一次。

(2) 温度测量：0.2mm 铜-康铜热电偶，具体位置如下，蒸发器进口、蒸发器出口、冷凝器进口、冷凝器出口、储水箱、压缩机进口、压缩机出口、百叶箱等共 20 个；光伏蒸发器内部各处共计 23 个，详细位置如图 6.11 所示；可用于观察分析各点的温度分布和热量计算。

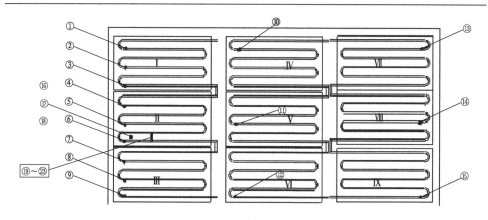

图 6.11 光伏蒸发器热电偶布置图

①~⑮号热电偶直接贴附在铜管的下表面，介于铜管与绝热层之间；⑯~⑱号热电偶分别贴附在铝板下表面、铝板和 PV 基板之间、电池表面；⑲~㉓号热电偶用于测量两管之间的温度变化，放置于铝板下表面与绝热层之间，粘贴在铝板上

(3) 质量流量计：R025S116N 传感器和 1700 型变送器 (Emerson, USA) 共同完成制冷工质的质量流量测量，安装在冷凝器出口后、电子膨胀阀入口前；质量流量计可同时测量工质的质量流量、压力和温度参数，如图 6.12 所示。主要参数如下：流量测量范围：$10.0 \sim 200.0 \mathrm{kg/h}$；压力测量范围：$3.0 \sim 30.0 \mathrm{kg/cm^2}$；温度测量范围：$0.0 \sim 80.0 ℃$；流量测量误差：$\pm 0.5\%$；测量压力降：$0.018 \mathrm{kg/cm^2}$。

图 6.12 工质质量流量计

(4) 压力测量：制冷压力专用传感器 (Huba506, Sweden)，$0 \sim 30 \mathrm{atm}$ (1atm = $1.01325 \times 10^5 \mathrm{Pa}$)，精度 $\pm 1.0\%$，响应时间小于 5ms，负载频率小于 50Hz，如图 6.13 所示；数量，4 个；位置，蒸发器进口、蒸发器出口、冷凝器进口、冷凝器出口；

用于观察压缩机、冷凝器、膨胀阀、蒸发器进出口的压力变化。

(5)日照辐射仪：TBQ-2(锦州，阳光)；数量，1个；安装位置与光伏蒸发器平行；该表采用热电效应原理，感应元件采用绕线电镀式多接点热电堆，其表面涂有高吸收率的黑色涂层。热接点在感应面上，而冷接点则位于机体内，冷热接点产生温差电势。在线性范围内，输出信号与太阳辐照度成正比。为减小温度的影响，配有温度补偿线路，为了防止环境对其性能的影响，用两层石英玻璃罩，罩是经过精密的光学冷加工磨制而成的，如图6.14所示。

图6.13　压力传感器

图6.14　日照辐射仪

图6.15　风速传感器

技术参数如下：灵敏度：$7\sim14\mu V/(W\cdot m^2)$；响应时间：$\leqslant30s(99\%)$；内阻：约$350\Omega$；稳定性：$\pm2\%$；余弦响应：$\leqslant\pm7\%$；温度特性：$\pm2\%(-20\sim+40℃)$；非线性：$\pm2\%$；测试范围：$0\sim2000W/m^2$；信号输出：$0\sim20mV$；测试精度：小

于 2%。

(6) 风速传感器(图 6.15):规格,EC21A(上海,维天);数量,1 个;位置,PV 蒸发器;测量范围:0~60m/s;分辨率:0.1m/s;准确度:±(0.5+0.03V);启动风速:≤0.5m/s;距离常数:2.7m;抗风强度:70m/s。

(7) 功率传感器:WBP112S91 和 WBI022S(四川维博);数量,2 个;分别测试压缩机输入功率(交流)和 PV 模块输出光伏电流(直流)。

(8) 其他配套测试设备:测试计算机,导线等。

6.4.2 PV-SAHP 系统在恒定冷凝水温工况下的性能

1. 实验方案

对 PV-SAHP 系统在恒定冷凝水温工况下的性能进行了实验研究,实验过程中,去除光伏蒸发器玻璃盖板,压缩机频率恒定为 40Hz,电子膨胀阀开度保持不变,冷凝水质量流量为 0.217kg/s,通过恒温给水系统使冷凝器进口水温维持在 310.4~309.6K(温度波动范围在恒温给水系统感温热电偶的误差范围之内,因此可以认为是恒温)。实验过程中,对各项实验数据进行实时采集,采集时间间隔为 30s。

实验期间测得的太阳辐射强度、环境温度和冷凝器进口水温如图 6.16 所示。从图中可以看出,实验过程中,太阳辐射强度在 220.56~863.23W 变化,在中午 12:00 前后达到最大值,全天平均值约为 617.73W;环境温度随时间逐步上升,并在下午略有降低,变化范围为 282.19~291.88K,平均 288.54K,全天的最高环境温度出现在 13:00~14:00。对实测的太阳辐射强度和环境温度曲线进行拟合,拟合后的数据作为仿真程序的输入参数。

2. 数值模拟与实验测试结果的对比、分析

1) PV-SAHP 系统的压力

图 6.17 给出了 PV-SAHP 系统冷凝器进、出口压力随时间的变化情况。随着太阳辐射强度的增大,系统得热增加,为了充分释放出热量,则必须增大系统的冷凝压力以增大制冷工质和冷凝水之间的传热温差,因此冷凝器进、出口压力呈现与太阳辐射强度类似的变化趋势,随着太阳辐射强度的增大而增大,并在中午 12:00 前后达到最大值。下午的冷凝温度略低于上午,导致下午的冷凝压力低于上午对称时刻的冷凝压力(如 9:00 和 15:00)。从图中可以看出,冷凝器进、出口压力的数值模拟结果与实验结果基本吻合,只在初始阶段略有偏差。

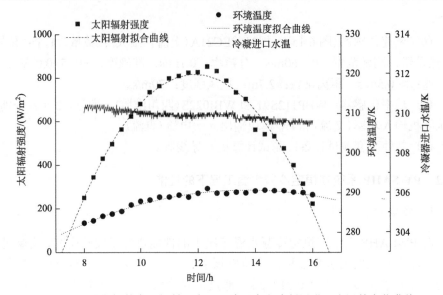

图 6.16　测试期间的太阳辐射强度、环境温度和冷凝器进口水温的变化曲线

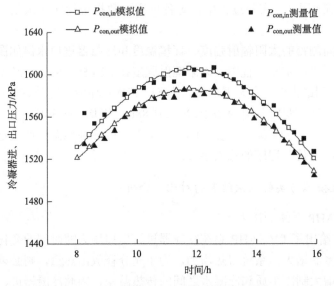

图 6.17　冷凝器进、出口压力的变化曲线

　　蒸发器的进、出口压力随时间的变化情况如图 6.18 所示。从图中可以看出，蒸发器进、出口压力的变化趋势与太阳辐射强度相同，这是因为，随着太阳辐射强度的增大，蒸发器得热增加，为了及时带走蒸发器的得热，必须增大蒸发压力以提高工质的质量流量。随着环境温度的升高，蒸发器的热损减小，使得在同样的辐射强度下，下午的蒸发压力明显高于上午。

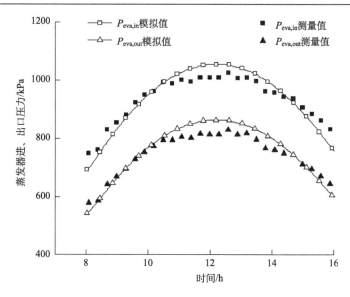

图 6.18　光伏蒸发器进、出口压力的变化曲线

2) PV-SAHP 系统的冷凝功率

图 6.19 给出了 PV-SAHP 系统的冷凝功率 Q_{con} 的数值计算和实验测试结果。系统的冷凝功率主要受太阳辐射强度和环境温度的影响，随着太阳辐射强度的增大，系统得热增加，冷凝功率增大，因此冷凝功率曲线总体的变化趋势与太阳辐

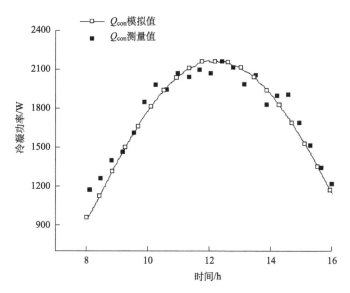

图 6.19　PV-SAHP 系统冷凝功率变化曲线

射强度一致；另一方面，由于下午的环境温度明显高于上午，使得光伏蒸发器的热损减小，系统得热增加，因此下午的太阳辐照虽然比上午对称时刻的辐照有所减小，但是冷凝功率增大。受热电偶精度的影响，冷凝功率的实验结果存在一定的波动，但是数值计算结果与实验结果比较吻合。

3) 压缩机输入功率

图 6.20 是压缩机输入功率的模拟和实验结果对照图。在实验期间，压缩机功耗在 406.2～462.3W 变化，平均值为 422.6W。数值计算与实验测试的结果均显示，压缩机输入功率受太阳辐射强度变化的影响显著，随着太阳辐射强度的增大，系统的压缩比减小，压缩机输入功率也减小，当太阳辐射强度达到最大值时，压缩机的输入功率则接近它的最小值。

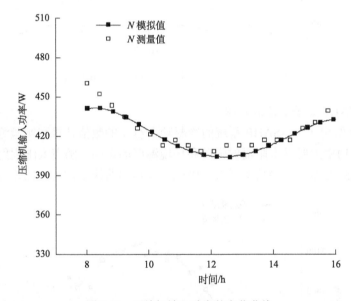

图 6.20　压缩机输入功率的变化曲线

环境温度对压缩机的输入功率同样存在一定的影响，环境温度的提高有利于降低压缩机的输入功率，从图中可以明显看出，下午的压缩机输入功率明显比上午对称时刻小。

4) PV-SAHP 系统的 COP

系统的性能系数(COP)指的是系统所获得的热能与压缩机输入功率的比值。如果忽略水箱的热损，仅考虑冷凝器的热能输出，则系统的 COP 可以按照方程(6.38)进行计算，当系统在恒定冷凝进口水温的工况下运行时，由于水箱中的水温始终保持恒定，因此采用该方程计算系统 COP；如果考虑水箱热损，则系统的 COP 可以用水箱中冷凝水的得热进行计算，如方程(6.39)，当系统在升温工况下运行时，则可以采用两种计算方法计算系统的 COP。

$$\text{COP}_{\text{con}} = \frac{Q_{\text{con}}}{N} \tag{6.38}$$

$$\text{COP}_{\text{w}} = \frac{Q_{\text{w}}}{N} \tag{6.39}$$

图 6.21 给出了 PV-SAHP 系统 COP 的变化曲线。从图中可以看出，系统具备较高的 COP，全天的 COP 在 2.58～5.59 变化，平均值为 4.3。与系统的冷凝功率和压缩机输入功率一样，COP 也主要受太阳辐射强度和环境温度的影响，太阳辐射强度和环境温度的升高均增大了系统的冷凝功率并减小了压缩机输入功率，共同作用的结果使得系统的 COP 呈现与太阳辐射强度类似的变化趋势，而且在同样的太阳辐射强度下，下午的 COP 明显高于上午对称时刻的 COP。从图中可以看出，数值计算结果与实验结果相吻合。

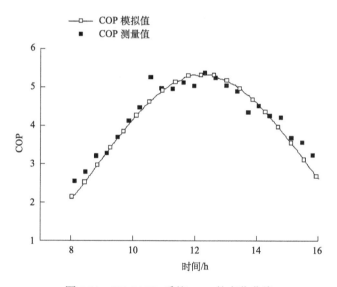

图 6.21　PV-SAHP 系统 COP 的变化曲线

5) PV-SAHP 系统的光电性能

图 6.22 给出了 PV-SAHP 系统的光电功率和光电转换效率随时间的变化曲线。从图中可以看出，系统光电功率随着太阳辐射强度的增大而升高，在中午达到最大值后则随着太阳辐射强度的减小而降低，全天的变化范围为 103.7～533W，平均值为 371.82W，相当于压缩机平均输入功率 (422W) 的 88.1%，即在实验工况下，系统能够满足自身绝大部分的电能需求。

采用制冷工质为冷却介质以后，系统的光电性能有了明显的改善，实验测试期间，系统的光电转换效率在 11.35%～14.52%变化，平均值达到 13.11%。

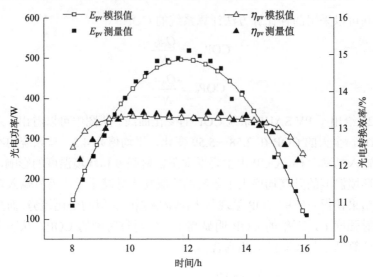

图 6.22　PV-SAHP 系统的光电功率和光电转换效率变化曲线

6) PV-SAHP 系统的光电光热综合性能

PV-SAHP 系统的光电光热综合性能系数 COP_{pvt} 的变化曲线如图 6.23 所示，COP_{pvt} 的变化趋势与 COP 基本相似，由于把系统输出的电能折合成热能，因此系统的 COP_{pvt} 明显高于 COP。实验过程中，系统的 COP_{pvt} 在 3.47～8.92 变化，平均值高达 6.65。COP_{pvt} 的数据显示，PV-SAHP 系统具备优越的光电光热综合性能。

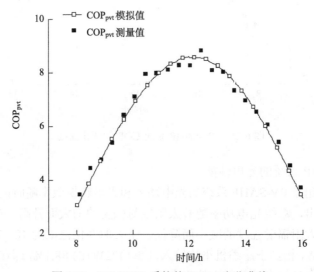

图 6.23　PV-SAHP 系统的 COP_{pvt} 变化曲线

6.4.3　PV-SAHP 系统在变冷凝水温工况下的性能

1. 实验简介

对 PV-SAHP 系统在变冷凝水温工况下的性能进行实验测试，实验过程中，去除光伏蒸发器玻璃盖板，压缩机频率恒定为 40Hz，电子膨胀阀开度保持不变，水箱储水量 80kg，冷凝水质量流量为 0.217kg/s，冷凝水温从 289.15K 上升至 327.35 K。整个实验过程中对各项实验数据进行实时采集，采集时间间隔为 30s。

实验期间实时测得的太阳辐射强度和环境温度如图 6.24 所示。实验过程中，太阳辐射强度在 625.92～848.84W 变化，平均值约为 776W；环境温度随时间逐步上升，变化范围为 280.72～286.5K，平均 283.2K。对实测的太阳辐射强度和环境温度曲线进行拟合，拟合后的数据作为仿真程序的输入参数。

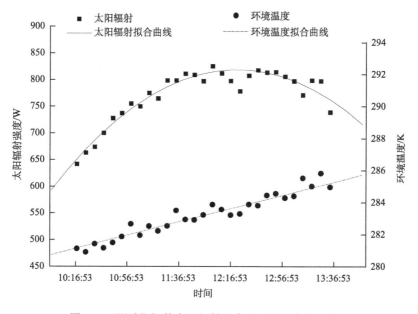

图 6.24　测试期间的太阳辐射强度和环境温度变化曲线

2. 数值模拟与实验测试结果的对比、分析

1) PV-SAHP 系统的压力

图 6.25 给出了 PV-SAHP 系统平均冷凝压力随时间的变化情况。在冷凝器中，制冷工质与冷凝水之间存在一定的传热温差，冷凝水温的上升必然会导致工质的冷凝温度的升高，最终导致冷凝压力的上升，因此在实验过程中，冷凝压力随时间迅速上升，从 943kPa 左右升高至 2362kPa。从图中可以看出，随着时间的推移，

冷凝压力的上升速度逐渐变慢，即曲线斜率减小。系统的动态模型能够准确预测工质冷凝压力的变化情况，数值计算的结果与实验测试结果基本吻合。

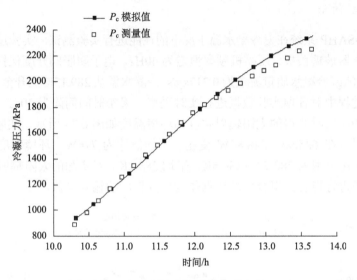

图 6.25　平均冷凝压力的变化曲线

　　蒸发器的进、出口压力随时间的变化情况如图 6.26 所示。从图中可以看出，蒸发器进、出口压力的变化趋势与冷凝压力类似，在整个实验测试期间均随着时间的推移而升高，而且上升速度也逐渐减小，即曲线越来越平缓。对比进、出口

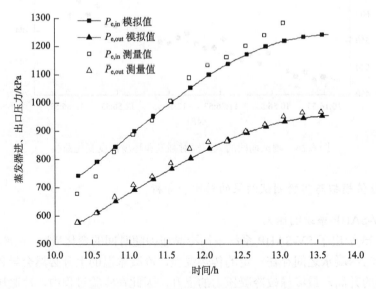

图 6.26　光伏蒸发器进、出口压力变化曲线

的压力曲线可以看出，蒸发器的压降随着时间呈逐步增大的趋势。数值计算给出的进口压力与实验结果基本吻合，在实验初始阶段和实验结束之前的误差略有增大，出口压力的计算结果与实验结果在整个实验过程中均吻合得很好。

2) PV-SAHP 系统的冷凝功率和水箱得热

图 6.27 给出了 PV-SAHP 系统的冷凝功率 Q_{con} 和水箱得热 Q_w 的数值计算和实验测试结果。

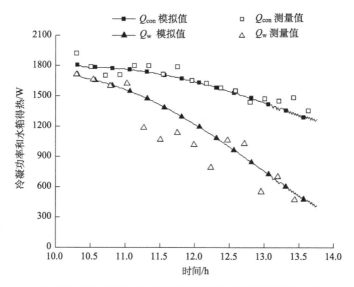

图 6.27　PV-SAHP 系统冷凝功率和水箱得热的变化曲线

在实验过程中，光伏蒸发器压力的升高导致了蒸发器集热板和光伏电池工作温度上升，增大了光伏蒸发器的热损，减小了蒸发器的得热，最终导致系统冷凝功率和水箱得热的降低。

另一方面，由于本系统所采用的水箱保温性能较差，随着冷凝水温的上升，水箱与环境的温差增大，水箱的损失增加，进一步降低了水箱得热，从图中可以看出，水箱的最大热损约为 850W，可见，在本系统中，通过提高水箱的保温性能能够有效增加本系统的能量收益，减少不必要的能量损失。

3) 水箱的冷凝水温

冷凝水在循环水泵的作用下，对制冷工质进行冷却并获得热量，水温从 289.15K 升高至 327.35K，如图 6.28 所示。水温的上升速度并不是恒定不变的，随着水温的升高，温升速度降低，曲线斜率变小。这主要由三方面的原因造成：一是蒸发压力的升高导致蒸发器热损增大，系统得热下降；二是冷凝水温的升高导致了冷凝压力和压缩比增大，压缩机效率降低；三是水温的升高导致了水箱热损增大。

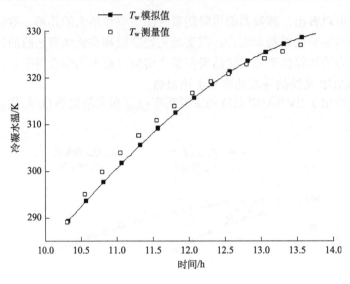

图 6.28　冷凝水温随时间变化曲线

4)压缩机输入功率

图 6.29 给出了压缩机输入功率随冷凝水温的变化曲线。压缩机的输入功率主要取决于压缩机的进口压力和压缩比,在实验过程中,压缩机的进口压力和压缩比均随着冷凝水温的升高而增大,因此压缩机输入功率随冷凝水温的升高

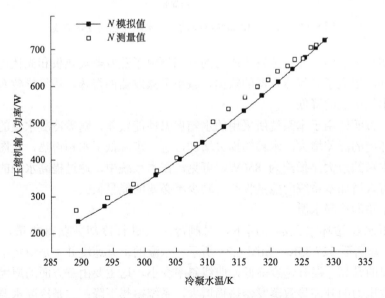

图 6.29　压缩机输入功率随冷凝水温的变化曲线

从 264.75W 增大至 728.46W，平均值约为 532W。从图中可以看出，数值模拟曲线与实验曲线吻合得比较好，而且随着冷凝水温的升高，压缩机输入功率曲线的斜率增大，这说明升高相同的温度，所需要增加的压缩机功率随着水温的升高而增大。

5）PV-SAHP 系统的 COP

根据方程 (6.38) 和方程 (6.39) 分别计算得到 PV-SAHP 系统的性能系数：COP_{con} 和 COP_w。如图 6.30 所示，系统的性能系数随着水温的升高而降低；忽略水箱的热损，系统的性能系数 COP_{con} 从 7.9 降低至 1.9，平均值约为 3.41；考虑水箱的热损，系统性能系数 COP_w 在 0.63~7.3 变化，平均值约为 2.4。

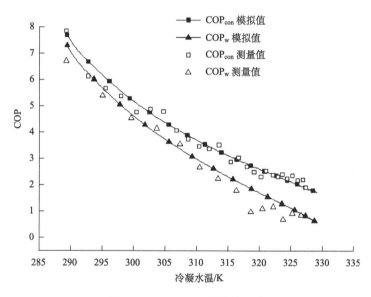

图 6.30　PV-SAHP 系统的 COP

对比恒定冷凝水温和变冷凝水温两种不同工况下 PV-SAHP 系统的性能系数可以发现，变水温工况下，系统的性能系数明显低于恒定冷凝水温的工况，这是因为，在两种不同的工况下，蒸发器压力的变化范围差别不大，但是冷凝压力却存在巨大差别，变水温工况下，冷凝压力的变化范围远高于恒定冷凝水温的工况，从 943kPa 上升至 2362kPa。系统的运行工况处于较大的变化范围，但是电子膨胀阀的开度却始终保持不变，没有进行相应的调整，必然会使系统在相当一部分时间里偏离正常的工作状态，最终导致系统性能的下降。

6）PV-SAHP 系统的光电性能

图 6.31 给出了 PV-SAHP 系统的光电功率和光电转换效率随时间的变化曲线。从图中可以看出，系统光电功率的变化趋势与太阳辐照相吻合，变化范围为 365～

492W，平均 455W，约为压缩机平均输入功率(532W)的 85.5%，也就是说，系统产生的电能能够满足自身大部分的能量需求，因此如果对 PV-SAHP 进行优化，使系统处于较优运行状态，降低压缩机输入功率，则完全有可能实现系统的电能自给。

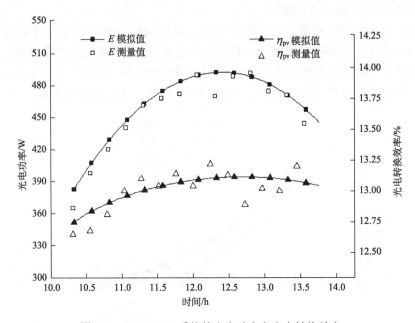

图 6.31　PV-SAHP 系统的光电功率和光电转换效率

　　实验测试期间，系统的光电转换效率始终维持在 12.65%以上，平均值达到 13.02%，与普通光伏模块相比有了明显的提高。

参 考 文 献

[1] 刘可亮. 光伏太阳能热泵的理论和实验研究. 合肥: 中国科学技术大学, 2007.

[2] 何汉峰. 光伏太阳能热泵的动态分布参数模拟与实验研究.合肥: 中国科学技术大学, 2007.

[3] Duffie J A, Beckman W A. Solar Engineering of Thermal Processes. 2nd Edition. New York: Wiley, 1991.

[4] 柏杰, 李连生, 郁永章. 涡旋式压缩机动力特性分析. 西安交通大学学报, 1994, 28(8): 83-88.

[5] 刘振全, 杜桂荣.涡旋压缩机理论机构模型. 机械工程学报, 1999, 35(2): 38-41.

[6] 王宝龙, 石文星, 李先庭. 制冷空调用涡旋压缩机数学模型. 清华大学学报, 2005, 45(6): 726-729.

[7] Dabiri A E, Rice C K. A compressor simulation method with correlations for the level of suction gas superheat. ASHRAE Transactions, 1981, 87(2): 771-782.

[8]　陈志澜, 乔宗亮, 熊则男. 涡旋压缩机 HFC 替代工质的研究. 制冷学报, 1995, 1: 1-4.

[9]　Xu G Y, Zhang X S, Deng S M. A simulation study on the operating performance of a solar-air source heat pump water heater. Applied Thermal Engineering, 2006, 26: 1257-1265.

[10]　李连生. 涡旋压缩机. 北京: 机械工业出版社. 1998.

[11]　While D D. The measurement of expansion valve capacity. Refrigeration Engineering, 1935, 8: 108-111.

[12]　Zhang C, Ma S W. Chen J P, et al. Experimental analysis of R22 and R407c flow through electronic expansion valve. Energy Conversion and Management, 2006, 47: 529-544.

[13]　Park C, Cho H, Lee Y, et al. Mass flow characteristics and empirical modeling of R22 and R410A flowing through electronic expansion valves. International Journal of Refrigeration, 2007, 30 (8): 1401-1407.

[14]　Xue Z F, Shi L, Ou H F. Refrigerant flow characteristics of electronic expansion valve based on thermodynamic analysis and experiment. Applied Thermal Engineering, 2008, 28 (2/3):238-243.

[15]　Chen W, Deng S M. Development of a dynamic model for a DX VAV air conditioning system. Energy Conversion and Management, 2006,47 (11): 2900-2924.

[16]　Shah M M. A general correlation for heat transfer during film condensation inside pipes. International Journal of Heat and Mass Transfer, 1979, 22: 547-556.

第 7 章 光伏太阳能热泵热管复合系统

直膨式光伏太阳能热泵系统虽然具有较高的热泵性能和光电转换效率，但热泵系统在运行时需要不断地运行压缩机，消耗较多的电能，而热管装置具有良好的导热性能和热二极管特性，把直膨式光伏热泵和热管相结合，则可在辐射强、冷凝温度高时，启动热管被动循环的模式，让压缩机停止运行；在辐射弱、冷凝温度低时，启动热泵运行模式，以保证系统加热功率和达到额定温度要求。两种模式相结合运行，可有效减少压缩机运行时间，提高系统的综合效能。本章将分别介绍两种光伏太阳能热泵热管复合系统，包括将光伏太阳能热泵与整体式重力热管相结合的光伏太阳能热泵热管复合系统 I [1]，以及将光伏太阳能热泵与环路重力热管相结合的光伏太阳能热泵热管复合系统 II [2]。

7.1 光伏太阳能热泵热管复合系统 I 的基本原理

光伏太阳能热泵热管复合系统 I 包括了热管式 PV/T 系统[3-5]、太阳能热泵系统[6-9]及光伏发电系统[10-12]三大部分，另外还包括了两条循环回路：水路循环回路和制冷工质循环回路，如图 7.1 所示。其中，热管式 PV/T 系统和太阳能热泵系统共用同一 PV/T 集热器-蒸发器和同一个储水箱。热管式 PV/T 系统主要由光伏蒸发器、储水箱、循环水泵及相应水路管道组成。太阳能热泵子系统主要由光伏蒸发器、压缩机、节流阀、室外风冷换热器、室内风冷换热器、储水箱(带有冷凝盘管)及相应工质管道组成。在热泵工质循环管路中，室内风冷换热器与水冷冷凝器并联连接，光伏蒸发器与室外风冷换热器并联连接，并通过阀门来控制工质的流动方向。另外，在压缩机的进、出口处增加一个四通换向阀，通过控制四通换向阀的流通换向来实现对系统制热和制冷模式间的切换。光伏发电系统由太阳能光伏组件、太阳能控制逆变系统及蓄电池组成。

PV-SAHP/HP 系统具有太阳能-热管制热水模式(通过热管式 PV/T 系统来实现)、太阳能-热泵制热水模式、太阳能-热泵采暖模式、空气源-热泵制热水模式、空气源-热泵采暖模式及空气源-热泵制冷模式等六种运行模式。下面将介绍这六种运行模式的具体运行过程：

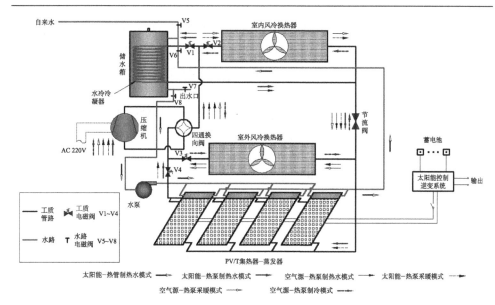

图 7.1　光伏太阳能热泵热管复合系统 I 的原理图（PV/T 改为光伏蒸发器）

（1）太阳能-热管制热水模式：当太阳光照射到光伏蒸发器时，一部分太阳能被光伏电池转化为电能，并通过太阳能控制逆变系统给蓄电池充电或者直接输出给用户使用；剩下的这部分太阳能则转化为热能，热能经热管传给流经光伏蒸发器顶部的冷却水，冷却水吸热后在循环水泵的驱动下回到储水箱内，与此同时，储水箱内的低温冷却水在水泵的驱动下流入光伏蒸发器顶部进行吸热，如此反复地循环，最终将储水箱内的水加热。此模式是在太阳辐照比较充足时才运行，主要用于夏、秋季为用户制取生活热水。

（2）太阳能-热泵制热水模式：当太阳光照射到光伏蒸发器时，一部分太阳能被光伏电池转化为电能，并通过太阳能控制逆变系统给蓄电池充电或直接输出给用户使用；剩下的这部分太阳能则转化为热能并被流经光伏蒸发器的制冷工质所吸收，由于制冷工质在集热器内发生的是相变换热，因此可以使光伏电池能够保持在较低的工作温度，提高其光电转换效率；制冷工质吸收热量后，在蒸发器出口附近达到过热并形成过热气体，紧接着进入压缩机后被压缩成高温、高压气体，然后直接进入水冷冷凝器与储水箱内的冷却水进行换热（此时图 7.1 中的阀门 V2 关闭，阀门 V1 开启），工质放热后冷凝成液体，然后再经过节流阀节流后变成低压、低温的两相流体，并重新回到光伏蒸发器中去继续吸收热量（阀门 V3 关闭，阀门 V4 开启）。此模式是在太阳辐照不是很充足或者冬季外界环境温度较低时才运行。

（3）太阳能-热泵采暖模式：此模式与太阳能-热泵制热水模式相类似，但不同的是,从压缩机出来的高温、高压工质过热气体进入的是室内风冷换热器(此时阀门 V1 关闭,阀门 V2 开启),与室内空气进行热量交换,将热量传给室内空气,然后再经节流阀节流后重新回到光伏蒸发器。此模式是在冬季房间需要采暖且存在太阳辐照的情况下才运行。

(4)空气源-热泵制热水模式:此模式与太阳能-热泵制热水模式相类似,不同的是,经节流阀节流后的低温、低压制冷工质进入的是室外风冷换热器(此时阀门 V4 关闭,阀门 V3 开启),与室外空气进行热量交换,吸收空气中的能量后变成过热气体,然后再进入压缩机。此模式是在外界太阳辐照很弱或者阴雨天气无太阳辐照时才运行,用于制取生活热水,弥补了太阳能存在间歇性的不足。

(5)空气源-热泵采暖模式:此模式与太阳能-热泵采暖模式相似,不同的是,经节流阀节流后的低温、低压制冷工质进入的是室外风冷换热器(此时阀门 V4 关闭,阀门 V3 开启),与室外空气进行热量交换,吸收空气中的能量后变成过热气体,然后再进入压缩机。此模式是在外界太阳辐照很弱或者阴雨天气无太阳辐照时才运行,用于给房间采暖。

(6)空气源-热泵制冷模式:此模式下,系统工质的循环路径与以上几个热泵循环的路径相反,在运行以上几个模式时,系统的四通换向阀是处于非通电的状态下的,而在此模式下,四通换向阀是处于通电状态下的。经节流阀节流后的低温、低压制冷工质进入室内风冷换热器与室内空气进行热量交换(阀门 V1 关闭,阀门 V2 开启),吸收室内空气的热量从而达到制冷效果,工质吸热后变成过热气体直接进入压缩机中,经压缩机压缩后成高温、高压气体,然后紧接着进入室外风冷换热器与室外空气进行热量交换(阀门 V4 关闭,阀门 V3 开启),将热量传给室外空气后冷凝成液体,接着进入节流阀进行节流,节流后成低温、低压的两相状态,再进入室内风冷换热器中继续吸收热量。此模式是在夏季房间需要制冷时才运行,在夏季,此模式可以与太阳能-热管制热水模式同时运行,两者是相互独立的。

7.2　光伏太阳能热泵热管复合系统 Ⅰ 的系统构成

7.2.1　光伏蒸发器

PV-SAHP/HP 系统的光伏蒸发器的原理如图 7.2 所示,其横截面如图 7.3 所示。单块光伏蒸发器模块的外尺寸为 1308mm×1203mm,太阳光有效接收面积为 1.167m^2,光伏电池的面积为 0.728m^2。光伏电池是层压在一块尺寸为 1260mm×962mm×1.16(厚度)mm 的基板(铝板)上表面的,在光伏电池的上表面有一层透明的 TPT 层,主要起到保护光伏电池和使电池与外部电绝缘的作用,在电池下表面与基板之间还存在一层黑色的 TPT，起到使光伏电池与铝板间电绝缘及增强对太阳光的吸收的作用。在电池基板的背面，采用激光焊接工艺将一根总长为 11.16m，外径为 9.52mm，厚度为 0.6mm，并且被弯成蛇形的铜管直接焊接在其背部，每个弯管的管间距为 140mm。另外，在每个弯管中间处的基板上再焊接一根水–铜热管的蒸发段，而热管冷凝段则插入一个流道换热器中，热管蒸发段外径为 8mm，厚度为 0.7mm，长度为 1.0m，冷凝段外径为 24mm，厚度为 1.0mm，长度为 120mm。在基板背部放置一块厚度为 50mm 的隔热材料(岩棉)，起到保温和隔热作用。最后，采用铝合金框架将层压有光伏电池的基板进行固定，并在光电电池的上表面采用高透光率的玻璃盖板进行封装。

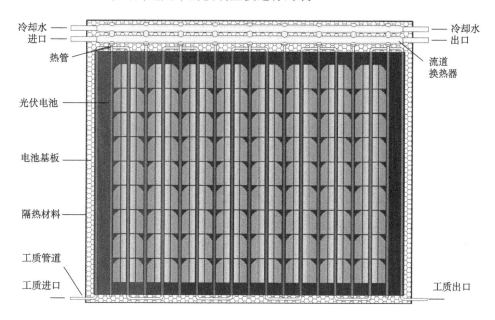

图 7.2　光伏蒸发器的原理图

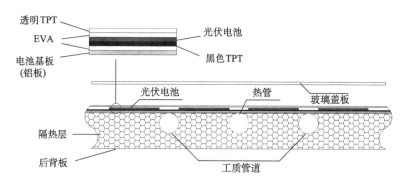

图 7.3　光伏蒸发器的截面图

PV-SAHP/HP 系统的光伏蒸发器阵列由 4 块光伏蒸发器模块并列组成，如图 7.4 所示。光伏蒸发器阵列总的太阳光有效接收面积为 4.668m²，总光伏电池的面积为 2.912m²，电池覆盖因子为 0.624。

图 7.4　光伏蒸发器阵列(与香港城市大学联合搭建)

7.2.2　热泵子系统关键部件

1)压缩机

热泵子系统所采用的压缩机为法国泰康公司生产的型号为 CAE4440Y 的活塞式压缩机，压缩机所使用的制冷工质为 R134a，压缩机净重为 11kg，排气量为 12.05cm³，标准状况下的制冷量为 1026W。图 7.5 和图 7.6 分别给出了该压缩机在环境温度为 35℃，吸气过热度为 11℃，冷凝过冷度为 8.5℃时的输入功率和制冷量随蒸发温度的变化曲线(由法国泰康 CAE4440Y 压缩机说明书得到)。

2)节流阀

热泵子系统的节流阀采用的是上海恒温控制器厂有限公司生产的型号为 NRF(E)1/4M 的热力膨胀阀，其名义容量(在蒸发温度为 4.4℃，进入阀门温度为 37.8℃，阀的进、出口压差为 0.41MPa 时的制冷量)为 1.1kW。

3)水冷冷凝器

水冷冷凝器是由一根长为 27m，外径为 9.52mm，厚度为 0.6mm 的铜管弯盘而成，盘管的成型直径为 325mm，所盘圈数为 26 圈，每圈间距为 26mm，总高度为 650mm。

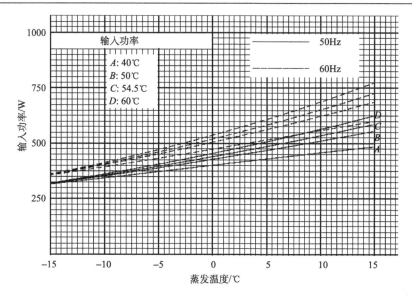

图 7.5　压缩机输入功率曲线图

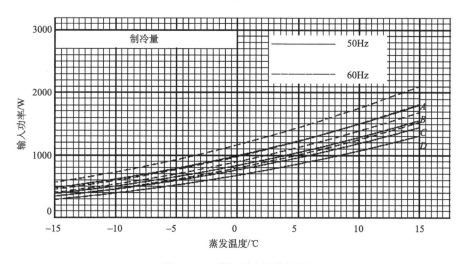

图 7.6　压缩机制冷量曲线图

4)风冷换热器

风冷换热器采用的是美的公司生产的 1 匹空调用的风冷换热器。

7.2.3　光伏发电系统

PV-SAHP/HP 系统的光伏发电系统主要包括太阳能光伏电池组件、太阳能控制逆变系统(太阳能控制器和逆变器)、蓄电池及相应开关和导线等。单个光伏蒸发器模块所对应的光伏组件是由 144 块面积为 50.56 cm² 的单晶硅电池串联而成，然后将光伏蒸发器阵列所对应的四块光伏组件进行并联连接，最后以 48V 的直流电压形式经过太阳能控制器给蓄电池充电或再经过逆变器转换成 220V 交流电后输出给用户使用。

单块太阳能光伏组件在标准状况下(太阳辐射强度为 1000W/m²，工作温度为 25℃)的光电特性参数为：开路电压 86V，短路电流 1.7A，最大功率 113.1W，最大供电转换效率 15.5%，最大功率点所对应的电压 71.6V，所对应的电流 1.6A。

系统所采用的太阳能控制器为合肥阳光电源生产的 SD4815 型太阳能控制器，该控制器具有过充电保护、过放电保护、过电压保护、负载过电流保护、温度过高保护及浮充电压的温度补偿等功能，其主要技术参数见表 7.1。

表 7.1　太阳能控制器主要技术参数表

技术参数	对应值	技术参数	对应值
额定电压	48V	充电电流	15A
温度补偿	−60mV/℃	放电电流	15A
允许环境温度	−25～50℃	浮充电压	54.8V
过放保护电压	<43.2V	过高保护电压	>70.0V
过放恢复电压	>49.6V	过高恢复电压	<60.0V

7.3　光伏太阳能热泵热管复合系统Ⅰ的实验研究

7.3.1　实验说明

本章对 PV-SAHP/HP 系统的测试实验主要包括三部分：第一部分是针对系统在有盖板情况下太阳能-热泵制热水模式时的性能测试；第二部分是系统在有盖板情况下太阳能-热管制热水模式时的性能测试；第三部分是系统在无盖板情况下的太阳能-热泵制热水模式时的性能测试[13]。其中，前两部分的测试工作是与香港城市大学 Chow 课题组合作完成，实验测试地点是在香港[14]。以下为这三部分实验测试的具体介绍：

1) 系统在有盖板情况下太阳能-热泵制热水模式时的性能测试

此部分实验是于 11 月 1 日至 11 月 23 日在香港（22°N，114°E)进行的。实验中光伏蒸发器阵列的朝向为朝南偏东 17°，安装倾角为 30°。每天的实验时间为 8:00 开始，16:00 结束。实验中系统总水量为 560L。每次实验期间的太阳辐射总量在 10.375～22.017MJ/m²，平均环境温度在 24.6～26.3℃。

2) 系统在有盖板情况下太阳能-热管制热水模式时的性能测试

此部分实验是于 11 月 8 日至 12 月 7 日在香港进行的。实验中光伏蒸发器阵列的朝向为朝南偏东 17°，安装倾角为 30°。每天的实验时间为 8:00 开始，16:00 结束。实验中系统总水量为 560L。每次实验期间的太阳辐射总量在 10.107~21.059MJ/m²，平均环境温度在 21.4~28.6℃。每次实验过程中水泵以恒定的功率 (46W) 运行，系统循环水流量也恒定不变。

3) 系统在无盖板情况下太阳能-热泵制热水模式时的性能测试

此部分实验是于 7 月 3 日至 7 月 10 日在广东东莞 (23°N，114°E) 进行的。实验中光伏蒸发器阵列的朝向为正南，安装倾角为 30°。每次实验期间的太阳辐照总量在 4.051~6.427MJ/m²，平均环境温度在 33.8~37.1℃。

本章对 PV-SAHP/HP 系统的测试实验涉及的测量参数包括温度、压力、流量、功率、太阳辐射强度等，所需的测量仪器及数据采集仪器包括热电偶、压力传感器、水表、直流电流传感器、电量隔离传感器、太阳辐射仪及数据采集仪等。所采用的压力传感器为德国 TECSIS 公司制造的 P3308 型号压力传感器 (图 7.7)，量程为 0~10bar (低压端)、−1~20bar (高压端)，精度≤2.0%，输出 4~25mA。所采用的电量隔离传感器为四川维博公司生产的 WBP111S41 型号电量隔离传感器，精度等级为 0.5，输出 AC 220V，0~5A，输出 (2.5±2.5) V，线性测量范围：电流为 1%~120% 标称输入值，电压为 20%~100% 标称输入值[1]。

图 7.7　压力传感器

PV-SAHP/HP 系统各参数的测量设置如下：

(1) 温度：环境温度，光伏蒸发器的进、出口水温及进出、口制冷工质温度，光伏蒸发器的玻璃盖板温度，光伏电池温度，电池基板温度，热管管壁温度，压缩机进、出口工质温度，冷凝器进、出口工质温度，蒸发器进、出口工质温度，储水箱内水的温度等。

(2)压力：压缩机进、出口工质压力，节流阀进、出口工质压力。

(3)流量：系统循环水流量。

(4)太阳辐照：照射到光伏蒸发器表面的总太阳辐射强度。

(5)功率：光伏组件的直流电输出功率，压缩机的交流输入功率。

7.3.2　光伏太阳能热泵热管复合系统 I 的性能计算

由于 PV-SAHP/HP 系统既可提供热能输出，又可产生光伏电力，而这两种能源的品质是不相等的，因此，在本章中，将同时采用热力学第一能源效率和热力学第二能源效率(㶲效率)的分析方法来对 PV-SAHP/HP 系统的性能进行分析和评价。热力学第一能源效率反映的是系统对总能源的利用效率，它并不考虑能源的品质差别；而热力学第二能源效率则是将所有能源折算为同一品质能源后，再对其利用效率进行评价。因此，将这两种分析方法结合起来，能更准确地对 PV-SAHP/HP 系统的综合性能进行评价。

1)热力学第一能源效率分析[15-19]

对于 PV-SAHP/HP 系统，若只考虑其能量来源为太阳辐照和系统的电能输入(压缩机或水泵功耗)，那么其总能量平衡方程可表述为

$$Q_w + E_{pv} = W_p + H_t - Q_{loss} \qquad (7.1)$$

式中，Q_w 和 E_{pv} 分别为单位数据采集间隔内系统的得热量和光伏电能输出，J；W_p 为系统的功耗，J；H_t 为系统光伏蒸发器阵列所接收到的有效太阳辐射量，J；Q_{loss} 为系统的能量损失，J。

那么根据式(7.1)我们直接可以得出系统的总能效率

$$\eta_{I,pvt} = \frac{\sum_N (Q_w + E_{pv})}{\sum_N (W_p + H_t)} \times 100\% \qquad (7.2)$$

式中，N 表示第 N 个数据采集间隔。

PV-SAHP/HP 系统在热泵运行模式时的性能系数(COP)为

$$COP_w = \frac{\sum_N Q_w}{\sum_N W_p} \qquad (7.3)$$

由于 PV-SAHP/HP 系统具有太阳能-热管制热水模式和太阳能-热泵制热水模式，而在相同外界气象参数下，运行这两种模式所获得的热能和所消耗的功是不一样的；另外，系统可以同时提供热能和光伏电能两种能量，因此为了优化系统的运行模式，以及更好地对系统综合性能进行评价，本章借鉴一般热泵系统性能系数的评价意义：系统单位常规能源输入所获得的总能收益，定义了 PV-SAHP/HP

系统的能源输出因子($f_{en,pvt}$)，其表述如下：

$$f_{en,pvt} = \frac{\sum\limits_{N}(Q_w + E_{pv})}{\sum\limits_{N} W_p} \tag{7.4}$$

2) 热力学第二能源效率分析[14,20-22]

同样，PV-SAHP/HP 系统的㶲输入包括太阳辐照㶲和系统的电能输入(压缩机或水泵功耗)，系统的㶲输出包括冷凝水所得到的热量㶲和系统光伏电能输出，则系统的总㶲平衡方程可表述为

$$Ex_w + Ex_{pv} = Ex_{power} + Ex_{rad} - I_{rr} \tag{7.5}$$

式中，Ex_w 和 Ex_{pv} 分别为单位数据采集间隔内系统所获得的热量㶲和光伏电能的㶲值；Ex_{power} 为系统输入功耗对应的㶲值；Ex_{rad} 为系统光伏蒸发器阵列所接收到的有效太阳辐射量所对应的㶲值；I_{rr} 为系统的㶲损失。

$$Ex_w = Q_w\left(1 - \frac{\bar{T}_a}{T_w}\right) \tag{7.6}$$

$$Ex_{pv} = E_{pv} \tag{7.7}$$

$$Ex_{power} = W_p \tag{7.8}$$

$$Ex_{rad} = H_t\left(1 - \frac{\bar{T}_a}{T_{sun}}\right) \tag{7.9}$$

式中，$\bar{T}_a$ 为数据采集间隔内的平均环境温度，K；T_{sun} 为太阳温度，取 6000K。

那么，由式(7.5)我们可以得出，系统的总㶲效率为

$$\eta_{II,pvt} = \frac{\sum\limits_{N}(Ex_w + Ex_{pv})}{\sum\limits_{N}(Ex_{power} + Ex_{rad})} \times 100\% \tag{7.10}$$

由于式(7.4)中只考虑系统总能的产生因子，并未考虑能量品质差别，因此，基于热力学第二能源效率的分析方法，再定义了 PV-SAHP/HP 系统的㶲输出因子($f_{ex,pvt}$)，其表述如下：

$$f_{ex,pvt} = \frac{\sum\limits_{N}(Ex_w + Ex_{pv})}{\sum\limits_{N} Ex_{power}} \tag{7.11}$$

7.3.3　光伏太阳能热泵热管复合系统 I 的瞬时性能分析

本小节选取 11 月 1 日以及 11 月 8 日这两天的数据分别作为分析系统在太阳能-热泵制热水模式及太阳能-热管制热水模式下的瞬时性能。在太阳能-热管制热

水模式下，系统的总循环水流量恒定为 7.4L/min，流过单块集热器的流量为 1.8L/min，水泵功率为 46W。这两天的环境气象参数如图 7.8 所示。

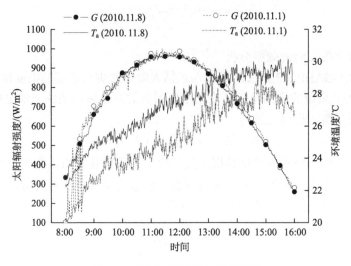

图 7.8　太阳辐射强度与环境温度

1. 太阳能-热泵制热水模式下的瞬时性能分析

图 7.9 给出了 PV-SAHP/HP 系统在太阳能-热泵制热水模式下，第二块光伏蒸发器模块内不同管长处的工质管壁温度随时间的变化曲线，其中 L=10.88m 处刚好为蒸发器出口处。由图可看出，光伏蒸发器的管壁温度全天随时间呈现抛物形的变化趋势，在中午时段，太阳辐照较强时其数值最大，下午辐射强度减弱时温度逐渐下降。另外，由图中还可看出，在 8:35 以前，由于太阳辐照较弱(图 7.8)，制冷工质在光伏蒸发器的出口处仍未达到过热，但在 8:35 以后，随着太阳辐射强度的增大，工质逐渐出现过热，然后使得在蒸发器出口处的管壁温度迅速增加，并在 12:00 附近时达到最大，随后由于太阳辐射强度减弱出现了下降，到了 14:55 以后，由于太阳辐射强度较弱，蒸发器出口处的工质重新回到两相状态。图 7.9 还显示出了，在管长为 5.29m 处的工质全天一直处于两相状态。

图 7.10 给出了 PV-SAHP/HP 系统压缩机和节流阀进、出口处的工质管壁温度随时间的变化曲线。由图可看出，除了 8:50 以前，全天系统工质的节流温度变化不大，基本稳定在 20.0~30.0℃；由于系统冷凝水温的逐步上升，系统冷凝器出口工质温度(即节流阀进口工质温度)也逐渐升高，全天随时间呈现出线性增大的变化趋势；而由于压缩机进、出口处的工质温度受太阳辐射强度影响较大，因此全天变化较大，随时间呈现出抛物形的变化趋势。对比节流阀出口和压缩机进口

处的工质管壁温度可发现，在 9:00～14:30 的这段时间里，系统光伏蒸发器出口工质的过热度较大，最大值甚至超过了 35.0℃，这说明在该太阳辐射强度下，本实验系统所采用的压缩机产生的工质流量相对偏小，导致系统制冷能力不足。

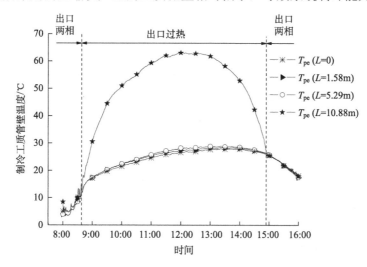

图 7.9　光伏蒸发器内不同管长处的工质管壁温度随时间变化

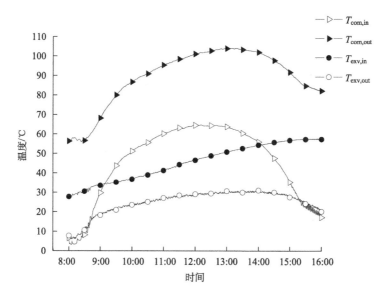

图 7.10　压缩机及节流阀进、出口处的工质管壁温度

图 7.11 给出了系统压缩机和节流阀的进、出口压力及蒸发器和冷凝器的压降随时间的变化曲线，图 7.12 给出了系统压缩机的压缩比随时间的变化。由图 7.11 可看出，压缩机出口压力和节流阀进口压力(即冷凝器的进、出口压力)全天基本

呈现出线性增大的趋势，压缩机出口压力(冷凝器进口压力)从 0.835MPa 逐渐增大到 1.813MPa，节流阀进口压力(冷凝器出口压力)从 0.829MPa 逐渐增大到 1.805MPa，这主要是由于系统冷凝水温逐渐升高（图 7.13）。节流阀出口压力和压缩机进口压力(即蒸发器的进、出口压力)由于同时受到太阳辐照和冷凝水温的影响，在 8:00～8:50 的初始时间段内出现较快速度上升之后，逐步缓慢地上升，直至 14:00 左右到达最大值，接着由于太阳辐射强度出现快速下降，蒸发器获得的热能减少，因此也出现了逐渐降低的趋势。另外，由图 7.11 还可看出，蒸发器处的工质压降比冷凝器处的工质压降几乎要大一倍多，蒸发器工质压降在 35～50kPa，并且全天基本呈现出线性增加的趋势，这主要是由于系统蒸发器处工质始终处于气液两相或气相状态，流动阻力较大，而且蒸发器内工质绝对压力相对较小，工质管路也较长，因此总压降较大。较大的蒸发器工质压降对热泵系统的性能是不利的，因为它会导致蒸发器管道内的工质两相区缩短，过热区增加，从而降低工质与蒸发器管道的整体换热效果，同时也会导致压缩机的功耗加大。由图 7.12 可看出，系统压缩机的压缩比(压缩机排气压力或出口压力与压缩机吸气压力或进口压力之比)在 8:00～9:00 的初始时间段内出现快速下降之后，接着逐渐增加，到了 14:30 以后，突然出现了快速的增大趋势，这主要是在实验的开始阶段，太阳辐射强度出现快速增大，导致系统蒸发压力迅速升高，因此压缩机的压缩比出现快速下降；但随着系统冷凝水温的升高，冷凝压力不断加大，而蒸发压力增加的速度相对较为缓慢，因此压缩机的压缩比逐渐出现增大，到了 14:30 以后，太阳辐射强度出现快速下降，导致系统蒸发压力出现下降，然而此时冷凝水温仍在不断升高，使得冷凝压力继续增大，因此压缩比出现快速增大。

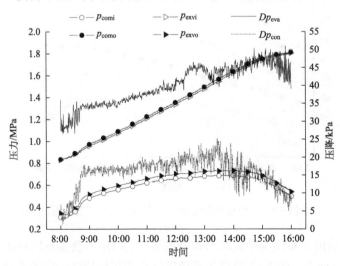

图 7.11　压缩机和节流阀的进、出口压力及蒸发器和冷凝器的压降

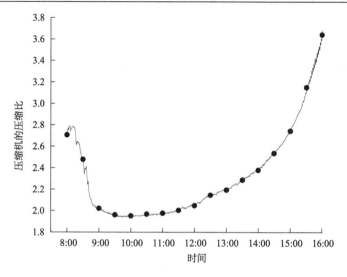

图 7.12   压缩机的压缩比

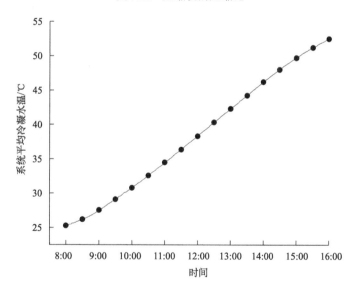

图 7.13   系统平均冷凝水温

图 7.13 给出了系统平均冷凝水温随时间的变化曲线。在实验过程中，系统平均冷凝水温从初始温度 25.3℃线性增大到 52.5℃，全天温升为 27.2℃。图 7.14 给出了系统在热泵运行模式下的瞬时光电输出功率和光电效率。由图可看出，系统的光电功率基本呈现出与太阳辐照相同的变化趋势，上午随着太阳辐射强度的增大，从初始值 38W 逐渐增大到中午时的最大值 348W，然后下午随着太阳辐射强度的减弱，出现了较快速度的下降，到实验结束时降低到了 70W。系统瞬时光电

效率在上午实验开始阶段，由于太阳辐照波动剧烈(图 7.8)，出现了较为剧烈的波动，随后其数值基本处于 11.0%附近窄幅波动，但到了 14:00 以后，由于太阳光入射角明显增大，玻璃盖板对太阳光的透过率下降，因此出现了逐渐下降的趋势。图 7.15 给出了系统的瞬时得热功率和压缩机输入功率随时间的变化曲线。由图可看出，系统得热功率也基本呈现出与太阳辐照类似的变化趋势，上午当太阳辐射强度增大时，系统得热功率也随之增加。值得注意的是，太阳辐射强度最大出现

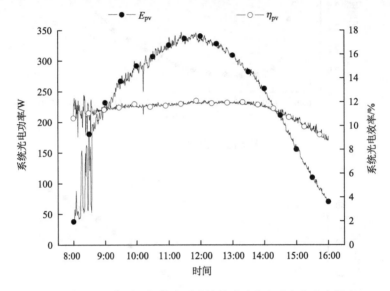

图 7.14　热泵运行模式下系统的瞬时光电功率和光电效率

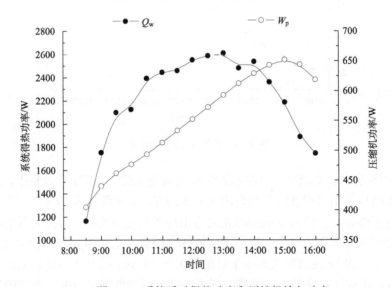

图 7.15　系统瞬时得热功率和压缩机输入功率

在 12:00 左右，下午出现了下降，然而，在 12:00～13:00 的这段时间里，系统的得热功率仍然出现了稍稍增大，这主要是由于压缩机的输入功率增加，以及环境温度升高使得系统热损减小。全天系统的瞬时得热功率在 1166～2610W 的范围内变化。由于冷凝水温的不断升高，系统压缩机的输入功率在 8:00～15:00 的时间段内基本呈现出线性增大的趋势，从 405W 增大到 652W，但到了 15:00 以后，由于太阳辐射强度变得很弱，系统蒸发器内制冷工质获得的热能大幅减少，因此压缩机输入功率出现了一定程度的下降。

　　图 7.16 给出了系统的 COP 随时间的变化曲线。在上午，太阳辐射强度的快速增大，导致系统得热功率迅速增加，从而使得系统 COP 也出现了迅速增大，但是同时由于系统冷凝水温的升高，压缩机输入功率增大，因此，在 10:30 以后，系统 COP 稍稍出现了下降；到了下午，太阳辐射强度的逐渐减弱，使得系统得热功率出现了下降，而此时压缩机功率仍然在逐渐增加，因此系统 COP 出现了较快速度的下降。全天系统的 COP 在 2.83～4.85 的范围内变化。图 7.17 给出了系统在热泵运行模式下的光电光热综合能源效率随时间的变化曲线。由图可看出，系统的热力学第一能源综合效率呈现出与太阳辐射强度相反的变化趋势，在上午太阳辐射强度增大时，系统的热力学第一能源综合效率出现了下降，而在下午太阳辐射强度减弱时，系统的热力学第一能源综合效率却出现了上升，这主要是由于当太阳辐射强度增大时，蒸发器内的工质过热段增加，出口过热度增大(图 7.9)，从而导致集热板温度升高，热损加大。全天系统的热力学第一能源综合效率在55.2%～85.2%的范围内波动。系统的热力学第二能源综合效率全天基本呈现出逐

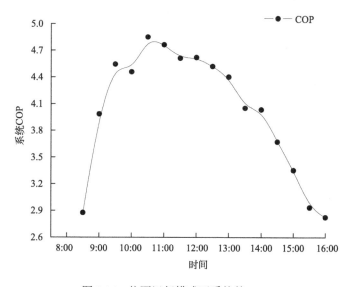

图 7.16　热泵运行模式下系统的 COP

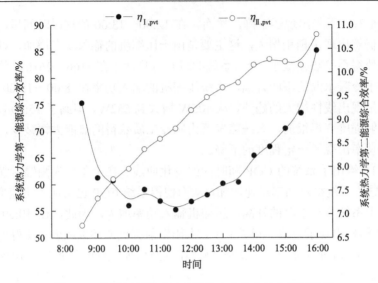

图 7.17　热泵运行模式下的系统光电光热综合能源效率

步上升的趋势,从上午的最低值 6.8% 逐渐升高到下午实验结束时的最大值 10.8%。虽然下午系统的得热功率和光电输出功率均出现了下降,但由于太阳辐射强度也出现了较快速度的下降,而且系统冷凝水温不断升高,根据式(7.6)可知,当水温升高时,系统的热量㶲值将增大,因此,在下午,系统的热力学第二能源综合效率仍然能够继续升高。

2. 太阳能-热管制热水模式下的瞬时性能分析

图 7.18 给出了在热管运行模式下的系统平均水温和集热器进、出口水温差随时间的变化曲线。由图可看出,在如图 7.18 所示的辐照条件下,从 8:00~16:00 的时间段内,系统可将 560L 的水从初温 23.0℃ 加热到 36.5℃,总温升为 13.5℃。集热器的进、出水温差主要受太阳辐射强度的影响,上午当太阳辐照增强时,其数值从 0.6℃ 增大到 4.0℃ 左右,下午当太阳辐照减弱时,其数值逐渐减小,到实验结束时减小到 0.3℃ 以下。

图 7.19 给出了在热管运行模式下系统的瞬时光电输出功率和光电效率随时间的变化曲线。系统光电输出功率全天呈现出与太阳辐照相同的变化趋势,上午从 92W 逐渐增大到中午时的最大值 332W,然后在下午随着太阳辐照的减弱而逐渐减小,最后降低到最小值 64W。系统光电效率在 8:40~14:20 的这段时间内,基本处于 11.0% 左右,在上午较早时候及下午较晚时候,由于太阳光对玻璃盖板的入射角较大,玻璃盖板对太阳光的透过率相对较小,因此,系统的光电效率相对偏低。图 7.20 给出了在热管运行模式下系统的瞬时光热功率和光热效率随时间

的变化曲线。受到太阳辐射强度变化及太阳光入射角的影响，系统的瞬时光热功率全天呈现出抛物形的变化趋势，中午时最大，为 1732W，下午实验接近结束时最低，为 211W。系统光热效率受到太阳入射角、太阳辐射强度及环境温度等因素的影响，也基本呈现出与系统光热功率类似的变化趋势，但在 10:30～14:00 的时间段内，系统光热效率相对较为平稳，变化不大，基本处在 35.0%～40.0%的范围内。

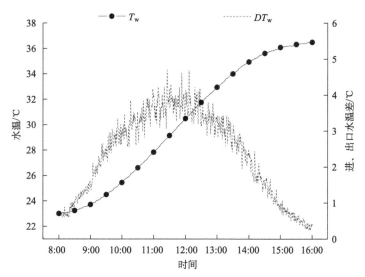

图 7.18　热管运行模式下系统平均水温和集热器进、出口水温差

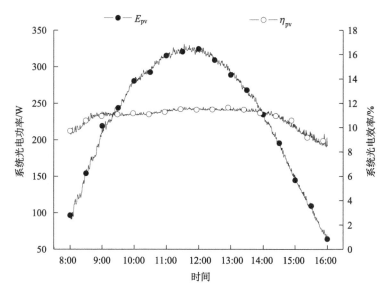

图 7.19　热管运行模式下系统的瞬时光电功率和光电效率

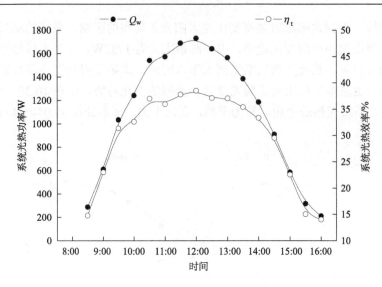

图 7.20　热管运行模式下系统的瞬时光热功率和光热效率

图 7.21 给出了在热管运行模式下系统的光电光热综合能源效率随时间的变化曲线。与热泵运行模式不同(图 7.17)，热管运行模式下，系统的热力学第一能源综合效率呈现出与太阳辐照相似的变化趋势，上午随着太阳辐射强度的增大而上升，下午随着太阳辐射强度的减弱而下降，但不同的是，在 10:30～14:00 的较长时间段内，系统的热力学第一能源综合效率变化不大，基本处在 40.0%～45.0%的小幅变化范围内。全天系统的热力学第二能源综合效率变化不大，主要处在

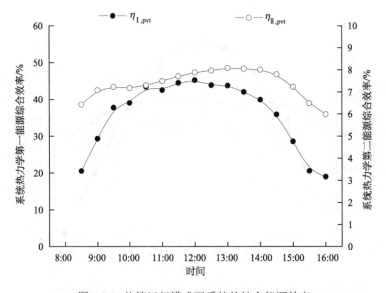

图 7.21　热管运行模式下系统的综合能源效率

6.0%～8.0%的变化范围内。另外，值得注意的是，系统的热力学第二能源综合效率的最大值并不是出现在中午时刻，而是出现在 14:00 附近。这主要是由于系统水温升高，系统获得的热量㶲出现一定的增大(根据式(7.6))。

7.3.4 光伏太阳能热泵热管复合系统 I 的全天性能分析

表 7.2 给出了 PV-SAHP/HP 系统在广东地区，太阳能-热泵制热水模式且无玻璃盖板情况下的性能测试结果。由表可看出，在无盖板的太阳能-热泵制热水模式下，测试期间，系统的平均光电效率基本都达到 11.0%以上；系统平均 COP 也均达到 4.20 以上，最高可达 4.87；系统综合能源输出因子处于 4.48～5.22；系统平均热力学第一能源综合效率基本也处在 70.0%以上，最高时甚至高出了 100.0%，达到 103.0%，这主要是外界环境温度较高，且太阳辐照不是十分充足，使得集热器-蒸发器的温度低于环境温度，而在无盖板情况下，温度较高的外部空气直接与集热器-蒸发器进行接触换热，从而使得制冷工质获得更多的热能，最终导致系统热力学第一能源综合效率出现了高于 100.0%的现象，这同时也说明了，当太阳辐照不足且外界环境空气较高时，集热器-蒸发器无盖板时更有利于提高系统的综合性能。综合以上分析数据可得出，基于热力学第一能源效率的分析方法，系统具有良好的热泵性能和光电光热综合性能。基于热力学第二能源效率的分析方法，可得到系统的第二能源综合效率为 6.50%～7.46%，系统的㶲输出因子只有 0.271～0.499，数值相对较低，这说明系统所获得的能量品质较低。

表 7.2 PV-SAHP/HP 系统在无盖板、太阳能-热泵制热水模式下的性能测试结果

日期/ (月/日/时间)	$\bar{T}_a$ /℃	H_t /MJ	$T_{w,i}$ /℃	$T_{w,f}$ /℃	E_{pv} /MJ	Q_w /MJ	W_p /MJ	η_{pv} /%	$\eta_{I,pvt}$ /%	$\eta_{II,pvt}$ /%	COP_w	$f_{en,pvt}$	$f_{ex,pvt}$
7/3/ 9:06～12:00	35.4	30.003	29.7	42.2	2.103	29.222	6.004	11.2	87.0	6.67	4.87	5.22	0.383
7/4/ 8:00～10:50	33.8	19.86	31.9	42.7	1.331	25.248	5.938	10.7	103.0	6.50	4.25	4.48	0.271
7/6/ 9:30～11:48	34.7	18.91	30.7	47.5	1.385	19.637	4.583	11.7	89.5	7.46	4.28	4.59	0.367
7/8/ 9:45～11:45	36.1	22.235	32.5	48.2	1.554	18.352	4.103	11.2	75.6	7.21	4.47	4.85	0.443
7/10/ 11:50～13:19	37.1	19.496	33.3	45.5	1.381	14.261	3.067	11.4	69.3	7.10	4.65	5.10	0.499

注：$T_{w,i}$ 为系统的初始水温，℃；$T_{w,f}$ 为系统的终水温，℃；$\bar{T}_a$ 为测试期间的平均环境温度，℃；实验中，7 月 3 日、7 月 4 日这两天的系统冷凝水量为 560L，其余的为 280L。

表 7.3 给出了 PV-SAHP/HP 系统在广东地区，太阳能-热泵制热水模式且有玻

璃盖板情况下的性能测试结果。由表中可看出,在有盖板的太阳能-热泵制热水模式下,当太阳辐照总量在48.432~102.776MJ时,系统可将560L的水从初温25.2~27.2℃加热到 46.8~54.1℃;系统的全天总得热量和光电输出分别为 48.107~65.667MJ 和 3.529~7.186MJ;系统的平均光电效率、热力学第一和第二能源综合效率分别为 10.7%~11.7%、61.1%~82.1%和 8.3%~9.1%;系统平均COP,总能输出因子和㶲输出因子分别为3.32~4.01、3.56~4.46 和 0.373~0.624。另外,由表中可发现,系统的得热量、光电输出、热力学第一能源综合效率、COP、总能输出因子和㶲输出因子主要受太阳辐射强度的影响,当太阳辐照增大时,系统的得热量、光电输出、COP、总能输出因子和㶲输出因子基本呈现出增大的趋势,但系统的热力学第一能源综合效率反而出现了下降,这主要是由于,当太阳辐照增大时,集热器-蒸发器得到的能量增多,进而使得制冷工质吸收较多的热能,工质过热部分加大,出口过热度增加,从而导致集热板温度升高,热量损失增大,因此综合能源效率下降。

表 7.3　PV-SAHP/HP 系统在有盖板、太阳能-热泵制热水模式下的性能测试结果(8:00~16:00)

日期/ (月/日)	$\bar{T}_a$ /℃	H_t /MJ	$T_{w,i}$ /℃	$T_{w,f}$ /℃	E_{pv} /MJ	Q_w /MJ	W_p /MJ	η_{pv} /%	$\eta_{I,pvt}$ /%	$\eta_{II,pvt}$ /%	COP_w	$f_{en,pvt}$	$f_{ex,pvt}$
11/1	25.3	98.268	25.3	52.5	7.066	63.722	15.872	11.5	62.0	9.1	4.01	4.46	0.624
11/10	25.7	73.861	25.2	49.9	4.958	57.710	15.666	10.7	70.0	8.3	3.68	4.00	0.457
11/12	26.3	102.776	26.0	54.1	7.186	65.667	16.531	11.2	61.1	8.9	3.97	4.41	0.612
11/18	24.8	49.813	27.2	47.9	3.564	48.439	14.367	11.4	81.0	8.9	3.37	3.62	0.384
11/23	24.6	48.432	26.3	46.8	3.529	48.107	14.487	11.7	82.1	8.9	3.32	3.56	0.373

　　表7.4 给出了 PV-SAHP/HP 系统在广东地区,太阳能-热管制热水模式且有玻璃盖板情况下的性能测试结果。由表可看出,当太阳辐照大于 87.000MJ、初始水温在 25.0℃以上时,系统在太阳能-热管制热水模式下,基本可以将 560L 的水加热到35.0℃以上,这一水温,对于广东地区,在夏季和秋季,当外界气温较高,人们对生活热水温度要求不高时,也基本能够满足使用要求。当太阳辐射量在87.470~98.302MJ 时,系统的总得热量和光电输出分别为 23.685~31.512MJ 和5.992~6.789MJ;系统的平均光电效率、热力学第一和第二能源综合效率分别为11.0%~11.6%、33.4%~38.4%和 7.4%~7.8%;系统的能源输出因子和㶲输出因子分别为 22.4~28.9 和 4.7~5.36。当太阳辐射量较小时,如低于 58.480MJ 时,系统的得热量、光电输出及综合能源效率等性能均出现较大幅度的下降。

表 7.4　PV-SAHP/HP 系统在有盖板、太阳能–热管制热水模式下的性能测试结果(8:00~16:00)

日期/ (月/日)	v_L /(L/min)	$\bar{T}_a$ /℃	H_t /MJ	$T_{w,i}$ /℃	$T_{w,f}$ /℃	E_{pv} /MJ	Q_w /MJ	W_p /MJ	η_{pv} /%	$\eta_{I,pvt}$ /%	$\eta_{II,pvt}$ /%	$f_{en,pvt}$	$f_{ex,pvt}$
11/8	7.35	27.2	98.302	23.0	36.5	6.789	31.512	1.325	11.1	38.4	7.5	28.9	5.36
12/1	2.94	24.3	54.066	24.9	30.9	3.780	14.017	1.325	11.2	32.1	7.5	13.4	2.97
12/2	2.94	26.3	87.961	23.8	35.0	6.372	26.235	1.325	11.6	36.5	7.8	24.6	5.02
12/3	3.56	25.1	87.485	24.4	34.5	5.992	23.685	1.325	11.0	33.4	7.5	22.4	4.77
12/4	2.44	23.5	47.178	24.5	28.6	3.100	9.654	1.325	10.5	26.3	6.9	9.6	2.41
12/6	2.55	28.6	87.470	24.6	35.9	6.035	26.334	1.325	11.0	36.5	7.4	24.4	4.70
12/7	2.55	21.4	58.480	26.0	29.2	3.675	7.418	1.325	10.1	18.5	6.7	8.4	2.88

对比表 7.3 和表 7.4 的数据,我们可以发现,系统在太阳能–热管制热水模式下,当太阳辐射量大于 87.470MJ 时,系统的能源输出因子大于 22.4,㶲输出因子也超过了 4.7,这说明无论是从能源总量还是从能源品质上考虑,系统输出的能量总量均远比输入的常规能源总量要多,系统获得了能源的正收益,系统的节能效果显著;但当系统在太阳能–热泵制热水模式下时,即使辐射强度达到 98.268MJ,其能源输出因子和㶲输出因子也分别只有 4.46 和 0.624,远小于热管运行模式下的,如果从能源品质上分析,由于系统的㶲输出因子小于 1.0,说明系统的㶲输出小于所输入的常规能源的㶲值,系统获得的能源收益是负的,系统节能效果不理想。然而,从实际应用的角度来考虑,当太阳辐照不好或系统初始水温较低时,在热管运行模式下,系统很难将水加热到满足使用温度要求,如表 7.4所示,当太阳辐射量为 58.480MJ 时,系统全天只能将 560L 的水从初温 26.0℃ 加热到 29.2℃,这与使用温度要求还相差较大;然而,在热泵运行模式下,即使太阳辐射量只有 48.432MJ,系统也能将 560L 的水从初温 26.3℃ 加热到 46.8℃,达到了热水使用温度的要求。因此,将上述两种运行模式有机结合,并根据每天太阳辐照总量变化,适时地对这两种运行模式进行调整,那么系统将既可满足实际使用要求又可实现最大节能效果。

7.4　光伏太阳能热泵热管复合系统 II 的基本原理

图 7.22 为系统的原理图,该系统可以根据太阳辐照的强弱和需求运行两种模式:环形热管循环模式(如实心箭头方向所示)和热泵循环模式(如空心箭头方向所示)。两种模式采用相同的工质,共用相同的光伏蒸发器和冷凝器。当太阳辐射强度充足时,工质在光伏蒸发器中的温度高于在冷凝器的温度时,关闭阀门 1 和4,开启阀门 2 和 3,系统运行环形热管循环模式。工质在光伏蒸发器吸收太阳辐

射获得热量，受热蒸发后进入冷凝器，将热量传递给冷凝器中的水，同时相变成为液态，然后依靠重力作用回流至光伏蒸发器，完成环形热管模式的工质循环。当太阳辐射强度不足，或者当工质在光伏蒸发器与冷凝器中的温差不足以使环形热管模式运行时，关闭阀门 2 和 3，开启阀门 1 和 4，系统运行热泵循环模式。工质经过光伏蒸发器被加热成过热状态，然后进入压缩机，压缩后的高温高压工质进入冷凝器，工质在冷凝器中冷却至液相过冷状态，流经毛细管后重新进入光伏蒸发器，完成热泵模式循环。

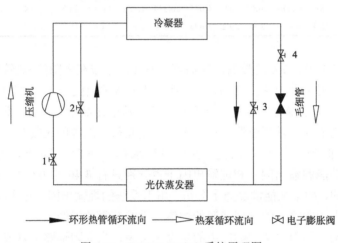

图 7.22　PV-SALHP/HP 系统原理图

　　太阳能环形热管式光伏热泵将太阳能环形热管循环和太阳能热泵循环有机结合，两种循环模式采用相同的工质，共用一个蒸发器和冷凝器。复合系统的两种模式可以独立运行，也可互相切换运行，确保热能的稳定供应，同时能够明显降低系统耗电量，提高系统的节能效果。

7.5　光伏太阳能热泵热管复合系统 II 的系统构成

　　光伏太阳能热泵热管复合系统 II (PV-SALHP/HP) 包括了环形热管式 PV/T 系统 (PV-LHP)[23-25]、光伏–太阳能热泵系统 (PV-SAHP) 及光伏发电系统三部分。系统原理图如图 7.23 所示。PV-LHP 和 PV-SAHP 共用两块光伏蒸发器，共用一个水箱。在压缩机及水箱进口前加了一个气液分离器，对热泵系统来说，气液分离器可以保证进入压缩机的工质全为气体，起到保护压缩机的作用，同时由热泵系统运行切换为环形热管运行时，气液分离器里面的液态工质在重力的作用下会回流到集热器中，起到补充液量的作用。与集热器并联平行布置了三个视液镜，用于观察热泵运行和环形热管运行时光伏蒸发器的液位，同时可以间接地判断系统的充注量。热泵和环形热管运行时可以通过阀门的开关来确定工质循环的管路。PV-LHP 系统由光伏蒸发器、气液分离器、水箱及连接管道组成；PV-SAHP 由光伏蒸发器、气液分离器、水箱、毛细管及连接管道组成；光伏发电系统由太阳能光伏组件、太阳能控制器、蓄电池及连接线组成。该系统有以下几种运行方式：①在春、夏、秋季太阳辐照好的时候通过 PV-LHP 制取生活热水及提供电力输出；②在春、夏、秋季太阳辐照不好的时候通过热泵进一步加热制取生活热水；③在冬季太阳辐照好的时候通过 PV-LHP 制取生活热水，通过热泵系统进一步加热达到用户需求；④太阳辐照好的时候通过太阳能热泵制取生活热水。

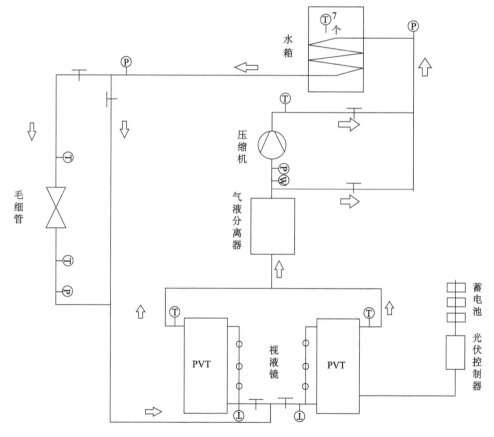

图 7.23　光伏太阳能环形热管热泵复合系统

系统的关键部件如下：

1) 光伏蒸发器

环形热管式光伏蒸发器以一块 1270mm×780mm×1.16mm 的铝板作为光伏电

池的基板，在基板的正面层压光伏电池，在基板的背面激光焊接铜管。焊接的铜管的尺寸为 9.52mm×1350mm×0.7mm，两头的集管的尺寸为 25mm×840mm×1mm。整个系统的有效吸热面积为 0.99m^2，光伏电池的设计开路电压为 36V，即由 72 块单晶硅电池组成，光伏电池的设计功率为 75W，电池长 1271mm，宽 780mm，面积为 0.5625m^2。

2) 压缩机

本系统中选择的压缩机是东贝 QD123Y，大小为 1/4 匹，工质为 R600a。

3) 毛细管

本系统中节流装置为毛细管，为提高系统流量，采用外径为 4mm，长度为 2m 的毛细管弯盘而成。

4) 水冷冷凝器

系统采用的水箱大小为 150L，冷凝器是由一根长 18m，外径为 12mm，厚度为 1mm 的铜管螺旋弯盘而成，弯盘后高度为 450mm，直径为 320mm，螺旋间隔为 10mm，共 26 圈。

5) 光伏控制器

光伏控制器的型号为 SSCM-1224，该控制器可以自动确认光伏板的工作电压，当工作电压为 12V 或 24V 时，控制器会自动确认。控制器具有功率最大点跟踪功能，其最大跟踪效率可达 97%。

7.6　光伏太阳能热泵热管复合系统 II 的实验研究

针对复合系统 II 的性能分析采用了与复合系统 I 类似的分析方法，并在其基础上引入以下新的计算参数。

1) 系统光伏电池的覆盖率

$$\zeta = A_{PV} / A_c \qquad (7.12)$$

式中，A_c 为光伏蒸发器的有效集热面积，m^2；A_{PV} 为光伏电池的面积，m^2。

2) 系统的典型热效率

在对复合系统 II 环形热管模式和热泵模式的热效率进行分析时，都是在特定的辐射强度和环境温度的条件下。但当系统的环境温度和辐射强度变化时，系统的性能也会发生变化。系统的热效率也随着冷凝水箱内水温的变化而发生变化。因此，考虑到太阳辐射强度、环境温度和水箱内水温因素的影响，引入典型热效率概念，对复合系统 II 在环形热管模式和热泵模式下，在不同时刻辐射强度、环境温度及水温时的热效率及热泵系统的 COP 进行线性拟合，获得复合系统 II 的典型热效率 η_t^* 和 COP*，如式 (7.13) 和式 (7.14) 所示。

$$\eta_t^* = \eta_0 - U_t \frac{T_w - \overline{T}_a}{G} \tag{7.13}$$

$$COP^* = COP_0 - U_0 \frac{T_w - \overline{T}_a}{G} \tag{7.14}$$

式中，T_w 为冷凝水温度，℃；$\overline{T}_a$ 为平均环境温度，℃；U_t 相当于系统的热损系数，$W/(m^2 \cdot ℃)$；G 为复合系统 II 单位面积上的太阳辐射强度，W/m^2；η_0 为 T_w 等于 $\overline{T}_a$ 时系统的热效率。

7.6.1   环形热管单独运行的实验研究

由于光伏太阳能热泵热管复合系统 II (PV-SALHP/HP) 环形热管运行和热泵运行采用相同的工质及相同的光伏蒸发器，其环形热管运行和热泵运行模式不能同时进行。本章搭建了 PV-SALHP/HP 的实验平台，并对环形热管单独运行模式下系统的光电光热性能进行了初步实验研究；对热泵单独运行模式下复合系统 II 的 COP、光热效率、光电效率等进行了实验研究。

图 7.24 为搭建的 PV-SALHP/HP 系统实验测试平台。实验在合肥地区进行，两块集热器并联，正南方向布置，倾角为 40°，比当地纬度略高，是因为考虑到了环形热管冷凝液回流对角度的需求，并采用 R600a 作为循环工质。为了准确测量水箱里面的水温，水箱内放置了 7 个热电偶。同时集热器的吸热板表面、玻璃表面、吸热板背面铜管上均布置了若干热电偶用于监测集热器及环形热管的温度分布。在集热器、压缩机、毛细管前后均布置有压力传感器用于检测复合系统 II 的压力波动。

图 7.24   PV-SALHP/HP 系统实验测试平台

图 7.25 为环形热管单独运行期间的太阳辐射强度、环温及水温的波动图，测试期间平均太阳辐射强度为 703W/m^2，平均环温为 30℃，水温从 19.1℃ 逐渐升高到 43.4℃。

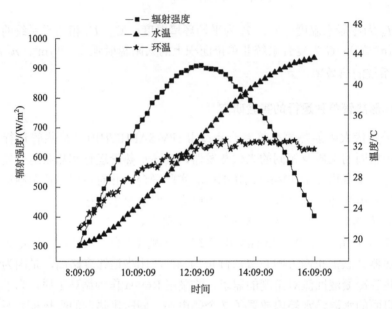

图 7.25　环形热管单独运行期间太阳辐射、环温及水温波动

图 7.26 为环形热管单独运行期间系统每 30min 瞬时光热效率波动曲线图。从图中可以看出，环形热管单独运行时，复合系统Ⅱ的光热效率总体的波动趋势为先增大后减小。波动的原因是，实验初期，复合系统Ⅱ与环境之间的热损很小，复合系统Ⅱ的热效率随着太阳辐射强度及太阳入射角的增大而增大；实验中期，复合系统Ⅱ与环境之间的热损逐渐增大，但是此时由于太阳辐射强度较大，太阳入射角较小，因此复合系统Ⅱ的热效率逐渐下降，下降的趋势较缓慢；到了实验末期，随着水温的升高，复合系统Ⅱ与环境之间的热损很大，同时此时太阳辐射强度逐渐降低，太阳的入射角又逐渐变大，因此复合系统Ⅱ的热效率急剧下降。

图 7.27 是环形热管单独运行期间复合系统Ⅱ的瞬时光电效率波动。从图中可以看出，复合系统Ⅱ的瞬时光电效率总体变化趋势也为先增大后减小，但是具有比较明显的波动。其波动趋势与太阳辐射强度变化趋势相同，与太阳入射角的变化趋势相反。

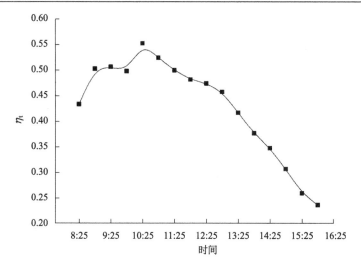

图 7.26　环形热管单独运行时系统的瞬时光热效率

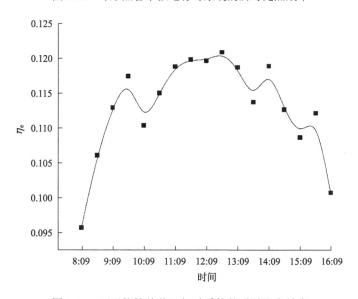

图 7.27　环形热管单独运行时系统的瞬时光电效率

图 7.28 是环形热管单独运行期间,集热器进出口的温度及进出口温差变化曲线图。从图中可以看出,集热器的进口温度随水温的增加逐渐增加,集热器的出口温度总体上呈现先增大后减小的趋势,进出口温差也呈现先增大后减小的趋势。集热器的出口温度及进出口温差的变化趋势与吸热板的吸热量的变化趋势有关,早上太阳辐射强度低,太阳入射角大,吸热板的吸热量较小,因此出口工质气体过热度低,进出口温差小;随着太阳辐照的增大及太阳入射角的减小,吸热板的

吸热量增大，出口气体的过热度逐渐增大，出口气体温度逐渐升高，进出口温差逐渐增大；实验末期，太阳辐照变低，入射角变大，吸热板的吸热量变小，出口气体的过热度变低，温度变低，进出口温差减小。集热器出口温度及温差的最大值不是出现在正午而是出现在 14:00 左右的原因是正午时工质液体的温度较低，此时工质的相变潜热较大。

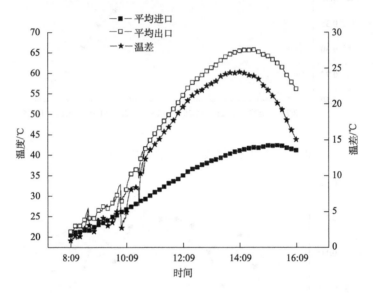

图 7.28　环形热管单独运行时集热器进出口及温差波动

7.6.2　热泵单独运行的实验研究

测试期间的太阳辐照及环温波动如图 7.29 所示。测试期间的平均太阳辐照为 765W/m^2，平均环温为 27.1℃。测试时间从 8:30 到 14:00。

图 7.30 是热泵单独运行模式下复合系统 II 的水温及压缩机功率波动图。从图中可以看出，水温和压缩机的功率都近似呈现线性增大的趋势。水温从 20.5℃线性增加到 53.6℃；压缩机的功率从 195W 接近线性增加到 372W。随着水温的上升，系统的冷凝压力上升，压缩机的功率也随之增大。压缩机的功率在大部分时间都和水温的上升有着相同的变化趋势，但是在中午时出现了一个较大的分离，这是因为在中午时太阳辐射强度大，太阳入射角较小的情况下，吸热板吸热量较大导致出口工质气体过热度较高，即压缩机的入口温度较高，因此其压缩机功率偏高。

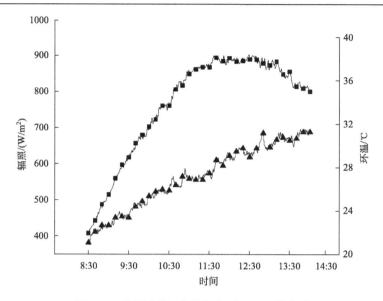

图 7.29　热泵单独运行期间辐照、环温的波动

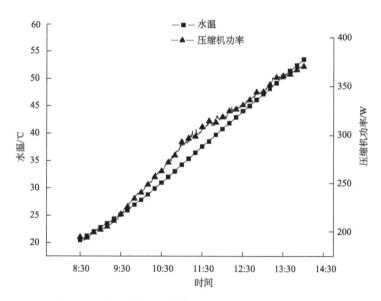

图 7.30　热泵单独运行期间水温及压缩机功率波动

　　图 7.31 是热泵单独运行模式下压缩机及毛细管进出口的压力波动曲线图。从图中可以看出，随着水温的逐渐增加，压缩机的出口压力及毛细管的入口压力逐渐上升，从 3.7bar 逐渐升高到 9bar；节流之后的压力及压缩机的进口压力虽然也是逐渐上升，但是到了实验末期上升幅度较小，其压力由开始的 2.1bar 上升到最后的 3.5bar。

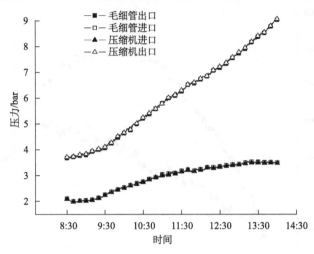

图 7.31　热泵单独运行期间压缩机及毛细管进出口压力波动

图 7.32 是热泵单独运行模式下压缩机和毛细管的进出口温度，认为毛细管出口温度为集热器的进口温度，压缩机的进口温度为集热器的出口温度，计算了热泵运行模式下集热器的进出口温差，这在一定程度上可以反映复合系统 Ⅱ 的热传输能力。从图中可以看出，随着水温的上升，压缩机的出口温度及毛细管的进口温度为逐渐上升的趋势；而毛细管的出口温度及压缩机的进口温度为先减小后逐渐缓慢增大的趋势，实验初期有下降趋势的原因是实验开始前集热器已经吸收了一定量的太阳辐照使得集热器的温度升高，所以实验刚开始时其压缩机的进口温度和毛细管的出口温度都偏高。集热器进出口的温差可以进一步证明以上解释，从图中集热器进出口温差的波动趋势可以明显地看出在实验初期有一个明显的温降过程，温降过程即为工质带走实验开始前系统热容的过程。之后，集热器进出口的温差呈先增大后减小的趋势，这与吸热板的吸热量呈先增大后减小的趋势及工质流量逐渐增加有直接的关系。除了实验初期，集热器的进出口始终存在温差，并且温差在 2.0～4.0℃，一定的过热度可以保证进入压缩机的工质全为气态，起到保护压缩机的作用，但是如果过热度过大会降低系统的热性能。

图 7.33 是复合系统 Ⅱ 瞬时的 COP 和光热效率的波动趋势图(以半小时为单位)。从图中可以看出，热泵的瞬时 COP 总体变化趋势为先增大后减小，其瞬时热效率呈逐渐下降的趋势。瞬时光热效率在实验初期的半小时内可以达到 80%，除了复合系统 Ⅱ 初始的热容外，实验初期环温比水温高也是造成热效率偏高的原因之一；随着复合系统 Ⅱ 水温的升高，复合系统 Ⅱ 的热损增大，其热效率逐渐下降。热泵运行期间，复合系统 Ⅱ 的最大 COP 为中午时分的 4.37，最小 COP 出现在实验末期，为 3.03，通过对一天的实验数据分析，复合系统 Ⅱ 平均 COP 为 3.66，平均热效率为 57.5%。

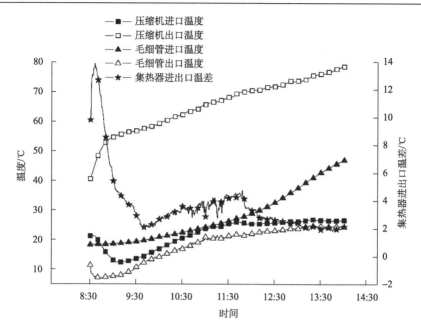

图 7.32　热泵单独运行期间压缩机及毛细管进出口温度波动

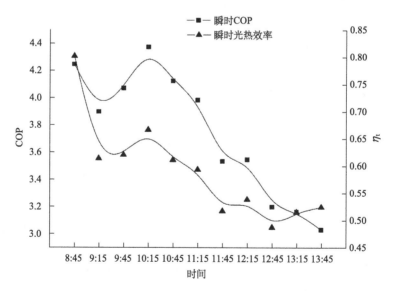

图 7.33　热泵单独运行期间瞬时 COP 及光热效率波动

　　图 7.34 为热泵运行期间复合系统Ⅱ的瞬时光电效率(以半小时为单位)波动图,从图中可以看出,其波动趋势为先增大后减小,其趋势波动的产生与太阳辐射强度及太阳入射角变化趋势有关。通过对实验测试数据分析得知,复合系统Ⅱ

的最大瞬时光电效率为 12.8%，最小瞬时光电效率为 10.9%，平均光电效率为 12.1%，比热管单独运行时瞬时光电效率要高出很多，这是因为和环形热管单独运行相比，热泵运行期间，工质的蒸发使得吸热板始终处于较低的温度，因此其光电效率偏高。

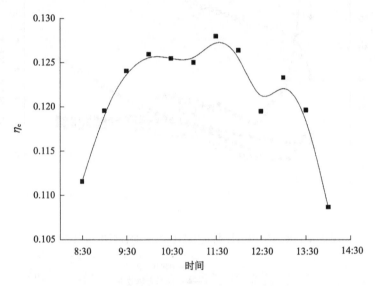

图 7.34　热泵单独运行期间瞬时光电效率波动

7.6.3　基于水温的环形热管-热泵切换模式性能的实验研究

　　光伏太阳能热泵热管复合系统 II 不仅实现两种模式的独立运行，还可以实现两种模式在运行过程中的自由切换，尤其可以实现在环形热管模式运行状态下切换到热泵模式。在利用环形热管模式进行加热时，根据环形热管的重力特性和热二极管特性，不需要额外的动力输入，因此不需要消耗能源。环形热管模式下水温升高到一定温度时所需要的时间要远大于热泵模式需要的时间，环形热管运行时受气象条件尤其是太阳能辐射强度的影响较大，在较低的环境温度和辐射强度下，利用环形热管模式加热的热水的温度达不到生活热水的温度，且复合系统 II 的热效率较低，此时不利于复合系统 II 对太阳辐射强度的利用，热泵可以保证冷凝水温升高到目标温度，但需要消耗更多的能量。因此，利用环形热管-热泵切换的模式，一方面可以利用环形热管模式加热来减少热泵运行过程的能源消耗，另一方面可以使水温升高到目标温度并减少运行时间。

　　在对环形热管-热泵切换模式进行研究时，选取恒定的辐射强度 400W/m² 和环境温度 30℃的条件，利用环形热管模式、热泵模式、环形热管-热泵切换模式将水温升高到相同的温度,对比在不同的模式下消耗的压缩机功率和运行的时间。环形热管-热泵切换模式是在不同的冷凝水温条件下,完成环形热管模式到热泵模式的切换。相同辐射强度和环境温度的条件下环形热管单独模式、热泵单独模式和不同典型热效率下切换模式等五种运行模式如表 7.5 所示。

表 7.5　不同的运行模式

运行模式	多种气相条件下的运行模式(400W/m², 30℃)
A	环形热管单独模式
B	当水温达到 40℃时,环形热管模式切换成热泵模式
C	当水温达到 38℃时,环形热管模式切换成热泵模式
D	当水温达到 35℃时,环形热管模式切换成热泵模式
E	热泵单独模式

图 7.35 为五种不同模式下冷凝水温的变化,在水温从 25℃升高到 44℃的整个过程中,热泵模式需要的时间最短,环形热管模式需要的时间最长,在冷凝水温越低时,将环形热管模式切换到热泵模式需要的时间也越短,B、C 和 D 模式运行的时间逐次减小。

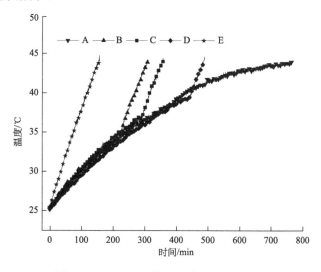

图 7.35　不同运行模式下冷凝水温的变化

图 7.36 为复合系统 II 在不同模式下运行时间及压机总能耗。由于 A 模式不需要耗功,B、C、D 和 E 模式下压机总能耗分别为 599.5kJ、757.6kJ、1204.5kJ 和 2325.8kJ。五种模式下运行的时间分别为 765min、486min、358min、 311min 和 157min。

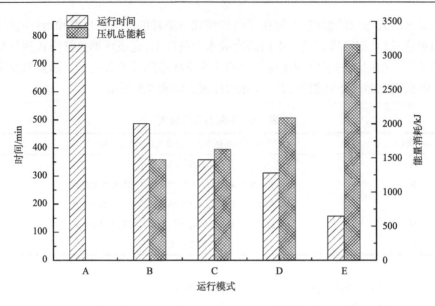

图 7.36　不同模式下运行时间及压机总能耗

由图 7.35 和图 7.36 可知，运行环形热管模式不需要压缩机耗功但运行的时间较长，热泵模式运行的时间较短但压缩机的功耗较多。运行环形热管-热泵切换模式既可以减少压缩机的功耗，又可以有效地节约时间。在运行环形热管-热泵切换模式时，为了减少压缩机的功耗，先通过无需耗功的环形热管模式将水温升高到一定温度，然后切换到热泵模式。冷凝水温的切换温度越高，所需要的压机总能耗就越少（如 B、C 和 D 模式压机总能耗分别占 E 模式的 25.8%、32.6% 和 51.9%），同时所需要的时间也越长（如 B、C 和 D 模式消耗的时间分别占 A 模式的 63.5%、46.8% 和 40.7%）。但运行切换模式时，并不是冷凝水温越高越好，C 模式相对于 D 模式压机总能耗有大幅度的减少，但是 B 模式相对于 C 模式压机总能耗减少的幅度并不明显，同时 B 模式相对于 C 模式消耗的时间要远多于 C 模式相对于 D 模式。这是因为，在环形热管模式运行时，随着冷凝水温的升高，热效率也逐渐降低，水温的变化速率逐渐下降，升高相同的温度，需要的时间也越长。

参 考 文 献

[1] 符慧德. 热管式光伏光热综合利用系统的理论和实验研究. 合肥: 中国科学技术大学, 2012.

[2] 张涛. 重力热管在太阳能光电光热利用中的理论和实验研究. 合肥: 中国科学技术大学, 2013.

[3] Mahdjuri F. Evacuated heat pipe solar collector. Energy Conversion, 1979, 19(2): 85-90.

[4] Du B, Hu E, Kolhe M. An experimental platform for heat pipe solar collector testing. Renewable and Sustainable Energy Reviews, 2013, 17: 119-125.

[5] Azad E. Theoretical and experimental investigation of heat pipe solar collector. Experimental

Thermal and Fluid Science, 2008, 32(8): 1666-1672.

[6] Freeman T L, Mitchell J W, Audit T E. Performance of combined solar-Heat pump systems. Solar Energy, 1979, 22: 125-135.

[7] Hawlader M N A, Jahangeer K A. Solar heat pump drying and water heating in the tropics. Solar Energy, 2006, 80: 492-499.

[8] Ito S, Miura N, Wang K. Performance of a heat pump using direct expansion solar collectors. Solar Energy, 1999, 65: 189-196.

[9] Karagiorgas M, Galatis K, Tsagouri M, et al. Solar assisted heat pump on air collectors: A simulation tool. Solar Energy, 2010, 84: 66-78.

[10] Sandnes B, Rekstad J. A photovoltaic/thermal(PV/T)collector with a polymer absorber plate. Experimental study and analytical model. Solar Energy, 2002, 72(1): 63-73.

[11] Charalambous P G, Maidment G G, Kalogirou S A, et al. Photovoltaic thermal(PV/T)collectors: A review. Applied Thermal Engineering, 2007, 27: 275-286.

[12] Kern E C J, Russell M C. Combined photovoltaic and thermal hybrid collector systems. In Proc IEEE Photovoltaic Specialists Conference, Washington, 1978,

[13] GB/T 4271-2007, 太阳能集热器热性能试验方法.

[14] Chow T T, Pei G, Fong K F, et al. Energy and exergy analysis of photovoltaic-thermal collector with and without glass cover. Applied Energy, 2009, 86: 310-316.

[15] Florschuetz L W. Extension of the Hotel-Whittier model to the analysis of combined photovoltaic/thermal flat plate collectors. Solar Energy, 1979, 22(4): 361-366.

[16] Kaygusuz K, Ayhan T. Experimental and theoretical investigation of combined solar heat pump system for residential heating. Energy Conversion and Management, 1999, 40: 1377-1396.

[17] Kalogirou S A, Tripanagnostopoulos Y. Hybrid PV/T solar systems for domestic hot water and electricity production. Energy Conversion and Management, 2006, 47: 3368-3382.

[18] Macarthur J W, Palm W J, Lessmann R C. Performance analysis and cost optimization of a solar-assisted heat pump system. Solar Energy, 1978, 21: 1-9.

[19] Kuang Y H, Wang R Z. Performance of a multi-functional direct-expansion solar assisted heat pump system. Solar Energy, 2006, 80: 795-803.

[20] Pei G, Fu H D, Ji J, et al. Annual analysis of heat pipe PV/T systems for domestic hot water and electricity production. Energy Conversion and Management, 2012, 56: 8-21.

[21] Fujisawa T, Tani T. Annual exergy evaluation on photovoltaic-thermal hybrid collector. Solar Energy Materials and Solar Cells, 1997, 47: 135-148.

[22] Badescu V. First and second law analysis of a solar assisted heat pump based heating system. Energy Conversion and Management, 2002, 43: 2539-2552.

[23] Pei G, Zhang T, Fu H D, et al. Experimental study on a novel heat pipe-type photovoltaic/thermal system with and without glass cover. Journal of Green Energy, 2012, 10(1): 72-89.

[24] Pei G, Zhang T, Yu Z, et al. Comparative study of a novel heat pipe photovoltaic/ thermal collector and a water thermosiphon photovoltaic/thermal collector. Journal of Power and Energy, 2011, 225(3): 271-278.

[25] Zhang T, Pei G, Fu H D, et al. Experimental study of a novel heat pipe-type photovoltaic/thermal system. Advanced Materials Reasearch, 2011, 347-353: 403-408.

第8章 太阳能碟式聚光光电光热系统

太阳能取之不尽，用之不竭，但能量密度较低，不能满足人们对更高温度的要求。通过太阳能聚光利用，则可以克服这一缺点。太阳能碟式聚光技术是太阳能聚光利用的常见形式之一。聚光器通过反射的手段把到达开口表面的太阳能集中在一个小面积的收集器上，而收集器则将这部分聚焦的太阳能转化为电能或者热能带走并收集利用。较之非聚光或低倍聚光太阳能系统，太阳能碟式聚光可获得更高的能量密度。太阳能碟式聚光光电光热系统在对电池进行冷却的同时，可得到相应的热水。本章针对太阳能碟式聚光光电光热系统中曲面成型不易、聚光光斑不均匀及稳定性差、寿命不长等问题，介绍了曲面碟式聚光及平面碟式聚光光电光热系统特点，重点对平面碟式聚光光电光热系统进行了分析，为太阳能碟式聚光光电光热系统的设计提供参考[1,2]。

8.1 碟式聚光的基本原理

几何聚光比定义为聚光器的光孔面积与接收器表面面积之比，通常用 C 表示，即

$$C = \frac{A_a - A_r}{A_r} \tag{8.1}$$

式中，A_a 为聚光器的光孔面积，m^2；A_r 为接收器表面面积，m^2；聚光比 C 反映的是聚光器使太阳能集中的可能程度。当相对焦距不变时，聚光比随着光孔面积的增大而增大，而对于本章所研究的高倍聚光器，通常聚光器的光孔面积远大于接收器表面面积，因此，

$$C = \frac{A_a}{A_r} \tag{8.2}$$

太阳光并非点光源，如图 8.1 所示，从地球表面看太阳光都不是平行的，在聚光镜上的任一点所接收的入射光线都可以看成以此点与太阳中心连线为中心轴的光锥形式，光锥的顶角为太阳张角，且反射光线又会以同样的张角到达接收器表面。太阳张角可以用如下公式表示：

$$\delta = 2\theta_{\max} = 2\arcsin\left(\frac{d}{2L}\right) \tag{8.3}$$

式中，d 为太阳的直径，m；L 为太阳与地球直径的距离，m；一般计算中可以取太阳张角为 32′。

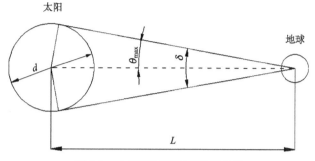

图 8.1　太阳辐射到地球的示意图

　　所有的聚光器产生的太阳影像都有大小，主要由太阳张角及系统的几何形状决定。如图 8.2 所示，抛物型反射面反射形成的太阳影像尺寸为 w，焦距为 f，聚光器光孔尺寸为 a，由于反射镜的对称分布，图中只取其右边的一半分析。

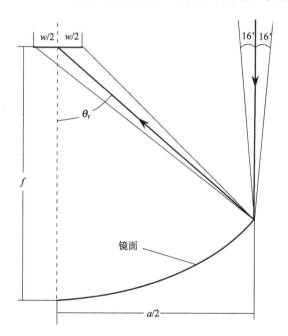

图 8.2　抛物型聚光器在接收表面所形成的太阳影像

$$w = \frac{2r \tan 16'}{\cos \theta_r} \tag{8.4}$$

式中，r 为聚光器镜面上入射点到焦平面的距离，m；θ_r 为反射光束的中心线与光轴的夹角。

$$r = \frac{2f}{1 + \cos\theta_r} \tag{8.5}$$

根据能量守恒原则，在稳态情况下，聚光器的有效能量收益等于同一时间内接收器收集的能量减去接收器对外界环境的热损失，即

$$Q_u = Q_r - Q_{loss} \tag{8.6}$$

式中，Q_u 为聚光器的有效能量收益，W；Q_r 为同一时间内接收器获得的能量，W；Q_{loss} 为接收器对周围环境的热损，W。

则聚光器的光学效率可以表示为

$$\eta_o = \frac{Q_r}{G_a A_a} \tag{8.7}$$

式中，G_a 为同一时间内辐射到聚光器光孔面积上的太阳辐射总量，W/m²；A_a 为聚光器的光孔面积，m²。本章所研究的高倍聚光器一般只能利用太阳辐射的直射部分，只有聚光比非常小的聚光器才能利用小部分的漫射辐射。

聚光器的总效率可以表示为

$$\eta = \frac{Q_u}{G_a A_a} = \frac{Q_r - Q_{loss}}{G_a A_a} = \eta_o - \frac{U_{loss} A_r (T_r - T_a)}{G_a A_a} \tag{8.8}$$

式中，U_{loss} 为聚光器总热损系数，W/(m²·K)；T_r 为接收器表面温度，℃；T_a 为环境温度，℃。

8.2　碟式聚光光电光热系统构成

碟式高倍聚光光电光热系统一般可简单地分为：高倍聚光器、光伏光热接收器、跟踪系统、水路系统及输电控制系统，本节主要介绍高倍聚光器、光伏光热接收器及跟踪系统三部分。

8.2.1　曲面碟式聚光器

由于大面积的抛物曲面不易加工成型，且单曲面的聚光不均匀性较为严重，对聚光光伏发电系统会产生极大的影响，因此可以通过将单一曲面分解为多个曲面，从而简化加工工艺，且多镜面间的缝隙大大增强了系统的抗风性能[3]。

对于曲面多碟共焦系统，其接收器表面获得的辐射能流密度是由各个小碟聚光叠加而成，除了在中心位置的小碟以外，其余所有的小碟开口平面都不相互平行，聚焦后的焦平面也会有所差异，通过合理地调节镜面位置，理论上可以获得相比于单碟更均匀的能流密度分布。目前研究较为广泛的是四碟与九碟共焦系统，

而高倍聚光器的开口直径一般较大，若采用四碟共焦，每个小碟尺寸仍较大，在安装过程中容易出现断裂现象，如图 8.3 所示。因此本节搭建的多碟共焦系统为九碟系统，如图 8.4 所示。

图 8.3　较大曲面反射镜安装时受应力作用的碎裂情况

图 8.4　曲面碟式聚光系统

8.2.2　平面碟式聚光器

高倍聚光系统中光伏表面能流密度分布的均匀性对系统光电转换效率影响很大，若其表面存在热斑效应，则光电效率会明显下降甚至会损坏电池本身。而传统抛物型反射式的聚光方式由于太阳光不平行度等的影响，光强分布不均匀，焦平面所成的像均类似高斯分布，中间高两边低。上节所提出的曲面多碟共焦聚光器虽然在一定程度上会降低太阳光强分布的不均匀性，但由于其聚光方式仍然采用的旋转抛物面式的光学特性，因此聚光后光强分布仍然会存在一定的不均匀性[4-6]。而且目前大部分的聚光器一旦成型，其聚光比就不可随意更改，适用性能不强。

为了解决上述存在的问题，本节将采用平面镜阵列进行聚光，单个平面镜不会聚焦在某一点，而且会对平行入射光进行平行的反射，所以使用平面镜阵列聚光有可能从根本上解决光伏表面能流密度不均匀的问题。采用平面玻璃镜阵列代替原来的曲面碟式聚光系统，不仅能在接收器焦平面获得同等太阳光强分布，而且结构简单，大大降低了系统成本，还可以通过调节平面镜数目来调节系统的聚光比，系统更灵活多变。

平面碟式聚光系统是通过计算确定特定的反射位置，对每一块平面镜而言所形成的反射光斑的位置及其大小都是相等的，因而在光伏表面所叠加的能流密度分布会非常均匀。如图 8.5 所示，PQ 为接收器上的太阳影像，则第一块镜子的位置为 P_0P_1，后续镜子的位置为 $P_{i-1}P_i$，分别设 P_0 点坐标为 $(w, 0)$，P_1 点坐标为 (x, z)，Q 点坐标为 (w, h)。$P'P_0$ 的单位向量为 $\boldsymbol{b}$，法线向量为 $\boldsymbol{c}$，反射光线 PP_0 的单位向量为 $\boldsymbol{d}$，P_0P_1 的向量为 $\boldsymbol{a}$。

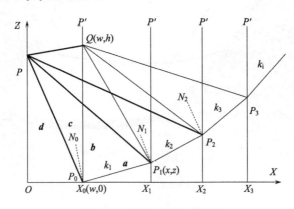

图 8.5　平面碟式聚光模型图

则第一块平面镜方程为

$$z_1 = k_1(x - x_0) \tag{8.9}$$

$$\boldsymbol{a} \cdot \boldsymbol{c} = 0 \tag{8.10}$$

$$\boldsymbol{c} \cdot \boldsymbol{b} = \boldsymbol{c} \cdot \boldsymbol{d} \tag{8.11}$$

由上述公式可以推出

$$k_1 = \sqrt{\left(\frac{h}{w}\right)^2 + 1} - \frac{h}{w} \tag{8.12}$$

即

$$k_1 = \sqrt{k_{PP_0}{}^2 + 1} + k_{PP_0} \tag{8.13}$$

$$\begin{cases} x_1 = \dfrac{k_1 x_0 - k_{PP_0} h + w}{k_1 - k_{PP_0}} \\[4mm] z_1 = \dfrac{k_1 k_{PP_0} x_0 - k_1 k_{PP_0} h - k_{PP_0} z_0 + k_1 w}{k_1 - k_{PP_0}} \end{cases} \tag{8.14}$$

利用数学归纳法，第 i 块平面镜 P_i 的坐标为

$$\begin{cases} x_i = \dfrac{k_i x_{i-1} - k_{PP_{i-1}} h + w - z_{i-1}}{k_i - k_{PP_{i-1}}} \\[4mm] z_i = \dfrac{k_i k_{PP_{i-1}} x_{i-1} - k_i k_{PP_{i-1}} h - k_{PP_{i-1}} z_{i-1} + k_i w}{k_i - k_{PP_{i-1}}} \end{cases} \tag{8.15}$$

　　考虑到在实际搭建平面镜阵列聚光器的过程中，还是需要支撑框架具有一定的精度，且前一块镜子的误差会累积到下一块平面镜上，对于聚光比越高的平面镜阵列，聚光器误差则会越大。因此在实际的实验台搭建过程中，通过一种对焦元件来连接平面镜及支撑框架。这种对焦元件被称为万向节，它不仅是连接支撑框架和平面镜的媒介，同时也能对平面镜位置在三维空间中进行调节。图 8.6 给出了两种不同的万向节结构，但基本原理类似。

　　本节所搭建的实验台中所采用的是第一种万向节，如图 8.7 所示，这样的结构可以使得上表面所粘贴的平面镜在二维空间里调节转动，同时在竖直方向的高度也可以调节，防止相邻平面镜镜面之间的遮挡碰撞。同时图中所采用的平面镜即为普通的镀银玻璃镜，通过硅胶与万向节粘贴，而支撑框架上每一排都有带滑槽的横杆，可以让每个万向节在其中自由移动位置。这样的设计相比于其他高倍聚光器更容易调节系统的聚光比，且更容易模块化加工，为大规模生产利用提供可能。

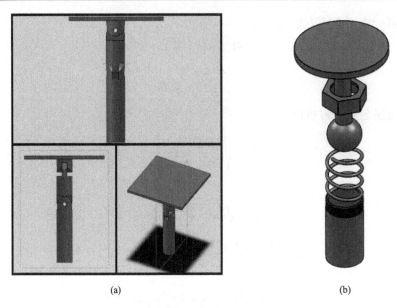

(a)　　　　　　　　　　　　(b)

图 8.6　螺栓式万向节(a)和球形万向节(b)结构图

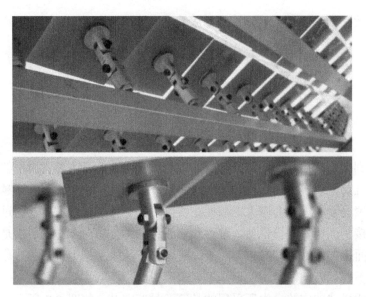

图 8.7　万向节实物图及所形成的聚光阵列

　　考虑到要保证每个平面镜都能完整地将入射光反射到焦平面上，而不出现遮挡情况，则每个镜面之间必须留有一定的间隙，而如果间隙过大则存在一定的面积损失，因此需要对特定的系统之间的间隙进行几何计算，越靠近平面镜阵列中心位置，间隙越小，越偏离平面镜阵列中心位置，间隙越大。而在实际安装过程中可以通过各横杆内的凹槽进行滑动调节。

8.2.3　跟踪系统

太阳光伏电池的输出电能与太阳光的入射角有关，垂直于太阳光伏电池表面入射时，输出电量最大，当入射角发生变化时，输出电量会明显下降。而目前普通光伏系统基本是固定朝向的，但是太阳光在一年之中每天的位置都不固定，因此普通光伏系统的年效率均不高。为了提高太阳能全年利用率，使得光伏系统能更高效地工作，可以通过增加跟踪系统来实现。

跟踪系统是通过驱动步进电机使得聚光器转到其光轴与太阳光线平行的方位，即时刻计算并定位不断变化中的太阳高度角及方位角。如图 8.8 所示，太阳光与地平面的夹角是太阳高度角 α_s，太阳光在地平面的投影与南北方向之间的夹角是太阳方位角 γ_s。

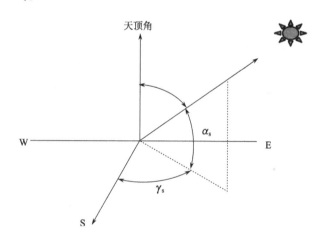

图 8.8　描述太阳方位角及高度角的地平面坐标系

则太阳位置的计算公式为

$$\sin \alpha_s = \sin \delta \cdot \sin \phi + \cos \delta \cdot \cos \phi \cdot \cos \omega \tag{8.16}$$

$$\sin \gamma_s = \frac{\cos \delta \cdot \sin \omega}{\sin \theta_s} \tag{8.17}$$

式中，ω 为时角；δ 为赤纬角；ϕ 为纬度。

一般可以将太阳光的入射角分解为南北方向和东西方向的投影，而且可以认为这两者之间是相互独立的，在计算的时候可以分开逐步积分求解这两个角度，如果将不跟踪的情况下一年获得的能量与使用双轴自动跟踪的光伏系统一年获得的辐射能相互比较，就可以看到采用双轴跟踪与非跟踪型光伏系统所能获得太阳辐射能的差别。举例如下，如果一天从 7:00 到 17:00 能够获得太阳辐射能，而且

12:00 的入射角假定是 0°，则一天下来可接收的太阳辐射为

$$Q_{day} = 2\int_{7}^{12} G\cos\left(\frac{\pi}{12}t - \pi\right)dt = 7.4G \tag{8.18}$$

若赤纬角在一年内是均匀变化的，那么每一天中南北方向入射角变化值为

$$\Delta\theta = 2\times47°/365 = 0.2575° \tag{8.19}$$

$$Q = 4\int_{0}^{91} 7.4G\cos 0.00143\pi t dt = 2614G \tag{8.20}$$

而如果采用双轴跟踪装置，那么每年获得的太阳辐射能为

$$Q = 365\times10G = 3650G$$

$$\tag{8.21}$$

对比固定式和双轴跟踪式的结果可知，双轴跟踪系统所获得的全年太阳辐射量相比于固定式能提高 39.63%。

双轴跟踪系统的跟踪原理为：通过安装在聚光系统上且与整个聚光系统光轴垂直的太阳光敏传感器将太阳光的模拟信号传给跟踪控制箱，自动跟踪控制箱分析运算模拟信号后传递给机械传动机构，通过传动机构精确跟踪太阳。跟踪方法大体可以分为：光敏跟踪和视日轨迹程序跟踪。光敏跟踪非常准确，却容易在乌云天气引起误操作；视日轨迹程序跟踪不会误操作，而由于计算精度等原因没有光敏跟踪精确；然而在高倍聚光系统中，较小的偏差都可能引起系统输出性能的快速下降，因此本节中的跟踪系统采用两种方法相结合进行对高倍系统的跟踪。

1）光敏跟踪法

光敏跟踪的基本原理是把处于不同位置上的传感器收集到的光电信号进行模拟放大，并送入转化器变为数字信号，再进入处理器处理数据并在相互之间进行比较，根据比较的结果输出相应指令，控制步进电机进行跟踪操作，使得聚光系统时刻保证太阳光的垂直入射。

一般系统中基本都采用四象限光电传感器或更高象限的光电传感器。四象限传感器放在四个不同的位置，但都需与聚光器开口面平行，则上下两个传感器可以通过进入光强的差值分析是否超过设定值，如果超过则控制电机在竖直方向上进行调整跟踪，而左右两个传感器通过同样的原理控制聚光器方位跟踪。这样就可以保证聚光器的开口面始终垂直于太阳光线。即如图 8.9 所示，B 和 D 控制太阳高度，A 和 C 控制太阳方位。当太阳光垂直照射到聚光器开口表面时，A、B、C 和 D 接收的太阳辐射相同，经相互比较后输出信号为 0；当太阳光偏离聚光器开口表面垂直方向时，各个象限接收的太阳辐射不一样，经相互比较后输出偏差的信号，通过模数转换再变成数字信号，根据偏差的方向和强度决定如何调整聚光器的位置。当太阳光偏差过大时，可以通过 E、F、G 和 H 四个辅助光电传感器进行校正。

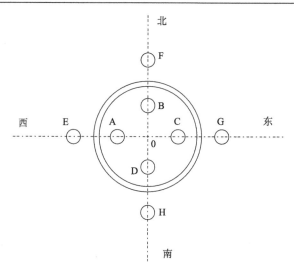

图 8.9　光电传感器工作示意图

　　而中能光伏公司则利用全反射原理设计传感器。如图 8.10 所示，当太阳光正对聚光器时，太阳经过楔形感光透镜 1 和 2 时，将太阳光折射到 3 和 4 上，且刚好达到全反射的角度，此时 3 和 4 所接收的光电信号一致，输出信号近似为 0，则表示跟踪准确。而当太阳光发生偏离时，则两边接收信号不一致，输出信号经放大电路后传给控制器，从而调节跟踪方位使得系统再次对准太阳入射光。

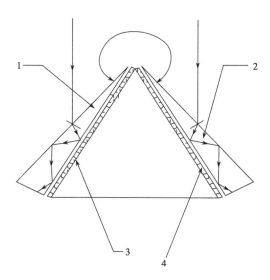

图 8.10　全反射式光电传感器示意图

2) 视日轨迹程序跟踪法

根据地球的自转和公转，可以通过高度角和方位角来确定太阳在天空的具体位置。由现有的天体物理公式可以编程计算任何地点任何时刻太阳的高度角和方位角，从而确定跟踪传动机构所需转动的变量。图 8.11 则给出了作者家乡江苏如东 2010 年 5 月 27 日的高度角及方位角变化情况。

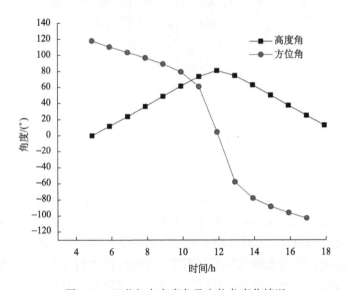

图 8.11　江苏如东高度角及方位角变化情况

本章中研究的高倍聚光器都采用光敏跟踪及视日程序跟踪相结合的方法进行精确跟踪。即开启系统后，初始化系统相关参数，如地理位置等，读取该天的时间日期，计算此时刻该地点太阳的高度角及方位角，通过机械传动机构调整聚光器位置，使其达到所计算的位置。然后光电传感器开始收集信号，并将偏差信号传回控制箱进行分析对比，将对比结果传回给传动机构进行微调，设定时间间隔，不断地对比信号误差，从而达到精确跟踪太阳的目的；如果在跟踪过程中出现乌云天气或辐照值低于设定值的下限，则将光敏跟踪再改为视日轨迹程序跟踪，直到出现太阳光。最后当系统工作结束时，系统将一切归零自动回到初始状态。

8.2.4　光伏光热接收器

如图 8.12 所示，在换热器四周预留可以焊接或者粘贴的边缘，然后让整个光伏层嵌入换热器边框内，让整个光伏层直接与水接触，减少了光伏层与冷却水之间的导热热阻。这样的 CPV/T 模块有很好的换热性能。

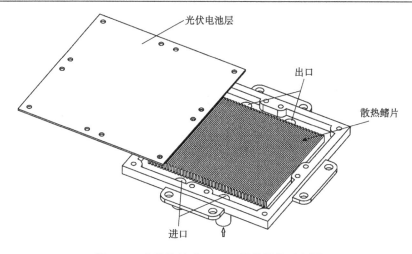

图 8.12　直接接触式 CPV/T 模块结构示意图

　　上述结构在长时间的工作状态下也会出现一些问题。首先，光伏层和换热器均使用铝材质，由于这种连接方式接触面较小，时间长了在水压等的作用下容易发生形变，严重情况下会出现渗水现象。其次，整个光伏层由多块基板拼成，相互之间的热传递受到影响；且电池面积过大，在实际聚光过程中由天气变化造成的聚光不均匀现象会导致系统输出性能下降等情况。而且从真正工程应用的角度出发，这样的结构稳定性较差，不适合大规模生产应用。因此在此基础上，将原先的铝制换热器改为了铜制换热器，光伏基板底部也采用铜材质(图 8.13)；这样可以采用金属低温焊接的技术将光伏基板与换热器直接焊接在一起(图 8.14)。这种方法不仅增加了传热速率，而且 CPV/T 模块的稳定性得到了大大的改善。

图 8.13　铜制 CPV/T 模块的各个部件

图 8.14　低温焊接后的 CPV/T 模块

8.3　数　理　模　型

8.3.1　碟式聚光光电光热模块的理论模型

为了更好地预测碟式 HCPV/T 系统的产出和系统性能，本节将分别对碟式 HCPV/T 系统的 HCPV/T 模块和水箱等建立动态的数学模型。系统的光电转换及热流传递过程主要发生在 HCPV/T 模块中，而 HCPV/T 模块相比于 PV/T 模块要考虑聚光比对系统光电转换性能的影响。图 8.15 给出了 HCPV/T 模块的物理模型，图 8.16 则给出了 HCPV/T 模块的热流网络图[4]。

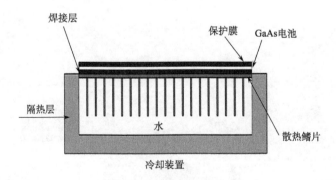

图 8.15　HCPV/T 模块的物理模型

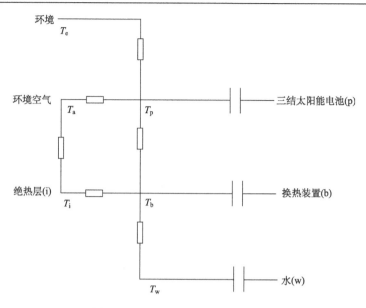

图 8.16　HCPV/T 模块的热流网络图

如图 8.16 所示，可以分别通过节点 p、b、w 和 i 来表示模块的光伏电池层、冷却换热层、流道内冷却水和绝热层等 4 个部分。热流传递过程中主要在水流方向(X 方向)产生温度梯度，因此垂直于水流的方向(Y 方向)不在这里详细讨论。同时假设各个材料的物性和光学参数都为定值。

(1)光伏层的能量平衡方程。

$$M_p C_p \frac{\partial T_p}{\partial t} = k_p V_p \frac{\partial T_p}{\partial x^2} + h_{ap} A_{ap} \left(T_a - T_p\right) + h_{ep} A_{ep} \left(T_e - T_p\right) + h_{bp} A_{bp} \left(T_b - T_p\right) + Q_p$$

(8.22)

式中，M_p 为光伏的质量，kg；C_p 为比热容，J/(kg·K)；T_p 为光伏层温度，T_a 为用于对流换热的空气温度；k_p 为光伏层的热传导系数，W/(m·K)；V_p 为体积，m³；T_e 为用于辐射换热的周围环境温度，可以用以下等效公式表示：

$$T_e^4 = F_{ps} T_{sky}^4 + F_{pgr} T_{gro}^4 + F_{psu} T_{sur}^4$$

(8.23)

其中，F_{ps}、F_{pgr} 和 F_{psu} 分别为光伏层对天空、地面和周围物体的视角系数；T_{sky}、T_{gro} 和 T_{sur} 分别为天空的温度、地面的温度和周围物体的温度。

天空的温度可以用以下的等效公式表示：

$$T_{sky} = 0.0552 T_a^{1.5}$$

(8.24)

h_{ap} 是光伏层外表面与周围空气的对流换热系数，Palyvos 和 Kumar 等对这类对流换热系数进行了大量的研究，得出了很多适应性广泛的经验公式。

$$h_{ap} = 3.8u_a + 5.7 \tag{8.25}$$

式中，u_a 为风速。

h_{ep} 是光伏层与周围环境的辐射换热系数

$$h_{ep} = \varepsilon_p \sigma \left(T_p^2 + T_e^2\right)(T_p + T_e) \tag{8.26}$$

式中，ε_p 为光伏层的发射率；σ 为斯特藩-玻尔兹曼常数，取值为 5.67×10^{-8} W/($m^2 \cdot K^4$)。

h_{bp} 是光伏层到换热器热传导系数，由于本章介绍的 HCPV/T 模块中光伏层拟采用低温焊接直接焊接在换热器上，其接触热阻可以忽略，而如果采用导热胶粘贴的方法(如后文中将介绍的菲涅耳聚光系统)，则必须要加上这一接触热阻的影响。

$$h_{bp} = k_b / \delta_b \tag{8.27}$$

式 (8.22) 中 Q_p 是光伏层吸收太阳能过程中所产生的热能，可以用下面的公式表达：

$$Q_p = \alpha_p G - E_p \tag{8.28}$$

$$G = \rho_{mirror} C I_d A_p \tag{8.29}$$

式中，α_p 为光伏层的吸收率，一般光伏电池表面会刷一层高透过率的硅胶保护膜，因此光伏层的吸收率应包括硅胶保护层的透过率及电池本身的吸收率；G 为聚焦到光伏层的太阳能直射辐射，W；ρ_{mirror} 为聚光镜面的反射率；C 为系统的聚光比；I_d 为太阳能直射辐射；A_p 为光伏层面积。

式 (8.28) 中，E_p 是系统的电能输出量，它随太阳能辐射量及光伏电池温度的变化而变化。Chow 等给出了如下的经验公式[7]：

$$E_p = r_p G \eta_r [1 - \beta_r (T_p - T_r)] \tag{8.30}$$

式中，r_p 为光伏层中光伏电池的覆盖因子；T_r 为参考状态下的光伏电池温度；η_r 为光伏电池在参考状态下的光电转换效率，一般取标准状态下的数值，即温度 T_r 为 25℃；β_r 为光伏电池的温升系数，且在聚光系统中，尤其是高倍聚光系统中会受到聚光比的影响。η_r 一般可以由理论计算获得或者直接由厂家给出。具体的理论计算模型将由后面的章节阐述，本章中采用第二种方式获得。

(2) 换热器的能量平衡方程。

$$M_b C_b \frac{\partial T_b}{\partial t} = k_b V_b \frac{\partial T_b}{\partial x^2} + h_{bp} A_{bp} \left(T_p - T_b\right) + h_{ib} A_{ib} \left(T_i - T_b\right) + U_{wb} A_{wb} \left(T_w - T_b\right) \tag{8.31}$$

式中

$$h_{ib} = k_i / \delta_i \tag{8.32}$$

$$U_{wb} = \eta_o h_{wb} \tag{8.33}$$

$$h_{wb} = Nu_D \frac{k_w}{D_h} \tag{8.34}$$

$$D_h = \frac{4A_c}{P} \tag{8.35}$$

其中，η_o 为肋片总效率；h_{wb} 为冷却水的对流换热系数；Nu_D 为努塞尔数；D_h 为水力直径；A_c 为流动横截面积；P 为湿周。本章中换热器肋片均为直肋，则 η_o 可用如下公式表示：

$$\eta_o = 1 - \frac{NA_o}{A_b}(1-\eta_f) \tag{8.36}$$

$$\eta_f = \frac{\tanh mL_c}{mL_c} \tag{8.37}$$

$$L_c = L + D/4 \tag{8.38}$$

Nu_D 的选择跟流动状态有关，即跟雷诺数 Re_D 有关，当流动状态是层流时，可采用如下经验公式[8]：

$$Nu_D = 3.65 + \frac{0.19\left(Re_D P_r \dfrac{D}{L}\right)^{4/5}}{1 + 0.117\left(Re_D P_r \dfrac{D}{L}\right)^{7/15}} \tag{8.39}$$

当流动状态是湍流时，Gnielinski 给出了雷诺数在很大范围内适用的关系式[9]

$$Nu_D = \frac{\left(\dfrac{f}{8}\right)(Re_D - 1000)P_r}{1 + 12.7\left(\dfrac{f}{8}\right)^{\frac{1}{2}}\left(P_r^{\frac{2}{3}} - 1\right)} \tag{8.40}$$

式中，P_r 为普朗特常数；f 为摩西因子。

(3)保温层的能量平衡方程。

$$M_i C_i \frac{\mathrm{d}T_i}{\mathrm{d}t} = h_{ib}A_{ib}(T_b - T_i) + h_{ia}A_{ia}(T_a - T_i) \tag{8.41}$$

(4)冷却水的能量平衡方程。

$$M_w C_w \frac{\partial T_w}{\partial t} = h_{wb}A_{wb}(T_b - T_w) - \dot{m}_w C_w \frac{\partial T_w}{\partial x}L \tag{8.42}$$

式中，$\dot{m}_w$ 为冷却水的质量流量。

(5)水箱的能量平衡方程。

为简化计算，如果不考虑水箱内水温的分层情况及换热器到水箱沿途过程中的热损情况，其能量方程可以表示成

$$M_{\mathrm{w}}C_{\mathrm{w}}\frac{\partial T_{\mathrm{t}}}{\partial t} = (T_{\mathrm{a}} - T_{\mathrm{t}}) / R_{\mathrm{at}} + \dot{m}_{\mathrm{w}}C_{\mathrm{w}}(T_{\mathrm{out}} - T_{\mathrm{in}}) \tag{8.43}$$

式中，R_{at} 为水箱到外面环境的总热阻；T_{in} 和 T_{out} 为进、出口水温。

8.3.2　系统性能的计算

HCPV/T 系统性能主要用以下几个参数作为评价的标准。

（1）系统得热量。

$$Q_{\mathrm{w}} = \dot{m}_{\mathrm{w}}C_{\mathrm{w}}(T_{\mathrm{out}} - T_{\mathrm{in}}) \tag{8.44}$$

（2）系统发电量 E_{p}，可由式 (8.30) 求解。

（3）系统热效率。

$$\eta_{\mathrm{t}} = Q_{\mathrm{w}} / G = \dot{m}_{\mathrm{w}}C_{\mathrm{w}}(T_{\mathrm{out}} - T_{\mathrm{in}}) / G \tag{8.45}$$

（4）系统电效率。

$$\eta_{\mathrm{e}} = E_{\mathrm{p}} / G \tag{8.46}$$

（5）系统综合效率。

由于电能和热能的品质不匹配，电能相对于热能属于高品质能，因此对于系统的综合效率，国内外很多学者提出了一些典型的热效率，以及用传统火力发电效率或效率来进行修正。为便于统一表述，本章中系统的综合效率统一采用直接相加的方式表达，即

$$\eta_{\mathrm{o}} = \eta_{\mathrm{t}} + \eta_{\mathrm{e}} \tag{8.47}$$

8.4　碟式聚光光电光热系统性能研究

8.4.1　平面碟式聚光系统与曲面碟式聚光系统温度分布的对比实验研究

根据以上的系统理论研究及系统子部件的试制，于夏天在广东五星太阳能有限公司搭建了两套高倍聚光器。为了跟平面镜阵列聚光器相互比较，最终决定采用 9 个抛物曲面镜，每个曲面镜为正方形，边长为 1.066m，聚光比约为 58 倍。9 个抛物碟分别安装在整个支撑框架的对应位置，如图 8.17 所示。

而搭建的平面碟式聚光器采用了 450 片平面镜，如图 8.18 所示，考虑到要保证每个平面镜都能完整地将入射光反射到焦平面上，而不出现遮挡情况，则每个镜面之间必须留有一定的间隙，如果间隙过大，则存在一定的面积损失，因此需要对特定的系统之间的间隙进行几何计算，越靠近平面镜阵列中心位置，间隙越小，越偏离平面镜阵列中心位置，间隙越大。而在实际安装过程中可以通过各横杆内的凹槽进行滑动调节。

图 8.17　曲面碟式聚光器实物图

图 8.18　平面碟式聚光器实物图

　　对两套系统安装调试后，先分别在其焦点处放置一块不锈钢板，可以观察钢板上所形成的光斑能流密度分布情况，为了更清晰地观测焦平面的聚光情况，在后续的实验测试过程中，我们采用红外热像仪分别对其焦平面进行了拍摄，结果如图 8.19 所示。从图中可以清晰地看出，平面镜阵列聚光器所形成的能流密度分布较为均匀，而多碟共焦聚光器仍然存在一定的热斑情况，均匀性仍然较差。

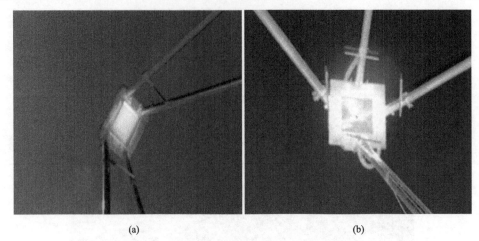

图 8.19　红外热像仪下平面镜系统(a)和多碟共焦系统(b)的光斑分布

　　在实际的运行过程中,由于某些外界原因如出现乌云天气等,会使得一定太阳光所聚集的光斑发生一定的偏移,同时也为了减少太阳光线边缘效应所带来的光能损失,在原来的系统中又增加了自制光漏斗作为二次匀光元件。光漏斗通过高反射率的镜面铝折叠而成,如图 8.20 所示。图 8.20 左侧为平面碟式聚光器所用的光漏斗,图 8.20 右侧为曲面碟式聚光器所用的光漏斗。

图 8.20　两种高倍聚光器系统中所采用的光漏斗

　　从图中可以看出,在系统长期的运行过程中,多碟共焦聚光的不均匀导致了光漏斗出现部分热斑现象。

　　通过上述研究可知,平面碟式聚光器的聚光均匀性高,无热斑效应,若将不锈钢板撤换成散热器,并在其表面粘贴热电偶,通过所测得的温度值也可以从某种程度上反映两套系统的均匀性。布置的热电偶线越多,显示的温度分布越准确,但在其表面所粘贴热电偶过多也会影响散热器的传热性能,使得所测数据不准确。因此本节中如图 8.21 所示布置了 4 个测温热电偶。将布有热电偶的散热器分别安装在曲面碟式聚光器及平面碟式聚光器的焦点位置，在系统运行过程中，采用水泵进行强制换热，最终通过数据采集仪采集散热器表面温度、进出口水温、直射辐射等数值。

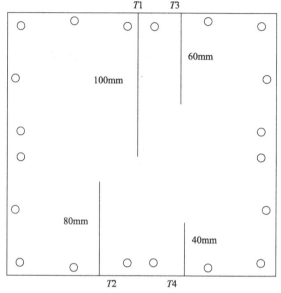

图 8.21 热电偶在散热器表面的分布情况

曲面碟式聚光系统散热器表面的温度分布情况如图 8.22 所示，平面碟式聚光系统散热器表面的温度分布情况如图 8.23 所示。

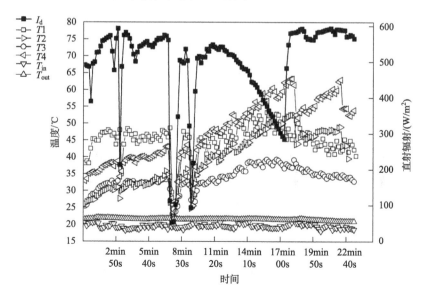

图 8.22 多曲面碟式聚光系统散热器表面的温度分布

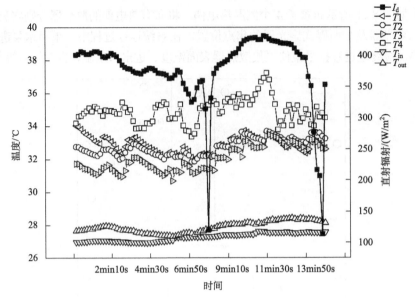

图 8.23　平面碟式聚光系统散热器表面的温度分布

从图 8.22 可以看出，曲面碟式系统散热器表面最大温差超过 20℃，而从图 8.23 可以看出，平面碟式聚光系统散热器表面最大温差为 4.1℃左右，考虑到冷却水沿水流方向必然存在温升情况及热电偶本身的测试精度，综合热像仪所拍摄的效果图可以认为平面碟式聚光器所聚焦的能流密度分布较为均匀，适合用于后续的聚光光伏发电系统。

8.4.2　不同聚光比不同流量下的实验研究

对于整个实验系统的测试主要包括温度、辐照、质量流量、风速、CPV/T 光伏输出特性等[5]。

1）温度的测量

温度的测量主要包括对环境温度、光伏基板温度、进出口水温、水箱温度等的测量。各温度点的测量仍然使用自制的铜-康铜热电偶，由于测试平台离室内的数据采集仪较远，为了保证测试的准确性，采用了延长线，并用固定冰点补偿的办法提高测试精度。对于环境温度的测试，需要避免测试探头直接接触太阳辐射及受到周围风速的影响。

2）辐照的测试

由于聚光系统中，仅直射辐射可用，因此依旧使用锦州阳光气象科技有限公司的直射辐射仪。

3）质量流量

依旧采用天津斯密特公司的涡轮流量计，并在流量计后面加上阀门，使后续实验能够通过改变流量获得更多的实验数据。

4）风速

风速采用广东五星太阳能有限公司楼顶的风速传感器。

5）CPV/T 光伏输出特性

CPV/T 的光伏输出特性主要包括光伏层的输出电流、电压和最大功率点的状态。本节中采用的是 HT 公司的光伏组件 *I-V* 特性测试仪，型号为 I-V400，此类仪器不仅可以测量电压、电流，还可以输出光伏组件的 *I-V* 曲线。

如图 8.24 所示，利用平面镜阵列聚光器聚光比可调节的特点，可以很容易地改变系统的聚光比，即通过增加或者减少平面镜数量来获得所需的聚光比。

图 8.24　平面碟式聚光 HCPV/T 实验系统

但考虑到实验过程的简单可操作性，本节实验中通过部分遮挡法来获得所需的聚光比，如图 8.25 所示。

图 8.26（a）和（b）分别为安装后及正在工作中的 CPV/T 模块。

图 8.25　通过部分遮挡的方法获得所需的聚光比

图 8.26　安装在聚光器上的 CPV/T 模块(a)和正在运行的 CPV/T 模块(b)

　　本节选取一天的数据进行分析，图 8.27 给出了从 10:00 到 16:00 的直射辐射及环境温度情况。系统在不同聚光比及不同流量下的实验结果见表 8.1。

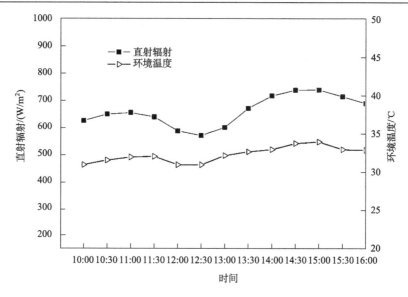

图 8.27　直射辐射及环境温度的变化情况

表 8.1　系统在不同聚光比及不同流量下的性能情况

聚光比	平均冷却水流量/(kg/s)	平均进水温度/℃	平均出水温度/℃	平均热效率	平均光伏电效率
200	0.3	28.9	29.4	0.471	0.251
200	0.2	29.7	30.4	0.476	0.24
200	0.1	30.6	32.1	0.487	0.23
368	0.29	32.1	33.0	0.504	0.225
368	0.19	33.1	34.7	0.507	0.205
450	0.3	36.6	37.9	0.491	0.22
450	0.24	38.8	40.5	0.513	0.211
450	0.15	41.1	43.8	0.519	0.208

　　当聚光比为固定值时，光伏电池的电效率基本取决于光伏电池的温度。但是聚光后，光伏电池表面的温度一般很难测量。本节中采用的 CPV/T 模块中，光伏基板是直接焊接在换热器上的，如果忽略这部分热阻，那么换热器温度 T_c 可以被认为是包括光伏基板及换热器在内的整个 CPV/T 模块的平均温度 T_c 的值，结果见表 8.2。

　　一般来说，光伏电池的光电转化效率受辐射强度及温度的影响。随着聚光比的增加，光电转化效率也会相应增加，但当聚光比在 200~450 变化时，这种趋势不明显。因此当聚光比在 200~450 变化时，可以不考虑聚光比的影响，而单独对光伏电池的温度效应作讨论。通过拟合实验数据，图 8.28 给出了电效率随 T_c 的变化情况。

表 8.2 T_c 在不同聚光比及不同流量下的值

聚光比	冷却水流量/(kg/s)	$T_c/℃$
200	0.3	49.1
200	0.2	51
200	0.1	52.4
368	0.29	69.9
368	0.19	76.4
450	0.3	92.4
450	0.24	96.7
450	0.15	98.9

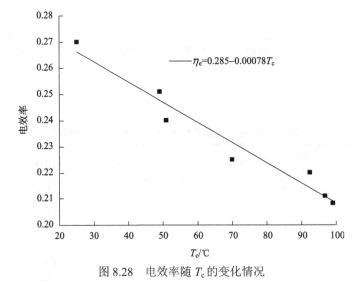

图 8.28   电效率随 T_c 的变化情况

用公式可以表示成

$$\eta_e = 0.266 - 0.00078(T_c - 25℃) \tag{8.48}$$

因此，随着系统工作状态的改变，可以通过以上公式预测电效率随之变化的情况。如果假定反射率、吸收率、发射率等系统参数不受温度和外界环境的影响，且系统跟踪精准，跟踪误差基本可以忽略。那么系统的光损失就是定值。对于本节中的 HCPV/T 系统，其光损失大约为 18%，且这个损失可以被认为是 HCPV/T 系统中最大的能量损失。因此，提高系统中聚光器的反射率及 CPV/T 模块的吸收率也是提升系统总体性能的一个重要方面。

图 8.29 给出了 CPV/T 模块在不同聚光比下的 *I-V* 曲线。如图所示，CPV/T 模块的电流随着聚光比的增加而线性增加，而开路电压却随着聚光比的增加而减小。一般理论上开路电压会随着聚光比的增加而稍微有所增加，这个相反的现象正是由系统的温度上升造成的。通过拟合实验数据，可以得到 CPV/T 模块的开路

电压温度系数为–0.12V/℃。而 CPV/T 模块是由 30 片光伏电池组成的，即每块电池的开路电压温度系数为–4mV/℃。

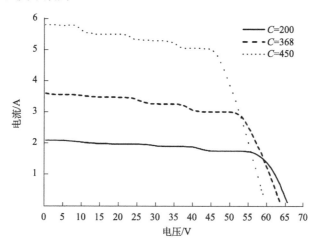

图 8.29　CPV/T 模块在不同聚光比下的 *I-V* 曲线

8.4.3　平面碟式 HCPV/T 系统理论与实验对比分析

如图 8.30 所示，在广东五星太阳能有限公司的楼顶，CPV/T 模块已经安装在平面碟式聚光器上。

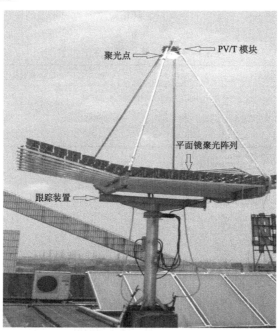

图 8.30　平面碟式 HCPV/T 系统测试平台实物图

模拟中采用广东省东莞市某日所测数据。如图 8.31 所示，在这段时间内，直射辐射相对比较稳定，在 $500\sim600\mathrm{W/m^2}$ 波动，图中还给出了进口水温 T_{in} 及环境温度 T_{a} 的变化。因此，同样的直射辐射、环境温度及进口水温被用于模拟计算中，模型中部分参数列于表 8.3 中。

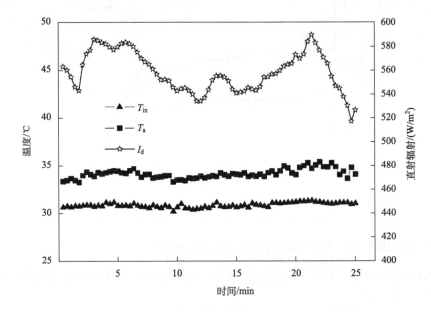

图 8.31　实验中直射辐射、环境温度及进口水温的变化

表 8.3　模拟计算中部分性能参数

参数	光伏基板	换热器	保温层	冷却水
质量/kg	0.16	0.685	0.019	0.266
比热/[J/(kg·K)]	326	903	795	4181
导热系数/[W/(m·K)]	46	237	0.034	0.63

模拟计算中的其他参数如下所示：

系统运行的冷却水流量为 0.08kg/s，光伏电池的吸收率为 0.95，发射率为 0.85，镜面反射率约为 0.92，水流方向 L 为 0.14m，聚光比为 450，且此时 $T_{\mathrm{r}}=25℃$，$\eta_{\mathrm{r}}=0.36$，$\beta_{\mathrm{r}}=0.002℃^{-1}$。

则模拟结果与实验值对比结果如图 8.32 和图 8.33 所示。从图 8.32 中可以看出，模拟计算和实验测得的光伏基板温度比较接近，由于直射辐射随时间的动态变化，基本都在 90~100℃波动。模拟计算得到的出水口温度与实验值相差在 0.5~1.5℃。从图 8.33 可以看出，模拟的瞬时热效率在 49%~52%，而实验测得的瞬时热效率在

40%~48%。模拟计算值与实验值的差别主要来源于实验中测量仪器的误差及物理模型的简化。从瞬时热效率的相对误差及误差棒的范围来看，该模型基本正确且可以用来对 HCPV/T 系统进行简单的预测。而且系统的电效率在固定聚光比的条件下可认为只受光伏电池温度的影响，通过模拟计算，在此测试过程中系统的平均电效率为 25%左右，因此 HCPV/T 系统的光电光热综合效率可以达到 60%以上。

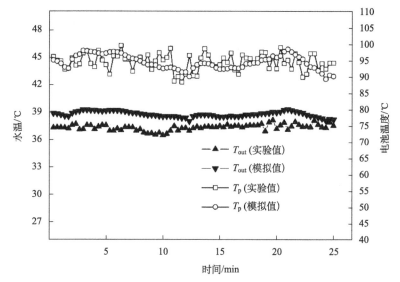

图 8.32　光伏层温度与出水温度的实验与理论对比

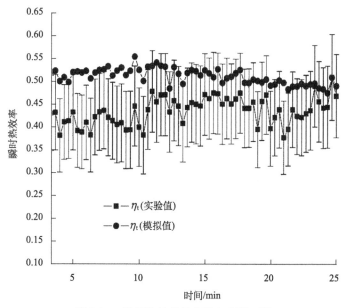

图 8.33　系统热效率的实验与理论对比

8.4.4　不同聚光比不同流量下的性能预测

本节将通过理论模拟的方式，对 HCPV/T 系统在不同冷却水流量下的性能进行模拟计算研究，模拟所采用的物性参数依旧不变，而聚光比改为常用的 500 倍聚光，进口水温为 25℃，直射辐射为 550W/m²。

从图 8.34 和图 8.35 可以看出，当质量流量小于 0.04kg/s 时，HCPV/T 的性能变化很快；当质量流量从 0.04kg/s 降低到 0.02kg/s 时，光伏电池的电效率急剧下降，且电池的温度会快速上升。如果质量流量低于 0.02kg/s，光伏电池有可能会由于高温而损坏。这主要是因为当质量流量低于 0.04kg/s 时，换热器中的水会从湍流逐渐变成层流，导致换热效率严重下降，从而使得电池表面温度上升，其光电转换效应降低。而当质量流量在 0.06~0.1kg/s 时，光伏基板都能被较好地冷却，保证整个系统有较好的热电性能。

如图 8.34 所示，在 HCPV/T 系统中，系统的电效率随着质量流量的增加而增加，热效率却随着质量流量的增加而下降，而光电光热综合效率则随着质量流量的增加有所上升。这个现象与非聚光型 PV/T 系统不同，如图 8.36 所示，在聚光比为 1，即非聚光型 PV/T 系统中，系统的电效率和热效率都随着质量流量的增加而增加。对比图 8.34 与图 8.36 可以看出，高倍聚光使得效率之间的变化不在一个量级上，即系统的电效率、热效率变化要远高于系统热损失的变化。

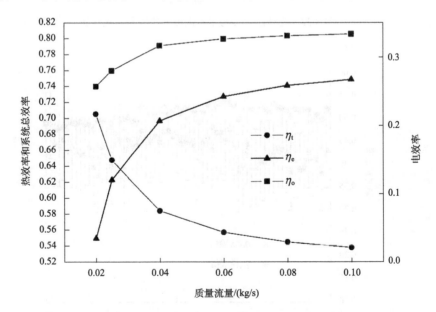

图 8.34　质量流量对系统光电、光热、光电光热综合性能的影响（C=500）

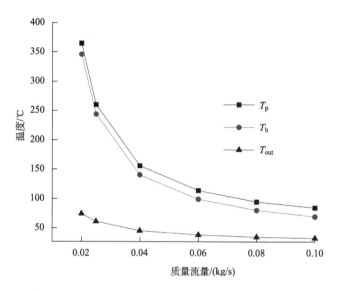

图 8.35　HCPV/T 系统中质量流量对温度的影响（C=500）

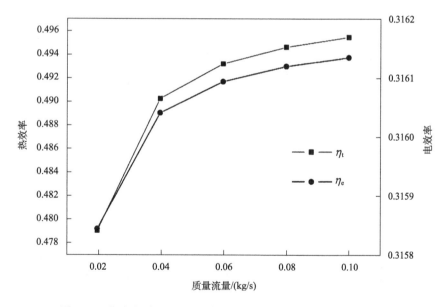

图 8.36　非聚光型 PV/T 热效率和电效率随质量流量的变化（C=1）

同样可对 HCPV/T 系统在不同聚光比下的性能进行模拟研究，模拟所采用的物性参数及初始参数与前面相同。

如图 8.37 所示，一开始该系统输出的热能与电能随着聚光比的增加显著增加，当聚光比达到 800~1200 且质量流量取值在 0.06~0.1kg/s 时，系统输出的电能会达到一个最大值，如果聚光比继续增加，系统的输出电能会下降。然而系统输出电能达到最大值的时候并不是系统最佳的工作状态。因为此时的电池温度过高，光电转换效率低下且不利于长期使用，需要综合考虑光伏电池在不同聚光比下的电效率变化情况。当聚光比发生变化时，光伏电池常温下的参考光电效率及其相对应的温度系数都会发生改变。图 8.38 给出了系统电效率和热效率随聚光比的变化情况。当聚光比增加时，系统的光电效率先增加后减小，这是由于理论上系统的光电效率会随着辐射强度的增加而相应增加，当聚光光强达到一定值时，光伏电池的 FF 因子才会有所下降，同时对该系统而言，聚光比的增加同时也意味着光伏电池温度的不断升高，因此系统的光电效率会出现先升高后降低的现象。图 8.37 和图 8.38 均给出了在不同聚光比条件下，冷却水流量变化对系统性能的影响。由于在高倍聚光条件下，尤其是聚光比大于 500 后，如果不合理调节流量，那么聚焦到光伏电池表面的能量密度过高导致产生的余热不能及时被带走，从而会导致光伏电池温度逐渐升高，系统光电效率逐渐下降。因此，为了获得最佳的系统输出性能，需要注意调节冷却水流量使之与系统的聚光比相匹配。

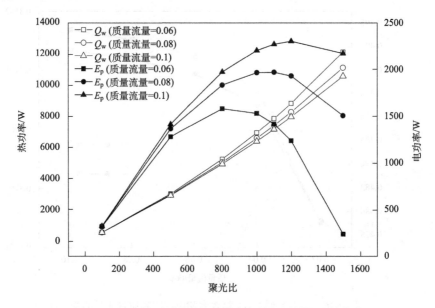

图 8.37　HCPV/T 系统输出的热能与电能随聚光比的变化

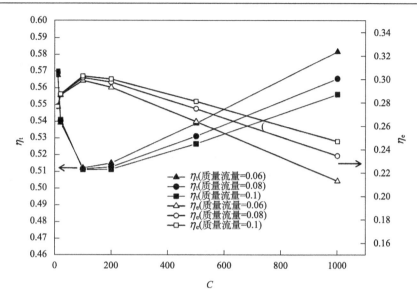

图 8.38 HCPV/T 系统的电效率与热效率随聚光比的变化

8.5 本 章 小 结

本章介绍了碟式 HCPV/T 系统，并针对碟式系统聚光匀光等问题，提出了曲面碟式聚光及平面碟式聚光两种改进模型，对这两种聚光器的光强分布进行了对比实验研究，本章也对碟式系统的其他各个子部件进行了设计及研制。在此基础上建立了 HCPV/T 模块的动态理论模型，并通过将实验测试的环境参数及相应的系统部件参数代入模型中，得到了相应的模拟结果。结果表明该系统的电效率可达 22%，热效率可达 47%；且理论模型基本正确，可以用来对 HCPV/T 系统进行性能预测。本章还对系统在不同聚光比不同流量下的性能进行了实验及理论研究，为高倍聚光碟式系统的进一步优化改进提供了参考。

参 考 文 献

[1] 陈海飞. 高倍聚光光伏光热综合利用系统的理论和实验研究. 合肥: 中国科学技术大学, 2014.

[2] 王云峰. 太阳能碟式聚光发电供热综合利用系统研究. 合肥: 中国科学技术大学, 2013.

[3] 王云峰, 季杰, 何伟, 等. 抛物碟式太阳能聚光器的特性分析与设计. 光学学报, 2012, 32(1): 198-205.

[4] Harris J A, Duff W S. Focal plane flux distributions produced by solar concentrating reflectors. Solar Energy, 1981, 27 (5): 403-411.

[5] Jones P D, Wang L. Concentration distributions in cylindrical receiver/paraboloidal dish concentrator systems. Solar Energy, 1995, 54（2）: 115-123.

[6] Elsayed M, Fathalah K. Solar flux-density distribution due to partially shaded/blocked mirrors using the separation of variables/superposition technique with polynomial and Gaussian sunshapes. Journal of Solar Energy Engineering, 1996, 118（2）: 107-114.

[7] Chow T. Performance analysis of photovoltaic-thermal collector by explicit dynamic model. Solar Energy, 2003, 75(2): 143-152.

[8] Li M, Wang L L. Investigation of evacuated tube heated by solar trough concentrating system. Energy Conversion and Management, 2006, 47（20）: 3591-3601.

[9] Incropera F P, Dewitt D P, Bergman T L, et al. Fundamentals of Heat and Mass Transfer. New York: John Wily and Sons Inc, 2006.

[10] Ji J, Wang Y F, Chow T T, et al. A jet impingement/chanel receiver for cooling of densely packed photovoltaic under paraboloidal dish solar concentrator. Heat Transfer Research, 2012, 43（8）: 1-12.

[11] Chen H F, Ji J, Wang Y F, et al. Thermal analysis of a high concentration photovoltaic / thermal system. Solar Energy, 2014, 107: 372-379.

第9章　太阳能菲涅耳聚光发电供热系统

太阳能菲涅耳聚光发电供热系统是采用菲涅耳聚光光伏发电的同时进行热量收集利用的太阳能光电光热综合利用系统。菲涅耳透镜将太阳光会聚到一块面积很小的电池上,菲涅耳点式聚光可得到 1000 倍以上的聚光效果,减少电池用量的同时以相同比例增加太阳辐射强度,采用多结太阳能电池则可实现高效的光电转化率。会聚的光线到达电池表面,部分被转换为电能输出,不能转换为电能的那部分光能转换为热能, 造成电池热负荷,因此必须对电池进行散热以防电池温度升高导致太阳能电池光电转换效率下降甚至被损坏。通常采用翅片式铝制换热器将电池上的热流通过自然对流及辐射换热散失到环境中去。这种结构的换热装置在大多数情况下都能够保证光伏电池正常工作,但是在高温无风的气候条件下,将变得低效和不可控。这种不可控会导致电池温度升高,进而整个系统的发电效率下降。从长期来看,如果电池经常工作在高温状态下,电池本身甚至可能出现不可逆转的永久性损伤。而聚光系统产生的热量通常是其产生的电能的两倍以上,如果采用可靠的方式将电池上的热能带走并加以收集利用,则整个系统的太阳能综合利用率将会大大提高。因此,本章提出并试制了一种菲涅耳式高倍聚光发电供热(HCPV/T)系统[1, 2],在聚光光伏发电的同时,通过合适的换热器件和系统设计,收集电池上的热量并获取额外的热能收益。菲涅耳 HCPV/T 系统提高了系统的综合能效,缩短了系统回收期,拓展了菲涅耳聚光光伏发电的应用前景。

9.1　菲涅耳高倍聚光发电供热系统的构成

菲涅耳 HCPV/T 系统由聚光 PV/T 阵列、跟踪系统、控制系统、逆变系统和集热系统等构成[3-5]。聚光 PV/T 阵列由性能和结构相同的 HCPV/T 模组单元组成,每个 HCPV/T 模组单元由菲涅耳高倍聚光组件和 PV/T 接收器组合构成,结构较简单,制作过程自动化程度高。由于在高倍聚光系统中,只有太阳直射辐射才能被利用,因此模组必须采用跟踪系统追踪太阳辐射。多个甚至数十个模组与支架相连,支架由跟踪系统驱动追踪太阳辐射,各模组单元输出的电力采用串联或并联的方式连接汇流,各模组接收器的散热器部件则由集热管路衔接形成循环水路,由此构成了最基本的菲涅耳 HCPV/T 阵列。而将数个或更多菲涅耳 HCPV/T 阵列联动结合,并将获得的直流电通过逆变控制系统并网供电,将获得的热能收集储存于储水箱，则构成了一个完整的菲涅耳 HCPV/T 系统，如图 9.1~图 9.3 所示。

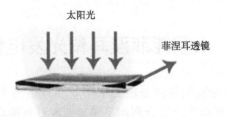

图 9.1　菲涅耳透镜聚光光伏发电原理图

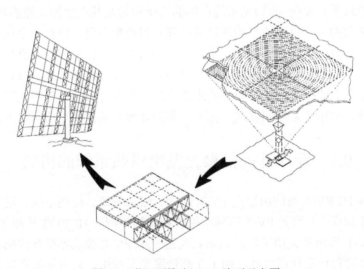

图 9.2　菲涅耳聚光 PV/T 阵列示意图

9.1.1　菲涅耳 HCPV/T 模组

本章研究的菲涅耳式 HCPV/T 模组由 15 块菲涅耳聚光透镜与 15 个接收器构成，它们一一对应安装在铝制框架上，如图 9.4 所示。15 个接收器的电池串联后由导线引出。

图 9.3　菲涅耳 HCPV/T 系统

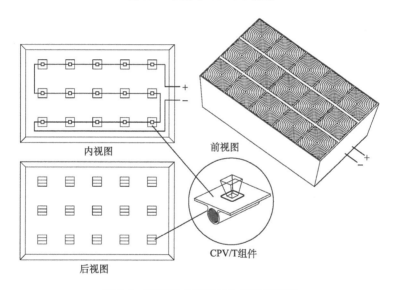

图 9.4　菲涅耳式 HCPV/T 模组示意图

1. 菲涅耳聚光器

　　菲涅耳透镜对光路产生的折射作用主要是由其表面的曲面形状导致，光路只在透镜表面发生变化，在均匀的材质中不会改变。因此如图 9.5 所示，可以将对光路不起改变作用的部分舍弃掉，而将剩余的部分平移到同一表面，这样形成的光学元件仍然可以保持其原来的光学特性。这就是菲涅耳透镜的基本原理，该原理实现了球面透镜向平面透镜的转变。

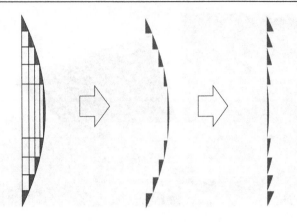

图 9.5 菲涅耳透镜形成的原理

传统的成像光学是以提高光学器件的成像质量为目的，其主要的宗旨是在其焦平面形成完美的物像，但是利用该原理设计的聚光器聚光效果远达不到目标值。非成像光学的研究却打破了这一束缚，非成像光学通过一定的设计能够达到其理论的最大值。非成像光学不要求成像效果，而更追求光学器件的光强利用率及光的分布情况。通过几何光学的推导得出，非成像聚光比的最大值可以超过成像系统的 4 倍。菲涅耳透镜属于非成像光学，它不要求在其焦平面所成像的效果。一般设计菲涅耳聚光所需的焦距、聚光大小都是给定的，主要是要对菲涅耳透镜中每个小棱镜的倾角进行设计[6]。

如图 9.6 所示，光源的一光束从其光轴 F 点入射，到达透镜 A 处折射聚光到透镜另一端的 F_1 点。假设 A 处为第 i 个小棱镜，而小棱镜的折射情况如图 9.7 所示。根据折射定律可以推出每个小棱镜顶角的计算公式

$$\theta_i = w_{i1} + \arctan\left[\frac{\sin w_{i1}\sqrt{n^2 - \sin^2(u_i + w_{i1})} - \cos w_{i1}\sin(u_i + w_{i1}) - \sin u_{i1}}{\cos u_{i1} - \cos w_{i1}\sqrt{n^2 - \sin^2(u_i + w_{i1})} - \sin w_{i1}\sin(u_i + w_{i1})}\right] \quad (9.1)$$

式中，w_{i1} 为第 i 个小棱镜相对曲率中心 O 的夹角；u_i 为光线入射的孔径角；u_{i1} 为对应出射的孔径角；n 为透镜的折射率。此式可以作为透镜的一般设计公式，而一般太阳光既可以从光面入射也可以从曲面入射，但考虑到曲面朝外的情况下在长期使用中会受到灰尘等不利因素的影响，因此菲涅耳透镜一般采用从光面入射的情况，即公式变为

$$\theta_i = w_{i1} + \arctan\left(\frac{\sin w_{i1}\sqrt{n^2 - \sin^2 w_{i1}} - \cos w_{i1}\sin w_{i1} - \sin u_{i1}}{\cos u_{i1} - \cos w_{i1}\sqrt{n^2 - \sin^2 w_{i1}} - \sin^2 w_{i1}}\right) \quad (9.2)$$

当 w_{i1} 无限趋于 0 时就变成了平面式菲涅耳透镜，则上式变成

$$\theta_i = w_{i1} + \arctan\left(\frac{\sin u_{i1}}{n - \cos u_{i1}}\right) \tag{9.3}$$

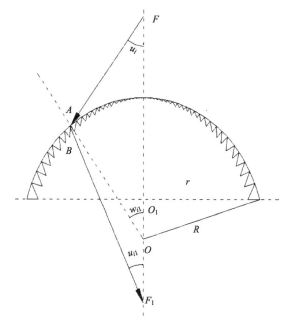

图 9.6　透镜的聚光原理

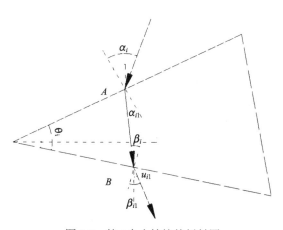

图 9.7　第 i 个小棱镜的折射图

在聚光光伏系统中，电池表面的光强分布会显著影响到光伏电池的光电转换效率。大量研究表明，电池表面的能量分布越均匀，电池的光电转换效率越理想。

针对菲涅耳式聚光器的聚光匀光结构设计，主要有两种方法，一是根据非成像光学原理，设计多焦点结构的菲涅耳透镜，使得接收器表面焦斑处的光强分布总体均匀。这种方法虽然能实现焦斑处的光强分布较为均匀，但是对聚光器的跟踪精度要求极高。另一种方法则是利用二次聚光装置，通过改变入射光束的光路来实现能量分布的均匀化。这种方法简单可靠，二次聚光装置通常采用梯形台样式。对于二次聚光装置，有许多设计方法，常见的是镜面反射型和折射全反射型两种。本节结合二者的优势，采用了折射型的二次聚光装置，整个聚光器的光路图如图 9.8 所示。

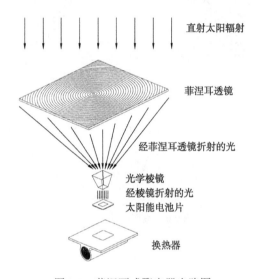

图 9.8　菲涅耳式聚光器光路图

用来制作菲涅耳透镜的材料很多，如有机硅凝胶、透明橡胶、聚甲基丙烯酸甲酯(polymethyl methacrylate，PMMA)等。有机硅凝胶跟有机和无机物质都不黏附，适合用于复杂细微结构的制模，透明橡胶粘贴在有机玻璃上耐温范围高，然而容易被氧化，工艺也较复杂。国内外最常用于制造菲涅耳透镜的材料还是PMMA，主要是由于其具有透射率较高，耐气候条件好，容易制模且质量轻，成本较低等优点。

一般菲涅耳透镜加工时采用热压成型工艺，热压成型所采用的模具一般以铬钢为材料，然后用钼丝线切割加工成型，最后经光学抛光成为镜面。即先将 PMMA材料按设计好的尺寸进行切割加工，从而成为矩形毛坯，再用模具固定升温至110℃左右，增加压力定型然后保持压力恒温 10min 左右，最后冷却至室温再除去模具即可成型。

本节的聚光器的尺寸如图 9.9 所示。其中，菲涅耳透镜尺寸为 330.2mm×330.2mm，焦距为 541.8mm，它是将硅胶菲涅耳透镜复合在玻璃基板上，具有较高的透过率。二次棱镜为上宽下窄的梯形台玻璃透镜，其下端通过光学硅胶与光伏电池粘合。

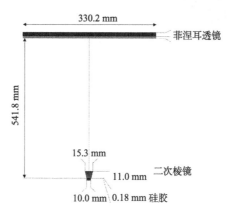

图 9.9　本节采用的菲涅耳式聚光器尺寸图

2. 接收器

相比于太阳能硅电池，砷化镓Ⅲ-Ⅷ族的多结太阳能电池具有更高的光电转换效率和更低的温度系数。本节研究的菲涅耳式 HCPV/T 模组采用了日芯光伏科技有限公司提供的 GaInP/GaAs/Ge 三结太阳能电池板。该电池板为高效率的三结电池芯片与导热性能良好的陶瓷基板封装而成。电池与基板一般采用真空焊接的方式，根据电池电极形式的不同，上电极可以采用金带焊接，或者用银箔焊接。为了防止热斑效应，每块电池都必须并联一个旁路二极管。陶瓷基板和散热器通过导热硅胶热压封装，即构成接收器。电池与散热器间的空洞率须严格控制，以保证电池与散热器有良好的接触，在多次热循环条件下不致损坏。典型的菲涅耳高倍聚光光伏基板及接收器的结构如图 9.10 所示。

综合考虑换热器的换热效果、流经液体时的压力损失、模组的加工成本及换热器结构对已有生产线的适应程度，设计了一种多槽道水冷换热器，并利用液体冷却介质来收集这部分热量。多槽道水冷换热器结构示意图如图 9.11 所示。为了确保电池芯片基板与换热器完美贴合，从换热器的加工开始就必须严格按照一定的工序来执行整个 PV/T 接收器的加工。概括起来，整个流程依次为：①开模；②挤压；③氧化；④锯切；⑤数控加工；⑥表面拉丝；⑦等离子清洗；⑧芯片贴装；⑨棱镜贴装；⑩插接导线；⑪陶瓷片贴装。

图 9.10　菲涅耳高倍聚光光伏基板及接收器

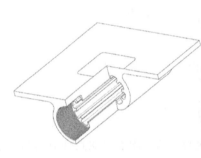

图 9.11　槽道式水冷接收器的剖视图和接收器实物图

9.1.2　跟踪系统

　　对于菲涅耳点聚焦光伏光热系统而言，为了保证太阳直射辐射聚焦到电池上，必须采用双轴跟踪的跟踪系统来确保聚光器始终准确追踪太阳的位置。常见的点聚焦聚光器二维跟踪系统有雷达式跟踪器（图 9.12）和同轴式跟踪器两种（图 9.13），其中雷达式跟踪器通过调节仰角和方位角来实现太阳追踪，而同轴式跟踪器则通过聚光器公用滚轴的转动和聚光器独立的倾斜轴调节来实现太阳追踪。

　　雷达式跟踪系统通常利用一个基座来支撑矩阵式聚光阵列结构，通过变速箱来实现水平方向和垂直方向的追踪。这种系统的一大优势是安装简单，但是风负载会给中央齿轮带来较大的扭矩，因此需要较大的传动装置。同轴式跟踪系统的抗风能力较好，但需要更多的旋转轴承和连杆机构，同时需要一个较大的卧式支座。这种系统的安装难度较大，其公用滚轴通常是南北方向布置，在保证相邻模组转动时不会互相遮挡的前提下来缩短相邻聚光模组之间的距离。

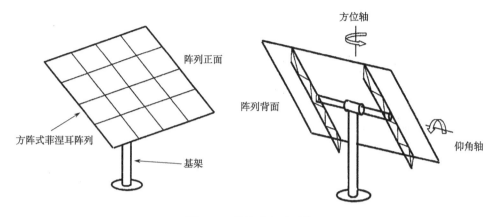

图 9.12　雷达式跟踪系统

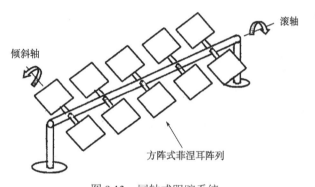

图 9.13　同轴式跟踪系统

　　跟踪系统的控制主要分为开环控制和闭环控制。开环控制是根据太阳绕地球运行的原理，精确计算太阳位置，需要精确的天文计时仪器，可采用全球定位系统(GPS)或报时器对其进行计时。闭环系统装有太阳位置传感器，可以对太阳位置有直接的反馈，但是在多云的天气里很难正常运行，并且在早晨需要有自动机构使其指向东方。目前比较常用的控制方式是开环和闭环两种方式结合起来一起使用。

9.2　数　理　模　型

9.2.1　菲涅耳 HCPV/T 系统的光电模型

　　太阳能电池的输出电能 E_P 不仅受到光伏电池本身参数的影响，同时还受到太阳能辐射强度和光伏电池温度的制约，因此建立该系统的电模型是十分必要的。近年来，国内外的研究人员建立了很多很有针对性的光伏电池的理论模型，一种

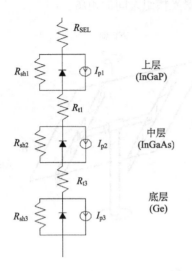

图 9.14　三结 GaAs 光伏电池的等效电路模型

典型的三结 GaAs 光伏电池的等效电路模型如图 9.14 所示。

多结电池的结构不同于普通的单结电池,它包含上中下三个 PN 结,且这三个结都是串联而成。除了每个结点都有各自的光生电流、电阻和电压外,每个结点之间的隧道结也有相应的电阻,且结点与电极之间也会存在电阻。这样的结构扩大了三结电池电路模型的复杂性,所需要考虑的内部参数非常多,需要对每个结电池的参数都非常了解。一种简化的思路是将整个电池作为一个整体来考虑,不去计算它内部的各个参数,将其看成只有一个统一的输出电压、电流、串联电阻及并联电阻的模型,即统一为单个 I-V 曲线形式,对于串联电路,这在原理上是可行的。对于多结电池的电路模型,较为常见的有单二极管模型和双二极管模型。双二极管模型要比单二极管模型更精确,它不仅考虑了光伏电池中电子空穴的扩散作用,还考虑了空间电荷层两者之间的复合作用。但由于双二极管模型所产生的参数也较复杂,且 Gideon 等也对两种模型进行了详细的对比,发现两种模型的误差并不是太大。因此这里将采用国际上普遍应用的单二极管模型,其原理图如图 9.15 所示。

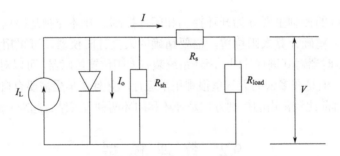

图 9.15　光伏电池的单二极管模型

图 9.15 是光伏电池接负载后工作状态下的等效电路模型图。电流与电压的关系可以用如下公式表达[7-9]:

$$I = I_L - I_0\left\{\exp\left[\frac{q(V+IR_s)}{nkT}\right]-1\right\} - \frac{V+IR_s}{R_{sh}} \tag{9.4}$$

式中，I_L 为光生电流，A；I_0 为二极管的饱和电流，A；R_s 为串联电阻，Ω；R_{sh} 为并联电阻，Ω；n 为二极管影响因子；k 为玻尔兹曼常量，取值为 1.38×10^{-23} J/K；I 为电池的工作电流，A；V 为电池的工作电压，V。

式(9.4)中的光生电流 I_L、二极管的饱和电流 I_0、二极管影响因子 n、串联电阻 R_s、并联电阻 R_{sh} 是光伏电池模型中的五个关键参数。想要获得光伏电池的性能曲线，必须要知道这五个关键参数在标准状态下的值。一般电池的生产商出于保密，不太可能提供这些基本参数，但会给出光伏电池开路状态、短路状态及最大功率点状态的电流和电压值，即开路电压 V_{oc}，短路电流 I_{sc}，最大功率点电压 V_{mp} 及最大功率点电流 I_{mp}。然而根据上述三个特征点的数据只能得到三个方程，不足以求解五个未知数的非线性超越函数。有些文献中略去并联电阻，甚至有些工程设计精度要求不高的还省略了串联电阻，使得光伏电池电学模型简化为三参数或两参数的方程。这种方式使得计算精度大大降低，不足以给出模型的准确预测。而翟载腾利用对电流方程的微分求导及相应的一些简化，将超越方程转化为代数方程求解，使计算过程得到了大大的简化。然而该方法必须要知道或者实验求解光伏电池 I-V 曲线的两侧斜率，也容易产生一定的误差。因此本节中增加较为容易得到的开路电压温度系数 $\mu_{V_{oc}}$ 和短路电流温度系数 $\mu_{I_{sc}}$，从而完成五参数的求解。为简化方程描述，取 $a = nkT/q$，求解方程组如下所示。

(1)开路电压状态。

$$I_{L,ref} = I_{o,ref}\left[\exp\left(\frac{V_{oc,ref}}{a_{ref}}\right)-1\right] + \frac{V_{oc,ref}}{R_{sh,ref}} \tag{9.5}$$

(2)短路电流状态。

$$I_{sc,ref} = I_{L,ref} - I_{o,ref}\left[\exp\left(\frac{I_{sc,ref}R_{s,ref}}{a_{ref}}\right)-1\right] - \frac{I_{sc,ref}R_{s,ref}}{R_{sh,ref}} \tag{9.6}$$

(3)最大功率点。

$$I_{mp,ref} = I_{L,ref} - I_{o,ref}\left[\exp\left(\frac{V_{mp,ref}+I_{mp,ref}R_{s,ref}}{a_{ref}}\right)-1\right] - \frac{V_{mp,ref}+I_{mp,ref}R_{s,ref}}{R_{sh,ref}} \tag{9.7}$$

$$\frac{I_{mp,ref}}{V_{mp,ref}} = \frac{\dfrac{I_{o,ref}R_{s,ref}}{a_{ref}}\exp\left(\dfrac{V_{mp,ref}+I_{mp,ref}R_{s,ref}}{a_{ref}}\right)+\dfrac{1}{R_{sh,ref}}}{1+\dfrac{I_{o,ref}R_{s,ref}}{a_{ref}}\exp\left(\dfrac{V_{mp,ref}+I_{mp,ref}R_{s,ref}}{a_{ref}}\right)+\dfrac{R_{s,ref}}{R_{sh,ref}}} \tag{9.8}$$

(4)温度系数方程。

$$\frac{\partial V_{oc}}{\partial T} = \mu_{V_{oc}} \approx \frac{V_{oc}(T_c) - V_{oc}(T_{ref})}{T_c - T_{ref}} \tag{9.9}$$

由以上五个方程可以求解标准状态下(太阳光辐射强度设为 1000W/m², 光伏电池温度设为 25℃)的五个参数值。然而在高倍聚光系统中,太阳光辐射强度和光伏电池温度会一直变化。因此考虑到聚光和电池温度的影响,光生电流及饱和电流可以表示为

$$I_L = \frac{I_d}{G_{ref}}[CI_{L,ref} + \mu_{Isc}(T_c - T_{c,ref})] \tag{9.10}$$

$$\frac{I_o}{I_{o,ref}} = \left(\frac{T_c}{T_{c,ref}}\right)^3 \exp\left(\left.\frac{E_g}{kT}\right|_{T_{c,ref}} - \left.\frac{E_g}{kT}\right|_{T_c}\right) \tag{9.11}$$

式中, E_g 为能带宽度;下标 ref、mp、sc、oc 分别对应于标准状态下的参考点、最大功率点、短路电流、开路电压。

为了使得系统获得更合适的输出电量,经常将多个光伏电池进行串并联,从而满足用户需求或者并网的需要。对于光伏电池阵列的 *I-V* 关系式可以用如下方程表示:

$$I = N_p I_L - N_p I_o \left\{\exp\left[\frac{(V/N_s + IR_s/N_p)}{a}\right] - 1\right\} - \frac{N_p V/N_s + IR_s}{R_{sh}} \tag{9.12}$$

式中, N_p 为光伏电池的并联数目; N_s 为光伏电池的串联数目。

光伏电池的输出电能 E_P 可以定义为不同工作条件下最大功率点的输出电能,可以用如下方程表示:

$$E_P = V_m I_m \tag{9.13}$$

则菲涅耳 HCPV/T 系统的电效率可以表示为

$$\eta_e = \frac{E_P}{CI_d A_{PV}} \tag{9.14}$$

9.2.2 菲涅耳 HCPV/T 系统的光热模型

菲涅耳 HCPV/T 系统的模组主要包括菲涅耳透镜、二次棱镜、外壳框架、光伏电池片、槽道式铝管换热器和保温层,换热器管内走冷却水来对模组进行散热。菲涅耳 HCPV/T 系统模组的结构如图 9.16 所示。

为了简化模型计算,在建立菲涅耳 HCPV/T 系统的光热模型时,可以作如下假定:

(1)天空温度等于环境温度;

(2)菲涅耳透镜表面是干净且理想的,表面灰尘可以忽略;

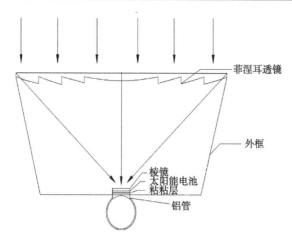

图 9.16　菲涅耳 HCPV/T 模组单元内的结构示意图

(3) 各部件温度可认为是其表面平均温度；

(4) 外壳框架开有孔并贴有高分子膜，认为模组内外空气状态平衡，可不考虑内部空气的对流影响；

(5) 材料的物性可以认为是常数。

基于以上假定，图 9.17 给出了理论热模型的一维热阻及温度节点示意图。

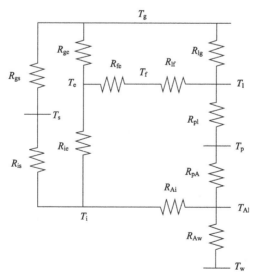

图 9.17　理论热模型的一维热阻及温度节点示意图

对菲涅耳 HCPV/T 系统模组的各部件建立如下热平衡方程。

(1) 菲涅耳透镜。

$$M_g C_{p,g} \frac{dT_g}{dt} = G_g + \frac{T_s - T_g}{R_{sg}} + \frac{T_e - T_g}{R_{eg}} + \frac{T_l - T_g}{R_{lg}} \qquad (9.15)$$

式中，M_g 为菲涅耳透镜的质量，kg；$C_{p,g}$ 为比热容，J/(kg·K)；T_g 为菲涅耳透镜的温度，K；T_s、T_e、T_l 为天空温度、环境温度和二次棱镜的温度，K；G_g 为被菲涅耳透镜吸收的太阳直射辐射能量，用公式可以表示为

$$G_g = \alpha_g C I_d A_{PV} \qquad (9.16)$$

其中，I_d 为太阳光直射辐射强度，W/m²；A_{PV} 为光伏电池面积，m²；α_g 为菲涅耳透镜的吸收率；C 为系统的几何聚光比，可以用如下公式定义：

$$C = \frac{A_g}{A_{PV}} \qquad (9.17)$$

菲涅耳透镜对天空的辐射热阻可以表示为

$$R_{sg} = \frac{1}{h_{sg} A_g} = \frac{1}{\varepsilon_g \sigma (T_g^2 + T_s^2)(T_g + T_s) A_g} \qquad (9.18)$$

菲涅耳透镜对周围环境的对流热阻可以表示为

$$R_{eg} = \frac{1}{h_{eg} A_g} = \frac{1}{(3.8u + 5.7) A_g} \qquad (9.19)$$

菲涅耳透镜对外壳框架的辐射热阻可以表示为

$$R_{lg} = \frac{1}{h_{lg} F_{lg} A_l} = \frac{1}{\varepsilon_l \sigma (T_l^2 + T_g^2)(T_l + T_g) F_{lg} A_l} \qquad (9.20)$$

式中，ε_g 为菲涅耳透镜的发射率；ε_l 为二次光学棱镜的发射率；A_g 为单块菲涅耳透镜的面积，m²；A_l 为外壳框架的面积，m²；σ 为斯特藩–玻尔兹曼常数，取值为 5.67×10^{-8} W/(m²·K⁴)；u 为风速，m/s；F_{lg} 为菲涅耳透镜对棱镜的视角系数。

(2)二次光学棱镜。

$$M_l C_{p,l} \frac{dT_l}{dt} = G_l + \frac{T_g - T_l}{R_{gl}} + \frac{T_f - T_l}{R_{fl}} + \frac{T_p - T_l}{R_{pl}} \qquad (9.21)$$

式中，M_l 为二次光学棱镜的质量，kg；$C_{p,l}$ 为比热容，J/(kg·K)；T_p、T_f 为光伏电池的表面温度和外壳框架的温度，K；G_l 为被二次光学棱镜吸收的太阳直射辐射能量，用公式可以表示为

$$G_l = \tau_g \alpha_l C I_d A_{PV} \qquad (9.22)$$

其中，τ_g 为菲涅耳透镜的透射率；α_l 为二次光学棱镜的吸收率。

二次光学棱镜对菲涅耳透镜的辐射热阻可以表示为

$$R_{gl} = \frac{1}{h_{gl} F_{gl} A_g} = \frac{1}{\varepsilon_g \sigma (T_l^2 + T_g^2)(T_l + T_g) F_{gl} A_g} \qquad (9.23)$$

二次光学棱镜对外壳框架的辐射热阻可以表示为

$$R_{\mathrm{fl}} = \frac{1}{h_{\mathrm{fl}} F_{\mathrm{fl}} A_{\mathrm{f}}} = \frac{1}{\varepsilon_{\mathrm{f}} \sigma (T_{\mathrm{f}}^2 + T_{\mathrm{l}}^2)(T_{\mathrm{f}} + T_{\mathrm{l}}) F_{\mathrm{fl}} A_{\mathrm{f}}} \tag{9.24}$$

二次光学棱镜对光伏电池的导热热阻可以表示为

$$R_{\mathrm{pl}} = \frac{1}{h_{\mathrm{pl}} A_{\mathrm{l}}} = \frac{\delta_{\mathrm{l}}}{k_{\mathrm{l}} A_{\mathrm{l}}} \tag{9.25}$$

式中，ε_{f} 为外壳框架的发射率；k_{l} 为二次光学棱镜的导热系数，W/(m·K)；δ_{l} 为棱镜厚度，m；F_{gl} 和 F_{fl} 分别为棱镜对菲涅耳透镜和外壳框架的视角系数。

（3）外壳框架。

$$M_{\mathrm{f}} C_{\mathrm{p,f}} \frac{\mathrm{d} T_{\mathrm{f}}}{\mathrm{d} t} = \frac{T_{\mathrm{e}} - T_{\mathrm{f}}}{R_{\mathrm{ef}}} + \frac{T_{\mathrm{l}} - T_{\mathrm{f}}}{R_{\mathrm{lf}}} \tag{9.26}$$

式中，M_{f} 为菲涅耳透镜的质量，kg；$C_{\mathrm{p,f}}$ 为比热容，J/(kg·K)。

外壳框架对环境的对流热阻可以表示为

$$R_{\mathrm{ef}} = \frac{1}{h_{\mathrm{ef}} A_{\mathrm{f}}} = \frac{1}{(3.8u + 5.7) A_{\mathrm{f}}} \tag{9.27}$$

外壳框架对二次棱镜的辐射热阻可以表示为

$$R_{\mathrm{lf}} = \frac{1}{h_{\mathrm{lf}} F_{\mathrm{lf}} A_{\mathrm{f}}} = \frac{1}{\varepsilon_{\mathrm{l}} \sigma (T_{\mathrm{l}}^2 + T_{\mathrm{f}}^2)(T_{\mathrm{l}} + T_{\mathrm{f}}) F_{\mathrm{lf}} A_{\mathrm{f}}} \tag{9.28}$$

（4）光伏电池。

$$M_{\mathrm{p}} C_{\mathrm{p,p}} \frac{\mathrm{d} T_{\mathrm{p}}}{\mathrm{d} t} = G_{\mathrm{p}} - E_{\mathrm{p}} + \frac{T_{\mathrm{l}} - T_{\mathrm{p}}}{R_{\mathrm{lp}}} + \frac{T_{\mathrm{Al}} - T_{\mathrm{p}}}{R_{\mathrm{Ap}}} \tag{9.29}$$

式中，M_{p} 为光伏电池的质量，kg；$C_{\mathrm{p,p}}$ 为比热容，J/(kg·K)；E_{p} 为光伏电池的输出电能；G_{p} 为光伏电池吸收的直射辐射能量，可以用如下公式表示：

$$G_{\mathrm{p}} = \tau_{\mathrm{g}} \tau_{\mathrm{l}} \alpha_{\mathrm{p}} C I_{\mathrm{d}} A_{\mathrm{PV}} \tag{9.30}$$

式中，τ_{l} 为二次棱镜的透射率；α_{p} 为光伏电池的吸收率。

光伏电池对二次棱镜的导热热阻可以表示为

$$R_{\mathrm{lp}} = R_{\mathrm{pl}} = \frac{\delta_{\mathrm{l}}}{k_{\mathrm{l}} A_{\mathrm{l}}} \tag{9.31}$$

光伏电池对铝管换热器的导热热阻可以表示为

$$R_{\mathrm{Ap}} = \frac{\ln(r_2 / r_1)}{2\pi k_{\mathrm{Al}} L} + \frac{\delta_{\mathrm{ad}}}{k_{\mathrm{ad}} A_{\mathrm{ad}}} \tag{9.32}$$

式中，r_1 和 r_2 分别为铝管的内外半径，m；k_{Al} 为铝管的导热系数，W/(m·K)；δ_{ad} 为导热硅胶的厚度，m；k_{ad} 为导热硅胶的导热系数，W/(m·K)；A_{ad} 为导热硅胶的面积，m²。

（5）铝管换热器。

$$M_{\mathrm{Al}}C_{\mathrm{p,Al}}\frac{\mathrm{d}T_{\mathrm{Al}}}{\mathrm{d}t} = \frac{T_{\mathrm{p}} - T_{\mathrm{Al}}}{R_{\mathrm{pA}}} + \frac{T_{\mathrm{i}} - T_{\mathrm{Al}}}{R_{\mathrm{iA}}} - \dot{m}C_{\mathrm{p,w}}(T_{\mathrm{out}} - T_{\mathrm{in}}) \tag{9.33}$$

式中，M_{Al} 为铝管换热器的质量，kg；$C_{\mathrm{p,Al}}$ 为比热容，J/(kg·K)；$C_{\mathrm{p,w}}$ 为水的比热容，J/(kg·K)；$\dot{m}$ 为水的质量流量，kg/s；T_{i} 为保温层温度，K；T_{out} 为出水温度，K；T_{in} 为进水温度，K。

铝管换热器与光伏电池之间的导热热阻可以表示为

$$R_{\mathrm{pA}} = R_{\mathrm{Ap}} = \frac{\ln(r_2 - r_1)}{2\pi k_{\mathrm{Al}}L} + \frac{\delta_{\mathrm{ad}}}{k_{\mathrm{ad}}A_{\mathrm{ad}}} \tag{9.34}$$

铝管换热器与保温层之间的导热热阻可以表示为

$$R_{\mathrm{iA}} = \frac{\delta_{\mathrm{i}}}{k_{\mathrm{i}}A_{\mathrm{iA}}} \tag{9.35}$$

(6) 保温层。

$$M_{\mathrm{i}}C_{\mathrm{p,i}}\frac{\mathrm{d}T_{\mathrm{i}}}{\mathrm{d}t} = \frac{T_{\mathrm{Al}} - T_{\mathrm{i}}}{R_{\mathrm{Ai}}} + \frac{T_{\mathrm{e}} - T_{\mathrm{i}}}{R_{\mathrm{ei}}} + \frac{T_{\mathrm{s}} - T_{\mathrm{i}}}{R_{\mathrm{si}}} \tag{9.36}$$

式中，M_{i} 为保温层的质量，kg；$C_{\mathrm{p,i}}$ 为比热容，J/(kg·K)；保温层与铝制换热器之间的导热热阻可以表示为

$$R_{\mathrm{Ai}} = R_{\mathrm{iA}} = \frac{\delta_{\mathrm{i}}}{k_{\mathrm{i}}A_{\mathrm{iA}}} \tag{9.37}$$

保温层与周围空气环境之间的对流热阻可以表示为

$$R_{\mathrm{ei}} = \frac{1}{h_{\mathrm{ei}}A_{\mathrm{i}}} = \frac{1}{(3.8u + 5.7)A_{\mathrm{i}}} \tag{9.38}$$

保温层与天空之间的辐射热阻可以表示为

$$R_{\mathrm{si}} = \frac{1}{h_{\mathrm{si}}A_{\mathrm{i}}} = \frac{1}{\varepsilon_{\mathrm{i}}\sigma(T_{\mathrm{i}}^2 + T_{\mathrm{s}}^2)(T_{\mathrm{i}} + T_{\mathrm{s}})A_{\mathrm{i}}} \tag{9.39}$$

(7) 冷却水。

$$\dot{m}C_{\mathrm{p,w}}(T_{\mathrm{out}} - T_{\mathrm{in}}) = \dot{m}C_{\mathrm{p,w}}\left(e^{\frac{h_{\mathrm{w}}A_{\mathrm{w}}}{\dot{m}C_{\mathrm{p,w}}}} - 1\right)(T_{\mathrm{Al}} - T_{\mathrm{out}}) \tag{9.40}$$

式中，h_{w} 为冷却水与铝制换热器之间的平均对流换热系数，可以表示为

$$h_{\mathrm{w}} = Nu_{\mathrm{D}}\frac{k_{\mathrm{w}}}{D} \tag{9.41}$$

Nu_{D} 的选择跟流动状态有关，即跟雷诺数 Re_{D} 有关，当流动状态是层流时，可采用如下经验公式：

$$Nu_{\mathrm{D}} = 3.65 + \frac{0.19\left(Re_{\mathrm{D}} P_{\mathrm{r}} \dfrac{D}{L}\right)^{4/5}}{1 + 0.117\left(Re_{\mathrm{D}} P_{\mathrm{r}} \dfrac{D}{L}\right)^{7/15}} \tag{9.42}$$

当流动状态是湍流时，Gnielinski 给出了雷诺数在很大范围内适用的关系

$$Nu_{\mathrm{D}} = \frac{\left(\dfrac{f}{8}\right)(Re_{\mathrm{D}} - 1000)Pr}{1 + 12.7\left(\dfrac{f}{8}\right)^{\frac{1}{2}}(Pr^{\frac{2}{3}} - 1)} \tag{9.43}$$

式中，Pr 为普朗特常数；f 为摩西因子，可以通过穆迪图获得。

式 (9.43) 中雷诺数 Re_{D} 可以表示为

$$Re_{\mathrm{D}} = \frac{4\dot{m}}{\pi D \mu} \tag{9.44}$$

(8) 水箱的能量平衡方程。

为简化计算，如果不考虑水箱内水温的分层情况及换热器到水箱沿途过程中的热损失，其能量方程可以表示为

$$M_{\mathrm{w}} C_{\mathrm{w}} \frac{\partial T_{\mathrm{t}}}{\partial t} = (T_{\mathrm{a}} - T_{\mathrm{t}})/R_{\mathrm{at}} + \dot{m}_{\mathrm{w}} C_{\mathrm{w}} (T_{\mathrm{out}} - T_{\mathrm{in}}) \tag{9.45}$$

式中，R_{at} 为水箱到外面环境的总热阻。

因此在初始参数给定的情况下，可以通过上述公式求解系统各部件的温度，而系统的热效率可以表示为

$$\eta_{\mathrm{t}} = \frac{\dot{m} C_{\mathrm{p,w}} (T_{\mathrm{out}} - T_{\mathrm{in}})}{C I_{\mathrm{d}} A_{\mathrm{PV}}} \tag{9.46}$$

9.3　菲涅耳 HCPV/T 系统单元的性能研究

9.3.1　菲涅耳 HCPV/T 系统单元的性能测试平台介绍

菲涅耳 HCPV/T 系统所用模组单元如图 9.16 和图 9.18 所示。每个模组安装有 15 个相同的菲涅耳透镜及对应的 15 个光伏电池，且光伏电池之间都是串联而成。单片菲涅耳透镜的尺寸为长 33.02cm 和宽 33.02cm，透过率为 0.87。光伏电池采用三结 (GaInP/GaAs/Ge) 电池，单片光伏电池的尺寸为长 1cm 和宽 1cm。光伏电池上表面采用二次光学棱镜，且其透过率为 0.94。所用水冷模块如图 9.11 所示，其内直径为 26.4mm，外直径为 34mm。

图 9.18　菲涅耳 HCPV/T 系统模组

　　菲涅耳 HCPV/T 系统单元的实验测试平台如图 9.19 所示，即对模组单元、跟踪和控制装置，以及集热水系统组成的 HCPV/T 系统性能进行测试。该实验测试系统的工作过程如下：冷却水从水箱流出进入 HCPV/T 模组的三个支路中，通过换热器收集光伏电池上的余热，最终再汇聚到水箱中。各支路采用同程式管路设计，保证每条支路具有相同的流量和压力。图 9.20 为系统单元的实验照片。

　　对于菲涅耳 HCPV/T 实验系统的测试主要包括温度、辐照、质量流量、风速、菲涅耳 HCPV/T 系统模组的电输出特性等。所用测量仪器的型号及精度等列于表 9.1。

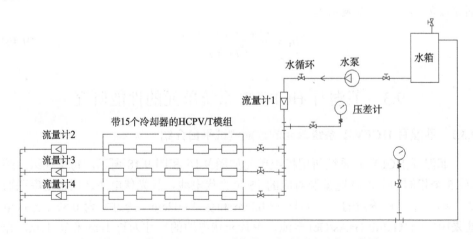

图 9.19　菲涅耳 HCPV/T 系统单元实验测试平台示意图

图 9.20　菲涅耳 HCPV/T 系统单元的实验平台

表 9.1　实验系统中主要测试仪器型号及精度

测试仪器	精度	型号
光伏特性测试仪	1 %	I-V 400
热电偶	±0.3 ℃	T-type
流量计	1 %	Lmag_W800
太阳直射辐射测试仪	2 %	TBS-2-2

9.3.2　菲涅耳 HCPV/T 系统单元的理论与实验分析

为了更好地对比基于槽道式水冷换热器的菲涅耳 HCPV/T 系统和基于翅片式风冷换热器的 HCPV 系统的性能,特别将两种系统的模组安装在同一个跟踪装置上,如图 9.21 所示。

风冷HCPV 模组

HCPV/T 模组

图 9.21　安装在同一跟踪系统上的 HCPV/T 模组及 HCPV 模组

　　区别于图 9.20 中所示菲涅耳 HCPV/T 系统实验平台，图 9.21 中所示的对比实验平台为了更好地保温及降低实验成本，特别将整个模组的外壳框架及水冷模块用保温棉包裹进行保温，以保证整个模组的热效率。

　　实验系统搭建在安徽省淮南市日芯光伏科技有限公司内，为了更好地对比，选取了 2013 年 12 月 31 日的数据。该天环境温度低下，风速为 8m/s。图 9.22 给出了实验过程中太阳直射辐照度、进口水温及环境温度随时间的动态变化情况。表 9.2 给出了 HCPV/T 模组与 HCPV 模组的电性能在直射辐照度为 660W/m² 的对比情况。

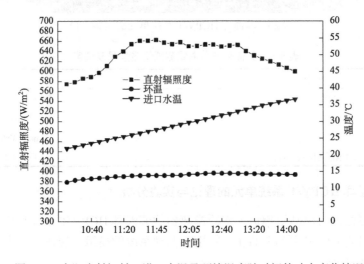

图 9.22　太阳直射辐射、进口水温及环境温度随时间的动态变化情况

表 9.2　HCPV/T 模组与 HCPV 模组的电热性能对比

模组	V_{oc} /V	V_m /V	I_m/A	I_{sc} /A	FF	P_{max} /W	η_e	η_t
HCPV/T	43.74	38.23	7.50	8.35	79	286.76	0.265	0.493
HCPV	43.71	38.23	7.42	8.38	77	283.63	0.263	—

　　从表 9.2 可以看出，HCPV/T 模组的电性能跟 HCPV 模组相比差别不大，但是 HCPV/T 模组此时获得的瞬态热效率为 0.493，因此 HCPV/T 模组的瞬态综合效率将高达 75.8%。可以预见的是，在无风的炎热夏季，水冷换热将比风冷换热达到更好的效果，HCPV/T 模组相比 HCPV 模组能够获得更好的电性能。

　　实验所用的水箱体积为 100L，初始水温为 21.9℃，工作 4h 后，水箱水温为 37.7℃，因此在此期间 HCPV/T 模组的平均热效率为 46.8%。

　　为了更加全面深入地研究菲涅耳 HCPV/T 系统的光电转换、光热转换及光电光热综合利用的性能，根据 9.2 节所介绍的数理模型，对菲涅耳 HCPV/T 系统的性能进行了模拟，并与所测实验结果进行了对比分析。表 9.3 给出了系统热模型所需的光学及物性参数，表 9.4 给出了系统电模型所需要的基本参数。

表 9.3　菲涅耳 HCPV/T 系统中的光学参数及物性参数

符号	数值	符号	数值	符号	数值
α_g	0.06	τ_l	0.94	k_l	0.65W/(m·K)
α_l	0.01	$C_{p,g}$	795 J/(kg·K)	k_{Al}	237 W/(m·K)
α_p	0.95	$C_{p,l}$	700 J/(kg·K)	k_w	0.63W/(m·K)
ε_g	0.85	$C_{p,f}$	875 J/(kg·K)	k_i	0.034W/(m·K)
ε_l	0.84	$C_{p,p}$	326 J/(kg·K)	F_{lg}	0.278
ε_f	0.03	$C_{p,Al}$	903 J/(kg·K)	F_{gl}	0.008
ε_i	0.9	$C_{p,w}$	4181J/(kg·K)	F_{fl}	0.992
τ_g	0.87	$C_{p,i}$	795 J/(kg·K)	F_{lf}	0.722

表 9.4　菲涅耳 HCPV/T 模组的基本电性能参数

参数	数值
$I_{SC,ref}$	13.85 mA/cm^2
$V_{OC,ref}$	2.605 V
$I_{mp,ref}$	13.4 mA/cm^2
$V_{mp,ref}$	2.33 V
μ_{Voc}	−4.5 mV/℃
μ_{Isc}	0.00011A/℃

模拟过程中所需的直射辐射值、进口水温和环境温度等初始参数均采用同一天的实验测试数据。表 9.5 给出了菲涅耳 HCPV/T 系统理论与模拟的对比情况。

表 9.5　菲涅耳 HCPV/T 系统单元的实验与模拟对比情况

测试时间	T_o（实验测试值）/℃	T_o（理论模拟值）/℃	η_t（实验测试值）	η_t（理论模拟值）	η_e（实验测试值）	η_e（理论模拟值）
10:30	23.35	23.39	47.85%	50.5%	26.8%	27.17%
11:30	26.46	26.45	50.9%	50.7%	26.5%	26.82%
13:00	33.41	33.43	49.7%	50.99%	26.23%	26.4%

　　从表 9.5 可以看出菲涅耳 HCPV/T 模组的理论热效率与实验值之间的最大误差不超过 3%，电效率的最大误差不超过 1%。因此该模型与实验结果符合较好。图 9.23 和图 9.24 则分别给出了理论模拟的电性能与实验测试结果的对比情况。

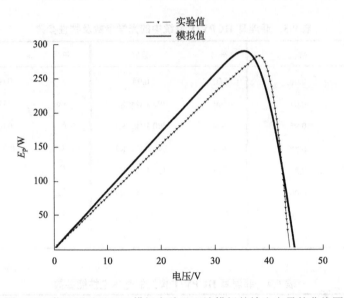

图 9.23　菲涅耳 HCPV/T 模组实验及理论模拟的输出电量的曲线图

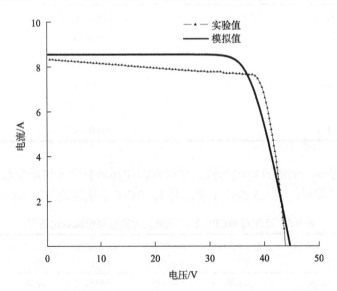

图 9.24　菲涅耳 HCPV/T 模组实验及理论模拟的 *I-V* 曲线图

由于系统理论模拟与实验结果吻合得很好，因此又对系统的性能进行了一定的扩展研究。随着光伏电池温度的升高，系统的电性能会逐渐下降。图 9.25 给出了系统的电输出功率在不同电池温度下的输出情况。

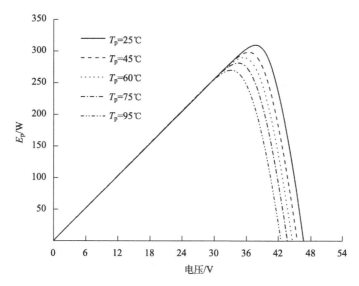

图 9.25 菲涅耳 HCPV/T 模组的电输出功率在不同电池温度下的输出情况

图 9.26 则给出了系统的电效率随电池温度的变化情况，可以得出系统电效率 η_e 和电池温度 T_p 之间的关系式如下所示：

$$\eta_e = \alpha\left[\eta_{cell,ref} - \beta(T_p - T_{p,ref})\right] \tag{9.47}$$

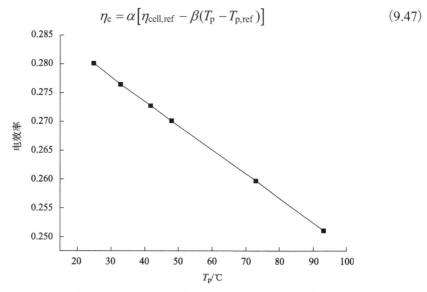

图 9.26 菲涅耳 HCPV/T 模组的电效率随电池温度的变化情况

式中，β 为光伏电池光电转换效率的温度系数；α 为聚光系统带来的系统损失，在菲涅耳 HCPV/T 系统中，可以将其表示为

$$\alpha = \tau_g \tau_l \alpha_p \tag{9.48}$$

在本章所提到的菲涅耳 HCPV/T 系统中，光伏电池的光电转换效率的温度系数为–0.054%/℃，而系统单元电效率的温度系数为–0.042%/℃。

9.4　菲涅耳 HCPV/T 示范系统的性能研究

9.4.1　菲涅耳 HCPV/T 示范系统的测试平台

先后搭建了同轴式追踪菲涅耳聚光发电供热系统和雷达式追踪菲涅耳聚光发电供热系统，并对其进行了相应的实验测试和结果分析[2,10]。同轴式系统的水路系统原理图和实物图分别如图 9.27 和图 9.28 所示，每套系统由 32 块相同的 HCPV/T 模组组成，每 4 块模组安装在同一个倾斜轴支架上，这 4 块模组的换热器管路通过串联的方式连接为一条支路再并入主水路。在电路连接方面，首先将 16 块模组进行串联，再将这两支串组并联后接入汇流箱，然后接入光伏逆变器。

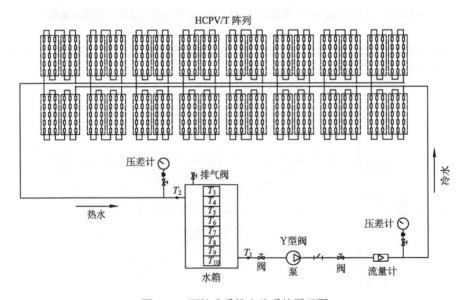

图 9.27　同轴式系统水路系统原理图

雷达式系统的水路系统原理图和实物图分别如图 9.29 和图 9.30 所示，每套系统由 28 块相同的 HCPV/T 模组组成，这些模组按照 4×7 的排列安装在同一个

图 9.28　同轴式追踪菲涅耳聚光发电供热系统

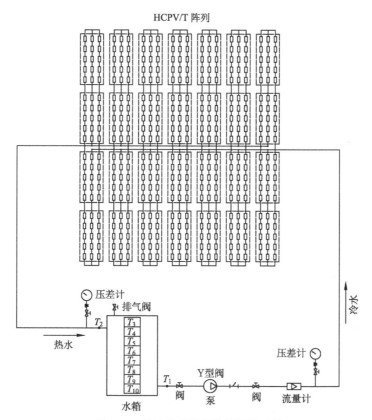

图 9.29　雷达式系统水路系统原理图

图 9.30　雷达式追踪菲涅耳聚光发电供热系统

支架上。雷达式系统水路系统的设计是将整个系统的水路划分为 7 条同程支路，以保证每条支路的流量相同。在电路连接方面，首先将 14 块模组进行串联，再将这两支串联后接入汇流箱，然后接入光伏逆变器。

　　在系统的实际运行中，水泵将水箱中的水由底部抽出，流经换热器件的槽道后流回水箱。所有的管路及模组底部都用厚度 15mm 的保温棉进行包裹以减小热损，每套系统配有一个 1000L 的水箱。在主水路的进出口分别安装了一个 Pt100 热电阻及一个压力表，分别用来测量进出口水温和压力。在主水路的水泵出口处，安装了电磁流量计，用来测量水路循环系统中的体积流量。为了避免水箱中存水温度分层所带来的测量误差，在水箱中沿高度方向均匀布置了 8 个 T 型热电偶。气象数据测试包括太阳辐射度(总辐照度及直射辐照度)、环境温度、环境风速等在内的实时气象数据。

9.4.2　系统性能评价

　　对于太阳能发电供热系统的综合性能评价的大部分方法是从系统的热力学特性、经济性、市场应用和对环境的影响等一个或多个方向进行考虑的[11,12]。在这些评价模型中，热力学模型被广泛使用，特别是用来评价那些包含着传热传质和流体流动的系统。Bosanac 等认为大多数从经济性或市场应用角度出发的评价模型或多或少要受到当地政策和环境的影响，因此很难被普遍地推广，而基于热力学定律的能量分析和㶲分析则更为客观和具有普适性。因此，本章对于系统的综合性能评价主要是利用热力学分析的方法。

　　如前所述，太阳光投射到 HCPV/T 系统阵列模组表面，同时转化为电能和热能，其中电能通过汇流箱接入光伏逆变器后直接并入电网，而大部分热能由流经模组换热器管道的水收集，其余部分则散失到环境中。根据热力学第一定律，HCPV/T 阵列的总体能量平衡方程可以表述为

$$Q_{in} = Q_{out}^{e} + Q_{out}^{th} + Q_{loss}^{opt} + Q_{loss}^{th} \qquad (9.49)$$

式中，Q_{in} 为投射到所有 HCPV/T 模组表面的太阳能之和；Q_{out}^{e} 为由整个 HCPV/T 阵列产生的电能；Q_{out}^{th} 为同一期间系统收集的热能。它们可以分别由下面公式计算得到：

$$Q_{in} = G_d A_m N_s N_p \qquad (9.50)$$

$$Q_{out}^{th} = c_p \dot{m}(T_{w,o} - T_{w,i}) \qquad (9.51)$$

在式 (9.50) 中，G_d 是投射到 HCPV/T 阵列表面的太阳直射辐照度，即 DNI；A_m 是单块模组的采光面积，即 15 块菲涅耳透镜的面积之和；N_s 是阵列中每条串联支路的模组块数；而 N_p 则是阵列中串联支路的个数。在式 (9.51) 中，c_p 是水的比热容；$\dot{m}$ 是主水路中水的质量流量；$T_{w,i}$ 和 $T_{w,o}$ 分别是主水路的进出口水温。

在式 (9.47) 中，Q_{loss}^{opt} 是由光学损失造成的能量损失部分，它可以通过式 (9.52) 计算得到。这里，光学效率 η_{opt} 考虑了菲涅耳透镜和二次光学棱镜造成的光学损失，它是菲涅耳透镜的透过率与光学棱镜透过率的乘积，如式 (9.52) 所示。

$$Q_{loss}^{opt} = Q_{in}(1 - \eta_{opt}) \qquad (9.52)$$

$$\eta_{opt} = \tau_{Fresnel}\tau_{prism} \qquad (9.53)$$

式 (9.49) 的最后一部分，即 Q_{loss}^{th}，是整个系统阵列对环境的热损，这部分热损主要以对流和热辐射的形式耗散掉。尽管这部分热损很难利用数学模型准确地评价，但是在对系统的综合性能进行评价时，这部分能量并不是很重要，主要考虑系统发出的电量和系统收集的热能。

在整个 HCPV/T 系统中，有一些能量损耗是无法避免的，例如，跟踪系统和控制系统的功耗，以及水泵本身消耗的能量。另一方面，系统组件的各个部分都对外有不同程度的热损。如果将整个系统作为一个整体来研究，这些能量损失都应该被综合考虑。因此，整个 HCPV/T 系统所产出的净能量可以表述为

$$Q_{net}^{e} = Q_{out}^{e} - Q_{loss}^{d-a} - Q_{para}^{e} \qquad (9.54)$$

$$Q_{net}^{th} = Q_{out}^{th} - Q_{loss}^{pipe} \qquad (9.55)$$

式中，Q_{net}^{e} 为系统产生的净电能；Q_{loss}^{d-a} 为逆变器及并网带来的电能损失；Q_{para}^{e} 为跟踪系统、控制系统及水泵运行带来的能量损失。在式 (9.55) 中，Q_{loss}^{pipe} 定义为管路和水箱向环境的热损。考虑到管路和水箱都是完好保温，这部分能量可以被忽略。

在许多评价 PV/T 系统性能的研究中，瞬时效率被广泛采用。对于一套 HCPV/T 系统，它的瞬时电效率可以通过式 (9.56) 计算得到，表示整个 HCPV/T 阵列将太阳能转换为电能的能力。

$$\eta_{PV} = \frac{Q_{out}^e}{Q_{in}} = \frac{Q_{out}^e}{G_d A_m N_s N_p} \tag{9.56}$$

系统瞬时热效率的表达式如式 (9.57) 所示，它表示整个系统将太阳能转换为热能并收集起来的部分，反映了系统在发电同时的集热能力。

$$\eta_{th} = \frac{Q_{out}^{th}}{Q_{in}} = \frac{c_p \dot{m}(T_{w,o} - T_{w,i})}{G_d A_m N_s N_p} \tag{9.57}$$

根据热力学第一定律，一个 PV/T 系统的综合效率 η_{PVT} 可以定义为瞬时电效率和瞬时热效率之和，如式 (9.58) 所示。这个综合效率又称为能量效率或热力学第一效率，用来表征整个系统利用太阳能的综合能力，这种评价方法在许多研究中被采用。

$$\eta_{PVT} = \eta_{PV} + \eta_{th} \tag{9.58}$$

尽管利用能量效率可以很直观地反映出一个 PV/T 系统综合利用太阳能的能力，但是它忽略了系统所产生的电能和热能在能量品质上的差异。采用热力学第二效率，即㶲效率来评价一个 PV/T 系统综合利用太阳能的能力提供了一种考虑能量品位的标准化方法[13, 14]。㶲能表征着可以被直接转化利用的能量，也即总能量减去不能被直接利用的能量。

根据被广泛采用的表达方式，一个 PV/T 系统的㶲效率可以通过式 (9.59) 求得。在式 (9.59) 中，认为流动工质的初始温度与环境温度是相等的。

$$\varepsilon_{PVT} = \varepsilon_{PV} + \varepsilon_{th} = \eta_{PV} + \left(1 - \frac{T_a}{T_w}\right)\eta_{th} \tag{9.59}$$

式中，ε_{PV} 和 ε_{th} 分别为 HCPV/T 系统的电效率和热效率 (㶲效率)；T_a 为环境温度；T_w 为水温，可以认为是进出口水温的平均值，如式 (9.60) 所示。

$$T_w = (T_{w,i} + T_{w,o}) / 2 \tag{9.60}$$

在式 (9.59) 中，太阳能的㶲能并没有被考虑进去，而是直接将太阳能的能量作为它的㶲能。如前所述，㶲效率定义为系统产出的㶲能与系统得到的㶲能之比。因此，㶲效率的表达式为

$$\varepsilon_{PVT} = \frac{Ex_{PV} + Ex_{th}}{Ex_{in}} = \varepsilon_{PV} + \varepsilon_{th} \tag{9.61}$$

式中，Ex_{PV} 和 Ex_{th} 分别为系统所产生的电能和热能，Ex_{in} 为太阳能的㶲能，也即系统得到的㶲能。Ex_{PV} 和 Ex_{th} 分别由下式求得：

$$Ex_{PV} = Q_{out}^e \tag{9.62}$$

$$Ex_{th} = \left(1 - \frac{T_a}{T_w}\right) Q_{out}^{th} \tag{9.63}$$

在已有的研究中，有很多种方法来求得太阳能的㶲能 Ex_{in}。这里介绍三种方法，以便对系统进行㶲分析。Chow 等[15]总结了这些方法，概括起来可以表述如下：

$$Ex_{in} = \left[1 + \frac{1}{3}\left(\frac{T_a}{T_{sun}}\right)^4 - \frac{4T_a}{3T_{sun}}\right] Q_{in} \tag{9.64}$$

$$Ex_{in} = \left(1 - \frac{4T_a}{3T_{sun}}\right) Q_{in} \tag{9.65}$$

$$Ex_{in} = \left(1 - \frac{T_a}{T_{sun}}\right) Q_{in} \tag{9.66}$$

式中，T_{sun} 为太阳辐射温度，可以认为 $T_{sun} = 6000\,K$。事实上，通过这三种方法计算的结果差异通常不超过 2%，因此采用任何一种方法都是可行的。在本章的讨论中，采用了式(9.64)描述的方法来求解太阳能的㶲能。

9.4.3　系统性能测试分析

对菲涅耳 HCPV/T 的系统性能进行了测试，以雷达式追踪 HCPV/T 系统为例进行分析。图 9.31 给出了测试条件(工况一)，太阳直射辐照度、环境温度和水

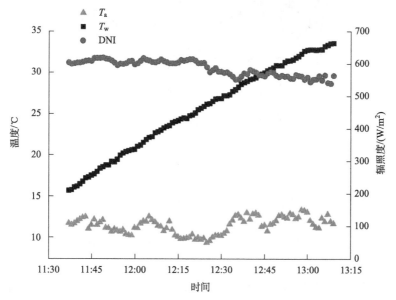

图 9.31　雷达式系统户外测试过程中的环境参数(工况一)

箱中的水温变化情况如图所示。在装满水运行的情况下，水温在 2h 内由 15℃升高到 33℃。系统主水路的流量被控制在 3.5m³/h 左右，意味着每块换热器内的流量最小为 0.25m³/h。这个流量同样可以保证换热器中的水是以湍流的形式流动，从而可以保证水和换热器之间有着良好的换热效果。

图 9.32 给出了雷达式系统的电热输出和电热效率随着时间的变化。从图中可以看出，系统总的能量输出最高时可以超过 20kW。随着 DNI 的降低和水温的升高，电能和热能的输出量都是呈下降趋势，测试中最高的 DNI 为 617W/m²，此时整个系统的电输出可以达到 7kW。系统的电热效率随时间的变化及系统对太阳能的综合转化率如图所示。尽管 DNI 和水温变化较大，系统的电效率在整个过程中比较稳定，但是系统的热效率却随着辐照度的下降和水温的升高迅速下降。计算得到，雷达式 HCPV/T 系统在该工况下的热性能特征方程为

$$\eta_{th} = 0.54 - 4.5\frac{T_w - T_a}{G_d} \tag{9.67}$$

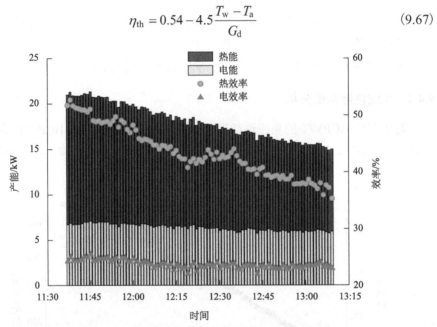

图 9.32　雷达式 HCPV/T 系统的电热输出和电热效率随时间的变化(工况一)

根据系统性能评价模型，对雷达式 HCPV/T 系统进行了相应的能量分析和㶲分析，图 9.33 给出了系统的能量效率和㶲效率随时间的变化。从能量分析的角度来看，系统的太阳能综合转化率最高可以达到 77%。随着 DNI 的下降和水温的升高，系统的能量效率逐渐降低，并且 DNI 和水温的变化都会显著影响到系统的能量效率。与之不同的是，水温的变化对于系统的㶲效率影响却非常不明显。在对系统进行㶲分析的过程中发现，系统的㶲效率最高可以达到 28.3%，并且㶲效率主要受辐射强度的影响，随着 DNI 的下降而逐渐降低。

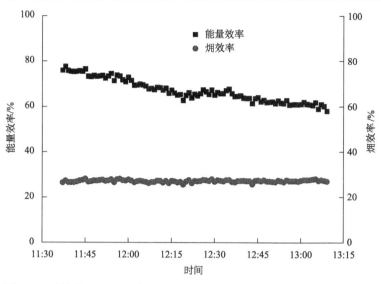

图 9.33　雷达式 HCPV/T 系统的能量效率与㶲效率随时间的变化（工况一）

对于雷达式 HCPV/T 系统的户外运行性能进行了多次测试，以评估系统在不同环境条件下的性能差异。图 9.34 中为三种工况下的电热输出性能。各工况下光电效率相对稳定，㶲效率比较接近，而热效率随环境和加热水的温度而有所变化，但热性能的特征方程相差不大，第二、三种工况下分别为

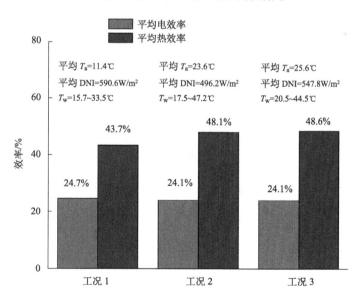

图 9.34　雷达式 HCPV/T 系统在不同工况下的效率特性

$$\eta_{\text{th}} = 0.56 - 5.5\frac{T_{\text{w}} - T_{\text{a}}}{G_{\text{d}}} \tag{9.68}$$

$$\eta_{\text{th}} = 0.58 - 6.6\frac{T_{\text{w}} - T_{\text{a}}}{G_{\text{d}}} \tag{9.69}$$

系统连续运行将水箱中的水加热，得到不同能量品位的热水可作不同的用途。因此，系统在不同水温下运行时所表现出来的效率特性十分值得研究。有了这样的研究结果，就可以针对不同的应用需求，根据系统在不同水温下的电热特性，有选择地对系统的阵列规模和水箱容量进行匹配。

图 9.35 为工况二的环境参数及水温变化。基于此，在图 9.36 中给出了系统在不同水温段的平均热效率和平均电效率。因为这一阶段的水温变化幅度较大，有比较明显的区分度。可以看出，当循环水的温度由 17℃上升到 35℃时，系统在这一段的平均热效率可以高达 57.2%，而当水被从 35℃加热到 47℃时，系统的平均热效率只有 38.8%。如果从整个运行阶段来评价，系统的平均热效率有 48.1%。另一方面，随着水温的升高，系统的电效率会下降，这主要是由于系统的开路电压降低。然而，即便是在不同的温度范围内，系统的电效率相差也并不明显。因此，如果特别考虑整个雷达式 HCPV/T 系统的热应用需求，当热量需求主要是中低温能量品位时，可以增加水箱的容量或者增加二次换热装置，以保证水温在整个运行过程中都不至于上升到一个过高的水平。相反，如果是希望尽可能得到高温热水，那么可以采取的措施之一就是减小水箱的容量，但是这会以降低系统的电热效率为代价。

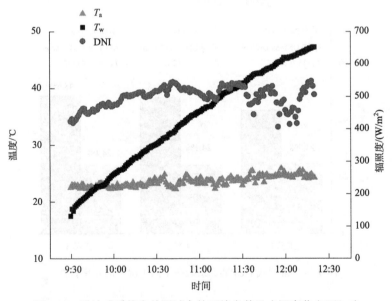

图 9.35　雷达式系统户外测试中的环境参数及水温变化(工况二)

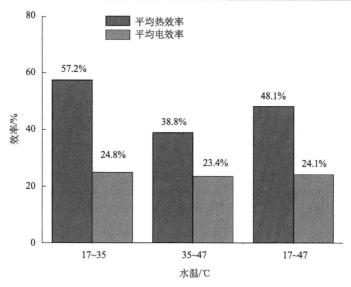

图 9.36　雷达式 HCPV/T 系统在不同水温下运行的效率特性

参 考 文 献

[1] 陈海飞. 高倍聚光光伏光热综合利用系统的理论与实验研究. 合肥: 中国科学技术大学, 2014.

[2] 徐宁. 菲涅耳式高倍聚光发电供热系统的理论与实验研究. 合肥: 中国科学技术大学, 2016.

[3] Xu N, Ji J, Sun W, et al. Numerical simulation and experimental validation of a high concentration photovoltaic/thermal module based on point-focus Fresnel lens. Applied Energy, 2016, 168: 269-281.

[4] Xu N, Ji J, Sun W, et al. Outdoor performance analysis of a 1090× point-focus Fresnel high concentrator photovoltaic/thermal system with triple-junction solar cells. Energy Conversion and Management, 2015, 100: 191-200.

[5] Xu N, Ji J, Sun W, et al. Electrical and thermal performance analysis for a highly concentrating photovoltaic/thermal system. International Journal of Photoenergy, 2015:1-10.

[6] 吴贺利. 菲涅耳太阳能聚光器研究. 武汉: 武汉理工大学, 2010.

[7] Chin V J, Salam Z, Ishaque K. Cell modelling and model parameters estimation techniques for photovoltaic simulator application: A review. Applied Energy, 2015, 154: 500-519.

[8] González-Longatt F M. Model of photovoltaic module in Matlab™. Longatt, 2005: 1-5.

[9] Walker G. Evaluating MPPT converter topologies using a matlab PV model. Journal of Electrical and Electronics Engineering, Australia, 2001, 21: 49-55.

[10] Xu N, Ji J, Sun W, et al. Experimental study on a 30kW high concentrator photovoltaic / thermal system based on point-focus Fresnel lens. IWHT 2015, Taipei.

[11] Coventry J, Lovegrove K. Development of an approach to compare the "value" of electrical and thermal output from a domestic PV/thermal system. Solar Energy, 2003, 75: 63-72.

[12] Bosanac M, Sorensen B, Ivan K, et al. Photovoltaic/thermal solar collectors and their potential in denmark. Final Report, EFP Project, www solenergi dk/rapporter/pvtpotentialindenmark pdf, 2003.

[13] Fujisawa T, Tani T. Annual exergy evaluation on photovoltaic-thermal hybrid collector. Solar Energy Materials & Solar Cells, 1997, 47: 135-148.

[14] Hepbasli A. A key review on exergetic analysis and assessment of renewable energy resources for a sustainable future. Renewable and Sustainable Energy Reviews, 2008, 12: 593-661.

[15] Chow TT, Pei G, Fong K, et al. Energy and exergy analysis of photovoltaic-thermal collector with and without glass cover. Applied Energy, 2009, 86: 310-316.

第10章　太阳能非跟踪低倍聚光光电光热系统

太阳能低倍非跟踪聚光技术是指采用低倍非跟踪聚光的方式，实现对太阳能的聚光利用。不同于中高倍聚光利用，低倍非跟踪聚光不需要跟踪装置，进一步降低了系统的维护成本，同时可有效与建筑集成，实现对太阳能建筑一体化的更高温度利用，为建筑提供电力、热水及其他太阳能建筑采暖、制冷等应用所需的较高温度热源[1]。

本章拟介绍一种新型的非跟踪低倍聚光光电光热系统。该聚光方式将反射材料与内壁透镜结构相结合，提出了一种新型内壁透镜式复合抛物面聚光器（Lens-walled CPC）。与传统镜面 CPC 相比，在相同的几何聚光比条件下具有更大的接收半角和更加均匀的聚光光强分布[2,3]，可有效增加单位面积电池的发电量，从而提高系统的电输出性能。此外，提出的空气夹层结构可利用全反射、透镜折射及镜面反射三者耦合的方式，进一步降低聚光器的光学损失，从而使 Lens-walled CPC 具有较高的光学性能[4]。由于 Lens-walled CPC-PV/T 完全不需要跟踪，可与建筑的结构特点相结合，安置在屋顶或墙壁，避免了一般聚光装置与建筑结合较难、跟踪系统复杂，以及初投资较大等问题，为聚光型建筑光电光热系统的推广应用作出有价值的探索。

10.1　低倍非跟踪聚光器介绍

对于传统复合抛物聚光器 CPC 而言，存在着聚光比与接收半角成反比的关系，因此高聚光比的 CPC 为了可以接收到更大范围的光线，往往会匹配跟踪装置或者季节性调整装置，这些无疑增大了系统投入和维护的成本，最重要的是也不方便与建筑围护结构结合。截断虽然在一定程度上可以增大接收的范围，但是这种方式同时减小了几何聚光比，从而在一定程度上降低了聚光的倍数。

而对于实体 CPC，根据材料的折射原理，增大了接收半角的范围，如图 10.1 所示。当入射光线从空气进入介质时，发生折射作用，入射光线入射角变小，从而等同于 CPC 拥有一个更大的接收半角。这里定义 $\theta_{\max,ac}$ 为最大的接收半角，即当入射光线小于 $\theta_{\max,ac}$ 时，光线可到达 CPC 底部，反之，则不能被吸收。实体 CPC 几何聚光比(geometrical concentration ratio)CR 和最大接收半角的关系可表示为

$$CR = \left(\frac{S_1}{S_2}\right) = \frac{n}{\sin\theta_{max,ac}} \qquad (10.1)$$

式中，S_1 为实体 CPC 的槽口面积；S_2 为 CPC 底部面积；n 为介质材料的折射率。

　　然而，大量的折射介质材料导致其重量增加是一个不容忽视的问题，尤其是与建筑一体化安装的时候，材料的费用也将进一步增加。另一方面，研究表明传统的镜面 CPC 为典型的非均匀聚光器，而实体 CPC 在增大接收半角的同时并没有改变光线之间的平行关系，即没有改进聚光光强分布。作为聚光器，尤其是和光伏结合，不均匀的光照强度将严重影响电池的输出效率。为进一步避免以上问题，同时降低成本，我们设计了 Lens-walled 结构，如图 10.2 所示[5]。

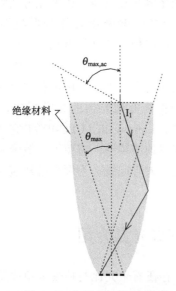 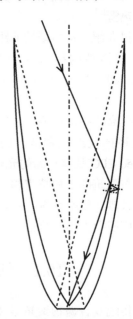

图 10.1　实体 CPC 聚光原理　　　　图 10.2　Lens-walled 结构平面图

　　镜面 CPC 的镜面曲线围绕着曲线顶点向对称轴旋转一定的角度，旋转后的曲线与原先曲线所构成的结构即为透镜的结构。一般而言，旋转的角度在 3°～5°。透镜的外侧与镜面 CPC 类似，需要镀反射膜。透镜可以改变光线的路径，从而使 Lens-walled 结构可以接收更大范围的太阳光，同时光强分布也会异于镜面 CPC。很明显，Lens-walled CPC 可以比实体 CPC 节约更多的透镜材料。同时，由于透镜结构的存在，较之镜面 CPC，Lens-walled 结构可以完全靠自身支撑而不需要外在的支撑架，从而进一步降低成本，如图 10.3 所示。

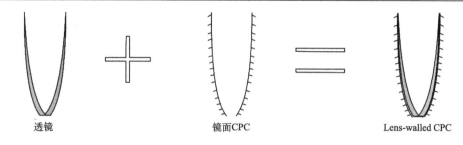

图 10.3　Lens-walled CPC 结构图

很显然，全反射的光学损失要远低于镜面反射。而 Lens-walled 结构导致的部分光线多次反射，也加剧了反射率对效率的负面影响。如果存在这样的可能，即光线经过透镜外侧面时也同样发生全反射，那么完全可以取代反射膜，从而减少反射损失。经过大量的模拟，我们发现确实存在部分光线发生全反射或者光线在多次反射中存在一些全反射的现象。但是，考虑到对于固定安装的 Lens-walled CPC，光线入射角的方向是在不断变化的，尤其是实际应用中，太阳的高度角和方位角是在始终变化的。也就是说，即使存在部分光线发生全反射，其发生位置也是不确定的。如果不镀膜，当光线不发生全发射时，则会从侧面逃逸出透镜；反之，直接镀膜会导致均发生镜面反射，增大了镜面反射损失。综合考虑这一现象，为了进一步减少由镜面反射带来的光学损失，我们设计了带有空气夹层的 Lens-walled CPC 结构。Lens-walled CPC 包括透镜和镜面 CPC 两个部分，透镜外侧曲面和镜面 CPC 内侧曲面之间保留微小空隙（小于 1mm）即可形成新型 Lens-walled CPC，如图 10.3 所示。在接收半角内无论光线从何种入射角射入，当发生全反射时，可直接在透镜内传输；若全反射没有发生，则光线透过透镜后仍会被镜面反射回到透镜中，从而完成光线的传输，如图 10.4 所示。

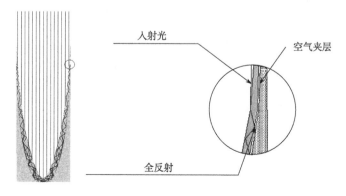

图 10.4　Lens-walled CPC 的光路模拟(0°入射角)

很明显，当光线从透镜射向空气时，若实际的入射角大于临界角，光线将直接通过全反射继续在透镜中传播。同样，当实际入射角小于临界角时，光线将从透镜射出，穿过空气夹层，射到反射镜上，最后依旧会被反射进透镜。按此原理，由于全反射的存在，大大减少了镜面反射损失，从而提高了光学效率。

图 10.5 显示了三种相同几何聚光比的 CPC 聚光示意图。对于普通镜面 CPC，当光线入射角大于镜面 CPC 最大接收半角时，光线不会被接收，如光线 I_1，反之，如 I_2，可以到达 CPC 底部。对比于镜面 CPC，由于介质材料的折射作用，实体 CPC 和 Lens-walled CPC 都可以接收到光线 I_1，因为它们的接收半角都大于镜面 CPC[6]。

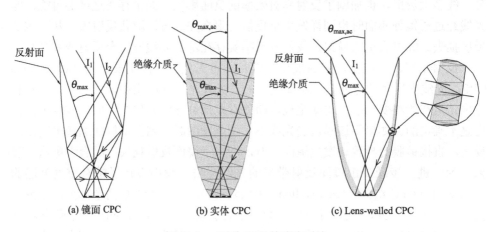

图 10.5　三种 CPC 的聚光对比

10.2　非跟踪低倍聚光光电光热系统构成

Lens-walled CPC-PV/T 系统可以直接与建筑集成，图 10.6(a) 显示的是集成于建筑屋顶的示意图[7]。图 10.6(b) 和 (c) 分别显示的是聚光 PV/T 的结构和尺寸。从上至下依次为盖板、聚光器、TPT、EVA、PV 模块、EVA、TPT、EVA、EVA 铜方管、绝热层。较之目前比较常见的 PV/T 系统，该系统采用直接层压电池于换热管之上，与现有的电池层压于铝板之上，再通过激光焊接连接铝板与换热管工艺不同。本系统聚光器采用小尺度形式，整体高度低于 3cm，可形成与 PV 相似的安装模块。

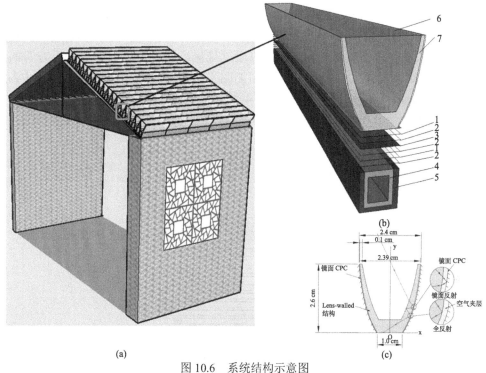

图 10.6　系统结构示意图

1. TPT；2. EVA；3. PV 模块；4. EVA 铜方管；5.绝热层；6.玻璃盖板；7.聚光器

　　按照优化设计的结果，我们制取了 Lens-walled CPC-PV/T 系统。同时，搭建了非聚光 PV/T 系统与其进行对比，如图 10.7 所示[8]。

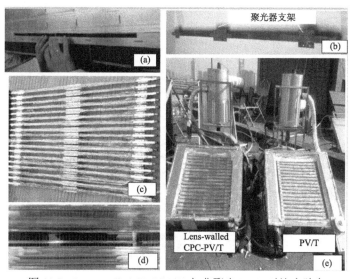

图 10.7　Lens-walled CPC-PV/T 与非聚光 PV/T 对比实验台

其中，系统的水路如图 10.8 所示。系统的水路由 18 根方管组成，方管总长80cm，截面边长为 15mm，壁厚为 1.5mm。冷却水由底部进入集热器，再由集热器顶部流入水箱。水流从 18 根方管中通过且保证同程。电池部分采用方管的上方直接层压光伏电池的方法，实物图如图 10.9 所示。其中每块电池的尺寸为15.6cm × 1cm。每根铜方管上方层压 4 块光伏电池。整个电池的分布和连接方式如图 10.10 所示。每 36 块电池为一组串联，然后两组并联，形成一个完整的光伏发电系统。

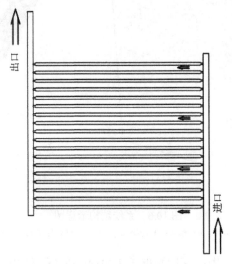

图 10.8　PV/T 系统水路示意图

图 10.9　PV/T 系统实物图

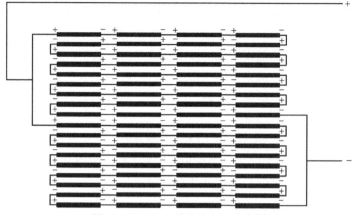

图 10.10　PV/T 系统中电池分布图

Lens-walled CPC-PV/T 测试系统(图 10.11)由聚光 PV/T 集热器、储水箱、循环泵、太阳能控制器(MPPT)、蓄电池、电压传感器、辐射表、热电偶、采集仪等组成。当系统运行时,太阳光由聚光器聚集到光伏电池上,产生电力,通过控制器给蓄电池和负载供电。控制器的作用主要是进行电池的最大功率点跟踪,从

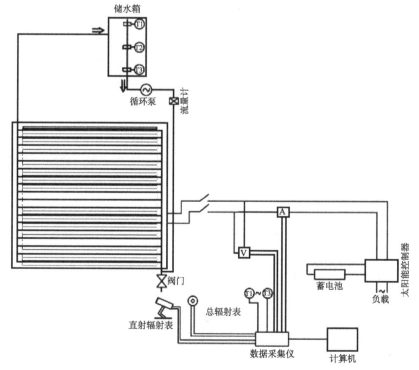

图 10.11　Lens-walled CPC-PV/T 测试系统

而保证电池的最大输出效率。其余大部分太阳辐射转化为热能，通过电池传递给铜方管，最终被方管中的冷却水带走。冷却水由循环泵驱动，在集热器和储水箱中循环。其中，冷却水从温度较低的储水箱底端流出水箱，由集热器底部进入集热器，经过集热器加热，从集热器顶部流出，再进入储水箱上部的进口。

实验中测量的参数包括温度、辐照、流量、电池输出等。

(1)温度测量。

实验中采用铜−康铜热电偶(图10.12)来测量温度，测量精度为±0.2℃。三个铜−康铜热电偶依次垂直平均布置于水箱内。考虑到水箱内存在温度分层现象，这样布置热电偶能够更准确地对水温分布进行测量。

(2)辐照测量。

实验中辐射测量分为两个部分。第一部分为Lens-walled CPC-PV/T集热器表面的总辐射强度测量，利用锦州阳光气象科技有限公司生产的TBQ-2总辐射表(图10.13)，安置于集热器同一倾角的平面。TBQ-2总辐射表的主要技术参数如表10.1所示。

图10.12　铜−康铜热电偶　　　　　图10.13　太阳总辐射表

表10.1　太阳总辐射表主要技术参数

技术参数	对应值	技术参数	对应值
内阻	约350 Ω	响应时间	≤30s(99%)
灵敏度	11.357μV/(W·m^2)	余弦响应	≤±7%
稳定性	±2%	测试范围	0~2000W/m^2
非线性	±2%	测试精度	<2%
信号输出	0~20mV	温度特性	±2%(−20~+40℃)

第二部分为太阳直射辐射测量，利用的是锦州阳光气象科技有限公司生产的
TBS-2-2 直接辐射表(图 10.14)，其主要参数如表 10.2 所示。

图 10.14　太阳直接辐射表

表 10.2　太阳直接辐射表主要技术参数

技术参数	对应值	技术参数	对应值
内阻	70.52 Ω	响应时间	≤15s(99%)
灵敏度	$9.56\mu V/(W \cdot m^2)$	线性误差	≤3%
稳定性	±1%	波段	280~3000nm
跟踪精度	<24h±1°	测试精度	<5%
信号输出	0~20mV	温度特性	5%(−45~+45℃)

(3)流量测量。

我们采取超声波流量计(上海巨贯工业自动化设备有限公司)来测量管道的
流量，如图 10.15 所示。便携式测量的超声波流量计 TUF-2000P，精度优于±1%，
流速范围是 0~±30m/s。传感器探头为 TS-1 和 TM-1，可适用管径为
DN15~1000mm。

(4)光伏电力输出测量。

采用四川维博公司生产的 WBI021S91 交直流电流传感器(图 10.16)来测量
PV 组件的光伏电流输出，其主要技术参数为：电流输入范围 0~10A，输出范围
0~5V，准确度等级 1.0，响应时间<15μs。太阳能控制逆变电源采用合肥阳光电源
有限公司生产的 SQ12200S 型(图 10.17)，具体技术参数如表 10.3 所示。

图 10.15　超声波流量计

图 10.16　交直流电流传感器

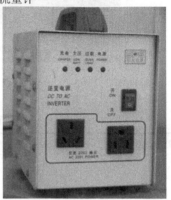

图 10.17　太阳能控制逆变电源

表 10.3　太阳能控制逆变电源主要技术参数

技术参数	对应值
输入额定电压	12V（DC）
输入额定电流	17A
输入额定功率	160W
允许输入电压范围	10~16V（DC）
允许太阳能电池开路电压	25V（DC）
允许太阳能电池充电电流	15A
功率因数	0.8
输入空载电流	0.3A
输出电压	220V±10%
输出电流	0.91A
输出频率	50Hz±5%
使用环境温度	−20～+50℃

测量数据均通过安捷伦公司 34970A 型数据采集仪与计算机连接统一采集，设定的采集时间间隔为 30s，计算机数据采集系统如图 10.18 所示。

图 10.18　数据采集系统

10.3　数　理　模　型

10.3.1　结构模型

为了对 Lens-walled CPC 作进一步的研究，结构的数学表达是不可或缺的。以获取 4 倍几何聚光比的 Lens-walled CPC 结构的数学方程为例，Lens-walled CPC 结构在坐标系中的形成过程如图 10.19 所示。具体的推导过程如下。

（1）BC、AD 曲线方程。

$X_1O_1Y_1$ 坐标系：

BC 是 $X_1O_1Y_1$ 坐标系中的抛物线，A 是其焦点。设焦距 $O_1A_1=f$，则

$$f = \frac{d_2}{2}(\sin \theta_{\max} + 1) \tag{10.2}$$

因此抛物线 BC 的方程为

$$y_1 = \frac{1}{4f}x_1^2 \tag{10.3}$$

这里 A 点的坐标为 $(0, f)$。

$X_2O_2Y_2$ 坐标系：

$X_1O_1Y_1$ 坐标系围绕 O_1 顺时针旋转 $\theta_{\max}$ 即可得到 $X_2O_2Y_2$ 坐标系，因此

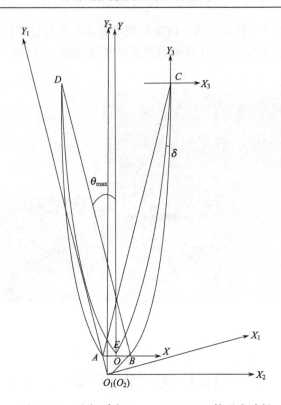

图 10.19　　坐标系中 Lens-walled CPC 的形成过程

$$x_1 = x_2 \cos(-\theta_{\max}) - y_2 \sin(-\theta_{\max}) \tag{10.4}$$

$$y_1 = x_2 \sin(-\theta_{\max}) + y_2 \cos(-\theta_{\max}) \tag{10.5}$$

将式(10.4)、式(10.5)代入式(10.3)，得

$$x_2 \sin(-\theta_{\max}) + y_2 \cos(-\theta_{\max}) = \frac{1}{4f} [x_2 \cos(-\theta_{\max}) - y_2 \sin(-\theta_{\max})]^2 \tag{10.6}$$

此时，A 点的坐标为 $(f \sin\theta_{\max}, -f \cos\theta_{\max})$。

XOY 坐标系：

XOY 坐标系可以通过将 $X_2 O_2 Y_2$ 坐标系沿 X 轴和 Y 轴平移得到，因此

$$x_2 = x + a \tag{10.7}$$

$$y_2 = y + b \tag{10.8}$$

BC 抛物面在 XOY 坐标系中的方程可以表达为

$$(x+a)\sin(-\theta_{\max}) + (y+b)\cos(-\theta_{\max})$$

$$= \frac{1}{4f}[(x+a)\cos(-\theta_{\max}) - (y+b)\sin(-\theta_{\max})]^2 \tag{10.9}$$

同时，A 点坐标为 $[-(f\sin\theta_{\max}+a), -f\cos\theta_{\max}+b]$。

这里各参数设定为：几何聚光比 4；AB 的长度 $d_2=150$dmm。

同时，从式(10.2)可得 $\theta_{\max}=14.5°$；$f=93.75$ dmm。

由以上可得 A 点坐标$(-75, 0)$，即

$$f\sin\theta_{\max}+a=75 \qquad (10.10)$$

$$-f\cos\theta_{\max}+b=0 \qquad (10.11)$$

基于式(10.10)、式(10.11)，$a=51.52$，$b=90.8$。

因此 BC 抛物线在 XOY 坐标系的数学表达式为

$$0.968y-0.2504x+75.1=\frac{1}{375}(0.968x+0.2504y+72.6)^2, \quad 75\leqslant x\leqslant 300 \qquad (10.12)$$

由于抛物线 AD 和 BC 关于 Y 轴对称，所以抛物线 AD 的方程为

$$0.968y+0.2504x+75.1=\frac{1}{375}(-0.968x+0.2504y+72.6)^2, \quad -300\leqslant x\leqslant -75 \qquad (10.13)$$

(2) CE、DE 曲线方程。

X_3CY_3 坐标系：

X_3CY_3 坐标系可通过 XOY 坐标系沿 X 轴和 Y 轴平移得到，因此

$$x=x_3+c \qquad (10.14)$$

$$y=y_3+d \qquad (10.15)$$

将式(10.14)、式(10.15)代入式(3.11)，BC 抛物线在 X_3CY_3 坐标系中的方程为

$$0.968(y_3+d)-0.2504(x_3+c)+75.1$$
$$=\frac{1}{375}[0.968(x_3+c)+0.2504(y_3+d)+72.6]^2 \qquad (10.16)$$

抛物面 CE 可以通过抛物面 BC 围绕 C 点顺时针旋转 δ 角度而得，因此 CE 在坐标系 X_3CY_3 的表达式为

$$0.968[(y_3\cos\delta+x_3\sin\delta)+d]-0.2504[(x_3\cos\delta+y_3\sin\delta)+c]+75.1$$
$$=\frac{1}{375}\{0.968[(x_3\cos\delta+y_3\sin\delta)+c]+0.2504[(y_3\cos\delta+x_3\sin\delta)+d]+72.6\}^2 \qquad (10.17)$$

XOY 坐标系：

XOY 坐标系可以通过 $X_2O_2Y_2$ 坐标系平移而得，即将式(10.14)和式(10.15)代入式(10.17)，可得抛物线 CE 在 XOY 坐标系的表达式

$$0.968\{[(y-d)\cos\delta+(x-c)\sin\delta]+d\}$$
$$-0.2504\{[(x-c)\cos\delta-(y-d)\sin\delta]+c\}+75.1$$
$$=\frac{1}{375}(0.968\{[(x-c)\cos\delta-(y-d)\sin\delta]+c\} \tag{10.18}$$
$$+0.2504\{[(y-d)\cos\delta+(x-c)\sin\delta]+d\}+72.6)^2$$

这里 O 点坐标为 $(0,0)$，代入式 (10.12)，C 点的坐标为 $(300,1452.4)$，即 $c=300$，$d=1452.4$。

将 $\delta=3°$ 代入式 (10.18)，可得 CE 在 XOY 坐标系的表达式

$$0.98y-0.199x+42.35=\frac{1}{375}(0.98x+0.199y+143.7)^2, \quad 0<x\leqslant300 \tag{10.19}$$

根据对称原则，同样可以得到 DE 的表达式为

$$0.98y+0.199x+42.35=\frac{1}{375}(-0.98x+0.199y+143.7)^2, \quad -300\leqslant x\leqslant0 \tag{10.20}$$

10.3.2 光学模型

1）光线跟踪原理

镜面反射的向量表示如图 10.20 所示。对于镜面反射，如果设定入射光线的向量为 i，反射光线的向量为 r，单位法向量为 n，则反射光线可以表达为

$$r=i-2(n\cdot i)n \tag{10.21}$$

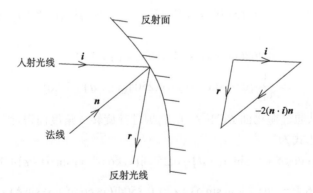

图 10.20 反射的向量表示

折射的向量表示如图 10.21 所示，我们定义 n 为空气折射率，n' 为材料折射率。折射定律通常表示为

$$n'\sin I'=n\sin I \tag{10.22}$$

式中，I 和 I' 为入射角和折射角。

矢量表达式为

$$n'\boldsymbol{r} \times \boldsymbol{n} = ni \times \boldsymbol{n} \tag{10.23}$$

另一种更为常见的表达为

$$n'\boldsymbol{r} = ni + (n'\boldsymbol{r} \cdot \boldsymbol{n} - ni \cdot \boldsymbol{n})\boldsymbol{n} \tag{10.24}$$

从式(10.24)可看出，当光线从光密射入光疏介质，即 $n'<n$，存在 $\sin I'$ 大于 1 时，将发生全反射现象。

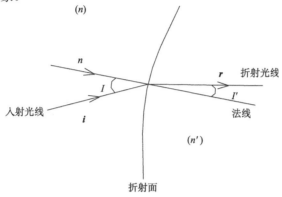

图 10.21　折射的向量表示

2) 等效入射角[9]

在真实的情况下，对于北半球，聚光器一般面朝正南安装，而太阳位置示意图可以有效决定任意方向放置的聚光器接收到的太阳辐照。θ_z 为太阳的天顶角；γ_s 为太阳方位角；β 为聚光器的倾角，一般等于当地的纬度。

对于东西方向放置的聚光器，通常情况下可以将光线作矢量分解，一部分沿东西方向，另一部分在南北平面上，即为南北平面上的投影，如图 10.22 所示。

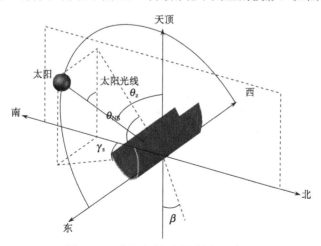

图 10.22　太阳入射示意图(东西放置)

而对于聚光器聚光效率,取决于分解在南北平面的直射分量。光线在南北平面的投影与正南方的地平线的夹角定义为南北方向的投影角 θ_{NS}。而“$\theta_{NS}-(90°-$聚光器倾角)”的值即为 Lens-walled CPC 东西方向放置的等效入射角,数学表达式为

$$\tan\theta_{NS}=\tan\alpha/\cos\gamma_s \tag{10.25}$$

式中, α 为太阳高度角

$$\sin\alpha=\cos\phi\cdot\cos\delta\cdot\cos\omega+\sin\phi\cdot\sin\delta \tag{10.26}$$

$$\theta=90°-\theta_{NS}-\beta \tag{10.27}$$

式中, θ 为等效入射角。

太阳天顶角为

$$\cos\theta_z=\cos(\phi-\beta)\cdot\cos\delta\cdot\cos\omega+\sin(\phi-\beta)\cdot\sin\delta \tag{10.28}$$

太阳偏转角为

$$\delta=23.45\sin\left(360\frac{284+n}{365}\right) \tag{10.29}$$

太阳方位角为

$$\cos\gamma_s=\frac{\sin\phi\cdot\cos\delta\cdot\cos\omega-\cos\phi\cdot\sin\delta}{\cos\alpha} \tag{10.30}$$

3) 光学效率

基于几何关系,我们可以得到垂直于倾斜平面的等效直射辐射(图 10.23),即

$$I_\beta=I_n\sin\alpha_s\cos\beta+I_n\cos\alpha_s\cos\gamma_s\sin\beta \tag{10.31}$$

式中, I_n 为直射辐射强度。

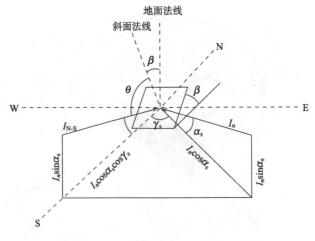

图 10.23　倾斜表面直射辐射转换示意图

利用 I_β 与对应时刻的光学效率相乘，即得该时刻聚光器接收到的直射辐射。

对于 Lens-walled CPC-PV/T 系统，其光学效率与截面入射角的关系为

$$\eta = 77.5 + 11.0 \sin^2\left[\pi \cdot \left(\frac{x + 12.0}{40.6}\right)\right] \quad (10.32)$$

对于散射光，其光学效率大约为 50%。

由此，系统光学效率的理论值和实验值为

$$\eta_{\text{opt,theo}} = \frac{I_{\beta,\text{dir}}\tau\kappa\eta + I_{\beta,\text{dif}}\tau\kappa\eta'}{I_{\text{tot,col}}} \quad (10.33)$$

$$\eta_{\text{opt,exp}} = \frac{E_{\text{pv}}^{\text{with}}}{C_g E_{\text{pv}}^{\text{without}}} \quad (10.34)$$

10.3.3　PV/T 模型

玻璃盖板的能量方程为

$$d_g \rho_g c_g \frac{\partial T_g}{\partial t} = h_{\text{sky}}(T_{\text{sky}} - T_g) + h_w(T_{\text{air}} - T_g) + h_{\text{len,r}}(T_{\text{len,top}} - T_g)$$
$$+ h_{\text{len,c}}(T_{\text{len,top}} - T_g) + G\alpha_g \quad (10.35)$$

式中，d_g 为玻璃厚度，m；ρ_g 为密度，kg/m³；c_g 为比热容，J/(kg·K)；T_g、T_{sky}、T_{pv} 和 T_e 分别为玻璃盖板的温度、天空温度、光伏电池温度及环境等效温度，K；G 为太阳辐射强度，W/m²；α_g 为玻璃盖板对太阳光的吸收率；h_w、h_{sky}、$h_{\text{len,c}}$ 和 $h_{\text{len,r}}$ 分别为玻璃盖板与周围环境空气的对流换热系数、玻璃盖板与周围环境间的等效辐射换热系数、透镜与玻璃盖板对流换热系数、透镜与玻璃盖板的辐射换热系数，W/(m²·K)。

天空温度的计算公式可简化为

$$T_{\text{sky}} = 0.0552 T_{\text{air}}^{1.5} \quad (10.36)$$

式中，T_{air} 为空气温度，玻璃盖板对太阳光的吸收率可表示为

$$\alpha_g = 1 - \tau_g \quad (10.37)$$

玻璃盖板与空气的对流换热系数与天空的辐射换热系数表示为

$$h_w = 6.5 + 3.3 V_w \quad (10.38)$$

$$h_{\text{sky}} = \varepsilon_g \sigma (T_{\text{sky}}^2 + T_g^2)(T_{\text{sky}} + T_g) \quad (10.39)$$

式中，V_w 为风速，m/s；ε_g 为玻璃的发射率；σ 为斯特藩-玻尔兹曼常数，取值 5.67×10^{-8} W/(m²·K⁴)。

聚光器与玻璃盖板的辐射换热系数为

$$h_{\text{len,r}} = \frac{\sigma(T_g^2 + T_{\text{len,top}}^2)(T_g + T_{\text{len,top}})}{\dfrac{1}{\varepsilon_g} + \dfrac{1}{\varepsilon_{\text{len}}} - 1} \tag{10.40}$$

Lens-walled CPC 上下表面热平衡方程可表示为

$$\frac{T_{\text{len,top}} - T_{\text{len,bottom}}}{R_{\text{len}}} + (T_{\text{len,top}} - T_g)(h_{\text{len,r}} + h_{\text{len,c}})W_{\text{len}} = 0 \tag{10.41}$$

$$\frac{T_{\text{len,bottom}} - T_{\text{len,top}}}{R_{\text{len}}} + \frac{T_{\text{len,bottom}} - T_{\text{pv}}}{R_{\text{len,bottom-pv}}} = 0 \tag{10.42}$$

式中，$T_{\text{len,top}}$、$T_{\text{len,bottom}}$ 分别为透镜顶部和底部的温度。

PV 电池的能量方程为

$$d_{\text{pv}}\rho_{\text{pv}}c_{\text{pv}}\frac{\partial T_{\text{pv}}}{\partial t} = \frac{T_{\text{pv}} - T_{\text{len,bottom}}}{R_{\text{len,bottom-pv}}} + \frac{T_{\text{pv}} - T_{\text{pipe}}}{R_{\text{pv-pipe}}} - \tau_g(G_{\text{dir}}\eta_{\text{dir}} + G_{\text{dif}}\eta_{\text{dif}}) + E_{\text{pv}} \tag{10.43}$$

光伏电池的效率为

$$\eta_{\text{pv}} = \frac{(G_{\text{dir}}\eta_{\text{dir}} + G_{\text{dif}}\eta_{\text{dif}})\tau_g\eta_r[1 - B_r(T_{\text{pv}} - T_r)]}{G_{\text{dir}} + G_{\text{dif}}} \tag{10.44}$$

对于换热方管，其能量平衡方程为

$$d_p\rho_pc_p\frac{\partial T_{\text{pipe}}}{\partial t} = d_pk_p\frac{\partial T_{\text{pipe}}}{\partial x} + \frac{T_{\text{pipe}} - T_{\text{pv}}}{R_{\text{pv-pipe}}} + \frac{T_{\text{pipe}} - T_{\text{back}}}{R_{\text{pipe-back}}} + (T_{\text{pipe}} - T_f)h_f P_{\text{pipe}} \tag{10.45}$$

流动水能量方程为

$$A\rho_wc_w\frac{\partial T_f}{\partial t} = \dot{Q}_w\frac{\partial T_f}{\partial x}\rho_wc_w + [T_{\text{pipe}} - T_f(i)]h_f P \tag{10.46}$$

背板能量方程为

$$d_b\rho_bc_b\frac{\partial T_b}{\partial t} = \frac{T_{\text{pipe}} - T_{\text{back}}}{R_{\text{pipe-back}}} + (T_{\text{back}} - T_{\text{air}})h_w W_{\text{back}} \tag{10.47}$$

水箱能量方程为

$$\rho_wc_w A_2\frac{\partial T_{\text{tank}}}{\partial t} = \frac{T_{\text{air}} - T_{\text{tank}}}{\dfrac{1}{h_w P_{\text{tank}}} + \dfrac{\delta}{k P_{\text{tank}}}} + \dot{Q}_1\frac{\partial T_{\text{tank}}}{\partial x}\rho_wc_w \tag{10.48}$$

对于 Lens-walled CPC-PV/T 系统，水箱的得热量可由式(10.49)计算：

$$\dot{Q}_{\text{sys}} = m_{\text{w\_tank}}c\frac{\text{d}\overline{T}}{\text{d}t} \tag{10.49}$$

式中，$m_{\text{w\_tank}}$ 为水箱内水的总质量，kg；c 为水的比热容，J/(kg·K)；$\overline{T}$ 为水箱中的平均水温，K。在本实验中，水箱中依次垂直等距布置 3 个热电偶，水箱内的平均温度为

$$\overline{T} = \frac{T_1 + T_2 + T_3}{3} \tag{10.50}$$

式中，T_n（n=1，2，3）为储水箱内第 n 个测温点的温度，K。

系统的全天热效率 η_{sys} 可由式（10.51）得到

$$\eta_{sys} = \frac{\int_{t_1}^{t_2} \dot{Q}_{sys} \mathrm{d}t}{A_c \int_{t_1}^{t_2} G \mathrm{d}t} \tag{10.51}$$

式中，G 为总辐照，W/m^2；A_c 为集热器的有效集热面积，m^2。

集热器的瞬时热效率为

$$\overline{\eta}_{sys} = \frac{\dot{Q}_{sys}}{GA_c} \tag{10.52}$$

PV/T 一天的光电效率为

$$\eta_{pv} = \frac{\sum_1^N E_{pv} \Delta t}{A_{pv} \int_{t_1}^{t_2} G \mathrm{d}t} \tag{10.53}$$

式中，E_{pv} 为系统的瞬时光电功率，W；N 为实验数据总采集数；Δt 为数据采集的时间间隔，s；A_{pv} 为光伏电池的面积，m^2。

10.4　非跟踪低倍聚光器的性能研究

10.4.1　光线跟踪分析

以 4 倍聚光比为例，采用光学软件 LightTools 对带有空气夹层的 Lens-walled CPC 进行光线追踪模拟。图 10.24~图 10.27 展现了 Lens-walled CPC 和镜面 CPC 在不同入射角条件下的光线跟踪示意图。整个光路尤其是透镜的折射功能可以清楚地显示。光线的数量定义为 50 根。

图 10.24 表明在入射角为 0°的情况下，几乎所有的光线都可以到达底部。光线在透镜的表面发生折射。图 10.24(b)显示出镜面 CPC 反射镜附近较深的颜色，这是由于反射光线和入射光线重叠。

当入射角增至 15°时，约 20%的入射光线经过折射和反射从 Lens-walled CPC 中逃逸。这些光线首先进入透镜右侧的部分，经历数次折射和反射，到达透镜左侧的部分，最终又返回右侧的部分然后被反射出 Lens-walled CPC。图 10.25(b) 则显示了光线在入射角为 15°时，所有的光线都将从镜面 CPC 中逃逸，这是因为入射角已经超过了镜面 CPC 最大接收半角 14.5°。

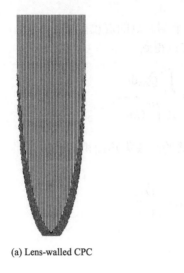

(a) Lens-walled CPC　　　　　　　　　　(b) 镜面CPC

图 10.24　入射角为 0° 时的光路示意图

(a) Lens-walled CPC　　　　　　　　　　(b) 镜面CPC

图 10.25　入射角为 15° 时的光路示意图

　　图 10.26(a) 显示了当入射角为 25° 时，逃逸出 Lens-walled CPC 的光线逐渐增多，但是依然有很多光线被接收。透镜内壁附近颜色较深，可见这部分是折射光线和入射光线的交集。此时，镜面 CPC 依然不能接收光线。

　　图 10.27 显示对于几何聚光比为 4 的 CPC，无论是 Lens-walled CPC 还是镜面 CPC，当入射角为 35° 时，均不能再接收光线。因此，4 倍的 Lens-walled CPC 最大接收半角小于 35°。

(a) Lens-walled CPC　　　　　　　　　　　　　　　(b) 镜面CPC

图 10.26　入射角为 25° 时的光路示意图

(a) Lens-walled CPC　　　　　　　　　　　　　　　(b) 镜面CPC

图 10.27　入射角为 35° 时的光路示意图

　　为了验证该构想，采用光学软件 LightTools 模拟带有空气夹层的 Lens-walled CPC 性能。透镜材料选取软件自带的 PMMA 材料。相关参数如表 10.4 所示。这里透镜 CPC 由 Lens-walled CPC 中透镜部分外侧直接镀膜而成。

表 10.4　聚光器的模拟参数

参数	几何聚光比	槽口宽度/mm	底部宽度/mm	聚光器高度/mm	折射率	反射率/%
Lens-walled CPC	4	60	15	145.2	1.49	88
透镜 CPC	4	60	15	145.2	1.49	88
镜面 CPC	4	60	15	145.2	—	88

　　聚光器底部接收的聚光辐照与射入聚光器顶部槽口的辐照比值即为光学效率。为了展示 Lens-walled CPC 的性能，我们模拟了不同入射角下的光学效率。同时，与相同几何聚光比的直接镀膜的透镜 CPC 和镜面 CPC 进行对比。模拟中，几何聚光比为 4，镜面 CPC 的最大接收半角为 14.5°，如图 10.28 所示。

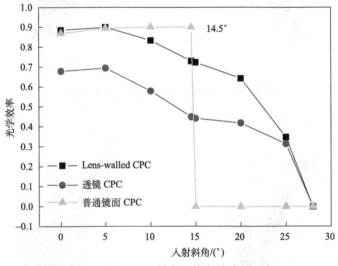

图 10.28　不同入射角下的光学效率对比

　　对于几何聚光比为 4 的 CPC，从模拟结果中可以看出，当入射角小于 14.5°时，镜面 CPC 的光学效率均在 90%左右，当入射角大于 14.5°时，其光学效率接近于零。但是对于 Lens-walled CPC 及透镜 CPC，由于透镜的折射作用，其接收半角均在 28°左右。

　　最重要的是，从这幅图中可以清楚地看出，在入射角分别为 0°、5°、10°、15°、20°、25°时，Lens-walled CPC 要明显高于透镜 CPC，两者相应的差值依次为 0.21、0.20、0.25、0.28、0.22、0.03。这与我们的预想非常吻合，换句话说，空气夹层结构可以充分利用光线在透镜中的全反射效应而达到降低光学损失的目的。因此，从模拟结果可以预见空气夹层结构的提出是合理的。

　　另一方面，当入射角小于 5°时，Lens-walled CPC 的光学效率与镜面 CPC 相似，主要原因在于部分光线发生了全反射，虽然透镜存在沿程损失，并且部分光线仍经历多次镜面反射，但是光学损失之和可以与镜面 CPC 的镜面反射损失相近。这样一来， Lens-walled CPC 不仅具有更大的接收半角，而且其光学效率也可和镜面 CPC 相媲美。因此，可以预见， Lens-walled CPC 较透镜 CPC 和镜面 CPC 有更明显的优势。

　　如图 10.29～图 10.31 所示，在入射角为 0°、5°和 10°时，无论是透镜 CPC 还是 Lens-walled CPC，其光强分布都要明显优于镜面 CPC。其中 Lens-walled CPC 的光强分布大小要略高于透镜 CPC,这与 Lens-walled CPC 较透镜 CPC 光学效率更高是一致的。

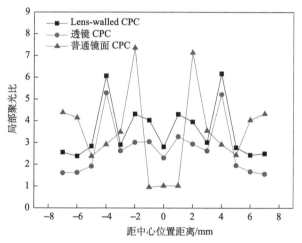

图 10.29　　入射角为 0°时局部聚光比示意图

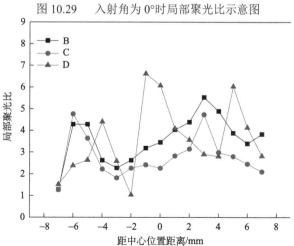

图 10.30　　入射角为 5°时局部聚光比示意图

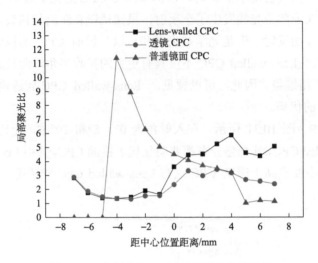

图 10.31　入射角为 10°时局部聚光比示意图

图 10.32～图 10.34 显示的是入射角为 15°、20°、25°时（大于镜面 CPC 的最大接收半角），透镜 CPC 与 Lens-walled CPC 的聚光光强分布情况。两者在左半部分非常接近，在右半部分 Lens-walled CPC 光强要高于透镜 CPC。而在入射角为 25°时，两者的曲线几乎重合。

综上所述，空气夹层结构不仅提高了光学效率，而且聚光光强分布与透镜 CPC 相似，均优于镜面 CPC，所以该结构更适合聚光 PV 的应用。

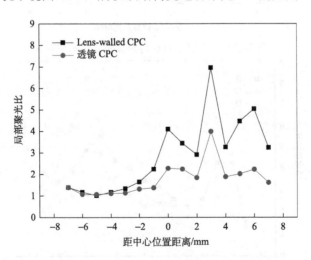

图 10.32　入射角为 15°时局部聚光比示意图

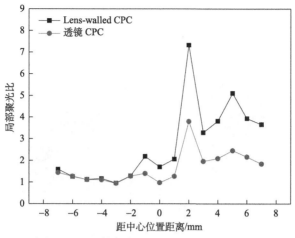

图 10.33　入射角为 20° 时局部聚光比示意图

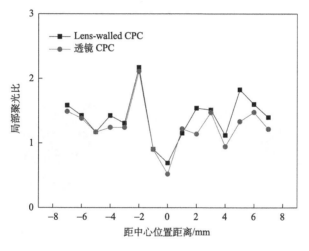

图 10.34　入射角为 25° 时局部聚光比示意图

10.4.2　模块的实验研究

为了验证模拟的结果，通过实验对镜面 CPC-PV、透镜 CPC-PV、Lens-walled CPC-PV 和非聚光 PV 进行对比，其中：

(1) 与聚光器黏结的光伏电池为单晶硅电池，尺寸为 15 mm×70mm。三块单晶硅电池的参数相似，在标准 1000 W/m² 条件测试下，性能见表 10.5。这里三块电池依次与镜面 CPC、透镜 CPC 和 Lens-walled CPC 相黏结。

(2) 透镜材料均选用 PMMA 材料，且尺寸与模拟的参数结果一致。其中三者实物图如图 10.35 所示。

(a) 镜面CPC-PV

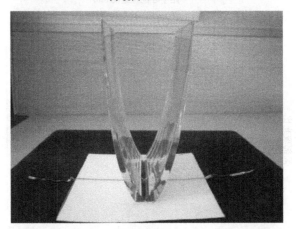

(b) 透镜CPC-PV

(c) Lens-walled CPC-PV

图 10.35　实物图

表 10.5　实验中的 PV 基本参数

编号	开路电压 /V	短路电流 /A	输出电流 /A	输出电压 /V	最大输出功率 /mW	填充因子	效率 /%
1	0.58	0.38	0.34	0.44	152.73	68.87	14.54
2	0.58	0.38	0.34	0.49	167.49	74.55	15.95
3	0.57	0.38	0.32	0.45	141.69	66.62	13.49

(3) 采用蒸发镀膜的方式制作反射膜，包括镜面反射膜。

(4) 电池的 *I-V* 特性曲线由美国 Keithley 公司 2420 型数字源表测量所得。模拟光源为 450W 氙灯 (Oriel, USA)，光强密度为 1000W/m²，辐照的不均匀度小于 2%。太阳能模拟器为 94043A (Newport Stratford Inc)。

图 10.36 显示了镜面 CPC-PV、透镜 CPC-PV 和 Lens-walled CPC-PV 在不同入射角下的开路电压和短路电流。测试期间，室内环境保持在 25°左右，开路电压在镜面 CPC 的接收半角内基本均保持在 0.58V 左右。但当入射角大于 14.5°以后，镜面 CPC 的开路电压和短路电流均有所下降。在入射角为 15°时，镜面 CPC-PV 的短路电流依旧保持在 0.58A 左右，并高于理论值，这是由加工误差等原因所致。同样，可以得到不同入射角度下三者的光学效率，如图 10.37 所示。

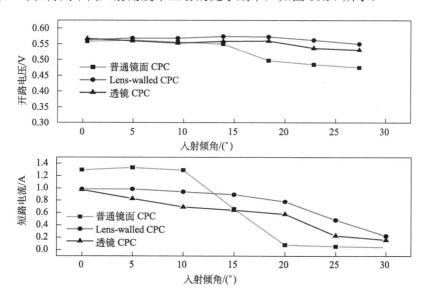

图 10.36　不同入射角下三种 CPC 的开路电压和短路电流

从图 10.37 可以看出，入射角在镜面 CPC 最大接收半角 14.5°范围内，镜面 CPC 的光学效率要高于 Lens-walled CPC 和透镜 CPC。其中镜面 CPC 与 Lens-walled CPC 之间的差距与模拟值存在一定差异，这主要有两个原因：①所选

PMMA 材料性质不及软件中自带的 PMMA 性质；②透镜后期加工时打磨抛光等步骤都不可能达到完全理想的状态。但是，Lens-walled CPC 光学效率要明显高于透镜 CPC。这一点与模拟的结果非常一致，从而从实验角度证明了空气夹层结构可以很好地利用全反射效应改善 Lens-walled CPC 的光学效率。可以看到，仅从实验角度来分析，入射角为 0°的时候，Lens-walled CPC 的光学效率和透镜 CPC 相似，与模拟值存在差异，这其中存在很多因素，但是从整个接收半角而言，Lens-walled CPC 的优势非常明显。

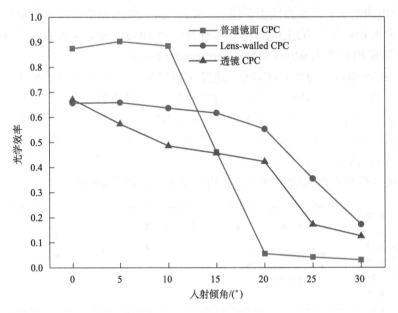

图 10.37　不同入射角下镜面 CPC、透镜 CPC 和 Lens-walled CPC 的光学效率对比

这一优势也可以通过最大输出功率看出，如图 10.38 所示。Lens-walled CPC-PV 的最大功率点输出功率要明显高于透镜 CPC。此外，从图 10.37 和图 10.38 对比中还可以看出，虽然在镜面 CPC 的接收半角内 Lens-walled CPC 的光学效率低于镜面 CPC，但是从输出最大功率可以看出，这个差距明显减小。也就是说，对于镜面 CPC，虽然接收到更多的光强，但是对于电池，效率变低，这与镜面 CPC 不均匀的聚光光照强度有很大关系。此外，从大的范围看，即在 30°入射角以内， Lens-walled CPC-PV 的平均最大输出功率明显要大很多。

从图 10.38 中，我们已经可以看出 Lens-walled CPC-PV 的效率要高于镜面 CPC，从模拟结果我们可以猜测 Lens-walled CPC 的聚光光强分布要明显比镜面 CPC 均匀，但是为了进一步从实验结果中体现这一优势，我们进一步分析了聚光条件下电池的填充因子。对于聚光 PV 应用，在不均匀的辐射强度下，电池的填充因子(FF)将会明显地下降。如果电池表面的辐照不均匀性比较严重，那么这种现象将更加明显。为了表示得更加清楚，采用不同入射角下 Lens-walled CPC-PV、透镜 CPC-PV 和镜面 CPC-PV 的填充因子分别与同入射角下相对应非聚光电池的填充因子的比值来反映聚光辐射强度的分布均匀性，如图 10.39 所示。

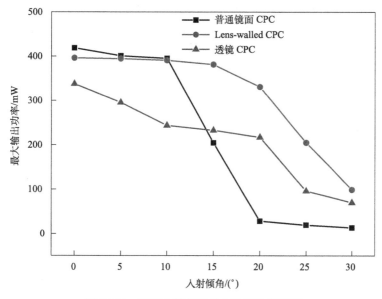

图 10.38　不同入射角下最大输出功率比较

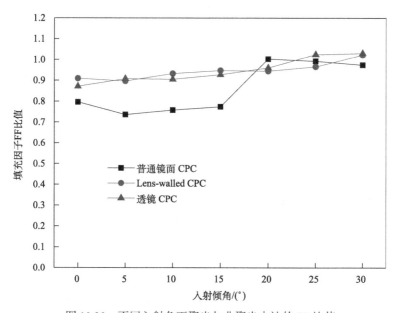

图 10.39　不同入射角下聚光与非聚光电池的 FF 比值

从图 10.39 中可以看出，镜面 CPC 在其接收半角 14.5°以内，不同入射角下聚光时填充因子 FF 与非聚光时的比值明显较低，且下降幅度明显大于带空气夹层和透镜 CPC-PV，可见此时透镜结构很好地改进了镜面 CPC 的聚光光强分布。当入射角大于 14.5°时，镜面 CPC-PV 的填充因子比值均趋于 1。此时，因为电池表面几乎没有直射光线，辐射强度相对均匀。由此，我们可以很明显地看出带空气夹层和透镜 CPC 具有相似的填充因子比例关系。很明显，Lens-walled CPC 及透镜 CPC 的聚光光强分布均要比镜面 CPC 均匀，也就是说，透镜结构不但增大了入射半角，而且改进了镜面 CPC 的聚光光照强度分布。

10.4.3 模块的优化

为了满足合肥地区的利用，我们对聚光器进行了进一步的优化。对于 Lens-walled CPC 的优化，我们始终坚持一个宗旨，即使之成为可以与建筑相结合的固定安装聚光器，所以优化的主要思路是发挥其最大接收半角的优势，同时提高其在不同入射角范围内的光学效率。在实际应用中，考虑到性价比问题，亚克力材料(PMMA)作为透镜的材料是一种较好的选择。除了价格的因素，亚克力材料在太阳光谱的大部分波段都具有较长时间的透明性能，并且至少在 80℃ 以内可以保持较好的热稳定性。同时，其对太阳光谱的透过率和折射率(1.49)都接近于玻璃，因此基于 PMMA 材料特性优化透镜结构使其与 PV/T 系统匹配将直接影响 Lens-walled CPC-PV/T 的性能。此外，设计中我们采用目前比较常见的反射率 (88%)作为参考，既利于实现，也容易控制成本[10]。

1) 几何聚光比 C_g

对于非跟踪的低倍聚光 PV/T，较平板 PV/T 一个明显的优势就是可以获得更高温度的热源，且聚光比越高，这种优势越明显。然而，聚光器的聚光比越高，则接收半角越小。即使是 Lens-walled CPC 也同样存在着接收半角的极限，而接收半角直接影响聚光器年接收能量的多少。根据不同地区的经纬度，匹配合适的接收半角，基于此对 Lens-walled CPC 进行优化，在保证全年接收时间的同时，提高综合直射入射角情况下的光学效率将是优化的重点。研究表明，对于东西方向放置的 CPC，太阳辐射的南北面等效入射角主要集中在 35°以内，对于高纬度，等效入射角可能更小。一个固定安装的 CPC，如果具有 35°的接收半角，那么其可以接收到每年近 85%的辐照能量。然而，对于一般镜面 CPC，对应的几何聚光比只有 1.7 倍。从前面的研究可以看出，对于 Lens-walled CPC，35°的接收半角对应的几何聚光比可以达到 2.5 倍。

2) 旋转角 δ

对于 2.5 倍聚光比的 Lens-walled CPC，分别将旋转角度设定为 3°、4°、5°和 6°，相对应的光学效率如图 10.40 所示。从图 10.40 可以看出，对于这些旋转角，其光学效率相近，但是有两个因素需要考虑：①对于加工，尤其是后期的打磨抛光，一定厚度的透镜有利于加工和不变形；②考虑到重量和费用问题，材料用量越少越好。由此，需要找到两者的结合点，这里我们选择 5° 作为旋转角，相比之下，可以在保证加工品质的同时使用较少的 PMMA 材料，以适应与建筑相结合的目的。

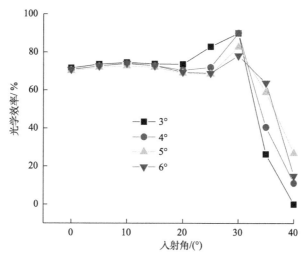

图 10.40　不同入射角下旋转角度对 Lens-walled CPC 光学效率的影响

3) 空气夹层结构

所提出的 Lens-walled CPC 结构如果采用直接镀膜的方式，光线在透镜外侧发生的均是镜面反射；而加入空气夹层，可以充分利用全反射效应，明显提高聚光器的光学性能，如图 10.41 所示。反射膜不直接镀于透镜外侧曲面，而

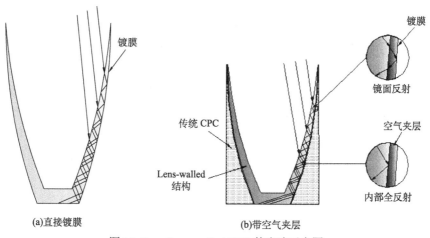

图 10.41　Lens-walled CPC 的光路示意图

是将透镜置于镜面 CPC 之中，中间留有微小空隙即可。这里，我们模拟了几何聚光比为 2.5 倍的直接镀膜和带空气夹层的 Lens-walled CPC 的光学效率，如图 10.42 所示。

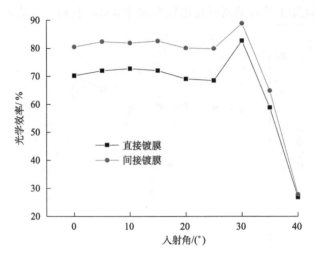

图 10.42　直接镀膜和带空气夹层的 2.5 倍 Lens-walled CPC 的光学效率对比

很容易看出带空气夹层的 Lens-walled CPC 的光学效率比直接镀膜的 Lens-walled CPC 高出 10.0%左右，同时可以看出入射角在 35°以上时，这一光学效率的差值将不明显。但是从两者的差值而言，2.5 倍聚光比的 Lens-walled CPC 光学效率还有提高的空间。

4) 底端厚度

从以上可以看出，Lens-walled CPC 的结构还需要进一步的优化，从而提高光学效率。带空气夹层的 Lens-walled CPC 的光学效率在 0°~20°入射角的情况下为 80%左右。 通常而言，底端厚度越薄越好，因为这样可以减少光路损失。然而，对于 Lens-walled 结构，我们必须进行进一步的模拟分析。

从图 10.43 中可以看出，底端厚度能够改变光线在底部附近的光路路径，尤其在一定程度上能够改变光线在透镜外侧表面反射的次数，从而影响了镜面反射造成的损失。如果透镜的底端很薄，那么光线将不断地在透镜中反射，此时不会在底端进行传输，但当透镜底端比较厚时，光线被反射或直接入射到底端介质中，直接到达底部或者经过底端上部与空气临界面发生全反射，再反射到底端的底部。具体对比不同底端厚度的光学效率如图 10.44 所示。

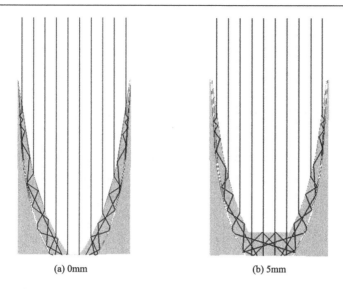

(a) 0mm　　　　　　　　　　　　　　(b) 5mm

图 10.43　底端厚度为 0mm 和 5mm 时带空气夹层的 Lens-walled CPC 的光路对比

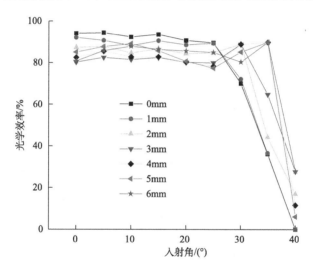

图 10.44　基于不同底端厚度的 Lens-walled CPC 光学效率对比

　　当底端介质很薄时，例如，底端厚度为 0mm、1mm、2mm 时，入射角在 30°以内，光学效率呈现较高的趋势，但是当入射角大于 30°，如 35°时，光学效率均低于 50.0%。因此，这一厚度明显制约了 Lens-walled CPC 的性能。换句话说，在接收半角 35°以内，这些 Lens-walled CPC 的光学效率不够稳定。

　　但随着底端厚度的增加，如厚度为 4mm、5mm、6mm 时，Lens-walled CPC 的光学效率可以明显得以改善。同时，考虑到节约材料，我们选择底端厚度为 4mm 或者 5mm。

5) 截取比(TR)

考虑到经济因素，和普通镜面 CPC 相似，Lens-walled CPC 同样需要进行截取。这样处理还有一个好处，那就是对于加工工艺，透镜的顶端很难精确加工，而对于截取以后的 Lens-walled CPC，顶端加工将会容易很多。图 10.45 显示了底部厚度为 4mm 和 5mm 的 Lens-walled CPC 截取比分别为 70%和 80%时的光学效率。图中表明了四种 Lens-walled CPC 具有相似的光学效率，其中当入射角小于20°时，底部厚度为 5mm 的 Lens-walled CPC 比厚度为 4mm 的 Lens-walled CPC 光学效率要高一些，当入射角大于 20°时，呈现相反的趋势。

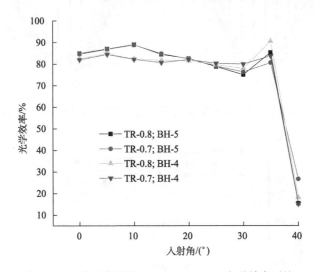

图 10.45　系列截断的 Lens-walled CPC 光学效率对比

同样的，就加工工艺和性价比而言，第一，截取比为 70%的 Lens-walled CPC 可以节约更多的材料；第二，透镜顶部截取后的宽度越大越利于加工，当截取比为 70%时，透镜顶部宽 1mm 左右，当截取比为 80%时，透镜顶部的宽度为 0.65mm，所以 70%的截距所对应的顶部宽度更适合加工。总而言之，四者差别很难就此判断，所以我们选取截取比为 70%的两种聚光器进行全年性能对比。

10.5　非跟踪低倍聚光光电光热系统研究

Lens-walled CPC-PV/T 系统搭建地点为安徽省合肥市(32°N, 117°E)中国科学技术大学。集热器面朝正南，倾角为 32°。以两个典型天气为例，图 10.46 显示的是测试期间的辐照情况。测试期间，平均温度分别为 16.9℃和 32.5℃。试验中，水箱水量为 20kg，水流量为 0.03m³/h。

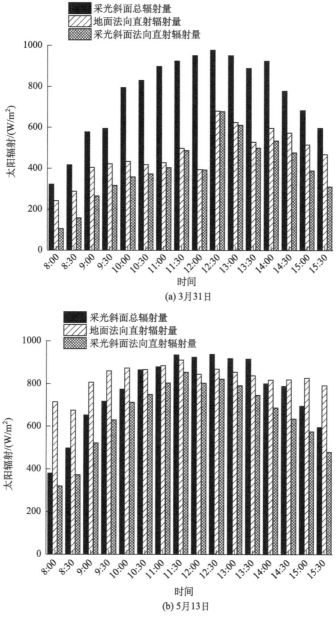

图 10.46　太阳辐射参数

图 10.47 显示的是测试期间太阳等效入射角。测试期间的等效入射角均小于 35°，即均在 Lens-walled CPC 接收范围内。

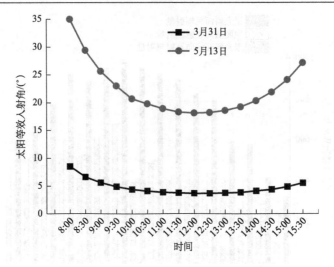

图 10.47　测试期间不同时刻的等效入射角

　　图 10.48 显示在 3 月 31 日测试期间理论光学效率在 0.56～0.67，在 5 月 13 日理论光学效率在 0.62～0.70。而实验值略低于理论值，且理论与实验值的最大误差值仅为 0.06。实验数值产生波动主要是因为光线的入射角在不断改变，电池的性能曲线随着该改变而产生波动。

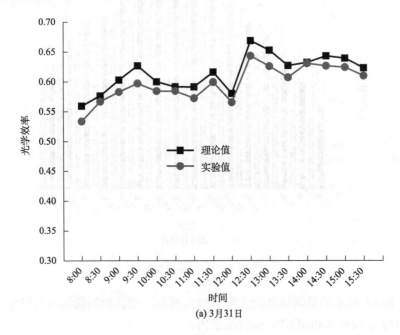

(a) 3 月 31 日

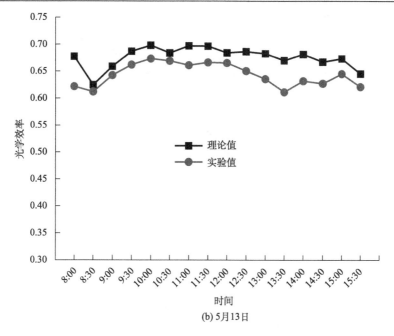

(b) 5月13日

图 10.48　理论与实验光学效率对比示意图

以 5 月 13 日测试为例。如图 10.49 所示，光伏电池发电效率的模拟与实验差值最大仅为 0.0065。同样，如图 10.50 所示，水箱温度从 26.6℃加热至 70.0℃，模拟与实验值也是非常吻合。

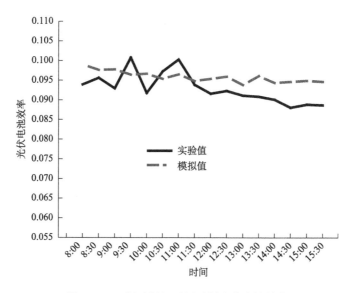

图 10.49　测试期间不同时刻光伏电池效率

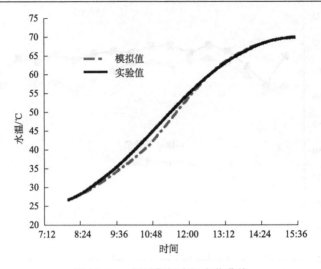

图 10.50　　测试期间水温变化曲线

由图 10.51 可得系统热效率模拟与实验的对比曲线。随着温度的上升，系统的热效率呈下降趋势，在测试前半段呈较大值。整个系统在测试期间综合热效率大于 35%，与常见的平板 PV/T 一天测试效率较类似，但可得到更高温度的热水。

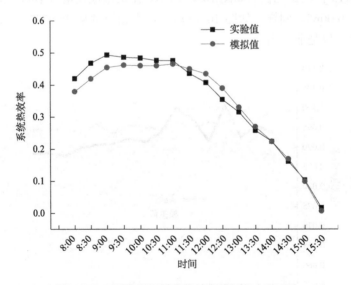

图 10.51　　测试期间系统热效率模拟与实验对比

10.6　本 章 小 结

本章主要提出了一种新型的低倍聚光光伏光热系统，从聚光器结构、系统构成、数学模型、结构优化及模拟与实验等方面详细介绍了该低倍聚光器及其聚光条件下的光电光热性能。该聚光器的设计方法和思路可供读者参考，对非跟踪聚光系统的研制具有一定的参考意义。

参 考 文 献

[1] 李桂强. 非跟踪型太阳能聚光器的优化分析和实验研究. 合肥: 中国科学技术大学, 2013.

[2] Li G Q, Pei G, Su Y H, et al. Experiment and simulation study on the flux distribution of lens-walled compound parabolic concentrator compared with mirror compound parabolic concentrator. Energy, 2013, 58: 398-403.

[3] Li G Q, Pei G, Yang M, et al. Optical evaluation of a novel static incorporated compound parabolic concentrator with photovoltaic/thermal system and preliminary experiment. Energy Conversion and Management, 2014, 85: 204-211.

[4] Li G Q, Pei G, Su Y H, et al. Design and investigation of a novel lens-walled compound parabolic concentrator with air gap. Applied Energy, 2014, 125: 21-27.

[5] Su Y, Pei G, Riffat S B, et al. A novel lens-walled compound parabolic concentrator for photovoltaic applications. Journal of Solar Energy Engineering, 2012, 134(2): 021010.

[6] Li G Q, Su Y H, Pei G, et al. Preliminary experimental comparison of the performance of a novel lens-walled compound parabolic concentrator (CPC)with the conventional mirror and solid CPCs. International Journal of Green Energy, 2013, 10(8): 848-859.

[7] Li G Q, Pei G, Ji J, et al. Numerical and experimental study on a PV/T system with static miniature solar concentrator. Solar Energy, 2015, 120: 565-574.

[8] Li G Q, Pei G, Ji J, et al. Outdoor overall performance of a novel air-gap-lens-walled compound parabolic concentrator (ALCPC)incorporated with photovoltaic/thermal system. Applied Energy, 2015, 144: 214-223.

[9] Li G Q, Su Y H, Pei G, et al. An outdoor experiment of a lens-walled compound parabolic concentrator photovoltaic module on a sunny day in nottingham. Journal of Solar Energy Engineering-Transactions of the ASME, 2014, 136(2): 021011.

[10] Li G, Pei G, Ji J, et al. Structure optimization and annual performance analysis of the lens-walled compound parabolic concentrator. International Journal of Green Energy, 2016, 13(9): 944-950.

第 11 章　辐照和温度非均匀分布对 PV/T 光电性能的影响

太阳能的光电光热(PV/T)系统应用过程中同时包含光热转换和光电转换,因此光热转换本身及其对系统结构设计的要求会影响到光电转换过程,具体表现在系统的温度分布和辐照分布两方面。一方面, PV/T 系统中光热利用对换热工质的温度要求,使得进出口的工质往往具有明显的温度差,鉴于集换热结构与光电部件之间的良好导热性及外层的保温隔热措施,这一工质的温度变化也会影响到光电部件,导致电池的温度分布沿工质的流动方向产生变化。另一方面, PV/T 系统的结构特性会导致边框阴影等辐照分布不均匀的现象。由于温度对太阳能电池的短路电流和开路电压有直接影响,电池的光生电流与辐射强度近似呈线性变化。因此,不均匀的温度分布和辐照将导致光电组件内部的电压和电流分布产生差异,从而电池失配, 系统的光电转换效率降低。

本章针对 PV/T 系统中温度分布和辐照分布不均匀的特性,建立系统的分布式光电性能模拟模型,对系统的光电性能进行实验测试分析和理论模拟预测。研究结果可以对 PV/T 系统中的结构设计、电路串并联、太阳能电池分布、PV/T 模块封装工艺等关键性问题提供优化建议,为 PV/T 的性能分析和优化设计提供理论基础和数值模型[1]。

11.1　PV/T 应用中的温度和辐照分布不均匀性

11.1.1　PV/T 应用中存在的问题

PV/T 利用分为平板型 PV/T、线聚光型 PV/T 和点聚光型 PV/T 三种形式,图 11.1 显示了几种常见的 PV/T 系统。

由于光电转换和光热转换同时进行, 所以 PV/T 具有优越的光电光热综合效率。但是与预期不同,研究发现其光电效率一般低于普通光伏系统。以平板 PV/T 为例, 相同工况下,光伏系统的光电效率为 13.2%,而具有相同电池面积的 PV/T 系统的光电效率为 9.0%, 同比下降 31.5%;在聚光 PV/T 系统中, 由于温度和辐照梯度更大,其光电效率的下降更为明显, 500 倍均匀聚光条件下, 所用 GaAs 电池的出厂效率为 32%, 而实际运行中仅达到 20%。

(a) 平板型PV/T　　　　　　(b) 线聚光型PV/T　　　　　(c) 点聚光型PV/T

图 11.1　几种常见的 PV/T 系统

　　PV/T 系统中的光电转换过程与普通光伏系统相比，主要差异在于光电转换的温度条件。由于 PV/T 系统的应用目的是实现光电光热综合利用，在 PV/T 系统的运行过程中，同时包含了太阳能的光电转换和光热转换，因此，系统的结构和运行工况与单独的光电利用系统和光热利用系统都有明显的不同，具体的，光热转换本身及其对系统结构设计的要求会影响到光电转换过程，而光电转换装置的不同也会对集换热装置产生影响。在 PV/T 系统中，其温度场和辐照场有着特殊的分布规律，这些规律会对 PV/T 系统的光电转换过程和光电光热综合效率产生明显的影响，是 PV/T 系统中光电效率下降的关键因素。因此，有必要就温度场和辐照场对其系统性能的影响机理进行研究。11.1.2 节将会对 PV/T 系统中的温度分布问题和辐照分布问题分别进行介绍。

11.1.2　温度和辐照分布不均匀现象

　　PV/T 系统在实际运行中，普遍存在着温度分布不均匀的现象，这一现象主要是由集换热结构所导致的，图 11.2 为红外热像仪下的平板 PV/T 系统温度分布图。对于普通光伏系统，由于其不需要考虑光热利用，因此系统中不涉及集换热装置，整个电池面板上的温度分布一般比较均匀，且平均温度的变化趋势与环境温度大致相同。而 PV/T 系统中，光热利用对换热工质的温度会有所要求，这使得系统进、出口处的换热工质之间往往具有明显的温度差。考虑到集换热结构与光电部件紧密相连，而二者之间具有良好导热性能，并且系统的外层还有较好的保温隔热措施，这使得换热工质的温度分布和变化很容易影响到光电部件的温度，从而导致光电部件的温度分布会沿工质的流动方向而逐渐产生变化。

　　不均匀的温度分布将导致电池内部的电压和电流差异及电池之间的匹配失谐，从而影响系统的整体填充因子，改变光电转换效率。同时，还会引起电池各部分热应力不均，导致材料层的最大应力提高或变形严重，对电池本身和系统的寿命及安全性造成威胁。

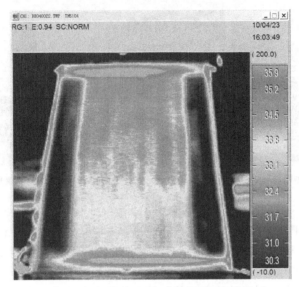

图 11.2　平板型 PV/T 系统中的温度分布

　　在辐照分布方面，平板型 PV/T 系统的边框就会在其附近的电池上产生阴影，从而导致光电组件上的辐照分布不均匀。类似的，槽式聚光 PV/T 系统中的末端效应也是由太阳高度角和方位角的变化所导致的辐照不均的现象。另外，对于聚光型 PV/T 系统，聚光器本身的聚光特性也会导致明显的辐照不均，即便是在聚光元件后加入匀光部件，也只能降低辐照分布的不均匀性而不能完全避免。以线聚光 PV/T 系统为例，同一接收面上其聚光光强可相差 7 倍。再者，系统的追踪误差也会影响辐照的分布。图 11.3 分别显示了平板型 PV/T 系统中的边框阴影现象及聚光型 PV/T 系统聚光后的辐照分布。

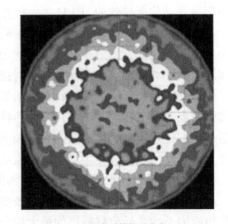

(a) PV/T系统中的边框阴影　　　　　　　　　(b) 聚光后的辐照分布

图 11.3　PV/T 系统中的辐照分布

根据太阳能电池的二极管模型可知，电池的光生电流近似地随辐射强度呈线性变化，它对电池的 *I-V* 特性有着最为显著和直接的影响。因此，辐照的分布不均匀会使得各部分电池的光生电流产生差异，即所谓的"电流失配"，从而导致光电组件的短路电流大幅下降，填充因子也会受到影响，进而降低系统的光电转换效率[2]。

11.2　PV/T 系统的光电性能分布参数模型

11.2.1　太阳能电池的传统模型

太阳能电池是一种基于 PN 结光电效应能直接将光能转换成电能的元件，其制作材料通常包括硅以及其他材料的半导体[3]。

在理想状态下，太阳能电池连接负载后的等效电路图如图 11.4(a) 所示。其中，hv 代表入射光子能量；恒流源 I_{ph} 代表光生电流，它由太阳光照射所引起；并联二极管 I_0 代表反向饱和电流；并联内阻 R 代表外接负载；V 为工作电压；I 为工作电流。在实际使用中，通常还需要考虑并联内阻 R_{sh} 和串联内阻 R_s。并联内阻的产生是由于电池边缘的表面漏电流及晶体内部晶体缺陷、晶粒间界和微观裂缝所导致的漏电流。串联内阻是电池设计中的一个重要因素，它主要是由电池发射极电阻、基极电阻、前接触电阻、后接触电阻、指形接触电阻和母线电阻等引起。因此，实际的太阳能电池等效电路图如图 11.4(b) 所示，电池的一般电流方程如下：

$$I = I_{ph} - I_o \left\{ \exp \left[\frac{q(V + IR_s)}{nkT} \right] - 1 \right\} - \frac{V + IR_s}{R_{sh}} \tag{11.1}$$

式中，I 为输出电流；V 为输出电压；I_{ph} 为光生电流；I_0 为反向饱和电流；n 为二极管影响因子；R_s 为串联内阻；R_{sh} 为并联内阻；T 为电池温度；q 为电子电荷常数；k 为玻尔兹曼常量。

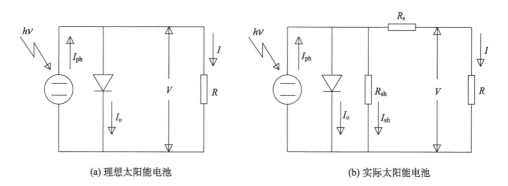

(a) 理想太阳能电池　　　　　　　　　　(b) 实际太阳能电池

图 11.4　太阳能电池等效电路图

传统的太阳能电池模式是关于电流 I 的隐式方程，引入 Lambert W 函数推导可得出太阳能电池的电流显式方程和电压显式方程[4]。

电流显式方程

$$I = \frac{R_{sh}\left(I_{ph} + I_o\right) - V}{R_s + R_{sh}} - \frac{nV_{th}}{R_s}W(X) \tag{11.2}$$

式中

$$X = \frac{R_s R_{sh} I_o}{nV_{th}\left(R_s + R_{sh}\right)}\exp\left[\frac{R_{sh}\left(R_s I_{ph} + R_s I_o + V\right)}{nV_{th}\left(R_s + R_{sh}\right)}\right] \tag{11.3}$$

电压显式方程

$$V = R_{sh}\left(I_{ph} + I_o - I\right) - IR_s - nV_{th}W(Y) \tag{11.4}$$

式中

$$Y = \frac{I_o R_{sh}}{nV_{th}}\exp\left[\frac{R_{sh}\left(I_{ph} + I_o - I\right)}{nV_{th}}\right] \tag{11.5}$$

在太阳能电池的电流显式方程和电压显式方程中，分别使用了光生电流 I_{ph}、反向饱和电流 I_o、串联内阻 R_s、并联内阻 R_{sh} 和二极管理想因子 n 等五个模型参数。这五个模型参数可以根据电池的出厂参数：短路电流 I_{sc}、开路电压 V_{oc}、最大功率点电流 I_m、最大功率点电压 V_m、I-V 曲线开路点的斜率和 I-V 曲线短路点的斜率提取得出[5,6]。具体的表达式如表 11.1 所示。

表 11.1　太阳能电池模型参数的提取表达式

模型参数	计算公式	
串联内阻	$R_s = \dfrac{V_m\left(R_{sho} - R_{so}\right)\left[V_m - R_{sho}\left(I_{sc} - I_m\right)\right] + R_{so}\left(V_m - R_{sho}I_m\right)\left(V_{oc} - R_{sho}I_{sc}\right)}{I_m\left(R_{sho} - R_{so}\right)\left[V_m - R_{sho}\left(I_{sc} - I_m\right)\right] + \left(V_m - R_{sho}I_m\right)\left(V_{oc} - R_{sho}I_{sc}\right)}$	(11.6)
并联内阻	$R_{sh} = R_{sho} - R_s$	(11.7)
光生电流	$I_{ph} = I_{sc}\left(1 + \dfrac{R_s}{R_{sh}}\right)$	(11.8)
二极管理想因子	$n = \dfrac{\left(R_s - R_{so}\right)\left(V_{oc} - R_{sho}I_{sc}\right)}{V_{th}\left(R_{sho} - R_{so}\right)}$	(11.9)
反向饱和电流	$I_o = \dfrac{I_{ph} - \dfrac{V_{oc}}{R_{sh}}}{\exp\left(\dfrac{V_{oc}}{nV_{th}}\right) - 1}$	(11.10)

表中 11.1 中

$$-R_{\text{sho}} = \frac{\text{d}V}{\text{d}I}\bigg|_{V=0} \tag{11.11}$$

即 I-V 曲线开路点的斜率。

$$-R_{\text{so}} = \frac{\text{d}V}{\text{d}I}\bigg|_{I=0} \tag{11.12}$$

即 I-V 曲线短路点的斜率。

在以上模型参数中，除了二极管理想因子基本不受电池温度和辐射强度影响而变化以外，其余四个参数都会随着温度和辐照的变化而变化[7]。

对于光生电流 I_{ph}，有

$$I_{\text{ph}} = \frac{S}{S_{\text{ref}}}\Big[I_{\text{ph,ref}} + \alpha_{I_{\text{sc}}}\left(T - T_{\text{ref}}\right)\Big] \tag{11.13}$$

式中，T_{ref}、S_{ref} 和 $I_{\text{ph,ref}}$ 为标准测试条件下的温度、辐照和光生电流；$\alpha_{I_{\text{sc}}}$ 为短路电流温度系数。

对于反向饱和电流 I_{o}，有

$$I_{\text{o}} = I_{\text{o,ref}}\left(\frac{T}{T_{\text{ref}}}\right)^{3} \exp\left[\frac{1}{k}\left(\frac{E_{\text{g,ref}}}{T_{\text{ref}}} - \frac{E_{\text{g}}}{T}\right)\right] \tag{11.14}$$

式中，$I_{\text{o,ref}}$ 为标准测试条件下的反向饱和电流；E_{g} 为电池材料的能带宽度，其与温度的变化关系如下：

$$E_{\text{g}} = E_{\text{g,ref}}\Big[1 - 0.0002677\left(T - T_{\text{ref}}\right)\Big] \tag{11.15}$$

对于硅电池，E_{g} 在 25℃时的值为 1.21eV。

对于串联内阻 R_{s}，有

$$R_{\text{s}} = R_{\text{s,ref}}\frac{T}{T_{\text{ref}}}\left(1 - \beta\ln\frac{S}{S_{\text{ref}}}\right) \tag{11.16}$$

式中，$R_{\text{s,ref}}$ 为标准测试条件下的串联内阻；系数 β 约等于 0.217。

对于并联内阻 R_{sh}，有

$$R_{\text{sh}} = R_{\text{sh,ref}}\frac{S_{\text{ref}}}{S} \tag{11.17}$$

式中，$R_{\text{sh,ref}}$ 是标准测试条件下的并联内阻。

11.2.2　非均匀辐照下的太阳能电池处理方法

传统的太阳能二极管电池模型在实用中具有局限性，它只能模拟单一温度和辐照下的电池输出性能，当电池片处于非均匀辐照下时，则不能直接使用传统的

电池模型进行模拟。目前常用的单晶硅和多晶硅电池片尺寸范围一般在 103mm×103mm 至 156mm×156mm，在实际使用中很容易出现单块电池被阴影部分遮挡的情况。尤其在 PV/T 系统中，系统结构的特性会使得这种电池部分遮挡的现象频繁出现且很难避免。

为准确模拟这一现象，首先提出了以下假设：部分遮挡下的太阳能电池的输出特性近似于平均辐照下的电池特性，平均辐照即电池遮挡部分和直射部分辐照的面积加权平均，即

$$F\left(S_{\text{shadow}}, S_{\text{normal}}\right)_{\text{partly shaded}} = F\left(\overline{S}\right)_{\text{average}} \tag{11.18}$$

式中，S_{shadow} 为遮挡部分的辐射强度；S_{normal} 为直射部分的辐射强度；$\overline{S}$ 为前两者的面积加权平均辐射强度。

为了验证上述模型假设，本节中利用 156mm×156mm 规格的多晶硅电池片进行了实验。在实验中，用不透光遮板对电池片进行部分遮挡，通过逐次改变遮挡部分面积，使单片电池上的光照面积由 100%逐渐降低到 9%，相应的电池上的平均辐照从 1000W/m² 逐渐变为 90W/m²。图 11.5 为实验测试值与计算模拟值的输出最大功率的比较。从图中可以看出，模拟结果与测试结果吻合较好，最大偏差出现在阴影较大的时候。这是因为实际测量中电池的串联内阻只有光照部分，而模拟计算时仍会将电池的全部串联内阻计算在内，因此在光照面积较小时，偏差会有所增长。实验表明关于非均匀辐照下电池输出性能的近似假设是合理的。该假设可以将传统太阳能电池模型的应用范围拓展到非均匀辐照的情况下，从而在系统的设计和模拟中，较为快捷准确地评估各种工况下的电池性能。

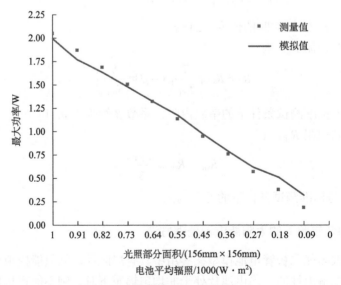

图 11.5　不同遮挡面积下的最大功率

11.2.3　光电模块的分析方法和实验验证

1）光电模块的构成及分析方法

为了获得一定的输出电压和电流，光电模块一般会选取一定数目的电池单体串联或并联而成。这些电池在标准测试条件下的模型参数是相同的，但是在实际应用中，由于每个电池单体在组件中所处的位置不同，温度和接收到的太阳辐照也会有所不同，从而导致实际工作情况下，电池单体的模型参数并不一定全部一致。在本节中，以 12 行 6 列共 72 块电池组成的光电模块为例，基于 11.2.2 节提出的非均匀辐照下的太阳能电池模型，讨论了光电模块的构成及分析方法。图 11.6 为光电模块的串联电路连接图和并联电路连接图。

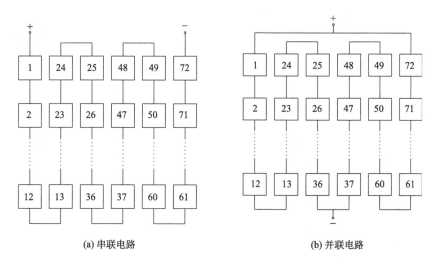

(a) 串联电路　　　　　　　　　　　　　　(b) 并联电路

图 11.6　光电模块电路连接图

对于串联电路，其满足电路中电流处处相同，电压为同一电流下各电池电压的叠加。应用太阳能电池的电压显式方程，可得到串联电路的电流 I_{SY} 和电压 V_{SY} 分别满足

$$I_{\text{SY}} = I_{i,\min} \tag{11.19}$$

$$V_{\text{SY}} = \sum V_i = \sum \left[R_{\text{sh}} \left(I_{\text{ph}} + I_{\text{o}} - I \right) - IR_{\text{s}} - nV_{\text{th}} W(Y) \right] \tag{11.20}$$

式中，$I_{i,\min}$ 由串联电路中输出电流最小的电池决定。

对于并联电路，其满足各支路的电压相同，电流为同一电压下的各支路电流的叠加。应用太阳能电池的电流显式方程，可得到并联电路的电流 I_{SY} 和电压 V_{SY} 分别满足

$$I_{\text{SY}} = I_{\text{I},\min} + I_{\text{II},\min} \tag{11.21}$$

$$V_{SY} = V_I = V_{II} \tag{11.22}$$

式中，$I_{I,min}$ 和 $I_{II,min}$ 分布由支路 I 和支路 II 中输出电流最小的电池决定；I_{SY} 由每个电压值上的 $I_{I,min}$ 和 $I_{II,min}$ 求和得到。

2) 分布参数模型的实验验证

对于 PV/T 系统，其结构本身的特性会导致部分电池被边框阴影所覆盖，从而使系统工作在非均匀辐照下。这一现象在光电光热建筑一体化(BIPV/T)系统中尤为明显。在本节中，将以受边框阴影影响的 BIPV/T 系统为例，在室外条件下搭建实验测试平台，测量实验数据，对所建立的 PV/T 系统的光电性能分布参数模型进行验证和完善。

图 11.7 所示为模拟 BIPV/T 系统工作环境而搭建的实验测试平台。为便于实验中阴影尺寸的测量，在实验中采用了 12 行 6 列共 72 块电池串联的光电组件，在组件外围加设外层边框，以 90° 倾角放置系统，以此来模拟墙体上的 BIPV/T 系统的运行工况。同时，在辐照接收面上设置了两个太阳辐照测试仪，分别用以测量正常情况下的辐射强度和边框阴影遮挡情况下的辐射强度。

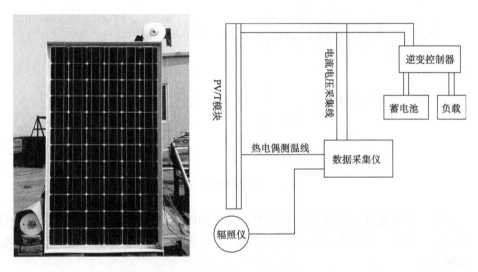

图 11.7　　实验平台和系统示意图

从图 11.8 中 I-V 特性曲线和 P-V 特性曲线的对比可以看出，非均匀辐照下的光伏组件模型与实际测量数据吻合较好，而且比直接套用光伏系统模型的模拟结果更接近实验的真实测量值。这是因为光伏系统模型中不能模拟单片电池上有部分阴影的情况，导致模拟过程中的光生电流大于实际值，进而导致短路电流偏大，偏离了实际测量值。

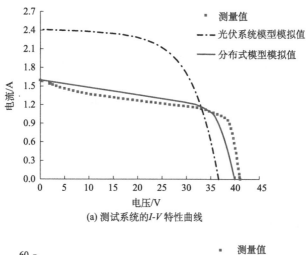

(a) 测试系统的 *I-V* 特性曲线

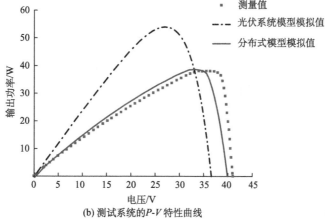

(b) 测试系统的 *P-V* 特性曲线

图 11.8　测试系统的 *I-V* 特性曲线和 *P-V* 特性曲线比较

表11.2 给出了被测系统性能参数的测量值与两种模拟方法下的模拟值的对比。

表 11.2　被测系统的性能参数对比

项目	短路电流/A	开路电压/V	最大功率点电流/A	最大功率点电压/V	最大功率/W
测量值	1.590	41.03	1.069	35.59	38.05
分布式模型模拟值	1.597	39.86	1.168	33.13	38.69
光伏系统模型模拟值	2.413	36.60	2.004	26.93	53.97

由上述比较可知，对于 PV/T 系统中的边框阴影遮挡现象，直接套用光伏系统模型来进行模拟会导致模拟结果偏差太大，而针对这一现象建立的 PV/T 系统的光电性能分布参数模型可以很好地对系统工况进行模拟，且其中涉及的模拟参

数都很容易获取，从而方便系统的设计与性能评估。

11.3　温度因素对 PV/T 系统光电性能的影响

与传统光伏系统相比，PV/T 系统中的平均温度和温度的空间分布差异会相对明显。而温度因素对电池的各项性能参数均有直接影响，从而导致对系统光电转换效率的明显影响。在本节中，研究了平均温度和温度空间分布差异对 PV/T 系统光电部分的各项性能参数的影响，研究的电池种类包括单晶硅电池、多晶硅电池、硅薄膜电池和三结非晶硅电池 4 种。

11.3.1　光电模块的构成及分析方法

为了模拟 PV/T 系统光电部分受温度因素的影响，本节根据 PV/T 系统中常用的电路连接方式，分为串联电路和并联电路两种情况分别进行研究和讨论。具体的电路连接方式如图 11.9 所示，其中串联电路是由 10 行 4 列共 40 块太阳能电池单体串联；并联电路是由支路 I 和支路 II 并联而成的 10 行 4 列的阵列，而每条支路各由 20 块太阳能电池单体串联而成。

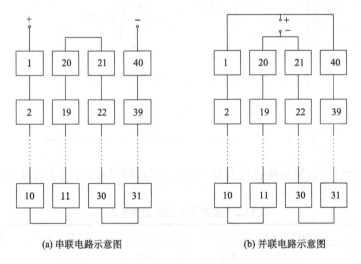

(a) 串联电路示意图　　　　　　　　　　(b) 并联电路示意图

图 11.9　PV/T 系统光电模块的电路连接图

为了获得最大输出功率，一般会选取标准测试条件下模型参数相同的太阳能电池进行串、并联。但是在实际情况中，每个电池单体的温度受其所在环境的影响，会使得电池的模型参数发生改变，从而导致在实际运行条件下，电池的模型参数并不一定完全相同。

根据 11.2.3 节中的分析，对于串联电路，应用太阳能电池的电压显式方程，可得到其输出电流 I_{SY} 和输出电压 V_{SY} 分别满足

$$I_{SY} = I_{i,\min} \tag{11.23}$$

$$V_{SY} = \sum V_i \tag{11.24}$$

式中，$I_{i,\min}$ 由串联电路中输出电流最小的电池决定。

对于并联电路，应用太阳能电池的电流显式方程，可得到其电流 I_{SY} 和电压 V_{SY} 分别满足

$$I_{SY} = I_{I,\min} + I_{II,\min} \tag{11.25}$$

$$V_{SY} = V_I = V_{II} \tag{11.26}$$

式中，$I_{I,\min}$ 和 $I_{II,\min}$ 分布由支路 I 和支路 II 中输出电流最小的电池决定；I_{SY} 由每个电压值上的 $I_{I,\min}$ 和 $I_{II,\min}$ 求和得到。

根据上述电流和电压方程，以及 11.2.1 节中给出的太阳能电池的模型参数与温度之间的变化关系式，可以对不同工况下的光电组件进行输出性能模拟。

11.3.2 平均温度对光电部分的影响

如图 11.10 所示，PV/T 系统在正常情况下工作时，换热工质在集热器的流道中循环加热，这会导致光电部分的温度自下而上地呈线性递增趋势，11.1 节中的

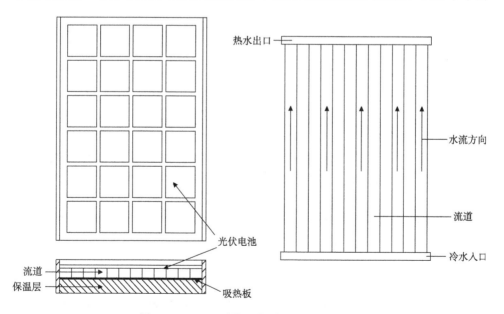

图 11.10 PV/T 系统示意图及工质流动方向

图 11.2 以红外热像仪下的成像直观地显示了 PV/T 系统的这一特点。另外，由于在全天的运行过程中，流道中的工质温度一般会随着加热时间的延长而升高，这使得 PV/T 光电组件的全天平均温度同步增长。

　　在本节的研究过程中，设定光电组件中每列的电池温度随流道方向自下而上线性递增，上下两端的最大温差为 32℃；每一行的电池温度相同。在此温度分布下，研究平均温度随全天加热时间的延长而升高时，光电部分的各项性能参数的变化。本节中研究的电池种类包括平板式 PV/T 系统中常用的单晶硅、多晶硅、硅薄膜电池，以及三结非晶硅电池。这些电池在标准测试条件下的模型参数如表 11.3 所示。

表 11.3　太阳能电池的模型参数

电池种类	I_{ph}/A	$I_o/10^{-9}A$	R_s/Ω	R_{sh}/Ω	n
单晶硅	4.3914	0.6308	0.0243	4.9656	1.8472
多晶硅	4.2713	1.2634	0.0206	4.1071	1.8455
硅薄膜	5.1523	2.5810	0.0140	1.6911	1.3573
三结非晶硅	4.6679	0.0151	0.0655	1.2773	1.6999

　　在本节的所有模拟中，如无特别说明，电池表面的太阳辐射强度均设为 1000W/m^2。为了使模拟范围能涵括冬季及夏季正午时的情况，平均温度的变化范围选取为 -20～100℃。

1. 串联电路中各项性能参数的变化

　　图 11.11～图 11.16 分别对串联电路中的开路电压、短路电流、填充因子、最大输出功率、最大功率跟踪模式下光电转换效率和定压模式下光电转换效率等各项性能参数的变化进行了描述。

　　如图 11.11 所示，在串联电路中，开路电压 V_{oc} 会随着平均温度的升高而基本呈线性递减。其中，三结非晶硅电池下降速率最快，平均变化率为 -0.255V/℃；多晶硅电池和单晶硅电池的平均变化率分别为 -0.184V/℃ 和 -0.174V/℃；硅薄膜电池下降速率最慢，平均变化率为 -0.133V/℃。总体来说，平均温度的变化对电路的开路电压影响较为显著。

　　如图 11.12 所示，短路电流 I_{sc} 会随平均温度的升高而基本呈线性递增。其中，硅薄膜电池变化速率最快，平均变化率为 4.3mA/℃；其次是三结非晶硅电池，平均变化率为 3.0mA/℃；多晶硅电池的平均变化率为 2.2mA/℃；单晶硅电池变化速率最慢，平均变化率为 1.6mA/℃。相对于开路电压，平均温度对电路的短路电流影响较小，所有电池的短路电流均只有小幅的增长，远不及开路电压的变化大。

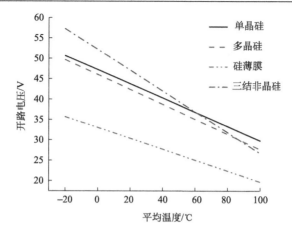

图 11.11　开路电压的变化曲线

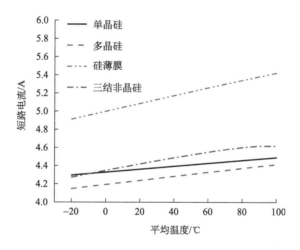

图 11.12　短路电流的变化曲线

如图 11.13 所示，填充因子 FF 大致随平均温度的升高而呈下降趋势，其中在低温部分变化较缓慢，在高温部分的变化较明显。整个平均温度的变化范围内，单晶硅电池的填充因子下降了 24.2%；多晶硅电池下降了 24.2%；硅薄膜电池下降了 26.4%；三结非晶硅电池下降最多，下降了 45.2%。总的来说，平均温度对各电池的填充因子影响均比较明显。

如图 11.14 所示，最大输出功率 P_m 随着平均温度的升高而基本呈线性降低。其中以三结非晶硅电池下降速率最快，平均变化率为-0.954W/℃；单晶硅电池与多晶硅电池相差不多，平均变化率分别为-0.742W/℃和-0.72 W/℃；硅薄膜电池下降速率最慢，平均变化率为-0.601W/℃。可以看出，平均温度对各电池的最大输出功率影响比较明显。

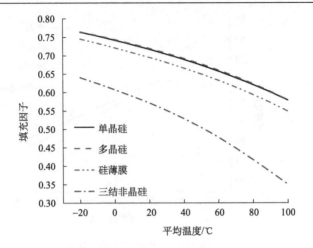

图 11.13　填充因子的变化曲线

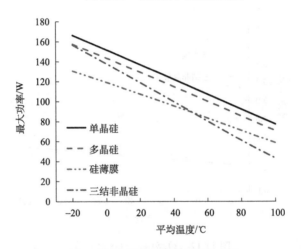

图 11.14　最大输出功率的变化曲线

在 PV/T 系统的实际运行中，其运行模式一般分为最大功率跟踪模式和定压运行模式两种。其中，最大功率跟踪模式下的光电转换效率简称最大功率模式效率 η_1，定压运行模式下的光电转换效率称为定压模式效率 η_2。光电部分的输出具有非线性性，使得系统只有在某一个电压值下才能以最大功率输出。当系统受到辐照、温度、负载等其他环境因素影响时，其最大功率对应的电压值相应也会发生改变。最大功率跟踪模式可以通过跟踪器内部的算法，动态寻找系统最大功率点所对应的电压值和电流值，从而保证系统始终工作在最大输出功率的附近，从而达到提高系统光电输出性能的目的。而定压运行模式则是使系统始终工作在一个恒定的电压值附近,这个电压值一般是光电组件出厂时测试的最大功率点电压。

如图 11.15 所示，最大功率模式下光电组件的转换效率随平均温度的升高而基本呈线性降低。其中三结非晶硅电池下降速率最快，平均变化率为–0.095%/℃；单晶硅电池和多晶硅电池的平均变化率分别为–0.074%/℃和–0.072%/℃；硅薄膜电池下降速率最慢，平均变化率为–0.060%/℃。可以看出，最大功率模式效率的变化趋势与最大输出功率是一致的。

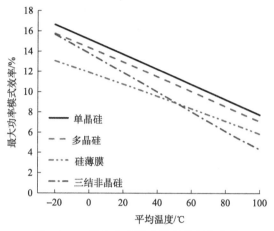

图 11.15　最大功率模式效率的变化曲线

如图 11.16 所示，定压模式下，光电组件的转换效率一开始随平均温度的增加有小幅上升，但是在 60℃之后，转换效率迅速下降。其中硅薄膜电池的下降趋势最缓，其余三者相差不大。具体的，单晶硅电池下降了 42.9%，多晶硅电池下降了 49.1%，硅薄膜电池下降了 50.2%，三节非晶硅电池下降了 69.0%。从图中可看出，定压模式效率随平均温度变化的趋势明显呈非线性，且变化范围较大。

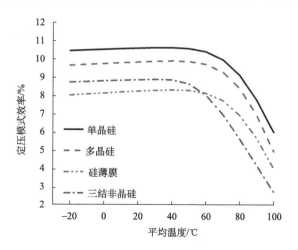

图 11.16　定压模式效率的变化曲线

为了进一步解释定压模式效率在 60℃后迅速下降的现象，本节以单晶硅电池为例，对这一现象进行了研究。根据光电组件的电流显式方程，可得到系统输出电功率为

$$P = IV = \frac{R_{sh}\left(I_{ph} + I_o\right)V - V^2}{R_s + R_{sh}} - \frac{nV_{th}V}{R_s}W(X) \tag{11.27}$$

由模型参数与温度的变化关系，可以得出光电组件在不同温度下的 P-V 特性曲线。图 11.17 为光电组件从 –20℃到 100℃（图中依次从右到左）所对应的 P-V 曲线簇，垂直的定压线对应着光电组件的恒定工作电压 V_c，定压线与 P-V 特性曲线的交点即定压模式下光电组件的功率输出点。

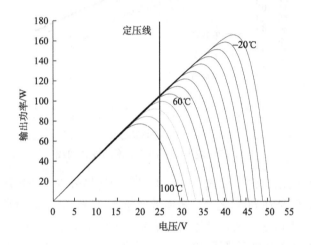

图 11.17　不同温度下的 P-V 特性曲线

从图中可以看出，随着平均温度的升高，光电组件的最大功率点电压 V_m 逐渐减小，相应的最大功率 P_m 也逐渐减小。当组件温度小于 60℃时，定压线与几条 P-V 特性曲线的交点几乎重叠在一起，即此时光电组件的输出功率大致相同。而当组件温度大于 60℃时，定压线与几条 P-V 曲线的交点位置随着温度的升高而逐渐向下移动，表现在性能上就是组件的输出功率明显减小。因此，在图 11.16 中，电池的效率一开始变化不大，而到 60℃之后，便开始迅速下降。

2. 并联电路中各项性能参数的变化

图 11.18～图 11.23 分别对并联电路中的开路电压、短路电流、填充因子、最大输出功率、最大功率跟踪模式下光电转换效率和定压模式下光电转换效率等各项性能参数的变化进行了描述。

如图 11.18 所示，在并联电路中，各电池的开路电压的变化趋势与串联电路

相似，均是随着平均温度的升高而基本呈线性递减。其平均变化率由大到小依次为：三结非晶硅电池为–0.127V/℃；多晶硅电池为–0.092V/℃；单晶硅电池为–0.087V/℃；硅薄膜电池为–0.067V/℃。总的来说，并联电路中开路电压随平均温度的变化比较显著，但相对串联电路变化要更小一些。

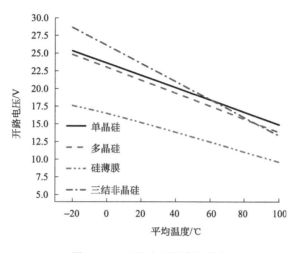

图 11.18　开路电压的变化曲线

与串联电路类似，在并联电路中各电池的短路电流随平均温度的升高而基本呈线性递增，按变化趋势由快到慢依次是：硅薄膜电池是 6.4mA/℃；三结非晶硅电池是 6.1mA/℃；多晶硅电池是 4.5mA/℃；单晶硅电池是 3.2mA/℃。详细变化如图 11.19 所示。从图中可以看出，平均温度对短路电流的影响要小于开路电压。另外，并联电路中的短路电流变化率普遍要高于串联电路。

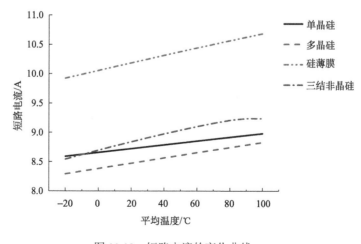

图 11.19　短路电流的变化曲线

如图 11.20 所示，并联电路中填充因子的变化与串联电路中相同，都是大致随着平均温度的升高而逐渐降低，在低温部分变化较缓慢，在高温部分的降低速率有所增大。具体的，单晶硅电池下降了 24.0%；多晶硅电池下降了 23.9%；硅薄膜电池下降了 25.2%；三结非晶硅电池下降了 44.7%。总的来说，平均温度对各电池的填充因子影响均比较明显。

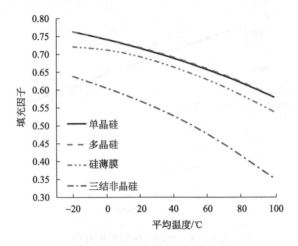

图 11.20　填充因子的变化曲线

如图 11.21 所示，并联电路中电池的最大输出功率随着平均温度的升高而大致呈线性降低，各电池的平均变化率与串联电路中相同，即三结非晶硅电池平均变化率为–0.954W/℃；单晶硅电池平均变化率为–0.738W/℃；多晶硅电池平均变化率为–0.720W/℃；硅薄膜平均变化率为–0.588W/℃。平均温度对各电池的最大输出功率影响比较明显。

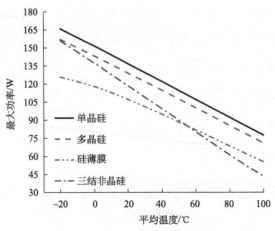

图 11.21　最大输出功率的变化曲线

如图 11.22 所示，并联电路中，各电池在最大功率模式下的光电转换效率变化与串联电路中相同。三结非晶硅电池平均变化率为-0.095%/℃；单晶硅电池平均变化率为-0.074%/℃；多晶硅电池平均变化率为-0.072%/℃；硅薄膜平均变化率为-0.059%/℃。最大功率模式效率的变化趋势与最大输出功率是一致的。

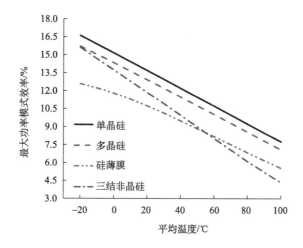

图 11.22　最大功率模式效率的变化曲线

如图 11.23 所示，对于定压模式下，光电组件的转换效率一开始随平均温度的增加有小幅上升，但是在 50℃之后，三结非晶硅电池的转换效率迅速下降，其余电池的转换效率在 70℃后开始下降。另外，硅薄膜电池的效率下降趋势明显比其他电池缓慢。具体的，单晶硅电池下降了 33.5%；多晶硅电池下降了 48.8%；

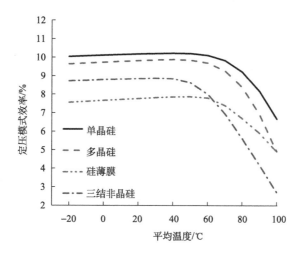

图 11.23　定压模式效率的变化曲线

硅薄膜电池下降了 35.2%；三结非晶硅电池下降了 69.0%。从图中可看出，定压模式效率随平均温度变化的趋势明显呈非线性，且变化范围较大。其形成非线性变化的原因与串联电路中一致。

从上述描述可知，在并联电路中，填充因子、最大功率、最大功率模式下的效率，这三项性能参数的变化与串联电路中是相同的。开路电压和短路电流的变化趋势与串联电路中一致，但变化速率略有不同，具体见表 11.4。另外，定压模式下，并联电路的效率下降点温度略高于串联电路，约在 65℃。

表 11.4　串/并联电路中 V_{oc} 与 I_{sc} 变化速率的比较

电池种类	V_{oc} 变化率/(V/℃)		I_{sc} 变化率/(A/℃)	
	串联	并联	串联	并联
单晶硅	−0.174	−0.087	1.6	3.2
多晶硅	−0.184	−0.092	2.2	4.5
硅薄膜	−0.133	−0.067	4.3	6.4
三结非晶硅	−0.255	−0.127	3.0	6.1

11.3.3　温度的空间分布差异对光电部分的影响

PV/T 系统使用过程中，如果光热部分的某一流道出现故障，导致其中的工质滞留，相应地会引起附近电池的温度明显比其他电池高。另外，流道入口附近的电池温度会低于其他电池，而流道出口附近的电池温度会高于其他电池，即电池温度在空间分布上存在差异。

本节在研究过程中，假设光电组件工作在 1000W/m² 的辐射强度下，整体平均温度为 25℃，当图 11.9 中的 1、2、3 号电池单体温度在−20～100℃范围内变化时，分别研究串联电路和并联电路下，光电部分的各项性能参数的变化。

1. 串联电路中各项性能参数的变化

如图 11.24 所示，串联电路中，光电部分的开路电压随着局部温度的升高而略有降低。其中单晶硅电池下降了 3.6%，多晶硅电池下降了 4.1%，硅薄膜电池下降了 4.0%，三节非晶硅电池下降了 4.9%。总体来说，开路电压随局部温度的变化幅度较小。

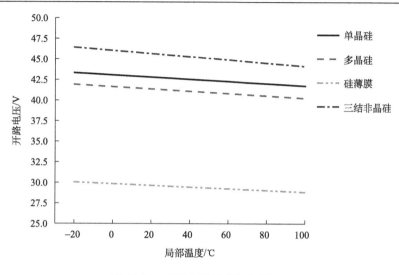

图 11.24　开路电压的变化曲线

如图 11.25 所示，短路电流随局部温度的升高而有小幅的增大。其中单晶硅电池增加了 0.3%，多晶硅电池增加了 0.4%，硅薄膜电池增加了 0.6%，三节非晶硅电池增加了 0.5%。总的来说，短路电流随局部温度的变化幅度较小。

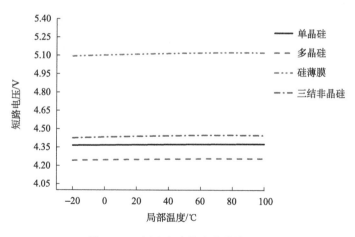

图 11.25　短路电流的变化曲线

如图 11.26 所示，填充因子随着局部温度的升高而略微有所下降。其中，单晶硅电池下降了 1.6%，多晶硅电池下降了 1.6%，硅薄膜电池下降了 1.7%，三节非晶硅电池下降了 3.1%。从图中可以看出，填充因子受局部温度的影响较小。

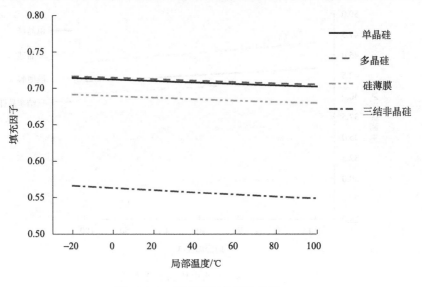

图 11.26　填充因子的变化曲线

　　如图 11.27 所示，最大输出功率随着局部温度的升高而呈下降趋势。在整个温度变化范围内，单晶硅电池下降了 5.0%，多晶硅电池下降了 5.1%，硅薄膜电池下降了 5.0%，三结非晶硅电池下降了 7.4%。总体来说，最大输出功率受局部温度的影响较为明显，但对比平均温度变化下的最大输出功率的变化可以看出，虽然局部温度对效率有一定影响，但相对于平均温度的影响还是比较小的。

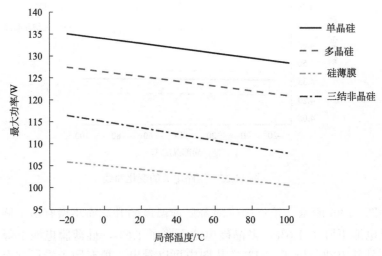

图 11.27　最大输出功率的变化曲线

如图 11.28 所示，光电部分在最大功率模式下的转换效率随着局部温度的升高呈下降趋势，其中单晶硅电池下降了 5.0%，多晶硅电池下降了 5.1%，硅薄膜电池下降了 5.0%，三结非晶硅电池下降了 7.5%。从图中可以看出，局部温度对最大功率模式效率略有影响。

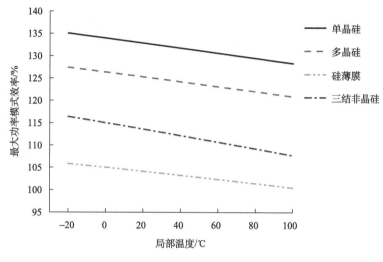

图 11.28　最大功率模式效率的变化曲线

如图 11.29 所示，在定压模式下的转换效率随局部温度的升高而逐渐下降。其中，单晶硅电池下降了 5.2%，多晶硅电池下降了 3.7%，硅薄膜电池下降了 4.6%，

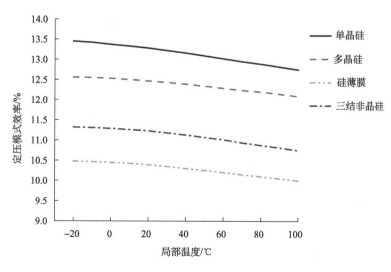

图 11.29　定压模式效率的变化曲线

三结非晶硅电池下降了 5.0%。可以看出，局部温度对定压模式效率的影响要比最大功率模型效率的影响更明显。另外，对比定压模式效率随平均温度的变化可以看出，局部温度对定压模式效率的影响远不及平均温度对它的影响。

2. 并联电路中各项性能参数的变化

如图 11.30 所示，在并联电路中，除了三结非晶硅的开路电压在高温部分有一个明显下降之外，其余电池的开路电压均随突变温度的升高而缓慢降低，变幅较小。具体的，单晶硅电池下降了 4.5%，多晶硅电池下降了 5.0%，硅薄膜电池下降了 4.8%，三节非晶硅电池下降了 4.3%。对比串联电路中的数据可以看出，局部温度对并联电路开路电压的影响与对串联电路的影响相差不大。

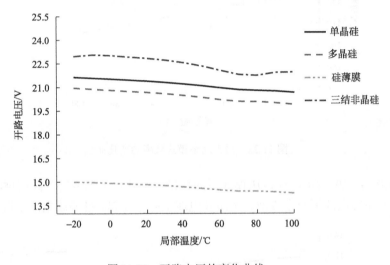

图 11.30　开路电压的变化曲线

如图 11.31 所示，短路电流随局部温度的升高而略有增加。具体的，单晶硅电池增加了 0.3%，多晶硅电池增加了 0.4%，硅薄膜电池增加了 0.6%，三节非晶硅电池增加了 0.5%。对比串联电路中的数据可以看出，局部温度对并联电路短路电流的影响与对串联电路的影响大致相同。

如图 11.32 所示，填充因子随着局部温度的升高而有所下降，并且在低温部分基本不变，在温度高于 70℃后，有明显的下降趋势。具体的，单晶硅电池下降了 4.1%，多晶硅电池下降了 4.0%，硅薄膜电池下降了 4.0%，三节非晶硅电池下降了 5.1%。对比串联电路中的数据可以看出，局部温度对并联电路填充因子的影响要明显大于对串联电路的影响。

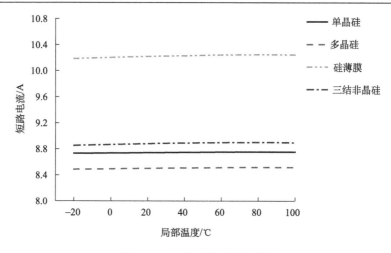

图 11.31　短路电流的变化曲线

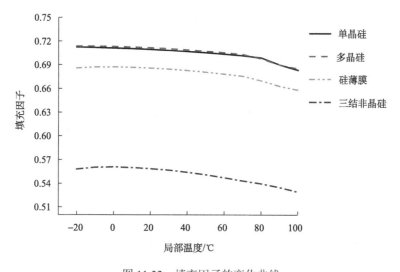

图 11.32　填充因子的变化曲线

　　如图 11.33 所示，最大输出功率随着局部温度的升高而呈下降趋势。其中，单晶硅电池下降了 8.2%，多晶硅电池下降了 8.4%，硅薄膜电池下降了 8.0%，三结非晶硅电池下降了 8.8%。总体来说，最大输出功率受局部温度的影响较为明显，且并联电路中的受影响程度要大于串联电路。

　　如图 11.34 所示，光电部分在最大功率模式下的转换效率随着局部温度的升高呈下降趋势，其中，单晶硅电池下降了 8.2%，多晶硅电池下降了 8.4%，硅薄膜电池下降了 8.0%，三结非晶硅电池下降了 8.8%。总体来看，硅薄膜电池降幅最小，所有电池的最大功率模式效率降幅均比在串联电路中要大，这与最大输出功率的变化是相吻合的。

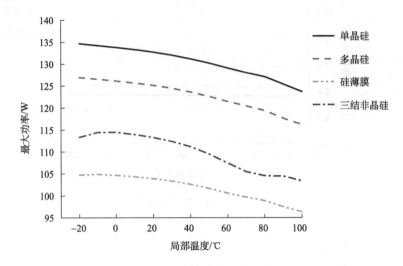

图 11.33　最大输出功率的变化曲线

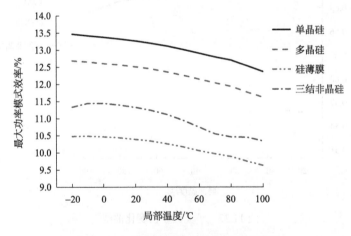

图 11.34　最大功率模式效率的变化曲线

如图 11.35 所示，在定压模式下的转换效率随局部温度的升高而逐渐下降。其中，单晶硅电池下降了 7.9%，多晶硅电池下降了 7.7%，硅薄膜电池下降了 5.2%，三结非晶硅电池下降了 8.1%。总的来说，三结非晶硅电池降幅最大，硅薄膜电池降幅最小，所有电池的效率降幅比在串联电路中要大。

根据以上描述可知，并联电路中，除三结非晶硅电池的开路电压在高温部分略有波动，其余电池的开路电压和短路电流的变化与串联电路中相似；填充因子在低温部分基本不变，在温度高于 70℃后，有明显的下降；最大输出功率随局部温度的升高而下降，其降幅要高于串联电路；两种模式下的效率呈下降趋势，降幅与串联电路中有所不同，具体见表 11.5。

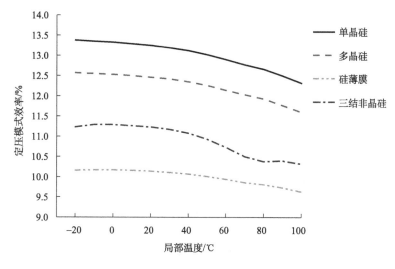

图 11.35　定压模式效率的变化曲线

表 11.5　串/并联电路中效率降幅的比较

电池种类	最大功率模式的效率降幅/%		定压模式的效率降幅/%	
	串联	并联	串联	并联
单晶硅	5.0	8.2	5.2	7.9
多晶硅	5.1	8.4	3.7	7.7
硅薄膜	5.0	8.0	4.6	5.2
三结非晶硅	7.4	8.8	5.0	8.1

11.4　辐照分布对平板 PV/T 系统光电性能的影响

如图 11.36 所示，在平板 PV/T 系统中，顶部玻璃盖板与太阳能电池片之间存在着一层空气夹层。这层空气夹层可以有效地降低集热系统与外界热交换而带来的热损，尤其是在风速较高的情况下，从而有利于平板 PV/T 系统综合性能的提高。该结构已经被广泛应用于各类 PV/T 系统中[8,9]。

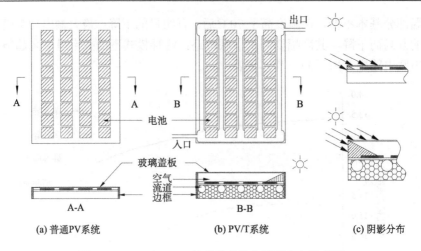

(a) 普通PV系统　　　　　　(b) PV/T系统　　　　　　(c) 阴影分布

图 11.36　PV 和 PV/T 的系统结构和阴影分布示意图

　　然而，为了保证空气夹层有一定的厚度，就必须在光电组件的周围设置一定高度的边框来支撑玻璃盖板，而这一边框高度要比普通光伏系统高出很多。在实际应用中，太阳的高度角和方位角是随时变化的，当太阳光线倾斜入射时，平板 PV/T 系统的边框就会在附近的电池上产生阴影，从而导致系统的辐照分布不均匀，使得系统性能受到影响。

11.4.1　边框阴影的分布规律

　　对于一个处于固定倾角下的平板 PV/T 系统，其边框阴影的大小和分布直接与太阳的位置有关，具体的，太阳的高度角和方位角决定了某一时刻系统中边框阴影的分布情况。

　　用来描述太阳与地球相对位置的坐标系可以分为两种，一种是赤道坐标系，一种是地平坐标系。其中地平坐标系是以观察者为基点，以地平面为基准面，对太阳位置进行描述的一种坐标系，具有比较直观的特点。

　　图 11.37 所示是太阳的赤道坐标系，它是用时角 ω 和赤纬角 δ 来描述太阳与地球之间的相对位置。其中，时角 ω 代表太阳与天子午圈之间的角距离，从中午时分(Q 点)算起，顺时针为正，即下午时为正，逆时针为负，即上午时为负。具体数值为该点距离正午时刻的时间(小时)再乘以 15°。赤纬角 δ 代表太阳与地球的中心连线 OP 和赤道平面之间的夹角，其数值可用 Cooper 方程进行近似计算，即

$$\delta = 23.45 \sin\left(360 \times \frac{284 + n_{\text{day}}}{365}\right) \tag{11.28}$$

式中，n_{day} 为当日在一年中的第几天，如 1 月 1 日时，$n_{\text{day}}=1$，12 月 31 日时，$n_{\text{day}}=365$。

　　图 11.38 为太阳的地平坐标系，它是通过高度角 α_{s} 和方位角 γ_{s} 两个坐标，来

确定太阳相对地平面的位置，即人在地球上所观察到的太阳位置。其中，太阳光线 OP 与其在地平面上的投影 OG 之间的夹角被称为太阳高度角 α_s，它代表着太阳高出地平面的角度，用以衡量太阳的高度。而太阳光线在地平面上的投影 OG 与正南方向之间的夹角则被称为太阳方位角 γ_s，它代表着太阳偏离正南方向的程度。方位角取正南方向为 $0°$，顺时针为正，即偏西为正，逆时针为负，即偏东为负。

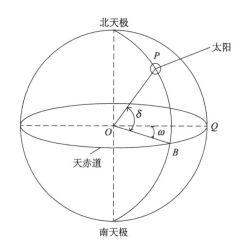

图 11.37　太阳的赤道坐标系

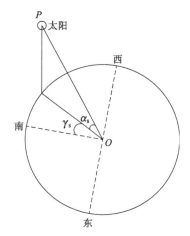

图 11.38　太阳的地平坐标系

太阳高度角 α_s 和太阳方位角 γ_s 的具体计算方法如下：

$$\sin\alpha_s = \sin\varphi\sin\delta + \cos\varphi\cos\delta\cos\omega \tag{11.29}$$

$$\sin\gamma_s = \frac{\cos\delta\sin\omega}{\cos\alpha_s} \tag{11.30}$$

式中，φ 为当地的纬度；δ 为太阳的赤纬角；ω 为太阳的时角。

对于平板 PV/T 系统，一般会以当地纬度为固定倾角，将其朝正南方向放置，以期在不调整倾角的情况下，获得全年最多的太阳总辐照。由于太阳离地球距离足够远，在计算过程中，可以近似地认为光线是平行的。考虑到平板 PV/T 系统始终朝着正南方向，那么，当上午太阳在东边时，或者下午太阳在西边时，太阳光线与 PV/T 系统边框之间满足的几何关系如图 11.38 所示。从图中可以看出，太阳光线与侧边边框之间的夹角即太阳方位角，而投射到电池上的阴影宽度与太阳方位角之间满足的关系可用下式描述：

$$W = \left|h\tan\gamma_s - l\right| \tag{11.31}$$

式中，γ_s 为太阳方位角；W 为边框阴影投影在电池上的宽度；h 为边框高度；l 为电池边缘与边框之间的距离。具体如图 11.39 所示。

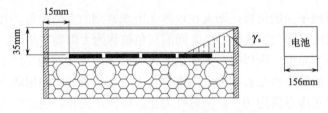

图 11.39　　PV/T 系统的结构参数

11.4.2　边框阴影对平板 PV/T 系统光电性能的影响

1. 光电模块的构成及分析方法

本节根据实际应用中常见的两种组件连接方式，即串联电路模式和并联电路模式，分别讨论了这两种电路模式的平板 PV/T 系统，具体如图 11.40 所示。在电路中，每列电池并联了旁路二极管，每条支路串联了阻塞二极管。图中，有斜线填充的电池代表受边框阴影影响的部分，无斜线填充的电池代表正常工作的部分。

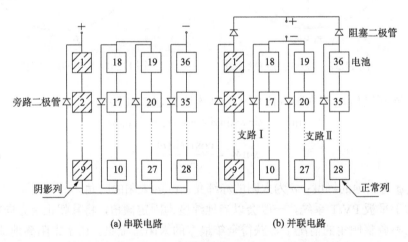

图 11.40　平板 PV/T 系统中的光电部分电路连接示意图

在串联电路中，当一部分电池被阴影遮挡而使输出受到影响时，需要考虑到旁路二极管的作用。具体的，在系统外部负载比较小的情况下，电路会有比较大的输出电流，若此时正常部分的输出电流 I 大于阴影部分的光生电流 I_{phB}，则阴影部分的旁路二极管就会处于导通状态，电流通过旁路二极管向外输出，此时电路中只有正常部分向外输出功率。在系统的外部负载比较大的情况下，电路的输出电流会比较小，若此时正常部分的输出电流 I 小于阴影部分的光生电流 I_{phB}，则阴影部分的旁路二极管就会处于阻断状态，这时电流就会通过阴影部分，电路中的正常部分和阴影部分同时对外输出功率。根据以上分析可以得出，串联电路的输出电流和输出电压满足以下关系式：

$$I = I_A = I_B \tag{11.32}$$

$$V = \begin{cases} \sum_A V_i - \sum_B V_{onbypass}, & I_{phB} < I < I_{phA} \\ \sum_{A+B} V_i, & 0 < I < I_{phB} \end{cases} \tag{11.33}$$

式中，角标 A 代表正常辐照下的电池参数；角标 B 代表阴影辐照下的电池参数；I_{phA} 代表正常部分的光生电流；I_{phB} 代表阴影部分的光生电流；$V_{onbypass}$ 代表旁路二极管的导通压降。

类似的，在并联电路中，当部分电池被阴影遮挡时，需要同时考虑旁路二极管和阻塞二极管的作用。具体的，当系统外接负载较小的情况下，电路的输出电压比较小，若此时正常支路的输出电压 V 小于阴影支路的开路电压 V_{ocI}，则阴影支路的阻塞二极管将处于导通状态，此时正常支路和阴影支路同时向外输出功率。当系统外接负载较大时，电路的输出电压会比较大，若此时正常支路的输出电压 V 大于阴影支路的开路电压 V_{ocI}，则阴影支路的阻塞二极管将会处于阻断状态，此时电路中只有正常支路向外输出功率，阴影支路则不能向外输出功率。其中，阴影支路中的输出电压和电流又满足式 (4.5) 和式 (4.6)。根据以上分析可以得出，并联电路中的输出电压和输出电流可用以下关系式来表示：

$$V = V_I = V_{II} \tag{11.34}$$

$$I = \begin{cases} I_I + I_{II}, & 0 < V < V_{ocI} \\ I_{II}, & V_{ocI} < 0 < V_{ocII} \end{cases} \tag{11.35}$$

获得考虑二极管情况下的系统光电性能分布参数模型后，就可以利用此模型对边框阴影下的系统光电输出性能进行分析。

2. 边框阴影对瞬时光电性能的影响

模拟过程中涉及的相关系统参数如下：电池的平均工作温度为 30℃，正常情况下的太阳辐射强度为 1000W/m²，完全被阴影遮挡情况下的太阳辐射强度为 200W/m²，根据边框阴影在被遮挡电池上的面积比例，将阴影列的工作辐照相应地换算为平均辐照，平均辐射强度在 1000~200W/m²。模拟中用到的电池模型参数如表 11.6 所示。

表 11.6　太阳能电池的模型参数

电池类型	I_{ph}/A	$I_o/10^{-9}\,A$	R_s/Ω	R_{sh}/Ω	n
单晶硅电池	4.3914	0.6308	0.0243	4.9656	1.8472

如图 11.41 所示，随着阴影列平均辐照的降低，即边框阴影面积的增大，系统的光电转换效率总体呈下降趋势。对于串联电路，光电转换效率逐渐降低到 9.07%左右，然后保持恒定不变。对于并联电路，光电转换效率则是基本呈线性下降的趋势。从图中可以看出，在大部分情况下，并联电路的光电转换效率要高于串联电路，只有在阴影面积较大时，并联电路的效率才低于串联电路。由于小面积的阴影一般是在离正午比较近的时候出现，此时辐照相对还比较强，这意味着在全天主要输出功率的时段，并联电路在阴影影响下的输出性能要比串联电路更具有优势。

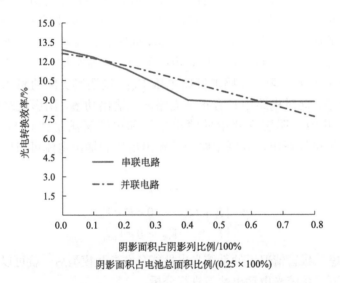

图 11.41　边框阴影对 PV/T 系统光电转换效率的影响

如图 11.42 所示，对于串联电路，当部分电池被边框阴影遮挡后，电路的 $I\text{-}V$ 特性曲线由常见的单膝曲线变为了双膝曲线，而曲线的转折点对应着旁路二极管导通或阻断的工作状态转换点。相应的，$P\text{-}V$ 曲线出现了两个极大值，其中极大值 B 不受阴影面积的影响，而极大值 A 则会随着阴影面积的增大而降低。当阴影面积达到系统电池总面积的 10%左右时，极大值 A 开始小于极大值 B，由于系统采用 MPPT 模型进行控制，此时系统的输出工作点就会由 A 点转移到了 B 点。

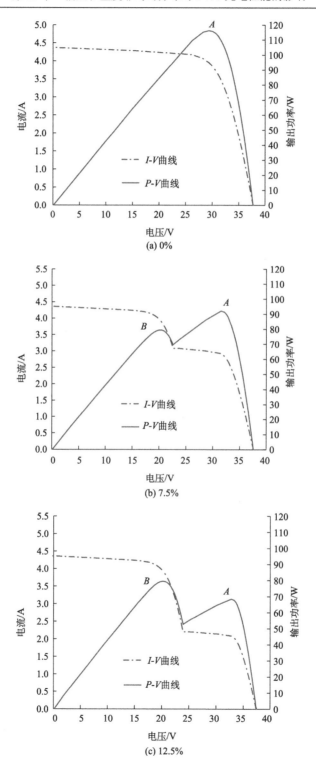

(a) 0%

(b) 7.5%

(c) 12.5%

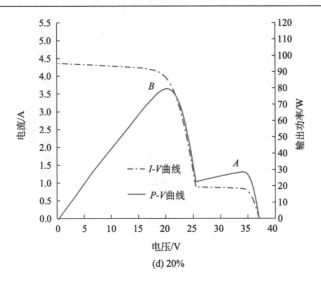

(d) 20%

图 11.42　边框阴影下串联电路的特性曲线

通过观察特性曲线的变化过程，可对图 11.41 中串联电路光电转换效率的变化趋向作出解释：当阴影面积较小时，系统工作在极大值 A 附近，随着阴影面积的逐渐增大，系统输出功率也随之降低，相应的光电转换效率也会降低；当阴影面积较大，超过电池总面积的10%时，由于 MPPT 工作模式的影响，系统的输出工作点落在了极大值 B 上，此后系统的输出功率不再受阴影面积影响，相应的效率也就维持了稳定。表 11.7 详细列出了串联电路中两个功率极大点随阴影面积增大的数值变化。

表 11.7　串联电路中的两个功率极大点数值

阴影占阴影列的面积比例/%	阴影占全部电池的面积比例/%	极大值 A			极大值 B		
		对应电压/V	对应电流/A	输出功率/W	对应电压/V	对应电流/A	输出功率/W
0	0	29.35	3.96	116.23	—	—	—
10	2.5	30.32	3.66	111.06	—	—	—
20	5	30.66	3.34	102.51	20.18	3.94	79.48
30	7.5	31.48	2.93	92.11	20.18	3.94	79.48
40	10	32.15	2.51	80.64	20.30	3.92	79.48
50	12.5	32.74	2.09	68.42	20.35	3.90	79.47
60	15	33.26	1.67	55.61	20.18	3.94	79.48
70	17.5	33.72	1.25	42.29	20.18	3.94	79.48
80	20	34.12	0.84	28.53	20.06	3.96	79.45

类似的，在并联电路中的边框阴影同样对系统的 I-V 特性曲线和 P-V 特性曲线有明显影响。具体如图 11.43 所示，随着阴影面积的逐渐增大，并联电路的 I-V 特性曲线类似地由单膝变为了双膝，相应地 P-V 曲线也出现了两个极值点，此时的双膝变化和两个极值点均是由支路中旁路二极管的导通和阻断引起的。另外，在曲线接近开路电压的附近，电路的特征曲线会出现一个比较不明显的小的转折点，这个点对应的是阻塞电阻导通或阻断的工作状态改变点。在 P-V 特征曲线中，随着阴影面积的增大，极大值 B 保存不变，极大值 A 虽然逐渐减小，但始终大于极大值 B。因此，在 MPPT 工作模式下，电路的输出功率点始终保持在极大值 A 附近，这也是图 11.41 中，并联电路的光电转换效率一直随阴影面积增大而逐渐降低的原因。表 11.8 详细列出了并联电路中两个功率极大点随阴影面积增大的数值变化。

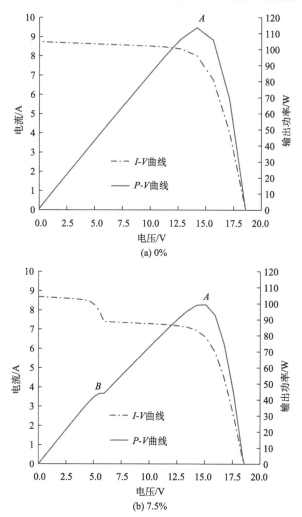

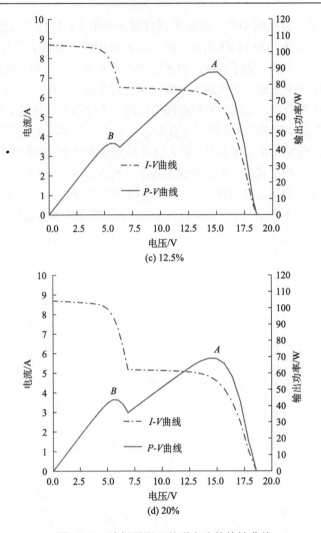

图 11.43　边框阴影下并联电路的特性曲线

表 11.8　并联电路中的两个功率极大点数值

阴影占阴影列的面积比例/%	阴影占全部电池的面积比例/%	极大值 A			极大值 B		
		对应电压/V	对应电流/A	输出功率/W	对应电压/V	对应电流/A	输出功率/W
0	0	14.19	8.01	113.67	—	—	—
10	2.5	14.95	7.38	110.28	—	—	—
20	5	15.05	6.98	105.15	—	—	—
30	7.5	15.09	6.59	99.45	5.93	7.40	43.90
40	10	15.11	6.19	93.51	5.76	7.64	44.04

续表

阴影占阴影列的面积比例/%	阴影占全部电池的面积比例/%	极大值 A			极大值 B		
		对应电压/V	对应电流/A	输出功率/W	对应电压/V	对应电流/A	输出功率/W
50	12.5	15.11	5.79	87.43	5.53	7.93	43.84
60	15	15.08	5.39	81.27	5.69	7.74	44.04
70	17.5	14.28	5.26	75.14	5.83	7.54	43.98
80	20	14.22	4.85	68.99	5.51	7.94	43.69

3. 边框阴影对光电性能的累积影响

基于以上研究，本节中将对合肥地区(32°N,117°E)的平板 PV/T 系统在边框阴影影响下的某个全天电能输出进行计算和评估。该系统结构参数如图 11.39 所示，具体的边框高度为 35mm，电池边缘距边框距离为 15mm，电池尺寸为 156mm×156mm，电池的性能参数见表 11.6。

如表 11.9 所示，在系统被边框阴影遮挡的时段中，并联电路比串联电路具有更高的输出，并且在并联电路中由阴影导致的全天输出损失是 0.0190kW·h/m²，要低于串联电路的 0.0279kW·h/m²。这一结果与 11.4.2 节中得出的结论"并联电路在阴影影响下的输出性能要比串联电路更具有优势"是吻合的。但是，在无阴影时段，串联电路的累积输出要明显高于并联电路的累积输出，从而导致了串联电路的全天总输出电能 0.7261kW·h/m² 要高于并联电路的全天输出电能 0.7203kW·h/m²。这是由于并联电路比串联电路多了两个阻塞二极管，这两个阻塞二极管在无阴影时段也会持续地影响系统的输出电压，因此阻塞二极管带来的额外压降导致了并联电路的输出电能损失。

表 11.9　平板 PV/T 系统的全天电能输出

电路连接方式	全天输出电能/(kW·h/m²)	有阴影时段的累积输出/(kW·h/m²)	无阴影时段的累积输出/(kW·h/m²)	由阴影导致的全天输出损失/(kW·h/m²)
串联电路	0.7261	0.3899	0.3362	0.0279
并联电路	0.7203	0.3907	0.3297	0.0190

11.5　辐照分布对 BIPV/T 系统光电性能的影响

BIPV/T 系统属于 PV/T 系统中的一种，典型的 BIPV/T 系统的结构如图 11.44 所示。它是将光电组件与光热组件有效地结合在同一模块上，然后与建筑的外围结构，如墙体、屋顶和阳台等匹配在一起。在使用过程中，系统不仅可以为建筑提供生活热水和用电，还可以将白天的太阳能储存在系统中，到晚间再加以释放利用，从而调节室内的冷热平衡，减少空调负载。

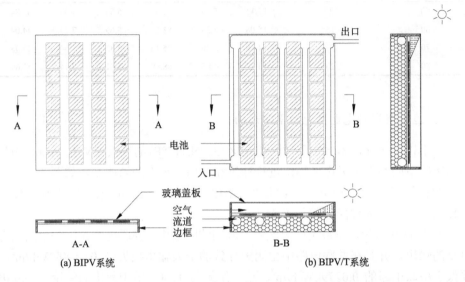

图 11.44　BIPV 系统与 BIPV/T 系统的结构对比图

与平板 PV/T 系统相比，BIPV/T 系统的阴影分布更为明显，面积也更大。本节将针对 BIPV/T 系统的上述特点，建立 BIPV/T 系统的边框阴影分布模型，利用 PV/T 系统的光电性能分布参数模型，研究边框阴影对系统瞬时光电效率的影响，评估边框阴影带来的系统年度电能输出损失。

11.5.1　边框阴影在 BIPV/T 系统中的分布规律

BIPV/T 系统中的边框阴影分布不仅与太阳的高度角和方位角有关，同时还与系统的结构参数及所安装建筑的朝向等具体外围情况有关。这几者之间的几何关系具体如图 11.45 所示。

本节在模拟过程中，以 W_{side} 和 W_{up} 为参数来描述边框阴影的尺寸，二者与其他相关参数之间的关系可以用下式表示：

$$W_{side} = \left| h \tan\theta_{side} - l_{side} \right| \tag{11.36}$$

$$W_{up} = h \tan\theta_{up} / \cos\theta_{side} - l_{up} \tag{11.37}$$

式中

$$\theta_{side} = \gamma_s - \gamma \tag{11.38}$$

$$\theta_{up} = \alpha_s - \alpha \tag{11.39}$$

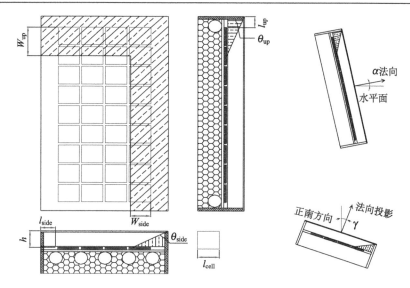

图 11.45　BIPV/T 系统边框阴影的分布示意图

式中，W_{side} 为侧边阴影的宽度；W_{up} 为顶部阴影的宽度；l_{side} 为电池最侧边边缘与侧边边框之间的距离；l_{up} 为电池顶部边缘与顶部边框之间的距离；h 为系统的边框高度；θ_{side} 为太阳入射光线与侧边边框之间的夹角；θ_{up} 为太阳入射光线与顶部边框之间的夹角；γ_s 为太阳方位角；α_s 为太阳高度角；γ 为 BIPV/T 系统的方位角，其定义为系统电池面板的法向量在水平面上的投影与正南方向之间的夹角，符号定义向东为负，向西为正；α 为 BIPV/T 系统倾角的余角，即系统面板的法向量与水平面之间的夹角。

11.5.2　边框阴影对光电性能的影响

本节以 9 行 4 列共 36 块电池串联而成的 BIPV/T 系统为例，模拟分析不同边框阴影面积下的系统瞬时光电性能和累积光电输出。具体的，BIPV/T 系统中光电组件的电路连接图如图 11.46 所示。

根据 11.4.2 节的分析，可以知道考虑旁路二极管的串联电路的电流和电压分别满足以下关系式：

$$I = I_A = I_B \tag{11.40}$$

$$V = \begin{cases} \sum\limits_A V_i - \sum\limits_B V_{onbypass}, & I_{phB} < I < I_{phA} \\ \sum\limits_{A+B} V_i, & 0 < I < I_{phB} \end{cases} \tag{11.41}$$

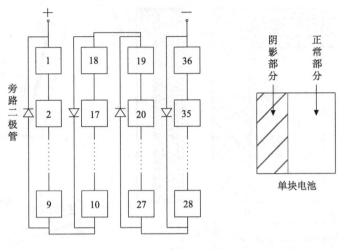

图 11.46　电路连接示意图

式中，角标 A 为正常辐照下的电池参数；角标 B 为阴影辐照下的电池参数；I_{phA} 为正常光照情况下的电池的光生电流；I_{phB} 为阴影遮挡情况下的电池的光生电流；$V_{onbypass}$ 为旁路二极管的导通压降。

在模拟过程中涉及的相关系统参数如下：电池的平均工作温度为 30℃，正常情况下的太阳辐射强度为 1000W/m²，完全被阴影遮挡情况下的太阳辐射强度为 200W/m²，根据边框阴影在被遮挡电池上的面积比例，将阴影列的工作辐照相应地换算为平均辐照，平均辐射强度在 1000~200W/m²。模拟中用到的电池模型参数如表 11.10 所示。

表 11.10　电池的模型参数

电池类型	I_{ph} /A	I_o /10⁻⁹A	R_s /Ω	R_{sh} /Ω	n
单晶硅	4.3914	0.6308	0.0243	4.9656	1.8472

图 11.47 显示了不同阴影面积下的系统光电转换效率。图中的曲面代表着不同侧边阴影面积和顶部阴影面积下对应的系统光电转换效率。从图中可以看出，系统光电转换效率大致会随着阴影面积的增大而呈下降趋势。对于合肥地区，考虑到边框阴影的分布情况，系统在最坏情况下的光电转换效率可降至 2.6%（对比正常情况下的系统光电转换效率为 13.0%）。具体的，在固定面积的侧边阴影下（即保持 W_{side} 不变），系统光电效率会随顶部阴影的面积增大而逐渐下降到某一数值，然后基本保持不变。而在固定面积的顶部阴影下（即保持 W_{up} 不变），系统光电效率随着侧边阴影面积的增大，每下降一段距离后会进入一个保持不变的阶段，这是由于阴影列旁路二极管导通，直至侧边阴影继续增大，影响到下一列电池，系

统的光电转换效率才会继续下降。本节的电路设计中共有四列电池,因此相应的光电转换效率随侧边阴影变化也出现了四次恒定不变的阶段。

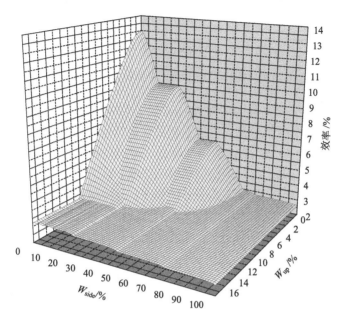

图 11.47　边框阴影对系统光电转换效率的影响

11.5.3　边框阴影对全年性能的影响

本节选取了方位角为 –45°、–20°、0°、20° 和 45° 等五个朝向下的系统, 对其边框阴影下的全年累积电能输出进行了模拟,同时与正南方向下不考虑边框阴影的系统进行比较,对比了它们之间的总电能输出差异。其中,系统的结构参数如表 11.11 所示,l_{cell} 代表单片太阳能电池的边长,具体的计算流程图如图 11.48 所示。

表 11.11　BIPV/T 系统的结构参数

l_{side} /mm	l_{up}/mm	h /mm	l_{cell}/mm
12	20	40	158

表 11.12 具体列出了不同方位角下 BIPV/T 系统的年度总电能输出及边框阴影导致的年度总电能损耗,表中还与不考虑阴影下的电能输出情况进行了对比。从列表中可以看出,当系统方位角为 20° 时(即朝向西南方向 20° 时),由边框阴影导

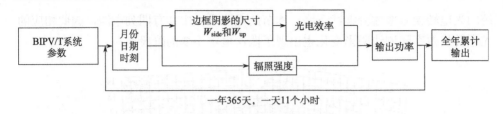

图 11.48　BIPV/T 系统年度电能输出计算流程图

致的电能损耗最少，具体为 40.23kW·h/m²。当系统方位角为–45°时（即朝向东南方向 45°时），由边框阴影导致的电能损耗最多，具体为 70.15kW·h/m²。另外，当系统方位角为 20°和 45°时，系统的年度电能总输出均大于 0°方位角下的年度电能总输出。因此可以得出，考虑到边框阴影的影响，0°方位角（朝向正南方向）并不再像通常认为的那样，是系统放置的最优朝向。这主要是因为在正午时分，出现在光电组件顶部的阴影面积一般比较大，而顶部阴影对光电性能的影响要显著高于侧边阴影对光电性能的影响，这意味着朝向正南方向的系统在一天中辐射强度最高的时段内，光电转换效率会因为顶部阴影的影响而明显削弱，从而导致系统的全天光电性能下降。另一方面，对于方位角为 20°和 45°的系统，阳光直射到电池面上的时间一般出现在正午刚过，辐射强度还没有大幅下降的时段，而此时顶部阴影也相对正午较小，因此系统可以有比较理想的电能输出，从而导致其全天的光电性能优于正南方向的系统。考虑到合肥地区的年平均辐射强度分布中，下午时段的辐照一般高于上午时段，因此较优的系统方位角出现在 20°和 45°而不是 –20°和–45°。

表 11.12　BIPV/T 系统的年度输出和阴影损耗

项目	–45° / (kW·h/m²)	–20° / (kW·h/m²)	0° / (kW·h/m²)	20° / (kW·h/m²)	45° / (kW·h/m²)	无阴影 / (kW·h/m²)
年度电能总输出	73.09	85.77	97.08	103.01	101.03	143.24
年度电能总损耗	70.15	57.47	46.17	40.23	42.22	—

　　图 11.49 显示了 BIPV/T 系统在不同方位角下从 1 月份到 12 月份中，每个月的电能总输出。在不考虑边框阴影的情况下，系统的每月电能总输出在 4 月份到 8 月份要明显高于其他月份，这与合肥地区的年平均辐照分布是相吻合的。但是，考虑到边框阴影的因素，在太阳辐照原本较强的 4 月份到 8 月份，系统的光电性能输出明显受到了影响而有了较大幅度的下降。在全年过程中，最大的每月边框阴影损失是 10.22kW·h/m²，出现在 5 月份系统方位角为–20°的时候，而最小的每月边框阴影损失是 0.24 kW·h/m²，出现在 12 月份系统方位角为 20°时。

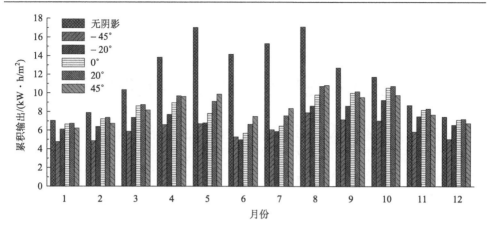

图 11.49　BIPV/T 系统每月电能输出对比图

在本节中，根据不同边框阴影下的效率分布图及合肥地区不同方位角下的系统边框阴影分布情况，对 BIPV/T 系统的年度电能总输出和阴影损耗进行了分析，结果表明，在方位角为 20° 的情况下，系统的全年累积光电输出要优于其他方位角。

参 考 文 献

[1] 汪云云. 不均匀温度和辐照分布对太阳能 PV/T 系统中光电性能影响的研究. 合肥: 中国科学技术大学, 2015.

[2] Dolara A, Lazaroiu G C, Leva S, et al. Experimental investigation of partial shading scenarios on PV (photovoltaic) modules. Energy, 2013, 55: 466-475.

[3] Markvart T, Castarer L. 太阳电池: 材料、制备工艺及检测. 北京: 机械工业出版社, 2009.

[4] Jain A, Kapoor A. Exact analytical solutions of the parameters of real solar cells using Lambert W-function. Solar Energy Materials and Solar Cells, 2004, 81 (2): 269-277.

[5] Chan D S H, Phillips J R, Phang J C H. A comparative study of extraction methods for solar cell model parameters. Solid-State Electronics, 1986, 29 (3): 329-337.

[6] Kim W, Choi W. A novel parameter extraction method for the one-diode solar cell model. Solar Energy, 2010, 84 (6): 1008-1019.

[7] 翟载腾, 程晓舫, 杨臧健, 等. 太阳电池一般电流模型参数的解析解. 太阳能学报, 2009, 30 (8): 1078-1082.

[8] 裴刚, 周天泰, 季杰, 等. 有无玻璃盖板工况对 PV/T 系统性能的影响. 太阳能学报, 2008, 29 (11): 1370-1374.

[9] Ji J, Lu J P, Chow T T, et al. A sensitivity study of a hybrid photovoltaic/thermal water-heating system with natural circulation. Applied Energy, 2007, 84 (2): 222-237.

第 12 章   太阳能光伏光热建筑综合利用研究与示范

随着越来越多的 BIPV 示范系统投入应用，如何保持光伏建筑一体化系统中光伏电池较低的工作温度以提高发电效率，如何利用有限的建筑围护结构外表面同时发电供热、提高 BIPV 系统的多功能性以进一步降低整体成本等问题受到越来越多的关注。

在这种情况下，太阳能光伏光热建筑一体化(BIPV/T)应运而生，它是一种利用太阳能同时发电供热的新技术：在建筑围护结构外表面铺设光伏光热一体化构件或取代外围护结构，使系统能够利用有限的面积同时提供电力和热水或采暖，提高太阳能的综合利用效率；而且光伏热水建筑一体化构件的存在，提高了围护结构的隔热性能，很好地改善了室内的热环境；此外，由于光伏电池以太阳能热水/热空气集热器为底板，并与集热器共用玻璃盖板和边框，可以节省材料，降低制作和安装成本。随着太阳能系统越来越普及，城市可供利用的屋顶和立面越来越有限，这种 BIPV/T 系统的市场潜力巨大。BIPV/T 系统走向应用的关键在于实现 PV/T 构件建材化，即 PV/T 一体化构件能够直接安装在建筑围护外表面或者取代外围护结构。

12.1   BIPV/T 基本结构

按照冷却介质分类，BIPV/T 的形式可分为光伏热水系统和光伏热空气系统等；按安装位置分类，可分为光伏光热屋顶结构、光伏光热遮阳结构和光伏光热墙结构等。

BIPV/T 系统由光伏阵列、阵列与墙面(屋顶)间的空气流道或水流通道、固定支架及墙体和屋面组成。完整的 BIPV/T 系统还应该包括电负载、热负载及相关的电力、热能控制和输送系统。

光伏光热(水、空气)屋顶结构与光伏光热(水、空气)墙结构在能量转换传输过程方面基本一致，而光伏 Trombe 墙结构是光伏光热(空气)墙结构的主要代表，已在前面章节详细介绍，在本章中，我们主要介绍复合光伏热水墙系统、光伏双层窗及示范建筑的应用情况。

12.2　复合光伏热水墙系统

复合光伏热水墙由商业化生产的光伏模块和紧贴在光伏模块后的间排管式的集热板及包裹着光伏模块、集热板的绝热材料层与建筑墙体构成，其结构如图12.1 所示。图 12.2(a)、(b) 分别表示复合光伏热水墙的垂直和水平剖面结构图。

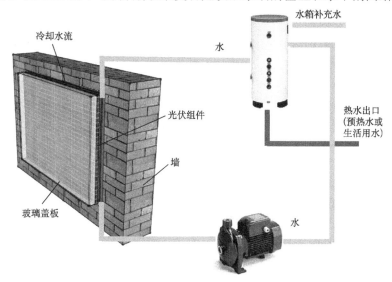

图 12.1　复合光伏热水墙系统示意图

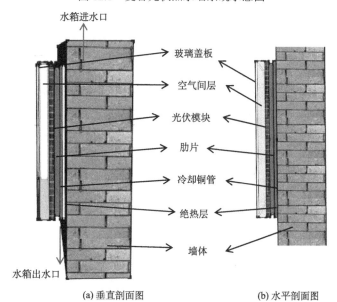

(a) 垂直剖面图　　　　　　(b) 水平剖面图

图 12.2　复合光伏热水墙剖面图

12.2.1　复合光伏热水墙系统的理论模型

1) 玻璃盖板的能量平衡[1, 2]

考虑玻璃盖板对太阳辐射的吸收，其能量平衡式如下：

$$L_g \rho_g C_g \frac{\mathrm{d}T_g}{\mathrm{d}t} = G\alpha_g + h_{\text{wind}}(T_s - T_g) + h_{r,s-g}(T_s - T_g) + h_{c-g}(T_c - T_g) + h_{r,c-g}(T_c - T_g)$$

(12.1)

式中，G 为投射到光伏模块上的太阳辐射强度，W/m²；L_g 为玻璃盖板的厚度，m；ρ_g 为玻璃盖板的密度，kg/m³；C_g 为玻璃盖板的比热容，J/(K·kg)；T_s 为天空温度，为方便起见取为环境温度，K；T_g 为玻璃盖板温度，K；T_c 为光伏模块温度，K；α_g 为玻璃盖板对太阳辐射的吸收率；h_{wind} 为玻璃盖板外表面的对流换热系数，W/(m²·K)；h_{c-g} 为玻璃盖板与光伏模块之间的对流换热系数，W/(m²·K)；$h_{r,s-g}$ 为玻璃盖板与环境的辐射换热系数，W/(m²·K)；$h_{r,c-g}$ 为玻璃盖板与光伏模块之间的辐射换热系数，W/(m²·K)。

2) 玻璃盖板的能量透过

铜铝复合肋片截面结构如图 12.3 所示，τ_ρ 为仅考虑反射的玻璃盖板透过率；τ_α 为仅考虑吸收的玻璃盖板透过率；α 为光伏模块的吸收率；r 为玻璃盖板的反射率。

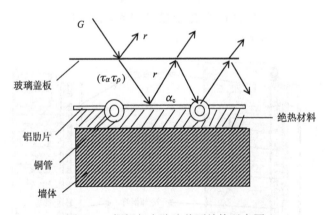

图 12.3　铜铝复合肋片截面结构示意图

对于一个表面，反射率的表达形式为

$$r = \frac{\sin^2(\theta_1 - \theta_2)}{\sin^2(\theta_1 + \theta_2)}$$

(12.2)

式中，θ_1、θ_2 分别为入射光线的入射角、折射角。根据 Snell 定理，又有如下关系式存在：

$$\frac{n_1}{n_2} = \frac{\sin\theta_2}{\sin\theta_1} \tag{12.3}$$

式中，n_1、n_2 为介质的折射系数，是介质的物性参数，因此 r 由式(12.2)和式(12.3)可以求得。

对于单层玻璃盖板，如图 12.4 所示，则玻璃盖板仅考虑反射的透过率 τ_ρ 为

$$\tau_\rho = (1-r)^2 \sum_{n=0}^{\infty} r^{2n} = \frac{(1-r)^2}{1-r^2} = \frac{1-r}{1+r} \tag{12.4}$$

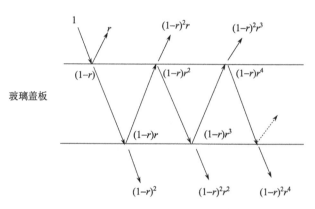

图 12.4　无吸收时的透明盖板的透过率计算示意图

光在介质中的衰减同光程呈线性关系，用一消光系数 K 表征

$$\mathrm{d}I = -I \cdot K \cdot \mathrm{d}X \tag{12.5}$$

考虑玻璃对光吸收，在玻璃盖板厚度为 L 时，光线每穿过一次，其透过率为

$$\tau_\alpha = \exp\left(-\frac{KL}{\cos\theta_2}\right) \tag{12.6}$$

式中，θ_2 意义与式(12.2)中同。

若同时考虑玻璃由反射和吸收引起的透过率，则有

$$\tau = \tau_\alpha \cdot \tau_\rho \tag{12.7}$$

考虑辐射在玻璃盖板与光伏模块之间的多次反射，如图 12.5 所示。

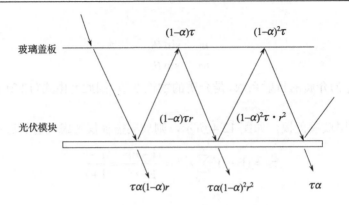

图 12.5　复合光伏模块的有效吸收系数计算示意图

则复合光伏模块的有效吸收系数为

$$(\tau\alpha) = \tau\alpha \sum_{n=0}^{\infty} [(1-\alpha)r]^n = \frac{\tau\alpha}{1-(1-\alpha)r} \tag{12.8}$$

由式(12.7)，则复合光伏模块的有效吸收系数可写为

$$(\tau_\alpha \tau_\rho \alpha) = \frac{\tau_\alpha \tau_\rho \alpha}{1-(1-\alpha)r} \tag{12.9}$$

3) 复合光伏模块肋片的能量平衡

复合光伏模块肋片的传热模型示意图如图 12.6 所示，可假设吸热板肋片和铜管之间的热传导是非常良好的，于是复合光伏模块的动态能量平衡式如下：

$$L_c\rho_c C_c \frac{\partial T_c}{\partial t} = G(\tau_\alpha \tau_\rho \alpha_c) - E + h_{c-g}(T_g - T_c) + h_{r,c-g}(T_g - T_c) + \frac{k_{in}(T_{in} - T_c)}{\frac{L_{in}}{2}} + L_c k_c \frac{\partial^2 T_c}{\partial x^2}$$

$$\tag{12.10}$$

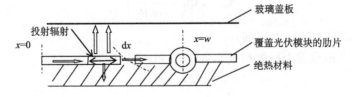

图 12.6　复合光伏模块肋片的传热模型示意图

在肋片的中间，由于对称关系可认为是绝热的，即

$$\frac{\partial T_c}{\partial x}\Big|_{x=0} = 0$$

在肋片与铜管的连接处，可将肋片与铜管部分当一个单元体处理

$$\left.\frac{\partial T_c}{\partial x}\right|_{x=w} = h_{c-f}(T_f - T_c)$$

式中，L_c 为复合光伏模块的厚度，m；E 为光伏模块的电力输出，W/m^2；T_{in} 为绝热层温度，K；T_f 为管中水流温度，K；ρ_c 为复合光伏模块的密度，kg/m^3；C_c 为复合光伏模块的比热容，$J/(kg\cdot K)$；K_c 为复合光伏模块的导热系数，$W/(m\cdot K)$；h_{c-f} 为水与管壁的对流换热系数，$W/(m\cdot K)$。

扁盒式平板型光伏热水器的结构相对比较简单，其复合光伏模块的动态能量平衡式如下：

$$d_p\rho_p C_p \frac{\partial T_p}{\partial t} = (h_{cgp} + h_{rgp})(T_g - T_p) + h_{tp}(T_t - T_p) + G(\tau\alpha)_p - E_p + d_p k_p \frac{\partial^2 T_p}{\partial x^2}$$

$$(12.11)$$

$$\left.\frac{\partial T_p}{\partial x}\right|_{x=0} = 0$$

$$\left.\frac{\partial T_p}{\partial x}\right|_{x=L} = 0$$

式中

$$h_{tp} = \frac{k_{ad}}{d_{ad}}$$

$$(\tau\alpha)_p = \frac{\tau_\alpha \tau_\rho \alpha_p}{1-(1-\alpha_p)\cdot r}$$

$$E_p = Gr_c(1-\alpha_g)\eta_{cell}$$

其中，d_p 为光伏模块厚度，m；ρ_p 为光伏模块的密度，kg/m^3；C_p 为光伏模块的比热容，$J/(kg\cdot K)$；T_t 为吸热流道壁面的温度，K；h_{tp} 为光伏模块和吸热流道之间的换热系数，$W/(m^2\cdot K)$；E_p 为单位面积光伏模块的发电功率，W/m^2；k_p 为光伏盖板的热传导系数，$W/(m\cdot K)$；τ_α 为仅考虑吸收的玻璃盖板透过率；τ_ρ 为仅考虑反射的玻璃盖板透过率；r 为玻璃盖板的反射率；α_p 为光伏模块的吸收率；η_{cell} 为光伏电池的发电效率；r_c 为光伏电池的面积与集热面积的比值。

4）光伏模块的性能曲线

一般光伏电池的电效率随光伏电池工作温度的升高而降低，采用下列关系式：

$$\eta_{cell} = \eta_r[1 - \beta_r(T_p - T_r)]$$

$$(12.12)$$

式中，η_r 为光伏电池工作温度为 T_r 时的电效率；β_r 为温度系数。

5) 铜管中冷却水的传热

$$\pi\left(\frac{D}{2}\right)^2 \rho_f C_f \frac{\partial T_f}{\partial t} = \pi D h_{c-f}(T_c - T_f) - \pi\left(\frac{D}{2}\right)^2 V_f \rho_f C_f \frac{\partial T_f}{\partial y} \tag{12.13}$$

在式（12.13）中，只考虑了水与管壁间的对流换热而忽略了管中冷却水的纵向热传导。D 为管径，m；V_f 为水的质量流速，kg/s；ρ_f 为水的密度，kg/m³；C_f 为水的比热容，J/(kg·K)。

6) 绝热层中的传热

$$\rho_{in} C_{in} L_{in} \frac{dT_{in}}{dt} = k_{in} \frac{T_c - T_{in}}{\frac{L_{in}}{2}} + k_{in} \frac{T_w - T_{in}}{\frac{L_{in}}{2}} \tag{12.14}$$

式中，T_w 为建筑墙体温度，K；ρ_{in} 为绝热层的密度，kg/m³；C_{in} 为比热容，J/(kg·K)；L_{in} 为厚度，m；k_{in} 为导热系数，W/(m·K)。因为绝热层厚度很薄，所以层内的温度梯度可以忽略。

7) 水箱中的能量平衡

$$I_{tank} \rho_f C_f \frac{dT_{tank}}{dt} = N\pi\left(\frac{D}{2}\right)^2 \rho_f V_f C_f(T_{f,inject} - T_{f,out}) + A_{tank} h_{tank}(T_s - T_{tank}) \tag{12.15}$$

式中，$T_{f,inject}$、$T_{f,out}$ 为水箱的进、出口温度，K；N 为模块中水管数；I_{tank} 为水箱体积，m³；A_{tank} 为表面积，m²；h_{tank} 为与环境的有效换热系数，W/(m²·K)；T_{tank} 为水箱中水的平均温度，K。在上式中不考虑水箱中的温度分层。

8) 建筑墙体的传热

只考虑建筑墙体的一维传热。

$$\frac{\partial T_w}{\partial t} = \frac{k_w}{\rho_w C_w} \frac{\partial^2 T_w}{\partial z^2} \tag{12.16}$$

$$-k_w\left(\frac{\partial T_w}{\partial z}\right)_{z=0} = k_{in} \frac{T_w - T_{in}}{\frac{L_{in}}{2}}$$

$$-k_w\left(\frac{\partial T_w}{\partial z}\right)_{z=L_w} = h_{w-room}(T_w - T_{room}) + \sigma \sum_{j=1}^{5} F_{w-j}(T_w - T_j)$$

$$T_w(z,t)_{t=0} = T_w(z)$$

式中，k_w 为墙体的导热系数，W/(m·K)；ρ_w 为密度，kg/m³；C_w 为比热容，J/(kg·K)；L_w 为厚度，m；T_{room} 为室内温度，K；h_{w-room} 为室内换热系数，W/(m²·K)；F_{w-j} 为墙体相对于其他三面墙体及顶棚地板的视角系数；T_j 为墙面的温度，K。

9) 换热系数的计算

光伏模块外侧的换热系数

$$h_{\text{wind}} = 5.7 + 3.8 V_{\text{wind}} \tag{12.17}$$

式中，V_{wind} 为室外风速，m/s。

玻璃盖板与光伏模块形成的封闭空间内的换热关系可通过以下公式表示：

如果 $6000 < Gr\delta \times Pr < 2 \times 10^5$，则

$$Nu_\delta = 0.197(Gr_\delta \cdot Pr)^{1/4} \left(\frac{\delta}{H} \right)^{1/9} \tag{12.18}$$

如果 $2 \times 10^5 < Gr\delta \times Pr < 1.1 \times 10^7$，则

$$Nu_\delta = 0.073(Gr_\delta \cdot Pr)^{1/3} \left(\frac{\delta}{H} \right)^{1/9} \tag{12.19}$$

玻璃盖板与光伏模块之间的换热系数为

$$h_{\text{c-g}} = \frac{Nu_\delta \cdot k_{\text{air}}}{\delta} \tag{12.20}$$

式中，Nu_δ 为努塞尔数；Gr_δ 为格拉晓夫数；Pr 为普朗特数；δ 为玻璃盖板与光伏模块之间的间隔，m；H 为光伏模块的高度，m；k_{air} 为空气的导热系数，W/(m·K)。

管内水与管壁之间的换热系数 $h_{\text{c-f}}$ 可从 Dittus-Boelter 公式得：

$$Nu_{\text{D}} = 0.023 Re_{\text{D}}^{4/5} \cdot Pr^{0.4} \tag{12.21}$$

$$h_{\text{c-f}} = \frac{Nu_{\text{D}} \cdot k_{\text{f}}}{D} \tag{12.22}$$

而辐射换热系数可分别由下两式得：

$$h_{\text{r,s-g}} = \varepsilon_{\text{g}} \sigma (T_{\text{g}}^2 + T_{\text{s}}^2)(T_{\text{g}} + T_{\text{s}}) \tag{12.23}$$

$$h_{\text{r,c-g}} = \frac{\sigma(T_{\text{g}}^2 + T_{\text{c}}^2)(T_{\text{g}} + T_{\text{c}})}{\dfrac{1}{\varepsilon_{\text{g}}} + \dfrac{1}{\varepsilon_{\text{c}}} - 1} \tag{12.24}$$

12.2.2　复合光伏热水墙系统实验研究

我们建造了一套太阳能光伏热水一体墙实验系统，其系统南立面结构如图 12.7 和图 12.8 所示。该系统主要由 4 部分组成：可对比热箱系统、光伏热水一体墙系统、控温系统和测试系统[3,4]。

可对比热箱由 2 个完全相同的房中房组成。外房 6.90 m×3.95 m×3.50 m，东墙、西墙、北墙、天花板和地板由 100mm 夹芯板构成，南墙厚约 130mm：20mm

防水涂料、抹灰和砂浆+100mm 混凝土+10mm 砂浆、抹灰和防水涂料。内房 3.00m×3.00m×2.80m，东墙、西墙、北墙、天花板和地板由 50mm 夹芯板构成。内外房之间的夹层内安装空调室内机和可控硅电加热管。

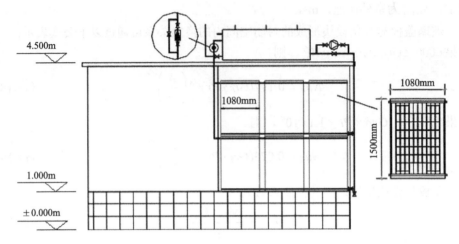

图 12.7 太阳能光伏热水一体墙系统简图

图 12.8 太阳能光伏热水一体墙系统照片

6 块完全相同的多晶硅铝合金扁盒式平板型 PV/T 一体化构件，安装在测试热箱南墙外表面，覆盖其中一半面积，组成光伏热水一体墙系统。剩余的一半南墙作为对比墙。

单块 PV/T 一体化构件由 12 块扁盒式铝合金集热型条榫结而成，集热面积约 $1.41 m^2$，中间 10 块上黏结 72 块 $75 mm×150 mm$ 多晶硅光伏电池，电池面积 $0.81 m^2$，功率 113.4W。

系统总集热面积约 8.45 m², 光电池总面积 4.86 m², 总发电功率约 680W。

电路：上下 2 块 PV/T 构件串联, 即 144 块电池单元串联, 3 组并联, 通过逆变控制器控制部分, 对 4 块串联的 12V×150AH 阀控密封式铅酸蓄电池充电。

水路：6 块 PV/T 构件并联, 与水箱、热水循环泵、涡轮流量计等组成回路。水箱内径 0.55m、内长 1.75m、外附 35mm 聚氨酯泡沫保温层, 设计容量 415L。热水循环泵最大流量 30L/min, 最大扬程 4.5m。

12.2.3　模型验证

该系统的实验是 7 月中旬在香港城市大学进行的。实验中, 通过在每面墙的中间水平处直接附接两个热电偶来测量两个单独墙壁的内表面温度。图 12.9 和图 12.10 是 PV/T 墙和参考墙表面温度测量数据和模拟数据的对比。可以看出, 两面墙的曲线在夏季和冬季的条件下都很好地匹配。对于这两种情况, 室内空气温度都能保持在(22±0.5)℃。

图 12.11 和图 12.12 对比了同一时期的发电量和发电效率变化, 可以看出, 实验和模拟的发电量图形十分接近。但是, 我们发现测量的发电功率比模拟预测的结果小, 原因是多方面的, 主要是前面章节提到的边框阴影的影响, 特别是夏季香港地区的太阳高度角已经接近甚至超过 90° 的情况下, 边框阴影的影响显得非常明显。

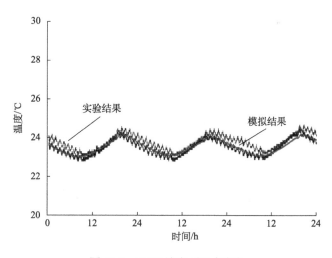

图 12.9　PV/T 墙表面温度变化

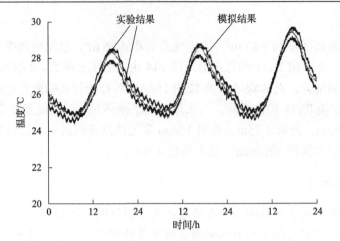

图 12.10   参考墙内表面温度变化

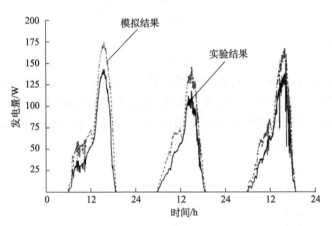

图 12.11   PV/T 模块全部发电量的变化

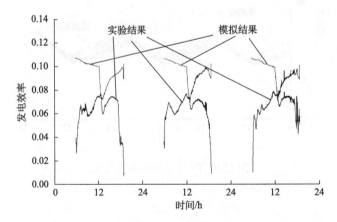

图 12.12   每日发电效率变化

　　表 12.1 列出了夏季数据得出的每日热效率和每日发电效率。可以看出，每日热效率的实验结果和模拟结果存在微小差异，最大的绝对偏差也仅约为 1.1%。但是，在每日发电效率的预测上仍存在较大差异，夏季数据的平均偏差在 28% 左右，原因如前所述。

表 12.1　系统每日性能的对比结果

日期	热效率/%		发电效率/%	
	实验	模拟	实验	模拟
7 月 17 日	24.7	25.8	6.6	9.3
7 月 18 日	26.8	26.9	6.7	9.4
7 月 19 日	22.3	22.8	7.0	9.3

12.2.4　全年性能模拟

　　在全年性能模拟计算中，选择合肥的典型天气数据进行中国东部地区 BIPV/T 系统全年性能的模拟。图 12.13 显示了垂直南墙的太阳辐照和环境温度的年分布情况。该地区建筑物墙体的典型厚度为 370mm，冬季室内温度保持在 22℃（11 月至次年 5 月），夏季为 25℃（6 月至 10 月）。其他设计数据、材料属性与香港城市大学实验安排一致。

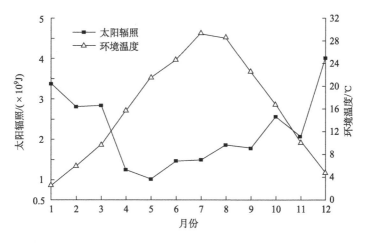

图 12.13　垂直南墙的太阳辐照和环境温度的年分布情况

　　全年模拟显示垂直南墙有 2.6×10^{10} J 的太阳辐照，全年电量输出共达 1.4×10^9 J，全年平均发电效率达 9.64%。水箱的全年得热量为 7.3×10^9 J，年平均热效率达 27.6%。

　　由于太阳高度角每天都在变化,BIPV/T 系统的能量性能实际上也随着季节变化。由于合肥夏季垂直面的太阳入射角太高,当太阳辐射较高时,中午的太阳入射角太高,超过了 80°,因此热电效率在全年内是最低的,如图 12.14 和图 12.15 所示。6 月份的系统性能高于相邻月份,这是因为漫射辐射占总入射辐射的百分比较大,如表 12.2 所示,我们知道,漫反射太阳辐射的平均入射角为 60°,比夏季大部分时间的太阳辐射入射角低。

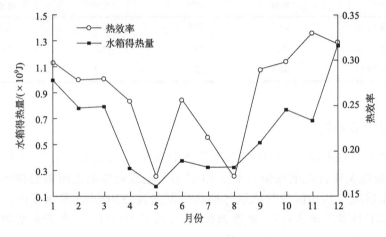

图 12.14　全年水箱得热量和热效率的变化

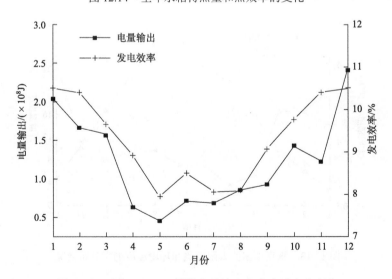

图 12.15　全年 BIPV/T 模块电量输出和发电效率的变化

通过与对比墙进行比较,可以在表12.3中清楚地看到BIPV/T墙的热改善。在冬季,BIPV/T墙的总热损失为8.4×10^8J,仅为对比墙的22%(即37.3×10^8J)。来自BIPV/T墙的总热量为3.4×10^8J,是对比墙的76%,特别是在最热的月份(7月和8月),仅为55%。

表 12.2　漫射和照射太阳辐射的百分比的月变化

月份	总数/10^9J	照射/10^9J	漫射/10^9J	漫射/全部/%
1	3.36	3.10	0.26	7.8
2	2.80	2.45	0.35	12.5
3	2.83	2.35	0.48	16.9
4	1.24	0.53	0.71	57.5
5	1.01	0.41	0.60	60.2
6	1.46	0.21	1.25	85.4
7	1.49	0.34	1.15	77.0
8	1.86	0.62	1.24	66.7
9	1.78	0.75	1.03	57.6
10	2.56	1.65	0.92	35.7
11	2.06	1.62	0.44	21.3
12	4.00	3.71	0.29	7.3

表 12.3　BIPV/T 墙和参考墙的月得热量　　　　　(单位: 10^6J)

月份	BIPV/T 墙		参考墙	
	得热	热损	得热	热损
1	0.5	200	0	822
2	0	170	0	703
3	1	106	0	528
4	0	68	0	282
5	0.8	50	1.9	176
6	54	0	45	32
7	123	0	212	1.8
8	97	0	185	1.1
9	43	5.8	9.2	87
10	20	39	0	301
11	3.7	108	0	483
12	2.3	141	0	739

12.3　光伏双层窗

在亚热带气候地区，气候湿热，空调系统全年绝大部分时间处于制冷除湿状态下运行。中央空调系统制冷状态运行时，有一定量的补充新风进入空调房间，同时，等量的室内空气(室温)被置换排出房间，通常情况下，这部分冷空气的冷量无法利用。如果引导被置换空气通过光伏双层窗的夹层，然后再排出室外，这样，光伏双层窗的外层玻璃(光伏玻璃)和内层玻璃(透明玻璃)就可以得到冷却，一方面，降低了室内得热，减少空调负荷；另一方面，也降低了光伏玻璃的温度，有利于光电转换的高效稳定运行。

根据这一思路，提出了一种新型的通风双层光伏窗并在亚热带气候地区香港建立了光伏窗综合性能实验平台，对通风双层光伏窗、普通双层光伏窗、单层光伏窗 3 种窗户的建筑热性能、建筑采光性能和光电转换性能进行了对比研究[5-8]。

12.3.1　通风光伏双层窗的原理与结构

图 12.16 是单层光伏窗、普通双层光伏窗、通风双层光伏窗 3 种窗户的结构示意图。通风双层光伏窗两层玻璃之间为导流空气通道，在内层玻璃的底端和外层玻璃的顶端设置有空气出入口，与两层玻璃内的导流通道贯通。在配备有新风系统的中央空调房间内，若门窗密闭良好，房间气压略高于外部环境，室内空气会通过通风双层窗的导流通道排出室外，同时冷却内、外层玻璃。

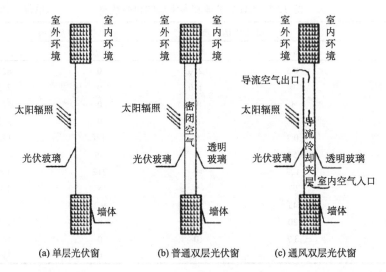

图 12.16　3 种光伏窗的结构示意图

12.3.2　光伏双层窗实验平台

图 12.17 为光伏窗实验平台的平面图，环境热箱的外围尺寸是 7.3 m(L)×4.0 m(W)× 3.7 m(H)，在外层房间内部，有两个独立的测试房间，每个测试房间的尺寸是 3.0 m(L)×3.0 m(W)×2.8 m(H)。测试光伏窗所在的外墙面向西南，在香港地区，西南方向是得到全年平均辐照最多的墙体方向。除西南方向墙体外，测试房间的其他墙体均位于外层房间的内部，与外部环境隔离。热箱空调系统可保证外层房间空间(走廊)和内层房间(测试房间)内的温度相同，全年控制在(22±0.5)℃。

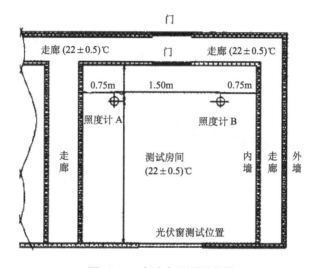

图 12.17　实验台平面示意图

光伏窗的高、宽尺寸为1.95 m×0.88 m，光伏玻璃和透明玻璃厚度分别为 10.5mm 和 8.0mm；双层光伏窗空气夹层的厚度为 35.0mm；上、下风口的宽度为 0.88m，高度为 0.25m。光伏玻璃采用日本某公司生产的 MST-44T-lOIOU 型非晶硅光伏玻璃，额定功率44.0W，开口电压91.8V，短路电流0.97A，透过率10%。在实验平台上，双层光伏窗的单、双层结构和气流开口的闭合都可以改变，窗户可以根据需要调整为单层光伏窗、双层光伏窗、通风双层光伏窗 3 种结构。测试房间内分别设置有温度测点和光照度测点，光照度测点距离地板表面 0.75m。双层窗户的 4 个玻璃表面分别粘贴有 12 个热电偶，以分析窗户的温度分布及传热情况；在导流通道的下部入口处设置有 3 个气流速度测试点，测试通风双层光伏窗模式时的空气流量。房间外设置有水平面辐射强度、西南辐射强度、光照度、风速、环温等参数的测试装置。

为了使 3 种光伏窗性能测试时的气象条件尽可能类似，在香港 4~9 月期间，分别对 3 种光伏窗户的性能进行了长期的多次对比测试（每次连续 4 天），最终选取 7 月 10~12 日 3 天的测试数据作为分析样本，这 3 天的实测气象数据较为接近，便于不同窗户结构之间的性能对比。每日的测试从 9:00 开始，18:00 结束，与香港地区的办公作息时间吻合。在通风双层光伏窗测试过程中，夹层内空气的平均流速为 0.89m/s。图 12.18 给出了 3 个连续测试日的太阳辐照和环温的动态变化情况。测试过程中，3 种模式的平均辐照和平均环温的相互差异分别控制在 ±3.5% 和 ±1.0% 以内。

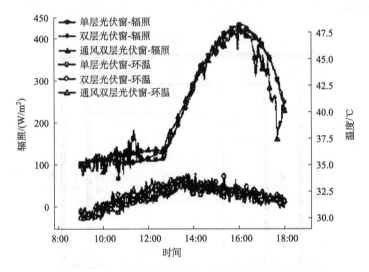

图 12.18   测试期间的西南方向太阳辐照和环温

12.3.3   结果及分析

图 12.19 给出了单层光伏窗、双层光伏窗、通风双层光伏窗的总得热动态变化情况，从图中可以看出，通过窗户的室内得热量明显受太阳辐照的影响，室内得热变化趋势与辐照变化趋势基本相同，说明太阳辐照对窗户得热有着决定性的影响。表 12.4 给出了测试期间室内得热、光伏功率及室内照明均值，窗户得热可以大致分为：辐照直接透过玻璃进入室内的辐照得热，以及由于窗户内表面和室内空气之间存在温差而传递给室内的内层玻璃得热两部分。

其中辐照得热主要和玻璃的透过率有关，单层光伏窗的辐照得热比双层光伏窗高出约 40.2%，双层光伏窗和通风双层光伏窗之间的辐照得热相差很小，甚至可以忽略。在内层玻璃的得热方面，通风双层光伏窗得热为 28.5W，相比于单层光伏窗 181.1W，降低了 84.3%；相比于双层光伏窗 95.7W，降低了 70.2%。在窗户总得热方面，通风双层光伏窗为单层光伏窗总得热的 23.6%和双层光伏窗总得热的 42.4%，有效降低了建筑物空调冷负荷。

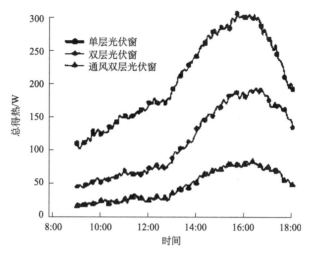

图 12.19　通过窗户的室内总得热

表 12.4　室内得热、光伏功率及室内照明均值

类别	单层窗	双层窗	通风双层窗
辐照得热/W	29.3	20.9	20.9
内层玻璃得热/W	181.1	95.7	28.5
总得热/W	210.4	116.6	49.4
光伏电池温度/℃	34.1	37.2	33.0
光伏功率/W	15.2	14.6	15.2
室内光照度/lx	203.2	159.1	149.5

　　双层光伏窗和通风双层光伏窗可以减少室内得热，其主要原因在于抑制了窗户内层玻璃温度的升高，内层玻璃与室内空气的温度差是内层玻璃与室内热交换的动力，内层玻璃温度越接近室内温度，温差越小，通过窗户的室内得热就越少。通风双层光伏窗，引导置换冷空气通过两层玻璃之间的导流夹层通道，同时冷却外层光伏玻璃和内层透明玻璃，一方面使得室内得热明显降低，另一方面也降低了光伏电池的工作温度，有利于光电转换的稳定运行和光电效率的提高。

　　表 12.4 给出了 3 种窗户的室内光照度情况，单层光伏窗、双层光伏窗、通风双层光伏窗 3 种窗户的平均光照度分别为 203lx、159lx、150lx，可以看出双层光伏窗和通风双层光伏窗两者对采光性能的影响差异不大，但单层光伏窗光照度高

出两种双层光伏窗 22%~26%。在本实验中，光伏玻璃的电池覆盖率较高(90%)，光伏玻璃透过率偏低，如果适当降低光伏电池的覆盖率，或者适当增大窗户面积，就可以提高室内自然采光效果。当然，降低光伏电池的覆盖率会在一定程度上降低光伏电池的光电输出功率。

结合图 12.20 和表 12.4 可以看出，双层、单层、通风双层 3 种光伏窗户的光伏玻璃温度依次降低，平均温度分别为 37.2℃、34.1℃、33.0℃。和单层光伏窗相比，双层光伏窗可以降低室内得热，但是其光伏玻璃温度却有所提高，对光伏电池的运行造成不利影响；通风双层光伏窗可以避免双层光伏窗的这种缺陷，在降低内层玻璃温度、减少室内得热的同时，光伏玻璃也得到冷却，温度降低，有利于光伏电池的运行。测试期间，光伏玻璃的光电功率和光电效率在图 12.21 和表 12.4 中给出，可以看出通风双层光伏窗和单层光伏窗的光电功率高于双层光伏窗，这与 3 种结构窗户的光伏玻璃温度高低有一定的相关性。在本实验中，光伏玻璃温度降低引起的光电性能提高并不是非常明显，这主要和选用的光伏玻璃类型有关，如果采用单晶硅、多晶硅等温度依赖性强的光伏玻璃，通风双层光伏窗冷却降温所引起的光电性能提高将会变得明显一些。

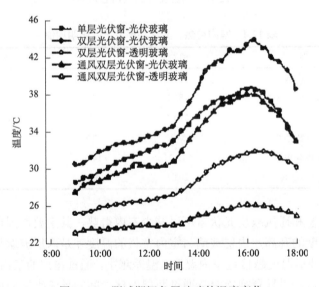

图 12.20　测试期间各层玻璃的温度变化

以上主要介绍了通风双层光伏窗的运行原理和结构，实验平台的建立，以及单层光伏窗与双层光伏窗的实验对比研究。综合来说，在亚热带夏季气候条件下，相对于单层光伏窗，通风双层光伏窗可以减少室内得热的 76%；相对于双层光伏窗，通风双层光伏窗可以减少室内得热的 56.4%。通风双层光伏窗的应用，可以使得室内得热明显减少，降低空调系统的耗能。另外，通风双层光伏窗的光伏电池平均温度在整个运行期间均低于单层光伏窗和双层光伏窗，这有利于光伏玻璃的稳定运行和效率提高，特别是对于温度依赖性强的晶硅光伏玻璃。

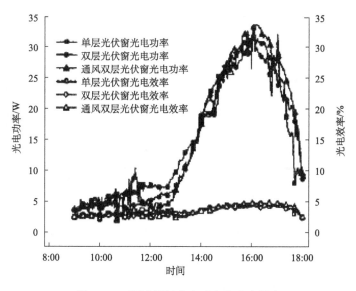

图 12.21　测试期间光电功率和光电效率

12.4　太阳能光伏光热建筑一体化技术示范建筑

中国科学院太阳能光热综合利用研究示范中心为研究太阳能技术与建筑一体化，推广太阳能建筑，在位于安徽省合肥市中国科学技术大学西区力学一楼楼顶平台(32°N，117°E)搭建一栋太阳能示范建筑。示范建筑为东西走向，坐北朝南，双层斜屋顶轻型木结构，总建筑面积 265.6m²。一层共有 6 个房间，总面积为 166.8m²，层高 3.3m，净高 3m；二层共有 3 个房间，总面积为 98.8m²，净高最小为 3.0m，如图 12.22 所示。一层斜屋面面积约为 74.8m²(17.8m×4.2m)，二层斜屋面面积约为 87.2m² (17.8m×4.9m)，屋面倾斜角为 22°。在建筑上共集成了平板型光伏热水器，光伏 Trombe 墙，太阳能主、被动式双效集热器等，均为自行研发，拥有自主产权的太阳能建筑模块，可以为建筑提供采暖、热水、发电等，如图 12.23 所示。本节主要介绍应用该建筑中光伏光热综合利用技术的部分[9-11]。

12.4.1　太阳能光伏光热组件概况

为了体现太阳能光伏光热在建筑上的综合利用，示范建筑采用的太阳能光伏光热综合利用技术组件包括平板型光伏热水器和光伏 Trombe 墙两种，单片组件的情况已在前面章节介绍。在示范建筑上，平板型光伏热水器可以提供电能，同时供应生活热水，共有 28 块安装在示范建筑二楼屋面，每块集热面积约为 1.5m² (1.7m×0.9m)，电池面积为 1.0m²，电池覆盖率为 66.7%，；光伏 Trombe 墙在发电的同时，在冬季可以提供采暖，共有 10 块安装在示范建筑南向立面，每块集热面积为 1.2 m²(1.5m×0.8m)，电池面积为 1.0m²，电池覆盖率为 83.3%。

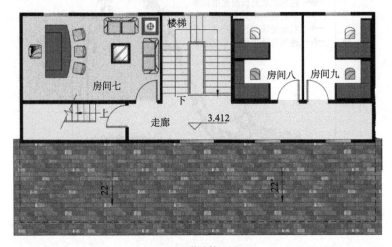

(a) 示范建筑二层

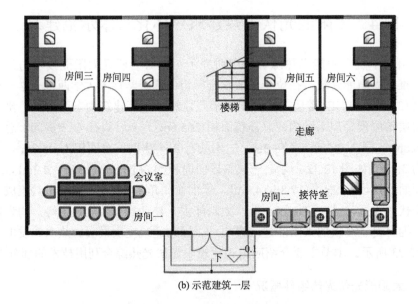

(b) 示范建筑一层

图 12.22　示范建筑平面布置图

光伏热水模块

光伏Trombe墙

太阳能主动式
双效集热器

太阳能被动式
双效集热器

图 12.23　太阳能示范建筑

12.4.2　太阳能光伏光热组件与建筑一体化设计

光伏光热组件与建筑一体化设计要求外观相协调，保证建筑美观。示范建筑上，平板型光伏热水器阵列安装在二楼倾斜屋面，模块通过固定配件安装在防腐木框架上，框架向上架空 50mm，利于屋面防水，平板型光伏热水器屋面安装框架如图 12.24 所示。光伏 Trombe 墙阵列嵌扣入示范建筑南向墙立面围护结构，四周由 SPF 板材构成边框，边缝通过密封胶填充。背部上下通风口与建筑内部环境相通，在冬季上下风口打开对房间供暖，其他季节通过密封块封闭，同时室外侧顶端和底端风口开启，内腔与外界环境相通,利于电池与外界环境换热,如图 12.25 所示。光伏光热组件与建筑围护结构融为一体，可以提高围护结构的性能，降低空调负荷，光伏电池的表面可以提升建筑美学感受。

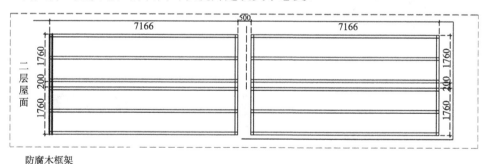

防腐木框架

图 12.24　平板型光伏热水器屋面安装框架

12.4.3　太阳能光伏光热综合利用系统设计

太阳能光伏光热组件将光热和光伏结合在同一集热器，设计紧凑，实现集热器的多功能性，提高太阳能利用率，在系统设计上体现复合特性，可分为光热部分和光伏部分，如图 12.26 所示。

(a) 光伏Trombe墙室外侧   (b) 光伏Trombe墙室内侧

图 12.25 光伏 Trombe 墙与示范建筑结合

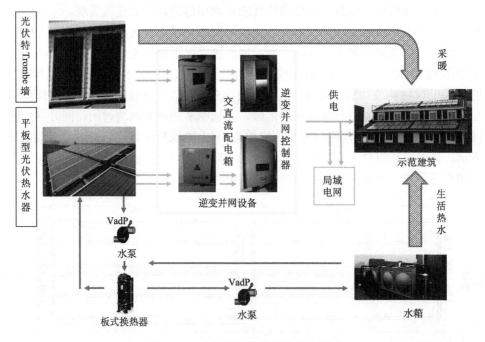

图 12.26 太阳能光伏光热系统示意图

平板型光伏热水器可以一年四季提供生活热水，光伏 Trombe 墙在冬季提供被动采暖。系统设计中，平板型光伏热水器系统考虑到保持四季运行，防止冬季结冰及保证热水清洁等问题，水路方案采用板式换热器组成的二次换热系统，集热器水路运行工质为丙二醇溶液组成的防冻液，水箱容量为一吨。

光伏发电采用当地发电当地使用的能源策略。平板型光伏热水器和光伏 Trombe 墙分别连接相应的交直流配电箱和逆变并网控制器等逆变并网设备与局

域电网并网，在示范建筑用电满足的情况下，可将剩余电量并入电网供其他用户
使用。平板型光伏热水器阵列峰值发电功率为 4kW，连接逆变并网控制器型号为
SG5KTL（具体性能参数见表 12.5）；光伏 Trombe 墙阵列峰值发电功率为 1kW，
连接逆变并网控制器型号为 SG1K5TL（具体性能参数见表 12.6）。逆变并网控制器
具有过电压、短路、过热、过载和反孤岛等保护措施。

表 12.5　光伏逆变控制器 SG5KTL 性能参数表

技术规格	参数	单位
最大输入功率	5500	W
最大输入电流（可控）	20	A
该设备最大输入电流（可控）	25	A
最大功率点(MPP)电压范围	260~420	V
最大输入电压	520	V
最小运行电压	150	V
启动电压	170	V
额定交流功率	5000	W
最大输出电流	23	A
额定输出电压	230	V
电网电压范围	180~276	V
额定输出频率	50/60	Hz
频率输出范围	47~53/57~63	Hz
输出电流总谐波失真(THD)	<3%(额定功率下)	—
最大效率	97.3%	—

表 12.6　光伏逆变控制器 SG1K5TL 性能参数表

技术规格	参数	单位
最大输入电压	450	V
初始电压	170	V
最大功率点(MPP)电压范围	150~380	V
最小输入电压	150	V
最大输入功率	1700	W
最大输入电流	12	A
额定输出功率	1500	W
最大交流输出电流	7	A
额定电网电压	230	V

续表

技术规格	参数	单位
电网电压范围	180~260	V
额定电网频率	50/60	Hz
电网频率范围	47~51.5/57~61.5	Hz
输出电流总谐波失真(THD)	<3%(额定功率下)	—
最大效率	95%	—

12.4.4　数据采集和监测系统

数据采集和监测系统分为光热和光伏两部分。光热部分，温度的测量采用 PT100 铂电阻(A 级)，测点主要包括热水系统进出口水温、水箱水温、光伏 Trombe 墙风口温度、背板温度等；水流量测量采用涡轮式流量计(1 级)，测量热水系统流量；辐射强度的测量采用 TBQ-2 型总辐射仪，测量斜屋面和南向立面太阳总辐射强度等。采用安捷伦 34980A 数据采集仪每一分钟记录上述传感器返回的数据。光伏部分采集监测使用阳光电源股份有限公司提供的 SolarInfo Insight 软件，由研华工业控制计算机运行，可以实时显示直流电压、直流电流、交流电压、交流电流、发电功率、电网频率、日发电量、总发电量、机箱温度等数据，并自动生成数据报表。

12.4.5　太阳能光伏光热综合利用示范建筑运行效果

太阳能光伏光热综合利用示范建筑建成后，对其光伏光热综合利用系统在建筑上的运行效果进行了实验，主要包括：平板型光伏热水器集热水和发电性能，光伏 Trombe 墙采暖和发电性能。实验时间为正常办公时间，从 9:00 至 17:00。

平板型光伏热水器每日可以为示范建筑提供 1t 热水，表 12.7 为集热水实验情况。可以看到光伏热水系统集热效率在 18.7%～24.9%，水箱温升在 25℃以上。对实验数据按照归一化温差与系统热效率进行线性拟合，利用典型热效率来评估平板型光伏热水器系统集热水性能，获得拟合曲线公式为

$$\eta = 0.25 - 0.08 \frac{T_i - \bar{T}_a}{G} \tag{12.25}$$

特征热效率为 25%，系统热损系数为 0.08 MJ/ $(m^2 \cdot K)$ ，拟合曲线如图 12.27 所示。与前期研究的单块平板型光伏热水器效率相比，效率下降，一方面是因为光伏热水系统与单块模块相比，结构复杂，系统热损大；另一方面是因为系统为保证冬季正常运行，采用防冻液运行的二次换热方案，会降低系统集热效率。

表 12.7　平板型光伏热水器系统集热水实验

日期 （2004 年）	初温/℃	终温/℃	热水得热量/MJ	平均环境温度/℃	平均辐射强度/(W/m²)	辐射总量/MJ	集热效率/%
9.18	37.7	69.8	153.4	24.9	696.7	765.6	20.0
9.25	37.3	67.4	143.9	26.2	723.3	768.6	18.7
9.26	29.6	56.0	126.0	25.3	512.4	599.1	21.0
12.3	15.4	39.9	117.1	9.0	472.3	561.3	20.9
12.6	10.7	38.3	131.9	8.2	564	592.8	22.3
12.7	11.1	37.6	126.7	9.7	465.8	522.8	24.2
12.8	9.4	37.4	133.8	8.9	473.6	536.5	24.9
12.9	9.7	37.0	130.5	4.6	524.2	593.8	22.0

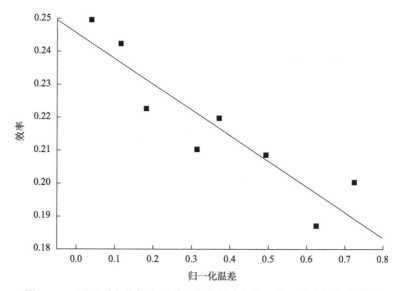

图 12.27　平板型光伏热水器系统集热效率与归一化温差线性拟合曲线

表 12.8 为平板型光伏热水器发电实验结果。平板型光伏热水器在晴朗的天气状况下，日发电量在 14.2～15.3kW·h，发电效率在 10.0%左右。

表 12.8　平板型光伏热水器发电情况

日期（2012 年）	日发电量/kW·h	总辐射量/MJ	光电效率/%
9.17	14.2	18.22	10.02
9.18	14.5	18.94	9.84
9.24	14.5	18.51	10.07
9.25	15.3	19.68	10.00

光伏 Trombe 墙在冬季利用自然对流的方式通过风口引导室内空气进入集热器，经过加热后返回房间，对房间提供采暖。表 12.9 为光伏 Trombe 墙在冬季供暖实验结果。在晴朗冬季，室内空气经过光伏 Trombe 墙加热，温升平均值在 8℃以上，上风口温度最大值在 24℃以上，对室内供暖是有效果的。

表 12.9　光伏 Trombe 墙在冬季供暖实验结果

日期（2012 年）	上下风口温升 平均值/℃	上风口温度 最大值/℃	南向立面 平均辐射强度 /（W/m²）	平均环境温度 /℃
12.8	8.1	30.9	382.8	9.2
12.9	8.5	30.1	445.4	5.3
12.11	9.1	31.1	438.6	6.2
12.18	8.3	29.8	470	3.5
12.23	8.6	24.9	511.6	-0.1
12.24	8.4	24.8	487.3	3.4

对光伏 Trombe 墙发电性能的实验从 2012 年 9 月持续到 12 月，表 12.10 为不同月份光伏 Trombe 墙发电性能。光伏 Trombe 墙发电效率在 12 月份最高，在 9 月份最低。这是由于冬季（12 月份）太阳高度角低，南向立面接收到的辐射总量提升，环境温度低，背板温度随之较低，发电效率随着温度的降低会升高。而秋季（9 月份），太阳高度角比 12 月份要高，南向立面辐射总量相比较少，环境温度较高，导致发电效率较低。

表 12.10　不同月份光伏 Trombe 墙发电性能

发电性能	2012 年 9 月	2012 年 10 月	2012 年 11 月	2012 年 12 月
日发电量/kW·h	1.9～2.7	3.6	3.7～7.0	4.5～6.1
发电效率/%	8.2～12.9	9.9～10.0	10.8～15.6	14.1～15.3

根据上述平板型光伏热水器和光伏 Trombe 墙发电性能的实验结果，借助 TRNSYS 模拟平台，根据合肥地区典型年气象数据中的太阳辐射情况来预测光伏系统全年发电量。模拟结果得到，应用于示范建筑的平板型光伏热水器阵列全年预测发电量为 3228.2kW·h，光伏 Trombe 墙阵列全年预测发电量为 656.8kW·h，总发电量为 3885.0kW·h。

参 考 文 献

[1]　何伟. 太阳能在建筑上的光电、光热应用研究. 合肥: 中国科学技术大学, 2002.

[2] Ji J, He W, Lam H N. The annual analysis of the power output and heat gain of a PV-Wall with different orientations in Hong Kong. Solar Energy Materials & Solar Cells, 2002, 71: 435-448.

[3] Chow T T, He W, Ji J. An experimental study of facade-integrated photovoltaic/water-heating system. Applied Thermal Engineering, 2007, 27: 34-45.

[4] Chow T T, He W, Chan A L S, et al. Computer modeling and experimental validation of a building-integrated photovoltaic and water heating system. Applied Thermal Engineering, 2008, 28: 1356-1364.

[5] 张永炬. 空冷型光伏双层窗的理论和实验研究. 合肥: 中国科学技术大学, 2010.

[6] 裴刚, 季杰, 蒋爱国, 等. 光伏双层窗的综合性能研究. 太阳能学报, 2009, 30(4): 441-444.

[7] 何伟, 张永炬, 刘俊跃, 等. 空冷型光伏双层窗在华东地区的热性能. 太阳能学报, 2009, 30(11): 1476-1480.

[8] He W, Zhang Y X, Sun W, et al. Experimental and numerical investigation on the performance of amorphous silicon photovoltaics window in East China. Building and Environment, 2011, 46: 363-369.

[9] 于志. 多种太阳能新技术在示范建筑中的应用研究. 合肥: 中国科学技术大学, 2014.

[10] Yu Z, Ji J, Sun W, et al. Experiment and prediction of hybrid solar air heating system applied on a solar demonstration building. Energy and Buildings, 2014, 78: 59-65.

[11] Ji J, Yu Z, Sun W, et al. Approach of a solar building integrated with multiple novel solar technologies. International Journal of Low-Carbon Technologies, 2014, 9 (2): 109-117.